普通高等教育“十一五”国家级规划教材

应用数理统计

上海市教育委员会　组编

叶慈南　曹伟丽　编

茆诗松　柴根象　主审

机械工业出版社

本书主要内容有：数理统计的基本概念，参数估计，假设检验，方差分析，回归分析以及正交试验设计．本书除了介绍数理统计的经典理论外，还适量地介绍了一些近代数理统计理论的概念和方法．本书每章都附有相当数量的习题，书末附有这些习题的答案．

本书可作为应用数学专业和相关专业的本科生教材，也可作为工科的硕士生教材．对于工程技术人员、自然科学工作者和社会科学工作者亦可作为自学用书．

图书在版编目（CIP）数据

应用数理统计/叶慈南，曹伟丽编．—北京：机械工业出版社，2004.6（2025.11 重印）

普通高等教育“十一五”国家级规划教材

ISBN 978-7-111-14560-8

Ⅰ.应…　Ⅱ.①叶…②曹…　Ⅲ.数理统计-高等学校-教材　Ⅳ.O212

中国版本图书馆 CIP 数据核字（2007）第 044662 号

机械工业出版社（北京市百万庄大街 22 号　邮政编码 100037）
责任编辑：郑　玫　版式设计：霍永明　责任校对：张晓蓉
封面设计：鞠　杨　责任印制：郜　敏
河北虎彩印刷有限公司印刷
2025年11月第1版·第13次印刷
140mm×203mm·12.125 印张·321 千字
标准书号：ISBN 978-7-111-14560-8
定价：35.00 元

电话服务	网络服务
客服电话：010-88361066	机　工　官　网：www.cmpbook.com
010-88379833	机　工　官　博：weibo.com/cmp1952
010-68326294	金　书　网：www.golden-book.com
封底无防伪标均为盗版	机工教育服务网：www.cmpedu.com

前　言

数理统计是最活跃的应用数学学科之一．由于随机性的影响无所不在，所以数理统计的应用十分广泛．数理统计不仅在自然科学、工程技术、工农业生产等领域有着广泛的应用，在医学卫生、社会生活以及经济等领域也有着愈来愈广泛的应用．这就使得掌握数理统计的基本原理和方法成为大学生和研究生必须具备的本领．

本书是普通高等教育“十一五”国家级规划教材，可作为应用数学专业以及其他对数理统计要求较高的专业的本科生数理统计课程的教材；也可作为工科硕士生数理统计课程的教材；对于需要了解数理统计基本原理和方法的工程技术人员、自然科学工作者和社会科学工作者亦可作为自学用书．

学习本书内容的先修课程为微积分、线性代数和初等概率论．在撰写本书过程中，作者力求通过实际例子引入统计概念，并讲清统计思想，在介绍每一种统计方法时都配有具体的例子，便于读者理解和掌握．每章末尾都附有相当数量的习题，书末附有这些习题的答案．

本书除了介绍数理统计的经典理论外，还适量地介绍了一些不难掌握的近代数理统计理论的概念和方法．譬如，在第二章中扼要地介绍了贝叶斯学派的基本观点和贝叶斯估计；在第三章中介绍了在许多统计文献以及统计软件的输出中经常出现的关于检验的“p 值”等．作者试图通过这些努力，缩小读者与近代数理统计的距离．作者还努力把数理统计最新的研究成果融入本书．

譬如，我们把中国标准出版社 2003 年出版的中华人民共和国国家标准 GB/T 4882—2001《数据的统计处理和解释　正态性检验》的内容写进了§3.5.

本书的内容比课堂实际教学所需的内容略多了一些．作者认为，这样做的好处是，当教师选用本书进行教学时，有根据具体情况作必要的取舍的余地，同时又可使学有余力的学生便于自学本书中在课堂上未讲的内容。

本书共有六章．第一、三、五章和第二章§2.4 由叶慈南编写，第二章前 3 节和第四、六章由曹伟丽编写，最后由叶慈南统稿．在本书初稿完成后，资深统计学家、华东师范大学统计系茆诗松教授和同济大学数学系柴根象教授仔细审阅了全书，提出了许多宝贵意见，为提高本书的质量起了很大的作用．在本书编写过程中还得到上海理工大学教务处和理学院的大力支持，作者在此谨向他们表示深深的谢意.

由于作者水平有限，错谬之处在所难免，敬请广大读者和同行批评指正.

叶慈南　曹伟丽

2008 年 11 月

目　录

第一章　数理统计的基本概念

§1.1　引　言

概率论与数理统计都是研究随机现象数量规律性的学科. 在学习了概率论之后为什么还要学习数理统计，概率论与数理统计之间的区别又在什么地方呢？在概率论部分的学习中，我们所遇到的随机事件，其发生的概率有的假定是已知的，有的可以由已知条件或其他事件的已知概率推算出来；我们所遇到的随机变量，其分布函数（或密度函数）也常假定是已知的. 例如，某种电子元件的废品率 p 已知：$p=0.01$，现任取 10 个这种电子元件，求其中恰有 1 个废品的概率. 又例如，已知某厂生产的一大批灯管，其寿命 T（单位：h）服从参数为 0.002 的指数分布，其密度函数为 $f(t)=0.002\mathrm{e}^{-0.002t}$ $(t>0)$. 从这批灯管中任取 1 个，求其寿命大于 1500h 的概率. 这些概率用概率论的知识都可算出.

但是，如何知道这种电子元件的废品率为 0.01？又如何知道这批灯管的寿命 T 是服从指数分布的？如果说这是根据具体问题作出的假设，那么有没有方法可以验证一下这个假设是否符合实际情况？即使 T 确实服从指数分布，其中参数的具体数值是怎么获得的？所有这些都是具有实际意义而在概率论中没有得到解决的问题. **概率论**是研究随机现象数量规律性的一般理论的，而上面提出的这些问题只有在学习了数理统计之后才能给以解决.

为了确定灯管寿命 T 的分布以及所含的参数，就要对这批灯管进行试验或观察. 也就是说要从这批灯管中任意取出一部分，测量其寿命，然后利用这些寿命数据来回答上面提出的关于

寿命 T 的几个问题．之所以仅取出一部分而不是全部的灯管进行观察，是因为所涉及的研究对象——该厂生产的该批灯管数量很多，不可能对其全部加以观察；另外，这里进行的试验是寿命试验，寿命试验是带有破坏性的，获得几个寿命数据就会有几个灯管被毁坏．我们自然不会为了取得寿命数据而把一大批灯管统统毁坏．在实际中所允许进行的观察永远只是有限的，有时甚至是少量的．

我们这里获得的寿命数据有一个特点：带有随机性．例如，我们要从一批灯管中取 20 个进行试验．对于已取出的 20 个灯管来说其寿命数据是确定的，没有随机性可言．但是究竟哪 20 个灯管被从中取出用于试验是任意的、随机的．这就使得我们获得的数据带有了随机性．而所谓**数理统计**，就是从实际试验和观察出发，对带有随机性影响的有限个数据进行加工、处理和推断，以此来研究随机现象的一门学科．是否假定数据具有随机性是区别数理统计方法与其他数据处理方法的根本点．

数理统计研究的内容大体上可以分为两大部分．一部分是试验的设计——研究如何更合理更有效地获得数据；另一部分是统计推断——研究如何利用所获得的数据对所关心的问题（如某随机变量的数字特征、分布函数及其参数等）作出尽可能精确和可靠的结论．简单来说，这两大部分内容一是怎样获得数据，二是怎样使用已获得的数据．本书最后一章的内容属于试验设计，其余各章的内容均属于统计推断．

用于作统计推断的数据是有限的，这是一个局部．“由局部推断整体”是数理统计的基本特点．所获得的数据又带有随机性，这就使得基于这些数据作出的结论有某种“不确定性”，就有可能犯错误．这种不确定性是用概率论这个工具来进行处理的．

可以说，概率论是数理统计的基础，而数理统计是概率论的重要应用．这里所说的应用不是一般意义下的应用．概率论与数理统计没有从属关系，它们都是数学的分支学科．

由于随机性的影响无所不在，所以数理统计的应用十分广泛，不仅在工农业生产、工程技术、自然科学等领域有着广泛的应用，在医学卫生、社会生活以及经济等领域也有着越来越广的应用. 许多重要统计方法的应用都涉及大量的计算. 近年来，由于不断升级换代的电子计算机这一有力工具的介入，使得某些统计方法计算量大的障碍已不复存在，这也促使数理统计获得了长足的发展. 数理统计已成为最活跃的数学分支学科之一.

§1.2　总体与样本

数理统计学中把全体研究对象所组成的集合称为**总体**. 总体中的每个元素称为**个体**. 这里所说的研究对象详细地说应为，研究对象的某项（或某几项）数量指标. 例如前面所说的某厂生产的一大批灯管，因为我们关心的是这批灯管的寿命，而不是其电阻、长度等其他特性，所以这批灯管的寿命的全体是一个总体，其中每个灯管的寿命是一个个体. 又例如，在研究某大学学生体重的状况时，对于这些学生的身高、学习成绩、籍贯等都不感兴趣. 该校所有学生体重的全体是一个总体，而每个大学生的体重就是一个个体. 总体按照其所包含的个体的总数是有限还是无限，分为有限总体和无限总体. 在实际问题中总体一般都是有限的. 如前面所说的某厂生产的一大批灯管，不论这批灯管的数量有多大，其总数总是有限的. 由这批灯管寿命的全体构成的总体就是一个有限总体. 但是为了研究问题的方便，我们把这批灯管寿命的取值范围扩大到在相同条件下所有可能生产出来的灯管的寿命. 这时我们所研究的总体就成了一个无限总体.

在获得每个个体之前，对于其具体取值是无法预知的，但我们可以知道它取值的范围. 所以总体中每个个体的出现都是一次随机试验的结果，也就是说个体是某随机变量 X 的一个观察值. 对总体的研究就是对相应的随机变量 X 的研究. 以后我们说到“总体 X”，这个 X 就是与总体相应的随机变量. 每个总体 X 的概率分布在客观上是存在的，但是我们不知道，至少是部分未知. 以后我们总假定总体 X 的分布函数 $F(x)$ 或者其数学形式已知，但其中的参数未知，或者 $F(x)$ 的数学形式也不知道. 如果总体 X 的分布函数 $F(x)$ 全部已知，那就没有什么统计工作可做了；这时关于 X 概率性质的研究便是概率论要做的事了.

在前面关于灯管寿命的例子中，如果根据历史知识或经验，在做统计推断之前就可假定灯管寿命 T 服从指数分布，其分布函数为

$$F(t)=\begin{cases}1-e^{-\lambda t}, & t>0,\\ 0, & t\leqslant 0,\end{cases}$$

但其中的参数 λ 未知. 这时称总体 T 属于指数分布族，也就是说 T 是指数分布族的一员. 像这种由分布函数的形式确定，但带有几个参数的分布构成的分布族称为**参数分布族**. 参数分布族常记为 $\{F(x;\ \theta),\ \theta\in\Theta\}$，其中 θ 表示参数（或参数向量），Θ 表示参数 θ 可能取值的范围，称为**参数空间**.

有这样一类常见的参数分布族 $\left\{F\left(\dfrac{x-a}{b}\right),\ -\infty<a<+\infty,\ b>0\right\}$，其中 a 称为**位置参数**，b 称为**尺度参数**. 如果该分布族的密度函数存在，且用密度函数来描述分布族，则该分布族可改写为 $\left\{\dfrac{1}{b}f\left(\dfrac{x-a}{b}\right),\ -\infty<a<+\infty,\ b>0\right\}$. 例如，正态分布 $N(\mu,\sigma^2)$ 的密度函数为

$$f(x)=\frac{1}{\sqrt{2\pi}\sigma}e^{-\frac{1}{2}\left(\frac{x-\mu}{\sigma}\right)^2},\quad -\infty<x<+\infty,$$

其中，$-\infty<\mu<+\infty$，$0<\sigma<+\infty$ 是参数. 所以，正态分布族 $N(\mu,\ \sigma^2)$ 是具有位置参数 μ 和尺度参数 σ 的参数分布族.

在有些情况下，我们对总体 X 知之甚少，以致不能对 X 的具体分布形式作任何假定，只能作出 X 是连续型随机变量或 X 只能取正值等这样一般性的假定. 这种不能用有限个实参数去刻划的分布族称为**非参数分布族**. 由于参数分布族与非参数分布族的差异较大，导致在研究方法上差别很大. 从参数分布族出发所

得到的统计方法称为**参数统计方法**. 而从非参数分布族出发所得到的统计方法则称为**非参数统计方法**.

为了研究总体的统计特性，必须从总体中任取一部分个体进行观察. 总体中部分个体所组成的集合称为**样本**. 样本中的每个个体称为**样品**. 样本中含有个体的个数称为**样本容量**（或样本量，或样本大小）. 任取个体的过程称为**抽样**. 所谓抽样，或任取个体，实际上就是进行随机试验，并观察所关心的数量指标. 通过观察我们得到一组容量为 n 的样本$(x_1,x_2,\cdots,x_n)$. 由于哪 n 个个体被取出进行观察或试验是随机的，因此每一 $x_i(i=1,2,\cdots,n)$均可看作随机变量 X_i 的观察值. 我们也称$(X_1,X_2,\cdots,X_n)$是容量为 n 的样本. 我们有时把样本看作 n 维随机向量（主要在理论研究中），有时把样本看作 n 维随机向量的观察值（主要在具体问题中）. 为了细分，有时我们把$(X_1,X_2,\cdots,X_n)$称为样本，把$(X_1,X_2,\cdots,X_n)$的观察值$(x_1,x_2,\cdots,x_n)$称为样本观察值或样本值. 总之，我们是以两种观点来看待样本的，这就是样本的两重性.

抽样按其抽取个体方法的不同可分为两种：放回抽样和不放回抽样. 如果抽取第一个个体并进行观察之后就放回，然后再抽取第二个个体，观察后仍放回……直到取出第 n 个个体. 这种抽样方法称为**放回抽样**. 如果每取一个个体观察后不再放回，直到取出第 n 个个体为止，或者一次性取出 n 个个体，这种抽样方法称为**不放回抽样**. 对于无限总体，由于抽取的个体是否放回不改变总体的成分，因此这两种抽样方法的效果是一样的. 对于有限总体，若采取不放回抽样，每抽取一个个体，总体的成分就要改变. 但在实际应用中，即使总体中个体数 N 有限，只要 N 相对于样本容量 n 很大$\left(一般要求\frac{n}{N}\leqslant 0.1\right)$，仍采取不放回抽样的方法，并近似地认为抽取样本后总体的成分不变.

样本$(X_1,X_2,\cdots,X_n)$中 X_i 的观察值 x_i 是对总体 X 进行第 i 次观察或试验的结果，所以每个 X_i 都与 X 有相同的分布. 一般还假定这些试验是相互独立的，也就是说各次抽取个体获得的结果彼此互不影响. 这样得到的样本称为**简单随机样本**. 今后如果不作特殊说明，我们所说的样本都理解为简单随机样本，并简称样本. 如果$(X_1,X_2,\cdots,X_n)$是来自总体 X 的一组样本，那么 X_1，$X_2,\cdots,X_n$ 相互独立且都与总体 X 有相同的分布. 这时$(X_1,X_2,\cdots,X_n)$的联合分布函数为

$$F^*(x_1,x_2,\cdots,x_n) = \prod_{i=1}^{n} F(x_i),$$

其中，$F(x)$ 是总体 X 的分布函数. 又若 X 是连续型随机变量，具有密度函数$f(x)$，则$(X_1,X_2,\cdots,X_n)$的联合密度函数为

$$f^*(x_1,x_2,\cdots,x_n) = \prod_{i=1}^{n} f(x_i).$$

§1.3 统 计 量

一、统计量的定义

来自总体 X 的样本（$X_1,X_2,\cdots,X_n$）含有总体的各种信息，因此样本是很宝贵的. 我们作统计推断的依据就是样本. 但是如果不对样本进行“加工”、“提炼”，总体的各种信息仍分散在样本的每个样品中，成为一堆杂乱无章的数. 为了充分利用样本所包含的关于总体的各种信息，必须把分散在各个样品中的信息集中起来. 集中的方法就是针对不同的问题构造各种各样的样本的函数，这种样本的函数就称为统计量. 它的定义如下.

定义 1.3.1 设（$X_1,X_2,\cdots,X_n$)是来自总体 X 的样本，假如样本的实值函数㊀ $g(X_1,X_2,\cdots,X_n)$不依赖任何未知的量，则称$g(X_1,X_2,\cdots,X_n)$为**统计量**.

定义中要求 $g(X_1,X_2,\cdots,X_n)$不依赖任何未知量，这是很自然的，因为我们构造统计量的目的就是为了用它作统计推断. 如果总体 X 属于参数分布族$\{F(x;\theta),\theta\in\Theta\}$，其中 θ 是未知参数，那么

㊀ 这里的实值函数指的是可测函数. 可测性是一种较为宽松的要求. 我们平时遇到的函数一般都满足这个要求.

只有当 $g(X_1,X_2,\cdots,X_n)$ 不含有未知参数 θ 时才能成为统计量.

定义 1.3.2　设 $(X_1,X_2,\cdots,X_n)$ 是来自总体 X 的样本,则称

$$\overline{X}=\frac{1}{n}\sum_{i=1}^{n}X_i$$ **为样本均值,**

$$S^2=\frac{1}{n-1}\sum_{i=1}^{n}(X_i-\overline{X})^2$$ **为样本方差,**

$$S=\sqrt{S^2}=\left[\sum_{i=1}^{n}(X_i-\overline{X})^2/(n-1)\right]^{1/2}$$ **为样本标准差（或样本均方差）,**

$$A_k=\frac{1}{n}\sum_{i=1}^{n}X_i^k\triangleq\overline{X^k}(k=1,2,\cdots)$$ **为样本 k 阶(原点)矩,**

$$B_k=\frac{1}{n}\sum_{i=1}^{n}(X_i-\overline{X})^k\quad(k=1,2,\cdots)$$ **为样本 k 阶中心矩.**

定义 1.3.3　设 (X_1,Y_1), (X_2,Y_2), $\cdots$, (X_n,Y_n) 为来自二维总体 (X,Y) 的容量为 n 的样本，则称

$$S_{XY}=\frac{1}{n}\sum_{i=1}^{n}(X_i-\overline{X})(Y_i-\overline{Y})$$ **为样本协方差,**

$$r=\frac{\sum_{i=1}^{n}(X_i-\overline{X})(Y_i-\overline{Y})}{\left[\sum_{i=1}^{n}(X_i-\overline{X})^2\sum_{i=1}^{n}(Y_i-\overline{Y})^2\right]^{1/2}}$$ **为样本相关系数.**

以上这些统计量统称为样本矩. 样本矩是最常用的统计量. 记 $S_n^2=\frac{1}{n}\sum_{i=1}^{n}(X_i-\overline{X})^2$，称 S_n^2 为修正后的样本方差. 至于我们为什么不把 S_n^2 称为样本方差，而把 S^2 称为样本方差，其理由将在 §2.2 中说明.

样本均值 $\overline{X}$ 包含了总体均值（数学期望）的信息；样本方差 S^2 与 S_n^2 包含了总体方差的信息；S 与 S_n 包含了总体标准差的信息；r 包含了 X 与 Y 线性相关程度的信息.

因为样本具有两重性，所以作为样本的函数的统计量，特别

是样本矩也具有两重性. 应注意样本矩与总体矩的区别：总体矩是数，而样本矩是随机变量或其观察值.

二、次序统计量

定义 1.3.4 设$(X_1, X_2, \cdots, X_n)$是来自总体 X 的样本，$(X_1, X_2, \cdots, X_n)$的第 i 个次序统计量 $X_{(i)}$是满足如下条件的样本的函数：

每当得到一组样本观察值 $x_1, x_2, \cdots, x_n$ 时，将它们按自小到大的次序排列为

$$x_{(1)} \leqslant x_{(2)} \leqslant \cdots \leqslant x_{(n)},$$

其中，第 i 个数 $x_{(i)}$ 作为 $X_{(i)}$ 的观察值. 把 $X_{(1)}, X_{(2)}, \cdots, X_{(n)}$ 放在一起称为**次序统计量**. 其中 $X_{(1)}$ 称为**最小次序统计量**，$X_{(n)}$ 称为**最大次序统计量**.

次序统计量也叫顺序统计量. 有时把 $X_{(1)}, X_{(2)}, \cdots, X_{(n)}$ 中的若干个放在一起也称为次序统计量. 易见，$X_{(1)} = \mathrm{Min}(X_1, X_2, \cdots, X_n)$，$X_{(n)} = \mathrm{Max}(X_1, X_2, \cdots, X_n)$. $X_{(1)}$ 和 $X_{(n)}$ 统称为**极值统计量**.

下面的例子有助于理解次序统计量的概念.

例 1.3.1 设总体 X 的分布律为 $P(X=i)=1/3(i=0,1,2)$. 考虑从这个总体中取得的容量为 3 的样本(X_1, X_2, X_3). 下面我们列出(X_1, X_2, X_3)所有可能取值情况和相应的次序统计量 $X_{(1)}$，$X_{(2)}$，$X_{(3)}$ 的取值情况.

	X_1	X_2	X_3	$X_{(1)}$	$X_{(2)}$	$X_{(3)}$
1	0	0	0	0	0	0
2	0	0	1	0	0	1
3	0	1	0	0	0	1
4	1	0	0	0	0	1
5	0	0	2	0	0	2
6	0	2	0	0	0	2
7	2	0	0	0	0	2
8	0	1	1	0	1	1
9	1	0	1	0	1	1
10	1	1	0	0	1	1
11	0	1	2	0	1	2
12	0	2	1	0	1	2
13	1	0	2	0	1	2
14	2	0	1	0	1	2
15	1	2	0	0	1	2

（续）

	X_1	X_2	X_3	$X_{(1)}$	$X_{(2)}$	$X_{(3)}$
16	2	1	0	0	1	2
17	0	2	2	0	2	2
18	2	0	2	0	2	2
19	2	2	0	0	2	2
20	1	1	2	1	1	2
21	1	2	1	1	1	2
22	2	1	1	1	1	2
23	1	2	2	1	2	2
24	2	1	2	1	2	2
25	2	2	1	1	2	2
26	1	1	1	1	1	1
27	2	2	2	2	2	2

从表中罗列的取值情况可以看出，样本中每一个 $X_i(i=1,2,3)$ 取0，1，2都是等可能的，并且 X_1，X_2，X_3 相互独立. 而它的次序统计量 $X_{(1)}$，$X_{(2)}$，$X_{(3)}$ 虽然可能取的值仍都是0，1，2，但其分布律却各不相同了，它们分别是

$X_{(1)}$	0	1	2
P	19/27	7/27	1/27

$X_{(2)}$	0	1	2
P	7/27	13/27	7/27

$X_{(3)}$	0	1	2
P	1/27	7/27	19/27

任意两个次序统计量的联合分布也是不相同的. 例如，

$X_{(1)}$ \ $X_{(2)}$	0	1	2
0	7/27	9/27	3/27
1	0	4/27	3/27
2	0	0	1/27

$X_{(1)}$ \ $X_{(3)}$	0	1	2
0	1/27	6/27	12/27
1	0	1/27	6/27
2	0	0	1/27

任意两个次序统计量之间不相互独立. 譬如，

$$P(X_{(1)}=0,X_{(2)}=1)=\frac{9}{27}\neq\frac{19}{27}\times\frac{13}{27}=P(X_{(1)}=0)P(X_{(2)}=1)$$

故 $X_{(1)}$ 与 $X_{(2)}$ 不独立.

设总体 X 是连续型随机变量. 下面我们以定理的形式给出来自总体 X 的次序统计量的密度函数的表示式.

定理 1.3.1 设总体 X 的分布函数为 $F(x)$，密度函数为 $f(x)$. $(X_1, X_2, \cdots, X_n)$ 是来自 X 的一组样本，$(X_{(1)}, X_{(2)}, \cdots, X_{(n)})$ 是与之相应的次序统计量，则 $X_{(i)}$ $(1 \leqslant i \leqslant n)$ 的密度函数为

$$g(y_i) = \frac{n!}{(i-1)!(n-i)!}[F(y_i)]^{i-1} f(y_i)[1-F(y_i)]^{n-i} \tag{1.3.1}$$

证明 设 y_i 固定，$\Delta y_i > 0$ 且充分小. 事件"$X_{(i)}$ 落在 $[y_i, y_i + \Delta y_i]$ 内"发生，当且仅当以下两个互不相容事件必发生其一：

$E_1 = \{X_1, X_2, \cdots, X_n$ 中有一个落在 $(y_i, y_i + \Delta y_i]$ 内，有 $i-1$ 个落在 $(-\infty, y_i]$ 内，有 $n-i$ 个落在 $(y_i + \Delta y_i, +\infty)$ 内$\}$，

$E_2 = \{X_1, X_2, \cdots, X_n$ 中有 r 个 $(r \geqslant 2)$ 落在 $(y_i, y_i + \Delta y_i]$ 内，有 $i-r$ 个落在 $(-\infty, y_i]$ 内，有 $n-i$ 个落在 $(y_i + \Delta y_i, +\infty)$ 内，$r = 2, \cdots, i\}$ ($i=1$ 时只发生事件 E_1，事件 E_2 不发生).

将 $X_{(i)}$ 的分布函数记为 $G(y_i)$. 事件"$X_{(i)}$ 落在 $(y_i, y_i + \Delta y_i]$ 内"发生的概率为 $G(y_i + \Delta y_i) - G(y_i)$. 另一方面，各 X_j $(j = 1, 2, \cdots, n)$ 落在 $(y_i, y_i + \Delta y_i]$，$(-\infty, y_i]$ 和 $(y_i + \Delta y_i, +\infty)$ 内的概率分别为 $F(y_i + \Delta y_i) - F(y_i)$，$F(y_i)$ 和 $1 - F(y_i + \Delta y_i)$. 由多项分布得

$$\begin{aligned} G(y_i + \Delta y_i) - G(y_i) &= P(E_1) + P(E_2) \\ &= \frac{n!}{(i-1)!1!(n-i)!}[F(y_i)]^{i-1}[F(y_i + \Delta y_i) - F(y_i)] \times \\ &\quad [1 - F(y_i + \Delta y_i)]^{n-i} + O((\Delta y_i)^2). \end{aligned}$$

两边除以 Δy_i，并令 $\Delta y_i \to 0$ 即得

$$g(y_i) = \frac{n!}{(i-1)!(n-i)!}[F(y_i)]^{i-1} f(y_i)[1-F(y_i)]^{n-i}.$$

定理 1.3.2　设总体 X 的分布函数为 $F(x)$，密度函数为 $f(x)$. $(X_1,X_2,\cdots,X_n)$ 是来自 X 的样本，$(X_{(1)},X_{(2)},\cdots,X_{(n)})$ 是与之相应的次序统计量，则 $(X_{(i)},X_{(k)})(1\leqslant i<k\leqslant n)$ 的联合密度函数为

$$g(y_i,y_k)=\frac{n!}{(i-1)!(k-i-1)!(n-k)!}[F(y_i)]^{i-1}[F(y_k)-F(y_i)]^{k-i-1}[1-F(y_k)]^{n-k}f(y_i)f(y_k)\quad(y_i<y_k)\tag{1.3.2}$$

定理 1.3.3　设总体 X 的分布函数为 $F(x)$，密度函数为 $f(x)$. $(X_1,X_2,\cdots,X_n)$ 是来自 X 的样本，$(X_{(1)},X_{(2)},\cdots,X_{(n)})$ 是与之相应的次序统计量，则前 r 个次序统计量 $(X_{(1)},\cdots,X_{(r)})$ $(1\leqslant r\leqslant n)$ 的联合密度函数为

$$g(y_1,y_2,\cdots,y_r)=\frac{n!}{(n-r)!}f(y_1)\cdots f(y_r)[1-F(y_r)]^{n-r}\quad(y_1<y_2<\cdots<y_r).\tag{1.3.3}$$

利用定理 1.3.1 的证明思路即可证得定理 1.3.2 和定理 1.3.3 的结论. 由定理 1.3.1 和定理 1.3.3 可得如下推论.

推论 1.3.1　在定理 1.3.1 的条件下有

(1) $X_{(1)}$, $X_{(2)}$, $\cdots$, $X_{(n)}$ 的联合密度函数为

$$g(y_1,y_2,\cdots,y_n)=n!\,f(y_1)f(y_2)\cdots f(y_n)\quad(y_1<y_2<\cdots<y_n);\tag{1.3.4}$$

(2) 最小次序统计量 $X_{(1)}$ 的密度函数为

$$g(y_1)=nf(y_1)[1-F(y_1)]^{n-1};\tag{1.3.5}$$

(3) 最大次序统计量 $X_{(n)}$ 的密度函数为

$$g(y_n)=n[F(y_n)]^{n-1}f(y_n).\tag{1.3.6}$$

例 1.3.2　设总体 X 服从参数为 λ 的指数分布，其密度函数为

$$f(x)=\begin{cases}\lambda\mathrm{e}^{-\lambda x}, & x>0,\\ 0, & x\leqslant 0.\end{cases}$$

$(X_1, X_2, \cdots, X_n)$ 是来自 X 的样本，$(X_{(1)}, X_{(2)}, \cdots, X_{(n)})$

是相应的次序统计量. 则由定理 1.3.3 和推论 1.3.1 知, $X_{(1)}$, $X_{(2)}$, …, $X_{(r)}$ 的联合密度函数为

$$g(y_1,y_2,\cdots,y_r) = \frac{n!}{(n-r)!}\lambda^r e^{-\lambda\sum_{i=1}^{r}y_i}(e^{-\lambda y_r})^{n-r}$$

$$= \frac{n!}{(n-r)!}\lambda^r e^{-[\sum_{i=1}^{r}y_i+(n-r)y_r]\lambda},$$

$$0\leqslant y_1\leqslant y_2\leqslant\cdots\leqslant y_r;$$

$X_{(1)}$ 的密度函数为

$$g(y_1)=n\lambda e^{-\lambda y_1}(e^{-\lambda y_1})^{n-1}=n\lambda e^{-\lambda n y_1},\quad y_1\geqslant 0;$$

$X_{(n)}$ 的密度函数为

$$g(y_n)=n(1-e^{-\lambda y_n})^{n-1}\cdot\lambda e^{-\lambda y_n},\quad y_n\geqslant 0.$$

三、样本中位数和极差

先介绍随机变量的分位数与中位数的概念.

定义 1.3.5 设连续型随机变量 $X\sim F(x)$, 其密度函数为 $f(x)$, $0<p<1$, 若实数 x_p 满足

$$F(x_p) = P(X\leqslant x_p) = \int_{-\infty}^{x_p}f(x)\mathrm{d}x = p,$$

则称 x_p 为 X 的 (或分布函数 $F(x)$ 的) p 分位数. p 分位数也称为 p 分位点. 若 $p=0.5$, 则称 $x_{0.5}$ 为 X 的中位数.

今后我们将经常跟分位数打交道. 从图 1.3.1 和图 1.3.2 可以进一步明确 p 分位数的直观意义.

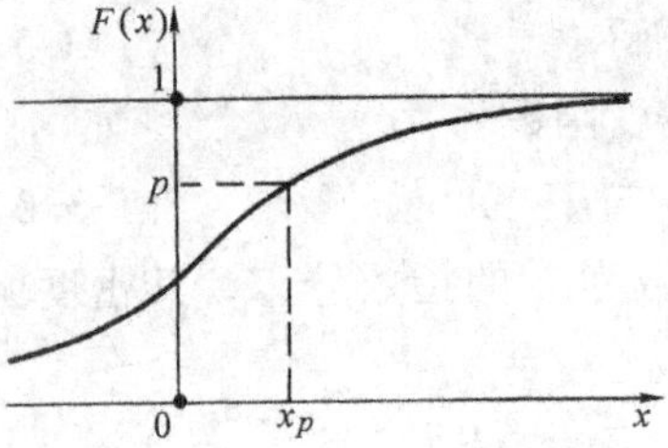

图 1.3.1

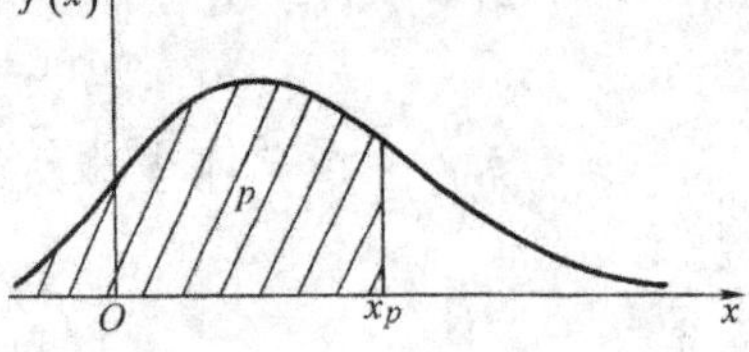

图 1.3.2

设随机变量 $X \sim N(0, 1)$，若问

$$\Phi(1.282) = P(X \leqslant 1.282) = ?$$

这是求概率的问题. 查标准正态分布表即可知上述概率为 0.9. 若问

$$\Phi(?) = P(X \leqslant ?) = 0.9$$

这是求分位数的问题. 反查标准正态分布表即可知标准正态分布的 0.9 分位数为 1.282. 由此即可知求某随机变量分布函数的值与求分位数之间的关系. 标准正态分布的 α 分位数记为 u_α.

中位数是一个很重要的数字特征. 同数学期望一样，中位数也是描述随机变量 X 的平均取值（或 X 的分布中心位置）的数字特征. 在实际应用中，中位数用得很多. 与数学期望相比，中位数总存在，而随机变量的数学期望不一定存在，这是它的优点. 中位数的缺点是，它没有像数学期望那样好的运算性质. 例如，若 X 和 Y 的数学期望存在，那么 $E(X+Y) = E(X) + E(Y)$，而 $X+Y$ 的中位数 $(X+Y)_{0.5}$ 一般不等于 $X_{0.5} + Y_{0.5}$.

例 1.3.3　设 X 的密度函数为

$$f(x) = \begin{cases} 2x, & 0 < x < 1, \\ 0, & \text{其他}. \end{cases}$$

求：(1) $x_{0.5}$；(2) $x_{0.16}$.

解　易见，X 的分布函数为（见图 1.3.3）

$$F(x) = \begin{cases} 0, & x < 0, \\ x^2, & 0 \leqslant x < 1, \\ 1, & 1 \leqslant x. \end{cases}$$

(1) 由 $F(x_{0.5}) = 0.5$ 知 $x_{0.5}^2 = 0.5$，故 $x_{0.5} = \sqrt{0.5} = 0.7071$.

(2) 由 $F(x_{0.16}) = 0.16$ 知 $x_{0.16}^2 = 0.16$，故 $x_{0.16} = 0.4$.

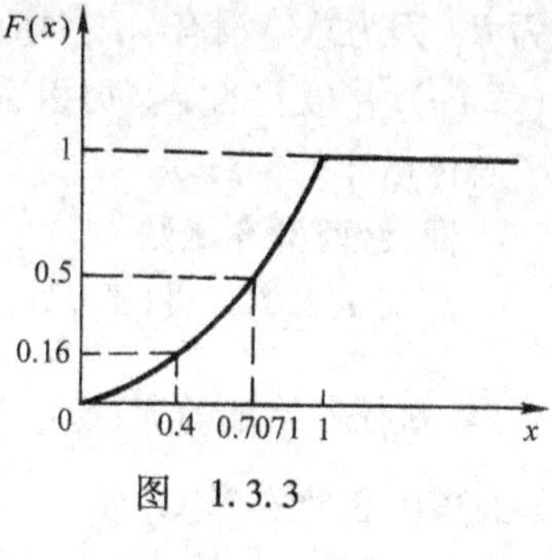

图　1.3.3

例 1.3.4　设 $X \sim N(\mu, \sigma^2)$. 易见，X 的数学期望、中位数以

及众数(即使得 X 的密度函数 $f(x)$ 达到最大值的点)都是 μ.

与总体(随机变量)中位数相应的有样本中位数的概念.

定义 1.3.6 设$(X_1,X_2,\cdots,X_n)$是来自总体 X 的样本,$(X_{(1)},X_{(2)},\cdots,X_{(n)})$是相应的次序统计量,称

$$m_{0.5}=\begin{cases}X_{\left(\frac{n+1}{2}\right)}, & \text{当 } n \text{ 为奇数},\\ \dfrac{1}{2}\left[X_{\left(\frac{n}{2}\right)}+X_{\left(\frac{n}{2}+1\right)}\right], & \text{当 } n \text{ 为偶数}.\end{cases}$$

为该样本的样本中位数. 即当 n 为奇数时把次序统计量 $(X_{(1)},X_{(2)},\cdots,X_{(n)})$ 的正中间那个定义为样本中位数, 当 n 为偶数时把次序统计量的正中间两个的平均定义为样本中位数.

关于正态总体样本中位数的极限分布有以下定理, 其证明从略.

定理 1.3.4 设 $(X_1,X_2,\cdots,X_n)$ 是来自正态总体 $N(\mu,\sigma^2)$ 的样本, $m_{0.5}$是样本中位数, 则有

$$\sqrt{\frac{2n}{\pi\sigma^2}}\,(m_{0.5}-\mu)\xrightarrow{L}N(0,\ 1)\qquad(n\to\infty)$$

其中, 记号"$\xrightarrow{L}$"表示依分布收敛.

设 $(X_1,X_2,\cdots,X_n)$是来自总体 X 的样本. $(X_{(1)},X_{(2)},\cdots,X_{(n)})$是相应的次序统计量. 我们把 $X_{(n)}-X_{(1)}$ 称为**样本极差**,并记为 R_n. 因为总体没有与之对应的概念,所以也常把 R_n 简称为**极差**(range). 从极差的定义可以看出,它是样本值变化的幅度,它包含了总体散布的信息.

四、经验分布函数

定义 1.3.7 设$(X_1,X_2,\cdots,X_n)$是来自总体 X 的容量为 n 的样本. 对任一给定的实数 x, $\sum\limits_{i=1}^{n}I_{(X_i\leqslant x)}$ 表示 $X_1,X_2,\cdots,X_n$ 中不大于 x 的随机变量的个数. 称

$$F_n(x)=\frac{1}{n}\sum_{i=1}^{n}I_{(X_i\leqslant x)}\qquad(-\infty<x<+\infty)\tag{1.3.7}$$

为总体 X 的经验分布函数.

对每一给定的 x，$F_n(x)=\frac{1}{n}\sum_{i=1}^{n}I_{(X_i\leqslant x)}$ 是样本 $(X_1,X_2,\cdots,X_n)$ 的函数，所以它是一个统计量. 设 $(x_1,x_2,\cdots,x_n)$ 是一组样本观察值，那么 $\frac{1}{n}\sum_{i=1}^{n}I_{(x_i\leqslant x)}$ 便是上述统计量的观察值，记作 $\hat{F}_n(x)$. 我们称

$$\hat{F}_n(x)=\frac{1}{n}\sum_{i=1}^{n}I_{(x_i\leqslant x)}\quad(-\infty<x<+\infty)\tag{1.3.8}$$

为经验分布函数的观察值. 因为对任一给定的实数 x，有惟一的实数 $\frac{1}{n}\sum_{i=1}^{n}I_{(x_i\leqslant x)}$ 与之对应，所以经验分布函数的观察值 $\hat{F}_n(x)$ 与 $F_n(x)=\frac{1}{n}\sum_{i=1}^{n}I_{(X_i\leqslant x)}$ 不同，它是一个普通意义下的函数. $\hat{F}_n(x)$ 可用另外一种形式写出. 将样本观察值 $(x_1,x_2,\cdots,x_n)$ 由小到大排列成 $x_{(1)}\leqslant x_{(2)}\leqslant\cdots\leqslant x_{(n)}$，于是

$$\hat{F}_n(x)=\begin{cases}0, & x<x_{(1)},\\ k/n, & x_{(k)}\leqslant x<x_{(k+1)}\ (k=1,2,\cdots,n-1),\\ 1, & x_{(n)}\leqslant x.\end{cases}\tag{1.3.9}$$

由式(1.3.9)可以看出，$\hat{F}_n(x)$ 具有性质：$0\leqslant\hat{F}_n(x)\leqslant 1$，$\hat{F}_n(-\infty)=0$，$\hat{F}_n(+\infty)=1$，单调递增，右连续. 即它具有分布函数的基本性质. 由式(1.3.9)也可以看出，$\hat{F}_n(x)$ 是一个单调递增的阶梯函数，$x_{(1)}$，$x_{(2)}$，$\cdots$，$x_{(n)}$ 是它的跳跃点，其跃度为 $\frac{1}{n}$. $\left(若 x_{(k)}=x_{(k+1)}，那么在这一点上的跃度为\frac{2}{n}，余类推\right)$

在理论研究中，常使用经验分布函数的定义(1.3.7)；在具体问题中，常使用经验分布函数的观察值的定义(1.3.9). 之所以会出现这两个定义，是统计量的两重性所致. 今后我们不严格区分“经验分布函数”与“经验分布函数的观察值”，而把它们统

称为“经验分布函数”，并记作 $F_n(x)$. 从所讨论问题的上下文，“经验分布函数”指的是式(1.3.7)还是式(1.3.9)是不会搞混的.

例 1.3.5　从某总体 X 中取得容量为 5 的样本观察值 $-1.2,\ 2.6,\ 1.8,\ -0.7,\ 1.8$. 求经验分布函数 $F_5(x)$，并画出 $F_5(x)$ 的图形.

解　先将样本观察值从小到大排列：

$$-1.2,\ -0.7,\ 1.8,\ 1.8,\ 2.6.$$

由式（1.3.9）

$$F_5(x)=\begin{cases}0, & x<-1.2,\\ 1/5, & -1.2\leqslant x<-0.7,\\ 2/5, & -0.7\leqslant x<1.8,\\ 4/5, & 1.8\leqslant x<2.6,\\ 1, & 2.6\leqslant x,\end{cases}$$

$F_5(x)$ 的图形见图 1.3.4.

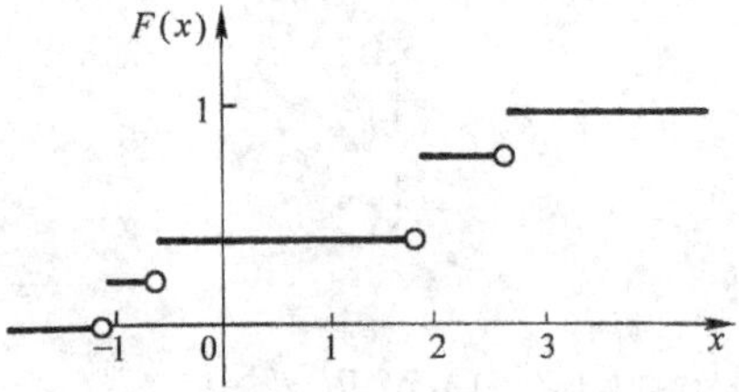

图　1.3.4

设总体 X 的分布函数为 $F(x)$. 对固定的 x，$F(x)$ 是事件 $\{X\leqslant x\}$ 发生的概率. 又设 $(X_1, X_2, \cdots, X_n)$ 是来自 X 的容量为 n 的样本. 获得这组样本相当于进行 n 次分布与总体相同的随机试验. 由这组样本构造的经验分布函数 $F_n(x)$ 就是 n 次这样的随机试验中，事件 $\{X\leqslant x\}$ 发生的频率. 由伯努利(Bernoulli)大数定律，$F_n(x)$ 依概率收敛于 $F(x)$. 事实上，关于经验分布函数 $F_n(x)$ 有更强的结论，即以下的格里汶科（Гливенко）定理.

定理 1.3.5（格里汶科定理）　设总体 X 的分布函数为 $F(x)$，$(X_1, X_2, \cdots, X_n)$ 为来自 X 的样本，$F_n(x)$ 为其经验分布函数，记

$$D_n = \sup_{-\infty < x < \infty} |F_n(x) - F(x)|$$

则有

$$P(\lim_{n\to\infty} D_n = 0) = 1.$$

定理中的 Sup 表示上确界. 定理的证明见参考文献[6]. 这个定理告诉我们,当 n 充分大时,对于所有的 x 值,“$F_n(x)$与$F(x)$之差的绝对值都很小”这个事件发生的概率为 1. 因此当 n 很大时,经验分布函数 $F_n(x)$ 近似地等于总体的分布函数. 这就是数理统计中用样本推断总体的依据.

§1.4　数理统计中的常用分布

本节介绍数理统计中常用的 Γ 分布,β 分布,χ^2 分布,t 分布和 F 分布. 还有一些分布,例如正态分布,二项分布,泊松分布,均匀分布和指数分布等,在数理统计中也经常用到. 这些分布在概率论中已作介绍,我们认为大家对它们已很熟悉,在此就不再作介绍了.

一、Γ 分布

定义 1.4.1　设随机变量 X 的密度函数为

$$f(x) = \frac{\lambda^\alpha}{\Gamma(\alpha)} x^{\alpha-1} e^{-\lambda x} \quad (x > 0),$$

其中,$\Gamma(\cdot)$是 Γ 函数,$\alpha > 0$ 和 $\lambda > 0$ 都是参数,则称 X 服从参数为 α 和 λ 的 Γ 分布,记为 $X \sim \Gamma(\alpha,\lambda)$.

Γ 函数的定义为:$\Gamma(x) = \int_0^\infty t^{x-1} e^{-t} dt \quad (x > 0)$. Γ 函数的递推公式为 $\Gamma(x+1) = x\Gamma(x) \quad (x > 0)$. Γ 函数有几个特殊值:$\Gamma(1) = 1, \Gamma\left(\frac{1}{2}\right) = \sqrt{\pi}, \Gamma(n+1) = n!$ (n 为自然数).

当参数 $\alpha = 1$ 时 $\Gamma(1,\lambda)$就是指数分布. $\Gamma(\alpha,\lambda)$分布中的 λ 称为**尺度参数**,α 称为**形状参数**. α 的不同取值决定 Γ 分布密度函数曲线的形状,见图 1.4.1. 当 $\alpha > 1$ 时,Γ 分布密度函数曲线是单峰的,其峰值位于 $x = \frac{\alpha-1}{\lambda}$(即众数). 若 $1 < \alpha \leqslant 2$,其密度函数曲线先上凸后下凸. 若 $\alpha > 2$,其密度函数曲线先下凸,中间上凸,最后又下凸. 若

$X \sim \Gamma(\alpha,\lambda)$，容易算出 $E(X)=\alpha/\lambda$，$\mathrm{Var}(X)=\alpha/\lambda^2$.

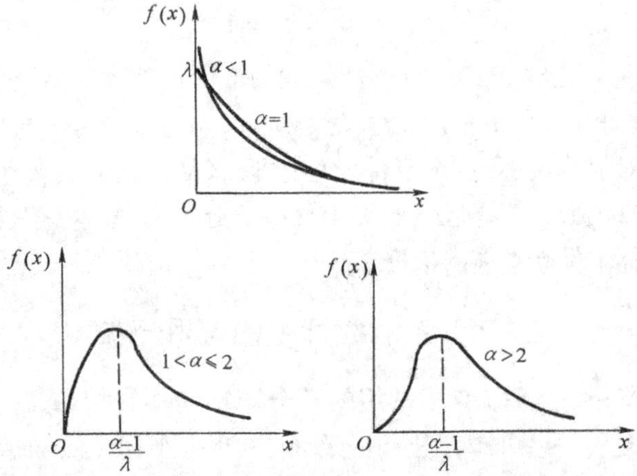

图 1.4.1

Γ 分布有一个很重要的性质，那就是在尺度参数相同的条件下具有可加性. 即

定理 1.4.1 设 $X_1 \sim \Gamma(\alpha_1,\lambda)$，$X_2 \sim \Gamma(\alpha_2,\lambda)$，且 X_1 与 X_2 独立，则 $X_1+X_2 \sim \Gamma(\alpha_1+\alpha_2,\lambda)$.

这个定理可以用 Γ 分布的特征函数来证明，也可以利用两个独立随机变量之和的密度函数的公式来证明. 这里从略.

定理 1.4.1 的结果可以作如下推广：

推论 1.4.1 设 $X_i \sim \Gamma(\alpha_i,\lambda)$，且 X_i 相互独立$(i=1,2,\cdots,n)$，则 $\sum_{i=1}^{n} X_i \sim \Gamma\left(\sum_{i=1}^{n}\alpha_i,\lambda\right)$.

例 1.4.1 某种电子产品具有特性：它能经受住外界若干次冲击，可当第 k 次冲击来到时产品就失效了. 所以该产品的寿命就是第 k 次冲击来到的时刻. 假如在$(0,t)$时间内产品受到冲击次数 X 服从如下的泊松分布

$$P(X=x)=\frac{(\lambda t)^x}{x!}\mathrm{e}^{-\lambda t}, \qquad x=0,1,2,\cdots.$$

求：该产品寿命 T 的分布函数与密度函数.

解　对 $t>0$，T 的分布函数为

$$\begin{aligned}F(t)&=1-P(T>t)\\&=1-P(\text{在}(0,t)\text{内出现冲击次数小于或等于 }k-1\text{ 次})\\&=1-\sum_{x=0}^{k-1}P(X=x)=1-\sum_{x=0}^{k-1}\frac{(\lambda t)^x}{x!}\mathrm{e}^{-\lambda t},\end{aligned}$$

对 $t\leqslant 0$，$F(t)=0$.

对 $t>0$，T 的密度函数为

$$\begin{aligned}f(t)&=\left[1-\sum_{x=0}^{k-1}\frac{(\lambda t)^x}{x!}\mathrm{e}^{-\lambda t}\right]\\&=\lambda\mathrm{e}^{-\lambda t}\sum_{x=0}^{k-1}\frac{(\lambda t)^x}{x!}-\mathrm{e}^{-\lambda t}\sum_{x=0}^{k-1}\frac{x(\lambda t)^{x-1}\lambda}{x!}\\&=\lambda\mathrm{e}^{-\lambda t}\left[\sum_{x=0}^{k-1}\frac{(\lambda t)^x}{x!}-\sum_{x=0}^{k-1}\frac{(\lambda t)^{x-1}}{(x-1)!}\right]\\&=\frac{\lambda^k}{(k-1)!}t^{k-1}\mathrm{e}^{-\lambda t},\end{aligned}$$

对 $t\leqslant 0$，$f(t)=0$.

由此可知，该产品寿命 T 服从其形状参数是自然数 k，尺度参数是 λ 的 Γ 分布 $\Gamma(k,\lambda)$. 形状参数是自然数的 Γ 分布称为**爱尔兰分布**.

如果 $k=1$，该产品的寿命便服从指数分布. 所以指数分布可用来描述如下一类产品的寿命：这种产品只要外界冲击一来到就失效了，而在 $(0,t)$ 时间内产品受到冲击的次数 X 服从参数为 λt 的泊松分布.

二、β 分布

定义 1.4.2　设随机变量 X 的密度函数为

$$f(x;a,b)=\frac{\Gamma(a+b)}{\Gamma(a)\Gamma(b)}x^{a-1}(1-x)^{b-1},\qquad 0<x<1$$

其中，$a>0$ 和 $b>0$ 都是形状参数，则称 X 服从参数为 a 和 b 的 β 分布，记为 $X\sim Be(a,b)$.

当 $a=b=1$ 时，β 分布就是 $(0,1)$ 上的均匀分布 $U(0,1)$.

对于参数 a 和 b 的不同取值，$Be(a,b)$ 的密度函数曲线的形

状如图 1.4.2 所示. 当 $a>1$ 和 $b>1$ 时, $Be(a,b)$ 密度函数曲线是单峰的,其峰值位于 $x=(a-1)/(a+b-2)$(即众数)处. 若 $X\sim Be(a,b)$,容易算得

$$E(X)=\frac{a}{a+b} \text{和} \operatorname{Var}(X)=\frac{ab}{(a+b)^2(a+b+1)}.$$

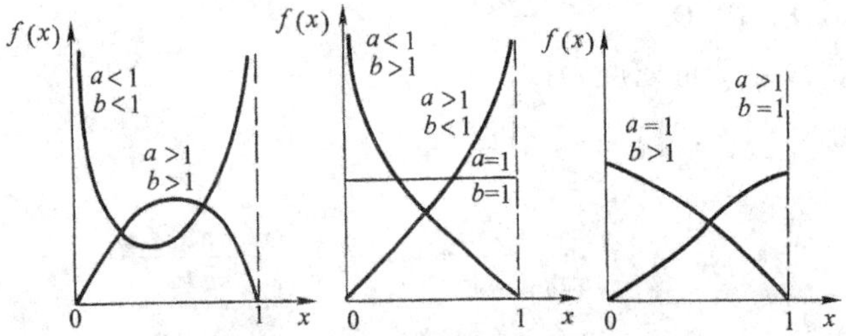

图 1.4.2

例 1.4.2 设总体 $X\sim U(0,1)$, $(X_1,X_2,\cdots,X_n)$ 是来自 X 的样本,则由定理 1.3.1,第 k 个次序统计量 $X_{(k)}$ 的密度函数为

$$f(x)=\frac{n!}{(k-1)!\ (n-k)!}x^{k-1}(1-x)^{n-k} \qquad (0<x<1).$$

即 $X_{(k)}$ 服从参数为 k 和 $n-k+1$ 的 β 分布.

三、χ^2 分布

定义 1.4.3 设 $X_1,X_2,\cdots,X_n$ 相互独立且都服从 $N(0,1)$ 分布,记

$$\chi^2=X_1^2+X_2^2+\cdots+X_n^2 \tag{1.4.1}$$

则称 χ^2 服从自由度为 n 的 χ^2 分布,记为 $\chi^2\sim\chi^2(n)$.

这里所说的自由度是指在式(1.4.1)右端包含的独立变量的个数.

根据随机变量的函数的密度函数的求法,对于 $i=1,2,\cdots,n$,由 $X_i\sim N(0,1)$ 可求出 X_i^2 的密度函数,它们都是

$$g(y)=\begin{cases}\dfrac{1}{\sqrt{2\pi}}y^{-\frac{1}{2}}\mathrm{e}^{-\frac{y}{2}}, & y>0,\\ 0, & y\leqslant 0.\end{cases}$$

从上式可知，X_i^2 都服从参数为$\frac{1}{2}$和$\frac{1}{2}$的 Γ 分布：$X_i^2 \sim \Gamma\left(\frac{1}{2},\frac{1}{2}\right)$ $(i=1,2,\cdots,n)$. 注意到 X_i^2 的尺度参数都是$\frac{1}{2}$，由 Γ 分布的可加性(见推论 1.4.1)知$\chi^2=\sum\limits_{i=1}^{n} X_i^2 \sim \Gamma\left(\frac{n}{2},\frac{1}{2}\right)$，其密度函数为

$$f(x;n)=\begin{cases}\dfrac{1}{2^{n/2}\Gamma(n/2)}x^{\frac{n}{2}-1}\mathrm{e}^{-\frac{x}{2}}, & x>0,\\ 0, & 其他.\end{cases} \tag{1.4.2}$$

$\chi^2(n)$的密度函数的曲线如图 1.4.3 所示.

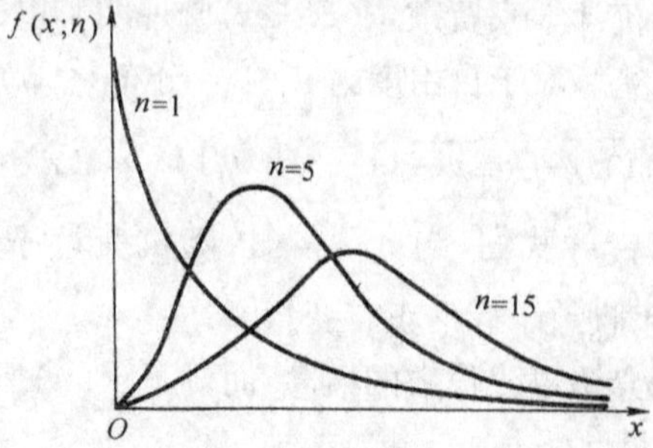

图　1.4.3

由 Γ 分布的可加性可得χ^2 分布的可加性.

定理 1.4.2　设$\chi_1^2 \sim \chi^2(n_1)$，$\chi_2^2 \sim \chi^2(n_2)$，并且$\chi_1^2$与$\chi_2^2$相互独立，则有

$$\chi_1^2+\chi_2^2 \sim \chi^2(n_1+n_2).$$

这个定理告诉我们，两个相互独立的χ^2 变量之和仍为χ^2 变量，其自由度是原先两个χ^2 变量自由度之和. 定理 1.4.2 的结果还可以作如下推广.

推论 1.4.2　若$\chi_i^2 \sim \chi^2(n_i)$，且$\chi_i^2$ 相互独立$(i=1,2,\cdots,k)$，则 $\sum\limits_{i=1}^{k}\chi_i^2 \sim \chi^2\left(\sum\limits_{i=1}^{k} n_i\right)$.

定理 1.4.3　设$\chi^2 \sim \chi^2(n)$，则 $E(\chi^2)=n$，$\mathrm{Var}(\chi^2)=2n$.

证明 设 $X_i \sim N(0,1)$ 且 X_i 相互独立($i=1,2,\cdots,n$),则 $\chi^2=\sum_{i=1}^{n}X_i^2$. 因为 $X_i \sim N(0,1)$,故 $E(X_i^2)=\mathrm{Var}(X_i)=1$,于是 $E(\chi^2)=E(\sum_{i=1}^{n}X_i^2)=n$. 又因

$$E(X_i^4)=\frac{1}{\sqrt{2\pi}}\int_{-\infty}^{\infty}x^4\mathrm{e}^{-\frac{x^2}{2}}\mathrm{d}x=3,$$

故 $\mathrm{Var}(X_i^2)=E(X_i^4)-[E(X_i^2)]^2=3-1=2(i=1,2,\cdots,n)$. 于是

$$\mathrm{Var}(\chi^2)=\mathrm{Var}(\sum_{i=1}^{n}X_i^2)=\sum_{i=1}^{n}\mathrm{Var}(X_i^2)=2n.$$ 证毕.

英国著名统计学家费歇尔(Fisher)曾证明了以下定理:

定理 1.4.4 对于自由度为 n 的 χ^2 分布 $\chi^2(n)$ 有

$$\sqrt{2\chi^2(n)}-\sqrt{2n-1}\xrightarrow{L}N(0,1)\qquad(n\to\infty).$$

这个定理告诉我们,当 $n\to\infty$ 时,随机变量序列 $\sqrt{2\chi^2(n)}-\sqrt{2n-1}$依分布收敛于标准正态变量.

前面曾经介绍过分位数的概念. 而对于 $\chi^2(n)$ 来说,设 $0<\alpha<1$,若 $\chi_\alpha^2(n)$ 满足

$$P(\chi^2(n)<\chi_\alpha^2(n))=\alpha,$$

则称 $\chi_\alpha^2(n)$ 为 $\chi^2(n)$ 的 α 分位数. 从直观上看,$\chi_\alpha^2(n)$ 表示由直线 $x=\chi_\alpha^2(n)$ 的左侧以及 x 轴、$\chi^2(n)$ 的密度函数曲线围成的区域的面积等于 α. 从分位数的定义知,对于 $0<\alpha<1$,$\chi^2(n)$ 分布的 $1-\alpha$ 分位数 $\chi_{1-\alpha}^2(n)$ 满足

$$P(\chi^2(n)>\chi_{1-\alpha}^2(n))=\alpha \quad (见图 1.4.4).$$

对于不同的 α 和 n,α 分位数 $\chi_\alpha^2(n)$ 的数值已制成表格,可以查用(见附表 2). 该表只详列到自由度 $n=45$ 为止. 当自由度 $n>45$ 时,由定理 1.4.4 知,$\chi_\alpha^2(n)$ 与标准正态分布的 α 分位数 u_α 之间近似地满足

$$\chi_\alpha^2(n)\approx\frac{1}{2}(u_\alpha+\sqrt{2n-1})^2. \tag{1.4.3}$$

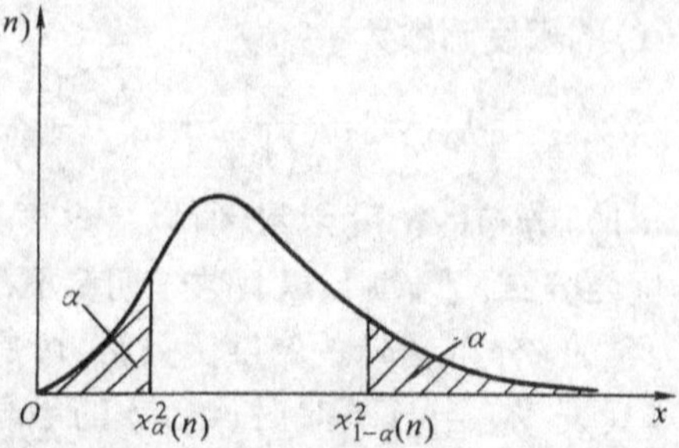

图　1.4.4

对于给定的α,先查得标准正态分布的α分位数u_α的数值,再由式(1.4.3)换算成自由度为n的χ^2分布的α分位数$\chi_\alpha^2(n)$.例如,要求$\chi_{0.95}^2(60)$,先查出$u_{0.95}=1.645$,再由式(1.4.3)得

$$\chi_{0.95}^2(60)\approx\frac{1}{2}(u_{0.95}+\sqrt{2\times60-1})^2$$
$$=\frac{1}{2}(1.645+\sqrt{119})^2=78.80.$$

四、t分布

定义1.4.4　设$X\sim N(0,1)$,$Y\sim\chi^2(n)$,并且X和Y相互独立,则称

$$t=\frac{X}{\sqrt{Y/n}}$$

服从自由度为n的t分布,记为$t\sim t(n)$.

t分布是英国化学家和统计学家哥塞特(W. S. Gosset)在1908年提出的.由于他在发表这个结果时用的是笔名"Student",所以t分布又称为"学生氏分布".

从Y的密度函数(见式(1.4.2))可以求出$\sqrt{Y/n}$的密度函数,再由两个独立随机变量的商的密度函数公式即可求出$t(n)$的密度函数,它为

$$h_n(t)=\frac{\Gamma[(n+1)/2]}{\sqrt{\pi n}\Gamma(n/2)}\left(1+\frac{t^2}{n}\right)^{-\frac{n+1}{2}},\qquad-\infty<t<+\infty.$$

当 $n=1$ 时，$t(1)$ 的密度函数为

$$h_1(t)=\frac{1}{\pi(1+t^2)}, \quad -\infty<t<+\infty.$$

这是柯西(Cauchy)分布的密度函数. 所以自由度为 1 的 t 分布即为柯西分布. 柯西分布，即 $t(1)$，以其数学期望不存在而著称.

自由度为 n 的 t 分布 $t(n)$ 的密度函数 $h_n(t)$ 是偶函数，其图形关于纵轴 $t=0$ 对称. 当 $n>1$ 时，$t(n)$ 的数学期望存在，且 $E[t(n)]=0$. 当 $n>2$ 时，$t(n)$ 的方差存在，且 $\mathrm{Var}[t(n)]=\frac{n}{n-2}$. 一般地说，$t(n)$ 只存在小于等于 $n-1$ 阶的矩.

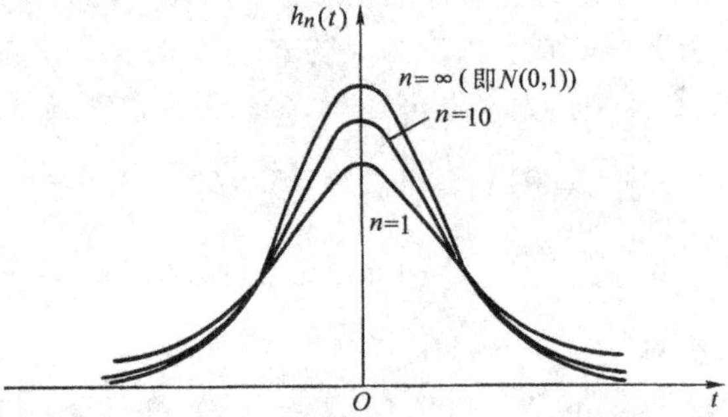

图 1.4.5

$t(n)$ 的密度函数与标准正态分布 $N(0,1)$ 的密度函数的曲线都是以纵轴为对称轴的"钟形"曲线(见图 1.4.5). 但 $t(n)$ 的峰值低于 $N(0,1)$ 的峰值，$t(n)$ 在两侧的尾部要比 $N(0,1)$ 的大一些. 因此 $t(n)$ 的方差要比 $N(0,1)$ 的方差大一些，$N(0,1)$ 的方差是 1，而 $t(n)(n>2)$ 的方差是 $\frac{n}{n-2}$，总是大于 1 的. 利用 Γ 函数的性质(斯特林(Stirling)公式)可得

$$\lim_{n\to\infty}h_n(t)=\frac{1}{\sqrt{2\pi}}e^{-\frac{t^2}{2}}=\varphi(t), \quad -\infty<t<+\infty.$$

即当 $n\to+\infty$ 时，$t(n)$ 的极限分布是 $N(0,1)$. 一般地说，当 $n>30$ 时，$t(n)$ 与 $N(0,1)$ 就非常接近了. 但对于较小的 n，$t(n)$ 与

$N(0,1)$之间还是有较大的差异.

对于给定的$0<\alpha<1$,称满足

$$P(t(n)<t_\alpha(n))=\alpha$$

的$t_\alpha(n)$为$t(n)$的α分位数,如图1.4.6所示.由$t(n)$的α分位数的定义和$t(n)$的密度函数$h_n(t)$的对称性知

$$t_{1-\alpha}(n)=-t_\alpha(n).$$

$t(n)$的α分位数$t_\alpha(n)$可由附表3查得.该表只详列到自由度$n=45$为止.当自由度$n>45$时就用$N(0,1)$的α分位数u_α来近似$t_\alpha(n)$.

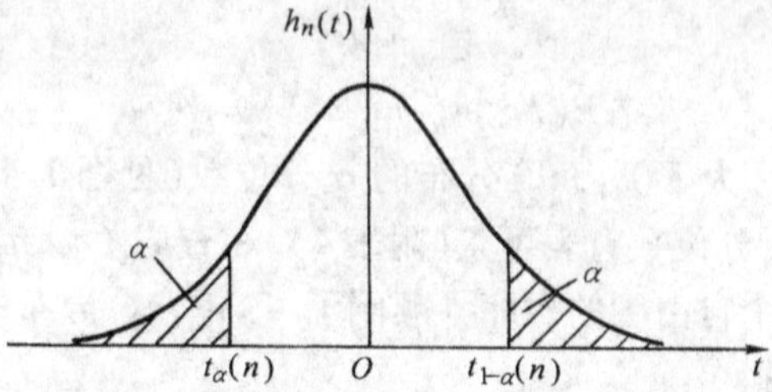

图　1.4.6

五、F 分布

定义 1.4.5　设$X\sim\chi^2(n_1)$,$Y\sim\chi^2(n_2)$,并且X与Y相互独立,则称

$$F=\frac{X/n_1}{Y/n_2}$$

服从自由度为(n_1,n_2)的F分布,记为$F\sim F(n_1,n_2)$.其中n_1称为第一(分子)自由度,n_2称为第二(分母)自由度.

可用两个独立随机变量的商的密度函数计算公式算得$F(n_1,n_2)$分布的密度函数,它是

$$g(x;n_1,n_2)=\begin{cases}\dfrac{\Gamma\left(\dfrac{n_1+n_2}{2}\right)}{\Gamma\left(\dfrac{n_1}{2}\right)\Gamma\left(\dfrac{n_2}{2}\right)}\left(\dfrac{n_1}{n_2}\right)^{\frac{n_1}{2}}x^{\frac{n_1}{2}-1}\left(1+\dfrac{n_1}{n_2}x\right)^{-\frac{n_1+n_2}{2}}, & x>0,\\ 0, & x\leqslant 0.\end{cases}$$

$g(x;n_1,n_2)$ 曲线的图形见图 1.4.7. 由定义 1.4.5 知,若 $F\sim F(n_1,n_2)$,则 $\frac{1}{F}\sim F(n_2,n_1)$. 对于给定的 $0<\alpha<1$,称满足

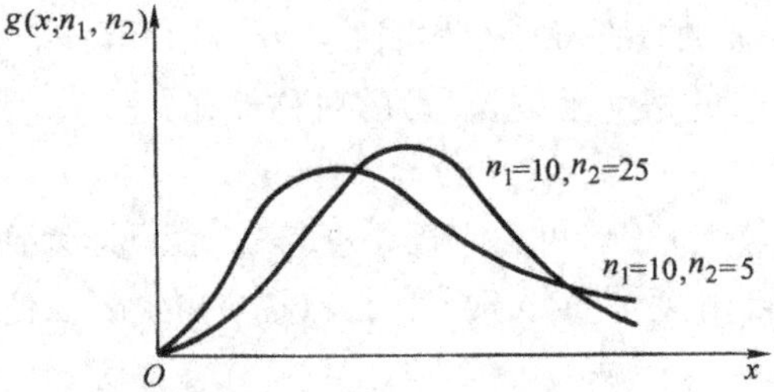

图 1.4.7

$$P(F<F_\alpha(n_1,n_2))=\alpha$$

的 $F_\alpha(n_1,n_2)$ 为 $F(n_1,n_2)$ 分布的 α 分位数(见图 1.4.8). $F(n_1,n_2)$ 分布的 α 分位数有表可查(附表4). 在查 $F_\alpha(n_1,n_2)$ 的值时注意不要把两个自由度的次序弄颠倒了. $F(n_1,n_2)$ 分布的 α 分位数有如下性质:

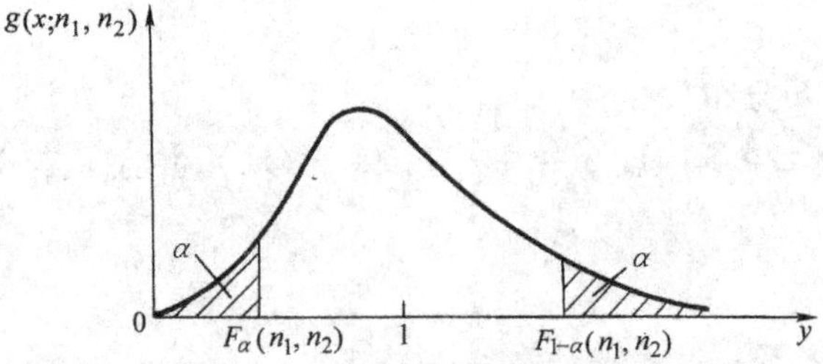

图 1.4.8

$$F_{1-\alpha}(n_1,n_2)=\frac{1}{F_\alpha(n_2,n_1)}. \tag{1.4.4}$$

事实上,若 $F\sim F(n_1,n_2)$,按分位数的定义有

$$\alpha=P(F>F_{1-\alpha}(n_1,n_2))$$
$$=P\left(\frac{1}{F}<\frac{1}{F_{1-\alpha}(n_1,n_2)}\right),$$

注意到 $\frac{1}{F}\sim F(n_2,n_1)$,由上式得

$$\frac{1}{F_{1-\alpha}(n_1,n_2)}=F_\alpha(n_2,n_1).$$

此即式(1.4.4). 式(1.4.4)常用来求 F 分布表(附表4)中未列出的 α 较小(较接近于0)的 α 分位数. 例如,欲求 $F_{0.1}(10,20)$,先从附表4查得 $F_{0.9}(20,10)=2.20$,将它代入关系式

$$F_{0.1}(10,20)=\frac{1}{F_{0.9}(20,10)}.$$

即得 $F_{0.1}(10,20)=\frac{1}{2.20}=0.4545$.

以上介绍的 χ^2 分布,t 分布和 F 分布称为数理统计的三大分布.

§1.5　抽样分布

我们把样本$(X_1,X_2,\cdots,X_n)$构造成统计量 $g(X_1,X_2,\cdots,X_n)$的目的,就是要用 $g(X_1,X_2,\cdots,X_n)$对总体的统计特征进行推断. 要用统计量 $g(X_1,X_2,\cdots,X_n)$作统计推断就要知道它的分布. 统计量的分布称为**抽样分布**. 当样本容量 n 固定时,$g(X_1,X_2,\cdots,X_n)$的抽样分布称为精确分布. 如果总体 X 属于参数分布族$\{F(x;\theta),\theta\in\Theta\}$,由于 $F(\cdot)$的形式已知,所以从理论上讲 $g(X_1,X_2,\cdots,X_n)$的精确分布是可以求得的. 但是实际上只有来自很少几类总体(如正态总体)的样本构造成的若干统计量,其精确分布才可求得. 除了这些少数特例外,在一般情形下要求得统计量的精确分布是困难的;即使在某些情形下求得了某统计量的精确分布,但由于其表示式过于繁复而难于应用. 这时我们只能依赖于统计量的渐近分布,即当样本容量 $n\to+\infty$ 时的极限分布. 本节要介绍的是正态总体的某些统计量的抽样分布以及它们的性质.

正态分布是概率论与数理统计中最重要、应用最广的一种分布. 这是因为在客观世界中许多随机变量服从正态分布,或近似服从正态分布. 而且在总体服从正态分布的情形下,一些常用统

计量（如样本均值、样本方差等）的精确分布容易获得并有较好的性质. 在导出正态总体某些统计量的抽样分布之前，先给出多维正态分布的定义并用引理的形式给出多维正态分布的几条性质.

定义 1.5.1 若 $X_1,X_2,\cdots,X_n$ 的联合密度函数为

$$f(x_1,x_2,\cdots,x_n)=\frac{1}{(2\pi)^{\frac{n}{2}}(\det\boldsymbol{\Sigma})^{\frac{1}{2}}}\exp\left[-\frac{1}{2}(\boldsymbol{x}-\boldsymbol{\mu})'\boldsymbol{\Sigma}^{-1}(\boldsymbol{x}-\boldsymbol{\mu})\right],-\infty<x_1,x_2,\cdots,x_n<+\infty,$$

其中,$\boldsymbol{x}'=(x_1,x_2,\cdots,x_n)$,$\boldsymbol{\mu}'=(\mu_1,\mu_2,\cdots,\mu_n)$是$(X_1,X_2,\cdots,X_n)'$的均值向量,$\boldsymbol{\Sigma}$ 是$(X_1,X_2,\cdots,X_n)'$的协方差矩阵,$\det\boldsymbol{\Sigma}$ 表示 $\boldsymbol{\Sigma}$ 的行列式,则称$(X_1,X_2,\cdots,X_n)'$服从均值向量为$\boldsymbol{\mu}$,协方差矩阵为 $\boldsymbol{\Sigma}$ 的 n 维正态分布,记为$(X_1,X_2,\cdots,X_n)'\sim N_n(\boldsymbol{\mu},\boldsymbol{\Sigma})$.

引理 1.5.1 设 $\boldsymbol{X}\triangleq(X_1,X_2,\cdots,X_n)'\sim N_n(\boldsymbol{\mu},\boldsymbol{\Sigma})$,$\boldsymbol{P}$ 是 $k\times n$ 阶常数矩阵. 令 $\boldsymbol{Y}=\boldsymbol{PX}$,则 $\boldsymbol{Y}\sim N_k(\boldsymbol{P\mu},\boldsymbol{P\Sigma P})'$,即 $\boldsymbol{Y}$ 服从均值向量为 $\boldsymbol{P\mu}$,协方差矩阵为 $\boldsymbol{P\Sigma P}'$的 k 维正态分布.

这里一般要求 $1\leqslant k\leqslant n$,且 $R(\boldsymbol{P})=k$.（我们用 $R(\boldsymbol{A})$表示矩阵 $\boldsymbol{A}$ 的秩）

引理 1.5.1 表明,多维正态变量的线性变换仍为多维正态变量. 引理 1.5.1 的证明从略.

推论 1.5.1 设$(X_1,X_2,\cdots,X_n)'\sim N_n(\boldsymbol{\mu},\boldsymbol{\Sigma})$,则对 $1\leqslant k<n$ 有$(X_1,X_2,\cdots,X_k)'\sim N_k((\mu_1,\mu_2,\cdots,\mu_k)',\boldsymbol{\Sigma}_{11})$,其中 $\boldsymbol{\Sigma}_{11}$ 是 $\boldsymbol{\Sigma}$ 的左上角 $k\times k$ 分块矩阵.

证明 由引理 1.5.1,并取

$$\boldsymbol{P}=\begin{pmatrix}1&0&\cdots&0&0&\cdots&0\\0&1&\cdots&0&0&\cdots&0\\\vdots&\vdots&&\vdots&\vdots&&\vdots\\0&0&\cdots&1&0&\cdots&0\end{pmatrix}_{k\times n}$$

即知本推论 1.5.1 的结论成立.

推论 1.5.1 告诉我们,若$(X_1,X_2,\cdots,X_n)'\sim N_n(\boldsymbol{\mu},\boldsymbol{\Sigma})$,则

$(X_1,X_2,\cdots,X_n)'$的任意 $k(1\leqslant k<n)$维子向量都服从 k 维正态分布,其均值向量为$\boldsymbol{\mu}$ 的相应子向量,其协方差矩阵为 $\boldsymbol{\Sigma}$ 的相应子矩阵. 这表明,多维正态分布的任何边缘分布(包括一维的和多维的)仍为正态分布;但反之不真.

推论 1.5.2　设 $X_1,X_2,\cdots,X_n$ 相互独立,且 $X_i\sim N(\mu_i,\sigma_i^2)$ $(i=1,2,\cdots,n)$,则对 $X_1,X_2,\cdots,X_n$ 的任一线性组合 $\sum\limits_{i=1}^n a_iX_i$ 有

$$\sum_{i=1}^n a_iX_i \sim N\left(\sum_{i=1}^n a_i\mu_i,\sum_{i=1}^n a_i^2\sigma_i^2\right).$$

证明　由引理 1.5.1,并取 $\boldsymbol{P}=(a_1,a_2,\cdots,a_n)$ 和 $\boldsymbol{\Sigma}=\mathrm{diag}(\sigma_1^2,\sigma_2^2,\cdots,\sigma_n^2)$ ($\mathrm{diag}(\sigma_1^2,\sigma_2^2,\cdots,\sigma_n^2)$表示对角线上元素为 $\sigma_1^2,\sigma_2^2,\cdots,\sigma_n^2$ 的对角阵),即知本推论的结论成立. 证毕.

引理 1.5.2　设 $X_1,X_2,\cdots,X_n$ 服从 n 维正态分布,则"$X_1,X_2,\cdots,X_n$ 相互独立"的充分必要条件是"$X_1,X_2,\cdots,X_n$ 两两不相关".

引理 1.5.2 的证明从略.

引理 1.5.3　设 $X_1,X_2,\cdots,X_n$ 相互独立,且 $X_i\sim N(\mu_i,\sigma^2)$ $(i=1,2,\cdots,n)$,$\boldsymbol{P}=(p_{ij})$ 为 n 阶正交矩阵. 作线性变换 $Y_i=\sum\limits_{j=1}^n p_{ij}X_j(i=1,2,\cdots,n)$,则 $Y_i\sim N(\sum\limits_{j=1}^n p_{ij}\mu_j,\sigma^2)(i=1,2,\cdots,n)$ 且 $Y_1,Y_2,\cdots,Y_n$ 相互独立.

证明　由推论 1.5.2 知,对于 $i=1,2,\cdots,n$, $Y_i=\sum\limits_{i=1}^n p_{ij}X_j$ 服从正态分布,且 $E(Y_i)=\sum\limits_{j=1}^n p_{ij}\mu_j$. 再注意到 $\boldsymbol{P}$ 的正交性,由于 $\mathrm{Var}(Y_i)=\sum\limits_{j=1}^n p_{ij}^2\sigma^2=\sigma^2(\sum\limits_{j=1}^n p_{ij}^2)=\sigma^2$,故有 $Y_i\sim N(\sum\limits_{j=1}^n p_{ij}\mu_j,\sigma^2)$.

根据协方差的性质,并注意到 $X_1,X_2,\cdots,X_n$ 相互独立有

$$\begin{aligned}\mathrm{Cov}(Y_i,Y_k)&=\mathrm{Cov}(\sum_{j=1}^n p_{ij}X_j,\sum_{l=1}^n p_{kl}X_l)\\&=\sum_{j=1}^n\sum_{l=1}^n p_{ij}p_{kl}\mathrm{Cov}(X_j,X_l)=\sum_{j=1}^n p_{ij}p_{kj}\sigma^2.\end{aligned}$$

又因 $\boldsymbol{P}$ 是正交矩阵,对于 $i \neq k$, $\sum_{j=1}^{n} p_{ij} p_{kj} = 0$,故此时 $\mathrm{Cov}(Y_i, Y_k) = 0$,即 $Y_1, Y_2, \cdots, Y_n$ 两两不相关. 由引理 1.5.2 知 $Y_1, Y_2, \cdots, Y_n$ 相互独立. 证毕.

定理 1.5.1　设总体 $X \sim N(\mu, \sigma^2)$,$(X_1, X_2, \cdots, X_n)$ 是来自 X 的样本. $\overline{X}$ 和 S^2 分别是样本均值和样本方差,则

(1) $\overline{X} \sim N(\mu, \sigma^2/n)$;

(2) $\dfrac{(n-1)S^2}{\sigma^2} \sim \chi^2(n-1)$;

(3) $\overline{X}$ 与 S^2 相互独立.

证明　(1) 由推论 1.5.2,对 $i = 1, 2, \cdots, n$,取 $\mu_i = \mu, \sigma_i^2 = \sigma^2$, $a_i = \dfrac{1}{n}$,即知 $\overline{X} \sim N(\mu, \sigma^2/n)$.

(2) 作 n 阶正交阵 $\boldsymbol{P}$,它的第一行元素都是 $\dfrac{1}{\sqrt{n}}$,即 $p_{1j} = \dfrac{1}{\sqrt{n}}$, $j = 1, 2, \cdots, n$. 令

$$Y_i = \sum_{i=1}^{n} p_{ij} X_j, \qquad i = 1, 2, \cdots, n.$$

由引理 1.5.3 知,$Y_1, Y_2, \cdots, Y_n$ 都服从正态分布且相互独立. 其中 $E(Y_1) = \sum_{j=1}^{n} p_{1j}\mu = \sum_{j=1}^{n} \dfrac{1}{\sqrt{n}}\mu = \sqrt{n}\mu$(注意本定理中 μ_i 都等于 μ).

而由 $\boldsymbol{P}$ 的正交性知,$E(Y_i) = \sum_{j=1}^{n} p_{ij}\mu = \mu\left(\sum_{j=1}^{n} p_{ij} \dfrac{1}{\sqrt{n}}\right)\sqrt{n} = 0, i = 2, 3, \cdots, n$. 所以有

$$Y_1 \sim N(\sqrt{n}\mu, \sigma^2), Y_i \sim N(0, \sigma^2), i = 2, 3, \cdots, n.$$

因为 $Y_1 = \sum_{j=1}^{n} p_{1j} X_j = \sum_{j=1}^{n} \dfrac{1}{\sqrt{n}} X_j = \sqrt{n}\overline{X}$,所以 $Y_1^2 = n(\overline{X})^2$. 再由 $\boldsymbol{P}$ 的正交性有 $\sum_{i=1}^{n} X_i^2 = \sum_{i=1}^{n} Y_i^2$. 因此

$$
\begin{aligned}
(n-1)S^2/\sigma^2 &= \left[\sum_{i=1}^{n} X_i^2 - n(\bar{X})^2\right]/\sigma^2 \\
&= \left(\sum_{i=1}^{n} Y_i^2 - Y_1^2\right)/\sigma^2 = \sum_{i=2}^{n}\left(Y_i/\sigma\right)^2.
\end{aligned}
$$

因为对 $i=2,3,\cdots,n, Y_i/\sigma \sim N(0,1)$ 且相互独立，故 $\dfrac{(n-1)S^2}{\sigma^2} \sim \chi^2(n-1)$.

(3) 最后，由于 $\bar{X}$ 只依赖于 Y_1，S^2 只依赖于 $Y_2,Y_3,\cdots,Y_n$，所以 $\bar{X}$ 与 S^2 相互独立. 证毕.

根据 χ^2 分布的定义，若 $X_1,X_2,\cdots,X_n$ 相互独立且都服从 $N(0,1)$ 分布，则 $\chi^2 = \sum_{i=1}^{n} X_i^2 \sim \chi^2(n)$. 因为 χ^2 是 n 个独立变量的平方和，故其自由度为 n. 由定理 1.5.1，若总体 $X \sim N(\mu,\sigma^2)$，则 $\sum_{i=1}^{n}(X_i-\bar{X})^2/\sigma^2 \sim \chi^2(n-1)$. 这里虽然也是 n 项 $X_i-\bar{X}$ 的平方和，但因为这 n 项之和 $(X_1-\bar{X})+(X_2-\bar{X})+\cdots+(X_n-\bar{X})=0$，即这 n 项有一个约束条件，所以这 n 项中独立变化的只有 $n-1$ 项，故其自由度为 $n-1$.

例 1.5.1　设总体 $X \sim N(10,4)$，$(X_1,X_2,\cdots,X_{16})$ 是来自 X 的样本. $\bar{X}$ 和 S^2 是相应的样本均值和样本方差. 求

(1) 样本均值 $\bar{X}$ 与总体均值之差的绝对值不超过 0.3 的概率;

(2) $P(S^2 \leqslant 8.154)$;

(3) $\mathrm{Var}(S^2)$.

解　(1) 由定理 1.5.1 知，

$$\bar{X} \sim N(10,4/16) = N(10,1/4)$$

将 $\bar{X}$ 标准化得

$$\frac{\bar{X}-10}{1/2} = 2(\bar{X}-10) \sim N(0,1).$$

于是，

$$P(|\overline{X}-10|\leqslant 0.3)=P(2|\overline{X}-10|\leqslant 0.6)$$
$$=P(-0.6\leqslant 2(\overline{X}-10)\leqslant 0.6)=\Phi(0.6)-\Phi(-0.6)$$
$$=2\Phi(0.6)-1.$$

查表得 $\Phi(0.6)=0.7257$，故

$$P(|\overline{X}-10|\leqslant 0.3)=2\times 0.7257-1=0.4514.$$

(2) 由定理1.5.1知$\frac{15S^2}{4}\sim\chi^2(15)$. 于是

$$P(S^2\leqslant 8.154)=P\left(\frac{15S^2}{4}\leqslant\frac{15\times 8.154}{4}\right)=P(\chi^2(15)\leqslant 30.578)$$

查表得 $P(\chi^2(15)\leqslant 30.578)=0.99$，故 $P(S^2\leqslant 8.154)=0.99$.

(3) $\mathrm{Var}(S^2)=\mathrm{Var}\left(\frac{4}{15}\cdot\frac{15S^2}{4}\right)=\left(\frac{4}{15}\right)^2\mathrm{Var}(\chi^2(15))$.

由 χ^2 分布的性质知，$\mathrm{Var}(\chi^2(15))=30$，故

$$\mathrm{Var}(S^2)=\left(\frac{4}{15}\right)^2\times 30=2\frac{2}{15}.$$

设 $X_1,X_2,\cdots,X_n$ 相互独立且都服从正态分布. 记 $\boldsymbol{X}=(X_1,X_2,\cdots,X_n)'$，$Q=\sum\limits_{i=1}^{n}\sum\limits_{j=1}^{n}a_{ij}X_iX_j=\boldsymbol{X}'\boldsymbol{A}\boldsymbol{X}$，其中 $\boldsymbol{A}=(a_{ij})$ 是 n 阶方阵，且 $a_{ij}=a_{ji}$. Q 称为正态变量的二次型，$\boldsymbol{A}$ 的秩称为二次型 Q 的秩. 下面介绍的关于正态变量二次型分布的柯赫伦(Cochran)定理，在第四章有重要作用.

定理 1.5.2 （柯赫伦定理） 设 $X_1,X_2,\cdots,X_n$ 相互独立且都服从 $N(0,1)$ 分布. 又设 $Q_1+Q_2+\cdots+Q_k=\sum\limits_{i=1}^{n}X_i^2$，其中 Q_j 是秩为 $n_j(j=1,2,\cdots,k)$ 的 $X_1,X_2,\cdots,X_n$ 的非负定二次型(Q_j 是非负定二次型指的是对于 $X_1,X_2,\cdots,X_n$ 的任意一组观察值 $x_1,x_2,\cdots,x_n$ 都有 $Q_j\geqslant 0$)，则 Q_j 相互独立且 $Q_j\sim\chi^2(n_j)(j=1,2,\cdots,k)$ 的充分必要条件是 $\sum\limits_{j=1}^{k}n_j=n$.

证明 先证充分性. 与 $X_1,X_2,\cdots,X_n$ 的非负定二次型 Q_j 对应

的非负定矩阵记为 $\boldsymbol{A}_j(j=1,2,\cdots,k)$. 于是有 $\sum_{j=1}^{k}\boldsymbol{A}_j=\boldsymbol{I}_n$. 根据线性代数知识,存在 $n\times n_j$ 阶列满秩矩阵 $\boldsymbol{B}_j$,使得 $\boldsymbol{A}_j=\boldsymbol{B}_j\boldsymbol{B}_j'(j=1,2,\cdots,k)$. 记 $\boldsymbol{B}=(\boldsymbol{B}_1\mid\boldsymbol{B}_2\mid\cdots\mid\boldsymbol{B}_k)$,注意到 $\sum_{j=1}^{k}n_j=n$,所以 $\boldsymbol{B}$ 是方阵. 又因

$$\boldsymbol{B}\boldsymbol{B}'=\sum_{j=1}^{k}\boldsymbol{B}_j\boldsymbol{B}_j'=\sum_{j=1}^{k}\boldsymbol{A}_j=\boldsymbol{I}_n,$$

所以 $\boldsymbol{B}$ 是正交矩阵. 作变换

$$\boldsymbol{Y}=(Y_1,\ Y_2,\ \cdots,\ Y_n)'=\boldsymbol{B}'\boldsymbol{X}=(\boldsymbol{B}_1\mid\boldsymbol{B}_2\mid\cdots\mid\boldsymbol{B}_k)'\boldsymbol{X}.$$

由引理 1.5.3 并注意到本定理中 $E(X_l)=0,\mathrm{Var}(X_l)=1(l=1,2,\cdots,n)$知, $Y_1,Y_2,\cdots,Y_n$ 相互独立且 $Y_i\sim N(0,1)(i=1,2,\cdots,n)$. 因为对 $j=1,2,\cdots,k$,

$$\boldsymbol{B}_j'\boldsymbol{X}=(Y_{n_1+\cdots+n_{j-1}+1},\ Y_{n_1+\cdots+n_{j-1}+2},\ \cdots,\ Y_{n_1+\cdots+n_{j-1}+n_j})',$$

其中, $n_0=0$, 所以 $Q_j=\boldsymbol{X}'\boldsymbol{A}_j\boldsymbol{X}=\boldsymbol{X}'\boldsymbol{B}_j\boldsymbol{B}_j'\boldsymbol{X}=\sum_{l=n_1+\cdots+n_{j-1}+1}^{n_1+\cdots+n_{j-1}+n_j}Y_l^2$, 故 $Q_j\sim\chi^2(n_j)(j=1,2,\cdots,k)$. 又因各 Q_j 只依赖于 $Y_{n_1+\cdots+n_{j-1}+1}$, $Y_{n_1+\cdots+n_{j-1}+2},\cdots,Y_{n_1+\cdots+n_{j-1}+n_j}$,所以 $Q_1,Q_2,\cdots,Q_k$ 相互独立.

下面证必要性. 由 χ^2 分布的可加性(见推论 1.4.2), $\sum_{j=1}^{k}Q_j\sim\chi^2(\sum_{j=1}^{k}n_j)$. 又因 $\sum_{j=1}^{k}Q_j=\sum_{i=1}^{n}X_i^2\sim\chi^2(n)$,故得 $\sum_{j=1}^{k}n_j=n$. 证毕.

定理 1.5.3　设总体 $X\sim N(\mu,\ \sigma^2)$. $(X_1,\ X_2,\ \cdots,\ X_n)$ 是来自 X 的样本, $\overline{X}$ 和 S^2 分别是样本均值和样本方差, 则

$$\frac{\overline{X}-\mu}{S/\sqrt{n}}\sim t\ (n-1).$$

证明　由定理 1.5.1 知

$$\frac{\overline{X}-\mu}{\sigma/\sqrt{n}}\sim N\ (0,\ 1),\ \frac{(n-1)\ S^2}{\sigma^2}\sim\chi^2\ (n-1),$$

且两者独立．由 t 分布的定义知

$$\frac{\overline{X}-\mu}{\sigma/\sqrt{n}}\Bigg/\sqrt{\frac{(n-1)S^2}{\sigma^2(n-1)}}\sim t(n-1).$$

简化上式即得$\dfrac{\overline{X}-\mu}{S/\sqrt{n}}\sim t\ (n-1)$．证毕．

定理 1.5.4 设有总体 $X\sim N\ (\mu_1,\ \sigma^2)$ 和 $Y\sim N\ (\mu_2,\ \sigma^2)$．$(X_1,\ X_2,\ \cdots,\ X_{n_1})$ 和 $(Y_1,\ Y_2,\ \cdots,\ Y_{n_2})$ 分别是来自 X 和 Y 的样本，且这两个样本相互独立，$\overline{X}$、$\overline{Y}$ 和 S_X^2、S_Y^2 分别是上述两个样本的样本均值和样本方差，则

$$\frac{(\overline{X}-\overline{Y})-(\mu_1-\mu_2)}{S_\omega\sqrt{\dfrac{1}{n_1}+\dfrac{1}{n_2}}}\sim t(n_1+n_2-2),$$

其中，$S_\omega^2=\dfrac{(n_1-1)S_X^2+(n_2-1)S_Y^2}{n_1+n_2-2}$.

证明 易知 $\overline{X}-\overline{Y}\sim N\left(\mu_1-\mu_2,\ \dfrac{\sigma^2}{n_1}+\dfrac{\sigma^2}{n_2}\right)$．故有

$$U\triangleq\frac{(\overline{X}-\overline{Y})\ -\ (\mu_1-\mu_2)}{\sigma\sqrt{\dfrac{1}{n_1}+\dfrac{1}{n_2}}}\sim N\ (0,\ 1).$$

由定理 1.5.1，$\dfrac{(n_1-1)\ S_X^2}{\sigma^2}\sim\chi^2\ (n_1-1)$，$\dfrac{(n_2-1)\ S_Y^2}{\sigma^2}\sim\chi^2\ (n_2-1)$．因为 S_X^2 和 S_Y^2 分别是两个独立样本的样本方差，所以它们相互独立．由 χ^2 分布的可加性

$$V\triangleq\frac{(n_1-1)S_X^2}{\sigma^2}+\frac{(n_2-1)S_Y^2}{\sigma^2}\sim\chi^2(n_1+n_2-2).$$

由定理 1.5.1，$\overline{X}$ 与 S_X^2 相互独立，$\overline{Y}$ 与 S_Y^2 相互独立；又因 $\overline{X}$、S_X^2 与 $\overline{Y}$、S_Y^2 分别来自独立的样本，所以 U 与 V 相互独立．由 t 分布的定义知

$$\frac{U}{\sqrt{V/(n_1+n_2-2)}}=\frac{(\bar{X}-\bar{Y})-(\mu_1-\mu_2)}{S_\omega\sqrt{\frac{1}{n_1}+\frac{1}{n_2}}}\sim t(n_1+n_2-2).$$ 证毕.

定理 1.5.5　设有总体 X，$E(X)=\mu$，$\mathrm{Var}(X)=\sigma^2$. $(X_1, X_2,\cdots,X_n)$是来自 X 的样本. $\bar{X}$ 和 S^2 分别是样本均值和样本方差，则$\frac{\bar{X}-\mu}{S/\sqrt{n}}$的极限分布为 $N(0,1)$.

证明从略.

定理 1.5.6　设有总体 X 和 Y，$E(X)=\mu_1$，$E(Y)=\mu_2$，$\mathrm{Var}(X)=\sigma_1^2$，$\mathrm{Var}(Y)=\sigma_2^2$. $(X_1,X_2,\cdots,X_{n_1})$为来自 X 的样本，$(Y_1,Y_2,\cdots,Y_{n_2})$为来自 Y 的样本，且这两个样本相互独立，$\bar{X}$、$\bar{Y}$ 和 S_X^2、S_Y^2 分别为上述两个样本的样本均值和样本方差，则有

(1) $\frac{(\bar{X}-\bar{Y})-(\mu_1-\mu_2)}{\sqrt{\frac{\sigma_1^2}{n_1}+\frac{\sigma_2^2}{n_2}}}$的极限分布为 $N(0,1)$；

(2) $\frac{(\bar{X}-\bar{Y})-(\mu_1-\mu_2)}{\sqrt{\frac{S_X^2}{n_1}+\frac{S_Y^2}{n_2}}}$的极限分布为 $N(0,1)$.

证明从略.

小　结

从实际试验和观察出发，对带有随机性影响的有限个数据进行加工、处理和推断，以此来研究随机现象的学科称为数理统计.

我们把全体研究对象所组成的集合称为总体，总体中的每个元素称为个体. 在获得每个个体之前，其具体取值是无法预知的，但可以知道它的取值范围. 所以每个个体的出现都是一次随机试验的结果，都是某随机变量 X 的一个观察值. 对总体的研究就是对相应的随机变量 X 的研究. 当我们说到“总体 X”，这

个 X 就是与总体相应的随机变量.

总体按照其所包含的个体的总数是有限还是无限，分为有限总体和无限总体. 在实际问题中总体一般都是有限的，但在讨论和研究问题时，往往将有限总体转化为无限总体. 在概率论中这相当于用一个连续分布去逼近离散分布，这样做给研究问题带来极大的方便.

为了研究总体的统计特性，必须从总体中任取一部分个体进行观察. 总体中部分个体所组成的集合称为样本. 样本中含有总体的各种信息，它是我们作统计推断的依据. 关于经验分布函数的格里汶科定理从理论上说明了用样本推断总体的合理性.

样本$(X_1,X_2,\cdots,X_n)$的不包含未知参数的函数 $g(X_1,X_2,\cdots,X_n)$称为统计量. 样本矩是最常用的统计量. 次序统计量也是很重要的统计量，在参数统计和非参数统计中都有很多应用. 统计量的分布称为抽样分布. 来自正态总体的抽样分布：χ^2 分布，t 分布，F 分布称为统计学的三大分布.

正态总体条件下的定理 1.5.1 ~ 定理 1.5.4 很重要，在区间估计和假设检验中经常要用到，其结果要熟记. 定理 1.5.5 和定理 1.5.6 是一般总体条件下的大样本结果，也要熟记.

习 题 一

1. 设(X_1,X_2,X_3)是来自总体$N(\mu,\sigma^2)$的一个样本,其中μ是已知的,而σ^2未知. 指出$X_2+\mu, X_1+X_2+X_3, \mathrm{Max}(X_1,X_2,X_3)$，$\sum_{i=1}^{3}\frac{X_i^2}{\sigma^2}, \frac{1}{2}(X_3-X_1)$ 中哪些是统计量,哪些不是统计量,为什么?

2. 设 $x_1,x_2,\cdots,x_n$ 与 a 都是任意实数,又设 $\bar{x}=\frac{1}{n}\sum_{i=1}^{n}x_i$. 试证:

(1) $\sum_{i=1}^{n}(x_i-\bar{x})^2=\sum_{i=1}^{n}x_i^2-n(\bar{x})^2$;

(2) $\sum_{i=1}^{n}(x_i-\bar{x})^2=\sum_{i=1}^{n}(x_i-a)^2-n(\bar{x}-a)^2$.

3. 从总体 X 抽样得到一个容量为 10 的样本,其值为

3.7，2.0，1.3，1.7，4.2，3.1，5.9，2.6，4.4，5.3.

试分别计算样本均值 $\bar{x}$ 与样本方差 S^2 的值.

4. 设有来自总体 X 的样本值$(x_1,x_2,\cdots,x_n)$. 在计算样本均值 $\bar{x}$ 与样本方差 S_X^2 时，常常先对数据作变换 $y_i=\dfrac{x_i-a}{b},b\neq 0,i=1,2,\cdots,n$. 设 $\bar{y}$ 及 S_Y^2 为 $y_1,y_2,\cdots,y_n$ 的样本均值与样本方差. 试证：(1) $\bar{x}=b\bar{y}+a$；(2) $S_X^2=b^2S_Y^2$.

5. 设$(x_1,x_2,\cdots,x_n)$是来自总体 X 的样本值. 记 $\bar{x}_n=\dfrac{1}{n}\sum\limits_{i=1}^{n}x_i,S_n^2=\dfrac{1}{n}\sum\limits_{i=1}^{n}(x_i-\bar{x}_n)^2$. 现又获得第 $n+1$ 个观察值 x_{n+1}. 证明：

(1) $\bar{x}_{n+1}=\dfrac{1}{n+1}(x_{n+1}-\bar{x}_n)+\bar{x}_n$；

(2) $S_{n+1}^2=\dfrac{n}{n+1}\left[S_n^2+\dfrac{1}{n+1}(x_{n+1}-\bar{x}_n)^2\right]$.

6. 设总体 X 的密度函数为

$$f(x)=\begin{cases}2x, & 0\leqslant x\leqslant 1,\\ 0, & \text{其他}.\end{cases}$$

$X_{(1)}\leqslant X_{(2)}\leqslant\cdots\leqslant X_{(n)}$ 是来自总体 X 的次序统计量. 求 $X_{(1)},X_{(n)}$ 和 $X_{(k)}$ $(1<k<n)$的密度函数 $f_1(x),f_n(x)$ 和 $f_k(x)$.

7. 设总体 X 的密度函数为

$$f(x)=\begin{cases}6x(1-x), & 0<x<1,\\ 0, & \text{其他}.\end{cases}$$

$(X_1,X_2,\cdots,X_5)$是来自 X 的容量为 5 的样本. $X_{(1)},X_{(2)},\cdots,X_{(5)}$ 是相应的次序统计量. 求 $X_{(3)}$ 的密度函数.

8. 设 X 的密度函数为

$$f(x)=\begin{cases}\lambda e^{-\lambda x}, & x>0,\\ 0, & x\leqslant 0.\end{cases}\qquad(\lambda>0)$$

求 X 的中位数 $x_{0.5}$.

9. 设从总体 X 取得容量为 10 的样本值如下

0.5，0.7，0.2，0.7，0.4，2.5，1.5，-0.2，-0.5，0.1.

求：样本中位数 $m_{0.5}$ 和极差 R_n.

10. 设总体 $X\sim U(0,1)$. $(X_1,X_2,\cdots,X_5)$是来自 X 的样本，$(X_{(1)},X_{(2)},\cdots,X_{(5)})$是相应的次序统计量. 记 $Y_4=X_{(4)}$. 求 $P\left(Y_4>\dfrac{1}{2}\right)$.

11. 设总体 $X\sim U(0,1)$. $X_{(1)}\leqslant X_{(2)}\leqslant\cdots\leqslant X_{(n)}$ 是来自 X 的次序统计量，样本容量 n 至少应取多大才能使 $P(X_{(n)}\geqslant 0.99)\geqslant 0.95$.

12. 已知 $X\sim t(n)$，求证 $X^2\sim F(1,n)$.

13. 记 $t_p(n)$ 和 $F_p(m,n)$ 分别为 $t(n)$ 和 $F(m,n)$ 的 p 分位数. 试证：$[t_{1-\frac{\alpha}{2}}(n)]^2=F_{1-\alpha}(1,n)$，并用 $\alpha=0.05$ 和 $n=10$ 验证之.

14. 从总体 X 中抽取一个容量为 5 的样本

$$1.3,\quad -0.5,\quad 2.8,\quad -1.7,\quad 2.0$$

求经验分布函数并作图.

15. 设总体 $X\sim N(0,1)$，$(X_1,X_2,\cdots,X_6)$ 为来自 X 的样本. 记 $Y=(X_1+X_2+X_3)^2+(X_4+X_5+X_6)^2$. 试求常数 C，使得随机变量 CY 服从 χ^2 分布.

16. 设 $(X_1,X_2,\cdots,X_{10})$ 为 $N(0,0.3^2)$ 的一个样本，求 $P\left(\sum\limits_{i=1}^{10}X_i^2>1.44\right)$.

17. 在总体 $N(52,6.3^2)$ 中随机抽取容量为 36 的一个样本. 求样本均值 $\overline{X}$ 落在 50.8 与 53.8 之间的概率.

18. 在总体 $N(80,20^2)$ 中随机抽取容量为 100 的一个样本. 求样本均值与总体均值的差的绝对值大于 3 的概率.

19. 求总体 $N(20,3)$ 的容量分别为 10 与 15 的两个独立样本的样本均值之差的绝对值大于 0.3 的概率.

20. 设总体 $X\sim N(\mu,4)$，$(X_1,X_2,\cdots,X_n)$ 是取自该总体的一个样本. 样本容量 n 至少应取多大，才能使样本均值 $\overline{X}$ 满足 $P(|\overline{X}-\mu|\leqslant 0.1)\geqslant 0.95$.

21. 设总体 $X\sim N(\mu,\sigma^2)$. $(X_{11},X_{12},\cdots,X_{1n})$ 和 $(X_{21},X_{22},\cdots,X_{2n})$ 是来自 X 的两个独立样本，$\overline{X}_1$ 和 $\overline{X}_2$ 分别是这两个样本的样本均值. 试问：n 至少应多大才能使得 $\overline{X}_1$ 和 $\overline{X}_2$ 之差的绝对值小于 σ 的概率大于 0.99.

22. 设总体 $X\sim N(\mu,\sigma^2)$. $(X_1,X_2,\cdots,X_8)$ 是来自 X 的样本.

(1) 写出 $X_1,X_2,\cdots,X_8$ 的联合密度函数.

(2) 写出样本均值 $\overline{X}$ 的密度函数.

23. 设 $(X_1,X_2,\cdots,X_n)$ 是来自 $N(\mu,\sigma^2)$ 的样本. 试问：

$$\sum_{i=1}^{n}(X_i-\mu)^2/\sigma^2 \text{ 服从什么分布？}$$

24. 设 $\overline{X}$ 是来自正态总体 $N(\mu_1,\sigma_1^2)$ 容量为 n_1 的样本均值，$\overline{Y}$ 是来自 $N(\mu_2,\sigma_2^2)$ 容量为 n_2 的样本均值，且设 $\overline{X}$ 与 $\overline{Y}$ 来自两独立样本，求 $Z=\overline{X}-\overline{Y}$

的分布.

25. 设$(X_1,X_2,\cdots,X_n)$为泊松分布$P(\lambda)$的一个样本,$\overline{X}$和S^2为样本均值和样本方差. 求$\mathrm{Var}(\overline{X})$和$E(S^2)$.

26. 设$(X_1,X_2,\cdots,X_{n_1})$和$(Y_1,Y_2,\cdots,Y_{n_2})$分别为取自总体$N(\mu_1,\sigma^2)$和$N(\mu_2,\sigma^2)$的独立样本. $\overline{X}$、$\overline{Y}$、S_X^2、S_Y^2分别为它们的样本均值和样本方差. c和d为常数. 试证

$$T=\frac{c(\overline{X}-\mu_1)+d(\overline{Y}-\mu_2)}{\sqrt{\dfrac{(n_1-1)S_X^2+(n_2-1)S_Y^2}{n_1+n_2-2}}\cdot\sqrt{\dfrac{c^2}{n_1}+\dfrac{d^2}{n_2}}}$$

服从$t(n_1+n_2-2)$分布.

27. 设$(X_1,X_2,\cdots,X_n)$是来自总体$N(\mu,\sigma^2)$的样本. 记$\overline{X}=\dfrac{1}{n}\sum\limits_{i=1}^{n}X_i$, $S_n^2=\dfrac{1}{n}\sum\limits_{i=1}^{n}(X_i-\overline{X})^2$. 又设$X_{n+1}\sim N(\mu,\sigma^2)$,且与$X_1,X_2,\cdots,X_n$独立. 试求

$$\frac{X_{n+1}-\overline{X}}{S_n}\sqrt{\frac{n-1}{n+1}}$$

的抽样分布.

28. 设(X_1,X_2)为取自正态总体$N(\mu,\sigma^2)$的样本.

(1) 证明X_1+X_2与X_1-X_2相互独立;

(2) 假定$\mu=0$,求$\dfrac{(X_1+X_2)^2}{(X_1-X_2)^2}$的分布.

第二章　参数估计

根据样本所提供的信息，对总体分布中的未知参数进行估值，这类问题称为参数估计问题.

参数估计与第三章的假设检验构成数理统计的核心部分——统计推断. 本章主要介绍求总体中未知参数的点估计的方法、估计量优劣的评价标准和总体均值与方差的区间估计以及贝叶斯估计等.

§2.1　求点估计的方法

设总体 X 属于参数分布族 $\{F(x;\theta),\theta\in\Theta\}$，其中 $F(x;\theta)$ 的形式已知，参数 θ 未知，Θ 是参数空间，$(X_1,X_2,\cdots,X_n)$ 是来自总体 X 的样本. 要构造一个适当的统计量 $\hat{\theta}(X_1,X_2,\cdots,X_n)$，在获得样本观察值 $(x_1,x_2,\cdots,x_n)$ 之后，用 $\hat{\theta}(x_1,x_2,\cdots,x_n)$ 的值作为 θ 的估计，称 $\hat{\theta}(X_1,X_2,\cdots,X_n)$ 为 θ 的**估计量**，$\hat{\theta}(x_1,x_2,\cdots,x_n)$ 为 θ 的**估计值**. 在不致引起混淆的情况下，估计量和估计值统称为估计，并都可简记为 $\hat{\theta}$.

θ 的估计量 $\hat{\theta}(X_1,X_2,\cdots,X_n)$ 实际上是给出了一种估计规则，在有了样本观察值 $(x_1,x_2,\cdots,x_n)$ 并将它代入 $\hat{\theta}(X_1,X_2,\cdots,X_n)$ 后，便可算得一个具体数值 $\hat{\theta}(x_1,x_2,\cdots,x_n)$ 作为 θ 的一个估计值.

类似地，若需估计的是未知参数 θ 的函数 $u(\theta)$，就要构造一个适当的统计量 $\hat{u}(X_1,X_2,\cdots,X_n)$ 作为 $u(\theta)$ 的估计量，$\hat{u}(X_1,X_2,\cdots,X_n)$ 的观察值 $\hat{u}(x_1,x_2,\cdots,x_n)$ 就是 $u(\theta)$ 的估计值. $u(\theta)$ 的估计量和估计值也都可简记为 $\hat{u}$.

未知参数 θ（或 $u(\theta)$）和它的估计值 $\hat{\theta}$（或 $\hat{u}$）都是实数，在实数轴上它们都是一个点，所以我们把 $\hat{\theta}$ 或 $\hat{u}$ 称为**点估计**. 对于 θ 和 $u(\theta)$ 的点估计问题可以推广到 θ 和 $u(\theta)$ 都是多维的情形.

参数估计问题中“参数”的概念可以拓宽到非参数分布族的情况. 设总体 X 属于某非参数分布族，那么 X 的各种特征值，例如 X 的数学期望和方差，都可以视作参数，本章所谈及的“参数”也包含这里所指出的情形.

常用的构造点估计的方法有矩法和极大似然法.

一、矩法

矩法是英国统计学家 K · 皮尔逊（K · Pearson）在 19 世纪末到 20 世纪初的一系列文章中引进的估计方法. 其要旨是用样本矩去替代（估计）总体矩，用样本矩的函数替代（估计）总体矩的同一函数，即替代原则. 这里说的矩可以是原点矩也可以是中心矩. 具体方法如下：

假如总体的密度函数或分布律的形式已知，其中含有 r 个未知参数 $\theta_1,\cdots,\theta_r$. 设总体的 r 阶原点矩 m_r 存在（这时原点矩 m_1，$m_2,\cdots,m_{r-1}$ 也都存在）. 易见，$m_l(l=1,\cdots,r)$ 都是 $\theta_1,\cdots,\theta_r$ 的函数，记为

$$m_l=m_l(\theta_1,\cdots,\theta_r),\quad l=1,\ 2,\ \cdots,\ r.$$

这是含有 r 个未知参数由 r 个方程组成的方程组. 解之得

$$\theta_j=\theta_j(m_1,\cdots,m_r),\quad j=1,2,\cdots,r.$$

用样本 l 阶原点矩 A_l 分别替代上式中的总体 l 阶原点矩 $m_l(l=1,2,\cdots,r)$ 即得 $\theta_1,\cdots,\theta_r$ 的矩估计量

$$\hat{\theta}_j=\theta_j(A_1,\cdots,A_r),\quad j=1,2,\cdots,r.$$

进一步，如果我们要估计 θ_1，$\cdots$，θ_r 的函数 $\eta=\eta(\theta_1,\cdots,\theta_r)$，只需将 $\theta_1,\cdots,\theta_r$ 的矩估计量 $\hat{\theta}_1,\cdots,\hat{\theta}_r$ 代入，即得 η 的矩估计量

$$\hat{\eta}=\eta(\hat{\theta}_1,\cdots,\hat{\theta}_r).$$

如果总体 X 的分布未知，我们也可以用矩法估计总体 X 的

各种特征值. 如用样本均值 $\overline{X}$ 估计总体均值 $E(X)$, 用修正后的样本方差 S_n^2 估计总体方差 $\mathrm{Var}(X)$. 一般地, 可用样本 k 阶原点矩 A_k 估计总体 k 阶原点矩 $m_k(k=1,2,\cdots)$, 用样本 k 阶中心矩 B_k 估计总体 k 阶中心矩 $\mu_k(k=2,3,\cdots)$. 要注意, 总体方差(即总体二阶中心矩)的矩估计是修正后的样本方差 S_n^2 而不是样本方差 S^2.

关于矩估计量的概念和求矩估计量的方法可推广到二维总体的情形.

例 2.1.1 设$(X_1,X_2,\cdots,X_n)$为总体 X 的样本, 分别求下列分布参数的矩估计. (1) X 服从正态分布 $N(\mu,\sigma^2)$; (2) X 服从二项分布 $B(N,p)$ (N 为已知); (3) X 服从泊松分布$P(\lambda)$.

解 (1) 因为$\mu=E(X),\sigma^2=\mathrm{Var}(X)$, 故得正态分布参数的矩估计量为

$$\hat{\mu}=\overline{X}=\frac{1}{n}\sum_{i=1}^{n}X_i,$$

$$\hat{\sigma}^2=S_n^2=\frac{1}{n}\sum_{i=1}^{n}(X_i-\overline{X})^2,\hat{\sigma}=S_n.$$

(2) 因为$E(X)=Np,p=\dfrac{1}{N}E(X)$, 所以可得二项分布参数$p$的矩估计量为

$$\hat{p}=\frac{1}{N}\overline{X}=\frac{1}{Nn}\sum_{i=1}^{n}X_i.$$

(3) 因为总体 X 服从泊松分布 $P(\lambda)$时, 其数学期望与方差均为 λ, 故参数 λ 的矩估计量为

$$\hat{\lambda}=\overline{X}=\frac{1}{n}\sum_{i=1}^{n}X_i,$$

或

$$\hat{\lambda}=S_n^2=\frac{1}{n}\sum_{i=1}^{n}(X_i-\overline{X})^2.$$

这表明, 一个参数的矩估计量可能不是惟一的. 在这种情况下, 我们一般使用由低阶样本矩获得的点估计量.

例 2.1.2 设总体 X 服从指数分布，密度函数为

$$f(x;\lambda)=\begin{cases}\lambda e^{-\lambda x}, & x>0,\\ 0, & x\leqslant 0.\end{cases}\quad(\lambda>0)$$

$(X_1, X_2, \cdots, X_n)$ 是来自总体 X 的样本，求参数 λ 的矩估计量.

解 因为 $E(X)=\dfrac{1}{\lambda}$，所以 $\lambda=\dfrac{1}{E(X)}$，从而

$$\hat{\lambda}=\frac{1}{\widehat{E(X)}}=\frac{1}{\overline{X}}=\frac{n}{\sum_{i=1}^{n}X_i}.$$

例 2.1.3 设 X 服从区间 $[a,b]$ 上的均匀分布，a、b 是未知参数，$(X_1,X_2,\cdots,X_n)$ 是来自总体 X 样本，求 a、b 的矩估计量 $\hat{a}$ 和 $\hat{b}$.

解 X 的密度函数

$$f(x;a,b)=\begin{cases}\dfrac{1}{b-a}, & x\in[a,b],\\ 0, & \text{其他}.\end{cases}$$

由 $m_1=E(X)=\dfrac{a+b}{2}$，$\mu_2=\mathrm{Var}(X)=\dfrac{1}{12}(b-a)^2$，得

$$\begin{cases}b+a=2m_1,\\ b-a=\sqrt{12\mu_2}.\end{cases}$$

解之得

$$\begin{cases}a=m_1-\sqrt{3\mu_2},\\ b=m_1+\sqrt{3\mu_2}.\end{cases}$$

因为 m_1 和 μ_2 的矩估计分别为 $\hat{m}_1=\overline{X}$，$\hat{\mu}_2=S_n^2$，于是得 a、b 的矩估计量

$$\begin{cases}\hat{a}=\overline{X}-\sqrt{3}S_n,\\ \hat{b}=\overline{X}+\sqrt{3}S_n.\end{cases}$$

上例中，若 $a=0$ 为已知，b 为未知参数，则由 $E(X)=\frac{b}{2}$ 可得 b 的矩估计量 $\hat{b}=2\overline{X}$.

例 2.1.4 设有二元总体（X, Y），X 与 Y 的数学期望与方差均存在，（X_1, Y_1），（X_2, Y_2），…，（X_n, Y_n）是来自总体（X, Y）的样本. 求 X 与 Y 的相关系数

$$\rho=\frac{\mathrm{Cov}(X,Y)}{\sqrt{\mathrm{Var}(X)}\sqrt{\mathrm{Var}(Y)}}$$

的矩估计量.

解 因为 X 与 Y 的协方差

$$\mathrm{Cov}(X,Y)=E\{[X-E(X)][Y-E(Y)]\}$$

的矩估计量为

$$S_{XY}=\frac{1}{n}\sum_{i=1}^{n}(X_i-\overline{X})(Y_i-\overline{Y})$$

而 $\mathrm{Var}(X)$、$\mathrm{Var}(Y)$ 的矩估计量分别为

$$S_{nX}^2=\frac{1}{n}\sum_{i=1}^{n}(X_i-\overline{X})^2, S_{nY}^2=\frac{1}{n}\sum_{i=1}^{n}(Y_i-\overline{Y})^2$$

所以 X 与 Y 相关系数 ρ 的矩估计量为

$$\hat{\rho}=r=\frac{S_{XY}}{S_{nX}S_{nY}}=\frac{\frac{1}{n}\sum_{i=1}^{n}(X_i-\overline{X})(Y_i-\overline{Y})}{\sqrt{\frac{1}{n}\sum_{i=1}^{n}(X_i-\overline{X})^2}\sqrt{\frac{1}{n}\sum_{i=1}^{n}(Y_i-\overline{Y})^2}}$$

$$=\frac{\sum_{i=1}^{n}X_iY_i-n\overline{X}\ \overline{Y}}{\sqrt{\left(\sum_{i=1}^{n}X_i^2-n\overline{X}^2\right)\left(\sum_{i=1}^{n}Y_i^2-n\overline{Y}^2\right)}}.$$

例 2.1.5 设总体 X 的密度函数为

$$f(x;\theta)=\frac{1}{2\theta}\mathrm{e}^{-|x|/\theta},\quad -\infty<x<+\infty,\ \theta>0.$$

$(X_1,X_2,\cdots,X_n)$ 是来自 X 的样本，求参数 θ 的矩估计量.

解一 由于总体 X 的数学期望

$$E(X)=\int_{-\infty}^{+\infty}x\frac{1}{2\theta}\mathrm{e}^{-|x|/\theta}\mathrm{d}x=0$$

与参数 θ 无关，为此求总体二阶原点矩

$$m_2=E(X^2)=\int_{-\infty}^{+\infty}x^2\frac{1}{2\theta}\mathrm{e}^{-|x|/\theta}\mathrm{d}x$$

$$=\frac{1}{\theta}\int_{0}^{+\infty}x^2\mathrm{e}^{-x/\theta}\mathrm{d}x=2\theta^2,$$

于是解得 $\theta=\sqrt{\frac{1}{2}m_2}$，所以 θ 的矩估计量

$$\hat{\theta}_1=\sqrt{\frac{1}{2}A_2}=\sqrt{\frac{1}{2n}\sum_{i=1}^{n}X_i^2}.$$

解二　将 $Y=|X|$ 视作总体，$(|X_1|,|X_2|,\cdots,|X_n|)$ 为来自总体 Y 的样本，其中（X_1，X_2，…，X_n）为 X 的样本. 因为　$E(Y)=E(|X|)=\int_{-\infty}^{+\infty}|x|\frac{1}{2\theta}\mathrm{e}^{-|x|/\theta}\mathrm{d}x=\theta$，

于是得 θ 的矩估计量　$\hat{\theta}_2=\overline{Y}=\frac{1}{n}\sum_{i=1}^{n}|X_i|$.

解二中只需用到样本的一阶矩，较为简洁.

矩估计法的优点是简便且易于计算. 但其应用前提为总体 X 的原点矩存在，而有些分布如柯西（Cauchy）分布，其各阶原点矩均不存在，从而不能用矩法.

二、极大似然法

极大似然法是统计学奠基人之一费歇尔（R · A · Fisher）首先提出来的，它是统计学中应用最广泛的估计方法之一. 为了说明它的基本思想，我们先假定总体 X 是离散型的. X 的分布律 $P(X=x;\theta)(x=1,2,\cdots)$ 的形式已知，θ 是未知参数，$\theta\in\Theta$. （x_1，x_2，…，x_n）是来自总体 X 的一组样本观察值. 假如 θ 已知，记 $p_i(\theta)=P(X_i=x_i;\theta)$，$i=1$，2，…，$n$，那么这组样本观

察值出现的概率

$$\prod_{i=1}^{n} p_i(\theta) = \prod_{i=1}^{n} P(X_i = x_i;\theta) \tag{2.1.1}$$

是完全确定的. 但是现在 θ 未知，那么如何用一组样本观察值来给出未知参数 θ 的估计呢？我们知道，如果在一次观察中某个事件 A 出现了，那么可以认为事件 A 出现的可能性（概率）比较大. 现在事件 $\{X_1 = x_1, X_2 = x_2, \cdots, X_n = x_n\}$ 在一次观察中出现了，那么由式（2.1.1）表示的这个事件发生的概率应该比较大. 假如未知参数 θ 只能取 θ_1 和 θ_2 这两个值中的一个. 将 θ_1 和 θ_2 分别代入式（2.1.1），若得到 $\prod_{i=1}^{n} p_i(\theta_1) < \prod_{i=1}^{n} p_i(\theta_2)$，则说明（$x_1$，$x_2$，…，$x_n$）这组样本观察值来自参数为 θ_2 的总体的可能性比来自参数为 θ_1 的总体的可能性大，所以选择 θ_2 作为 θ 的估计较之选择 θ_1 更为合理. 现在让 θ 可以在整个参数空间 Θ 取值. 那么在 Θ 中可能取的各个值中应该选择这样的 $\hat{\theta}$ 作为 θ 的估计，使得样本观察值（x_1，x_2，…，x_n）来自参数为 $\hat{\theta}$ 的总体的可能性（概率）最大. 换句话说，若对任意 $\theta \in \Theta$ 有 $\prod_{i=1}^{n} p_i(\theta) \leqslant \prod_{i=1}^{n} p_i(\hat{\theta})$，那么把 $\hat{\theta}$ 作为 θ 的估计是合理的.

通过以上讨论可以引出似然函数与极大似然估计的概念. 上面讨论时假定总体 X 只含有一个未知参数. 下面的定义中考虑总体含有任意有限多个未知参数的情形.

定义 2.1.1 （1）设总体 X 为连续型随机变量，其密度函数 $f(x;\theta_1\cdots,\theta_k)$ 的形式已知（或 X 为离散型随机变量，其分布律 $P(X=x;\theta_1,\cdots,\theta_k)$ 形式已知），其中 $(\theta_1,\cdots,\theta_k) \in \Theta$ 是未知参数. $(x_1,x_2,\cdots,x_n)$ 是来自 X 的一组样本观察值. 如果将其联合概率密度 $\prod_{i=1}^{n} f(x_i;\theta_1,\cdots,\theta_k)$（若 X 为离散型随机变量，则是联合分布律 $\prod_{i=1}^{n} P(X_i = x_i;\theta_1,\cdots,\theta_k)$）看作 $\theta_1,\theta_2,\cdots,\theta_k$ 的函数，则把它

称为**似然函数**，记为

$$L(x_1,\cdots,x_n;\theta_1,\cdots,\theta_k)=\prod_{i=1}^{n}f(x_i;\theta_1,\cdots,\theta_k). \qquad (2.1.2)$$

（若 X 是离散型随机变量，记为 $L(x_1,\cdots,x_n;\theta_1,\cdots,\theta_k)=\prod_{i=1}^{n}P(X_i=x_i;\theta_1,\cdots,\theta_k)$.）似然函数 $L(x_1,\cdots,x_n;\theta_1,\cdots,\theta_k)$ 可简记为 $L(\theta_1,\cdots,\theta_k)$ 或 L.

（2）如果存在一组（$\hat{\theta}_1$，$\hat{\theta}_2$，…，$\hat{\theta}_k$）使得

$$L(x_1,\cdots,x_n;\hat{\theta}_1,\cdots,\hat{\theta}_k)=\mathop{\mathrm{Max}}_{(\theta_1,\cdots,\theta_k)\in\Theta}L(x_1,\cdots,x_n;\theta_1,\cdots,\theta_k),$$

则称 $\hat{\theta}_1,\cdots,\hat{\theta}_k$ 是 $\theta_1,\cdots,\theta_k$ 的极大似然估计，简记为 MLE（Maximum Likelihood Estimate）.

从上述定义可以看出，似然函数 $L(x_1,\cdots,x_n;\theta_1,\cdots,\theta_k)$ 与联合概率密度 $\prod_{i=1}^{n}f(x_i;\theta_1,\cdots,\theta_k)$（或联合分布律 $\prod_{i=1}^{n}P(X_i=x_i;\theta_1,\cdots,\theta_k)$）的表示式是一样的，只是看待它的观点不同：前者是固定 $x_1,\cdots,x_n$ 而把它看成 $\theta_1,\cdots,\theta_k$ 的函数；后者是固定 $\theta_1,\cdots,\theta_k$ 而把它看成 $x_1,\cdots,x_n$ 的函数. “似然函数”这个名称中，“似然”（Likelihood）的字面意义是“看起来像”. 似然函数反映了对于样本观察值 $(x_1,x_2,\cdots,x_n)$ 每个参数值的“似然性”：看起来像是真值 $(\theta_1,\cdots,\theta_k)$ 的程度. 而极大似然估计 $(\hat{\theta}_1,\hat{\theta}_2,\cdots,\hat{\theta}_k)$ 则是 Θ 中“看起来最像”真值 $(\theta_1,\theta_2,\cdots,\theta_k)$ 的那个值.

由极大似然估计的定义知，求未知参数的极大似然估计可归结为求似然函数的最大值点. 考虑到对数函数是一个严格单调增函数，$\ln L(\theta_1,\cdots,\theta_k)$ 与 $L(\theta_1,\cdots,\theta_k)$ 有相同的极大点；再加上似然函数取对数之后可以将原来的乘积化为求和，使问题简化，所以在实际计算时往往采用求 $\ln L(\theta_1,\cdots,\theta_k)$ 最大值点的方法. $\ln L(\theta_1,\cdots,\theta_k)$ 称为**对数似然函数**.

如果 $\ln L(\theta_1,\cdots,\theta_k)$ 可导并且其在 Θ 上的最大值在 Θ 内部达到，即 $(\hat{\theta}_1,\hat{\theta}_2,\cdots,\hat{\theta}_k)$ 是 Θ 的内点，那么 $(\hat{\theta}_1,\hat{\theta}_2,\cdots,\hat{\theta}_k)$ 是下列方程

$$\frac{\partial \ln L(x_1,\cdots,x_n;\theta_1,\cdots,\theta_k)}{\partial \theta_i}=0 \qquad (i=1,2,\cdots,k)$$

(2.1.3)

的解. 方程（2.1.3）称为**对数似然方程**. 但是要注意，方程（2.1.3）的解只是 $\ln L(x_1,\cdots,x_n;\theta_1,\cdots,\theta_k)$ 的驻点，还不一定是 $\ln L(x_1,\cdots,x_n;\theta_1,\cdots,\theta_k)$ 的最大值点. 所以方程（2.1.3）的解是不是极大似然估计，还需要使用极值的充分条件进行验证. 在有些场合能断定 $\ln L(x_1,\cdots,x_n;\theta_1,\cdots,\theta_k)$ 的最大值必在 Θ 内部达到，并且对数似然方程仅有惟一解，那么这时不必验证即可断言这个解就是所要求的极大似然估计. 在有些场合方程（2.1.3）不易解出显式解，只能用数值方法予以解出. 有些似然函数不是处处可导（甚至不连续），这时不能用解对数似然方程的方法获得极大似然估计，只能根据极大似然估计的定义直接从似然函数出发去求出极大似然估计.

下面举例说明求参数极大似然估计的方法.

例 2.1.6 设总体 X 服从泊松分布，其分布律

$$P(X=x)=\frac{\lambda^x}{x!}e^{-\lambda}, \quad x=0,1,2,\cdots$$

$(x_1, x_2, \cdots, x_n)$ 为总体的一组样本观察值，求参数 λ 的极大似然估计.

解 似然函数

$$L=L(x_1,\cdots,x_n;\lambda)=\prod_{i=1}^{n}\frac{\lambda^{x_i}}{x_i!}e^{-\lambda}=e^{-n\lambda}\prod_{i=1}^{n}\frac{\lambda^{x_i}}{x_i!},$$

$$\ln L=-n\lambda+\sum_{i=1}^{n}x_i\ln\lambda-\sum_{i=1}^{n}\ln(x_i!),$$

令
$$\frac{\partial \ln L}{\partial \lambda}=-n+\sum_{i=1}^{n}\frac{x_i}{\lambda}=0,$$

解得 $\lambda=\frac{1}{n}\sum_{i=1}^{n}x_i$，所以 λ 的极大似然估计为

$$\hat{\lambda}=\frac{1}{n}\sum_{i=1}^{n}x_i .$$

例 2.1.7 设总体 X 服从参数为 p 的 0—1 分布，其分布律为

$$P(X=x)=p^x(1-p)^{1-x},\ 0<p<1,\ x=0,1$$

$(X_1, X_2, \cdots, X_n)$ 是来自总体 X 的样本，求参数 p 的极大似然估计.

解 似然函数

$$L=L(x_1,x_2,\cdots,x_n;p)=\prod_{i=1}^{n}p^{x_i}(1-p)^{1-x_i},$$

$$\begin{aligned}\ln L &= \sum_{i=1}^{n}x_i\ln p+\sum_{i=1}^{n}(1-x_i)\ln(1-p)\\ &= \sum_{i=1}^{n}x_i\ln p+\left(n-\sum_{i=1}^{n}x_i\right)\ln(1-p).\end{aligned}$$

对数似然方程

$$\frac{\partial \ln L}{\partial p}=\frac{1}{p}\sum_{i=1}^{n}x_i-\frac{1}{1-p}\left(n-\sum_{i=1}^{n}x_i\right)=0.$$

解之得 p 的 MLE

$$\hat{p}=\frac{1}{n}\sum_{i=1}^{n}X_i=\bar{X}.$$

以上两例均为离散型总体的参数估计，下面给出连续型总体的例子.

例 2.1.8 设$(x_1,x_2,\cdots,x_n)$为来自总体 $N(\mu,\sigma^2)$的样本观察值，求μ，σ^2 的 MLE.

解 总体密度函数为

$$f(x;\mu,\sigma^2)=\frac{1}{\sqrt{2\pi}\ \sigma}e^{-\frac{(x-\mu)^2}{2\sigma^2}},\ -\infty<x<+\infty,$$

似然函数

$$L=L(\mu,\sigma^2)=\prod_{i=1}^{n}\left(\frac{1}{\sqrt{2\pi}\ \sigma}e^{-\frac{(x_i-\mu^2)}{2\sigma^2}}\right)$$

$$= \frac{1}{(\sqrt{2\pi}\,\sigma)^n} e^{-\frac{1}{2\sigma^2}\sum_{i=1}^{n}(x_i-\mu)^2},$$

$$\ln L = -\frac{n}{2}\ln(2\pi\sigma^2) - \frac{1}{2\sigma^2}\sum_{i=1}^{n}(x_i-\mu)^2.$$

令$\frac{\partial \ln L}{\partial \mu}=0$及$\frac{\partial \ln L}{\partial \sigma^2}=0$，得方程组

$$\begin{cases} \frac{1}{\sigma^2}\sum_{i=1}^{n}(x_i-\mu) = 0, \\ -\frac{n}{2\sigma^2} + \frac{1}{2\sigma^4}\sum_{i=1}^{n}(x_i-\mu)^2 = 0. \end{cases}$$

解之得

$$\hat{\mu} = \frac{1}{n}\sum_{i=1}^{n} x_i = \bar{x},\quad \hat{\sigma}^2 = \frac{1}{n}\sum_{i=1}^{n}(x_i-\bar{x})^2 = S_n^2,$$

此即为正态总体$N(\mu,\sigma^2)$中参数μ，σ^2的 MLE.

以上几例中所求参数的 MLE 恰与矩估计一致，但一般而言，参数的矩估计量与极大似然估计量是不相等的，如下例.

例 2.1.9 设总体 X 服从区间 $[0,\theta]$ 上的均匀分布，$(x_1,x_2,\cdots,x_n)$是来自总体 X 的样本值. 求参数 θ 的极大似然估计.

解 X 的密度函数为

$$f(x;\theta) = \begin{cases} \frac{1}{\theta}, & 0 \leqslant x \leqslant \theta, \\ 0, & 其他. \end{cases}$$

似然函数

$$L(\theta) = \prod_{i=1}^{n} f(x_i;\theta) = \begin{cases} \frac{1}{\theta^n}, & 0 \leqslant x_1,x_2,\cdots,x_n \leqslant \theta, \\ 0, & 其他. \end{cases}$$

$$= \begin{cases} \frac{1}{\theta^n}, & \theta \geqslant x_{(n)}, \\ 0, & 0 < \theta < x_{(n)}. \end{cases}$$

$L(\theta)$的图形如图 2.1.1 所示. 显然 $L(\theta)$ 在 $x_{(n)} = \underset{1\leqslant i\leqslant n}{\text{Max}} \{x_i\}$ 处取到最大值. 所以 θ 的 MLE 为

$$\hat{\theta} = \underset{1\leqslant i\leqslant n}{\text{Max}} \{x_i\} = x_{(n)}$$

而由例 2.1.3 知, θ 的矩估计为 $\tilde{\theta} = 2\bar{x}$.

此例中的似然函数不是处处可导的, 所以不能用对数似然方程求解.

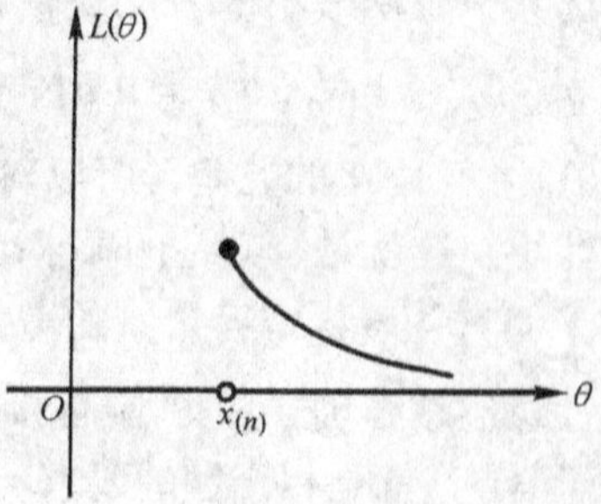

图 2.1.1

极大似然估计法充分利用了总体分布所提供的信息, 因而有许多优良性质. 此外, 不难证明, 当 $\hat{\theta}$ 是参数 θ 的极大似然估计, 并且函数 $u = u(\theta)$ 有单值反函数 $\theta = \theta(u)$ 时, $\hat{u} = u(\hat{\theta})$是 $u(\theta)$的极大似然估计. 这里 $\theta \in \Theta, u \in U, U$ 为 $u = u(\theta)$ 的值域.

事实上, 还可证明, 如果 $\hat{\theta}$ 是 θ 的极大似然估计, $u = u(\theta)$ 是 θ 的连续函数, 则 $u(\hat{\theta})$是 $u(\theta)$的极大似然估计. 这里的 θ 可以是多维参数向量. 极大似然估计的这个性质给我们计算参数函数的极大似然估计带来极大的方便.

§2.2 估计量的评选标准

同一个未知参数用不同的方法估计, 可得不同的估计量. 例如当 X 为 $[0, \theta]$ 上的均匀分布总体时, θ 的矩估计为 $2\bar{X}$, 而极大似然估计为 $X_{(n)}$. 究竟哪一个估计量更好一些呢? 我们希望得到估计量何者为优的评选标准.

估计量是样本的函数, 因而也是一个随机变量. 由于每次观察所得的样本值一般是不同的, 所以求得的估计值也不同. 衡量一个估计量的好坏, 不能仅仅根据某一次结果作出定论, 而应该根据估计量的分布性质从整体上进行判断. 一般, 一个好的估计

量应具有以下三项最基本的性质:

(1) 无系统偏差. $\hat{\theta}$ 是随机变量，它的取值应围绕参数 θ 的真值波动，即 $\hat{\theta}$ 平均起来应与 θ 值相同，这就是无偏性要求.

(2) 波动性小. 无系统偏差的估计可能有很多，我们希望挑选其中波动最小的. 反映估计量波动性大小的是其均方误差 $E(\hat{\theta}-\theta)^2$. 当 $E(\hat{\theta})=\theta$ 时，均方误差 $E(\hat{\theta}-\theta)^2=E[\hat{\theta}-E(\hat{\theta})]^2$ 就是 $\hat{\theta}$ 的方差，所以对无偏估计 $\hat{\theta}$，我们希望其方差尽可能小，这就是有效性的要求.

(3) 随着样本容量 n 的增大，得到的有关总体的信息越多，估计量应越精确，即 $\hat{\theta}$ 应越接近真值，$\hat{\theta}$ 应依某种概率意义收敛于 θ，这就是相合性的要求.

无偏性、有效性、相合性是估计量的三项最基本的要求，下面分别予以介绍.

一、无偏性

定义 2.2.1　设 $(X_1,X_2,\cdots,X_n)$ 为来自总体 X 的样本，$\hat{\theta}_n=\hat{\theta}(X_1,X_2,\cdots,X_n)$ 为总体 X 的未知参数 θ 的估计量，若

$$E(\hat{\theta}_n)=\theta,$$

则称 $\hat{\theta}_n$ 为 θ 的无偏估计量. 记

$$b_n=E(\hat{\theta}_n)-\theta,$$

称 b_n 为估计量 $\hat{\theta}_n$ 的**偏差**，若 $b_n\neq 0$，则称 $\hat{\theta}_n$ 为 θ 的有偏估计量；若 $\lim\limits_{n\to\infty}b_n=0$，则称 $\hat{\theta}_n$ 为 θ 的渐近无偏估计量.

例 2.2.1　设 $(X_1,X_2,\cdots,X_n)$ 是来自具有数学期望的任一总体 X 的一个样本，记 $E(X)=a$，证明:

$$\overline{X}=\frac{1}{n}\sum_{i=1}^{n}X_i$$

是 a 的无偏估计.

证明　因为 $\hat{a}=\overline{X}$ 的数学期望为

$$E(\overline{X}) = E\left(\frac{1}{n}\sum_{i=1}^{n} X_i\right) = \frac{1}{n}\sum_{i=1}^{n} E(X_i) = \frac{1}{n}\sum_{i=1}^{n} a = a,$$

由定义 2.2.1，$\overline{X}$ 为 a 的无偏估计.

一般，设总体 X 的 k 阶原点矩 $m_k = E(X^k)$ 存在，则样本 k 阶原点矩 $A_k = \overline{x^k}$ 满足

$$E(A_k) = E\left(\frac{1}{n}\sum_{i=1}^{n} X_i^k\right) = \frac{1}{n}\sum_{i=1}^{n} E(X_i^k)$$

$$= \frac{1}{n}\sum_{i=1}^{n} m_k = m_k.$$

所以 A_k 为 m_k 的无偏估计量.

例 2.2.2 设总体 X 的方差 $\mathrm{Var}(X) = \sigma^2$ 存在，考察 σ^2 的矩估计量

$$S_n^2 = \frac{1}{n}\sum_{i=1}^{n} (X_i - \overline{X})^2$$

的无偏性.

解 设 $E(X) = a$，则 $E(X_i) = a$，$i = 1, 2, \cdots, n$，以及 $E(\overline{X}) = a$;

$$\begin{aligned} S_n^2 &= \frac{1}{n}\sum_{i=1}^{n} (X_i - \overline{X})^2 = \frac{1}{n}\sum_{i=1}^{n} [(X_i - a) - (\overline{X} - a)]^2 \\ &= \frac{1}{n}\sum_{i=1}^{n} [(X_i - a)^2 - 2(X_i - a)(\overline{X} - a) + (\overline{X} - a)^2] \\ &= \frac{1}{n}\sum_{i=1}^{n} (X_i - a)^2 - 2(\overline{X} - a)\frac{1}{n}\sum_{i=1}^{n} (X_i - a) + (\overline{X} - a)^2 \\ &= \frac{1}{n}\sum_{i=1}^{n} (X_i - a)^2 - 2(\overline{X} - a)^2 + (\overline{X} - a)^2 \\ &= \frac{1}{n}\sum_{i=1}^{n} (X_i - a)^2 - (\overline{X} - a)^2, \end{aligned}$$

所以

$$\begin{aligned}E(S_n^2) &= E\left[\frac{1}{n}\sum_{i=1}^{n}(X_i-a)^2-(\overline{X}-a)^2\right]\\&=\frac{1}{n}\sum_{i=1}^{n}E(X_i-a)^2-E(\overline{X}-a)^2\\&=\frac{1}{n}\sum_{i=1}^{n}\mathrm{Var}(X_i)-\mathrm{Var}(\overline{X})\\&=\frac{1}{n}\sum_{i=1}^{n}\sigma^2-\frac{1}{n}\sigma^2=\frac{n-1}{n}\sigma^2.\end{aligned}$$

由此可见 S_n^2 是 σ^2 的有偏估计量. 又因偏差

$$b_n=E(S_n^2)-\sigma^2=-\frac{1}{n}\sigma^2,$$

当 $n\to\infty$ 时其极限为 0，所以 S_n^2 是 σ^2 的渐近无偏估计量.

可用如下方法将 S_n^2 无偏化. 取 σ^2 的估计量

$$S^2=\frac{n}{n-1}S_n^2=\frac{1}{n-1}\sum_{i=1}^{n}(X_i-\overline{X})^2,$$

则 $E(S^2)=E\left(\frac{n}{n-1}S_n^2\right)=\frac{n}{n-1}E(S_n^2)=\frac{n}{n-1}\frac{n-1}{n}\sigma^2=\sigma^2.$

所以无论总体 X 服从什么分布，只要其数学期望 $E(X)$ 和方差 Var（X）存在，则样本均值 $\overline{X}$ 和样本方差 S^2 总是分别为 $E(X)$ 和 $\mathrm{Var}(X)$ 的无偏估计，这也是本书将 $S^2=\frac{1}{n-1}\sum_{i=1}^{n}(X_i-\overline{X})^2$ 定义为样本方差的理由. 但须注意，一般

$$S=\sqrt{\frac{1}{n-1}\sum_{i=1}^{n}(X_i-\overline{X})^2},$$

非 σ 的无偏估计，见下例.

例 2.2.3 设$(X_1,X_2,\cdots,X_n)$是来自正态总体 $N(\mu,\sigma^2)$ 的一个样本，考察 σ 的估计量

$$S=\sqrt{\frac{1}{n-1}\sum_{i=1}^{n}(X_i-\overline{X})^2}$$

的无偏性.

解 由定理1.5.1知

$$\frac{(n-1)S^2}{\sigma^2} \sim \chi^2(n-1),$$

所以

$$E(\sqrt{n-1}S/\sigma) = \int_0^{+\infty} \sqrt{x}\frac{\mathrm{e}^{-\frac{x}{2}}x^{\frac{n-1}{2}-1}}{2^{\frac{n-1}{2}}\Gamma\left(\frac{n-1}{2}\right)}\mathrm{d}x$$

$$= \frac{\sqrt{2}}{\Gamma\left(\frac{n-1}{2}\right)}\int_0^{+\infty} \mathrm{e}^{-\frac{x}{2}}\left(\frac{x}{2}\right)^{\frac{n}{2}-1}\mathrm{d}\left(\frac{x}{2}\right) = \frac{\sqrt{2}\Gamma\left(\frac{n}{2}\right)}{\Gamma\left(\frac{n-1}{2}\right)},$$

于是 $E(S) = \dfrac{\sigma}{\sqrt{n-1}}\dfrac{\sqrt{2}\Gamma\left(\frac{n}{2}\right)}{\Gamma\left(\frac{n-1}{2}\right)} \neq \sigma$，即 S 为 σ 的有偏估计量.

可用下法对 S 进行修偏. 令 $C_4 = \dfrac{1}{\sqrt{n-1}} \times \dfrac{\sqrt{2}\Gamma\left(\frac{n}{2}\right)}{\Gamma\left(\frac{n-1}{2}\right)}$ 则 $\hat{\sigma} = S/C_4$ 即为正态分布标准差 σ 的无偏估计. C_4 有已编制好的表格，在质量管理领域，记号 C_4 在世界上是通用的.

例 2.2.4 设非退化的总体 X 的数学期望 $E(X)=a$ 存在，证明 $(\overline{X})^2$ 不是 a^2 的无偏估计量.

证明 $E[(\overline{X})^2] = E[(\overline{X}-a)+a]^2 = E[(\overline{X}-a)^2 + 2a(\overline{X}-a)+a^2] = \mathrm{Var}(\overline{X})+a^2 > a^2,$

所以 $(\overline{X})^2$ 不是 a^2 的无偏估计量.

一般，由 $\hat{\theta}$ 为 θ 的无偏估计量不能推出 $\hat{\theta}$ 的函数 $f(\hat{\theta})$ 为 $f(\theta)$ 的无偏估计量.

例 2.2.5 设总体 X 服从区间 $[0,\theta]$ 上的均匀分布，判别参数 θ 的矩估计 $\hat{\theta}_1 = 2\overline{X}$ 及极大似然估计 $\hat{\theta}_2 = X_{(n)}$ 的无偏性.

解 X 的密度函数为

$$f(x)=\begin{cases}\dfrac{1}{\theta}, & 0\leqslant x\leqslant\theta,\\ 0, & \text{其他}.\end{cases}$$

因为

$$E(\hat{\theta}_1)=E(2\overline{X})=2E(\overline{X})=2E(X)=\theta,$$

所以 $\hat{\theta}_1=2\overline{X}$ 为 θ 的无偏估计量.

而对 $\hat{\theta}_2=X_{(n)}$，由推论 1.3.1，$X_{(n)}$ 的密度函数为

$$g(x)=n[F(x)]^{n-1}f(x).$$

这里，X 的分布函数为

$$F(x)=\begin{cases}0, & x<0,\\ \dfrac{x}{\theta}, & 0\leqslant x\leqslant\theta,\\ 1, & \theta<x.\end{cases}$$

所以 $g(x)=\begin{cases}n\dfrac{1}{\theta}\left[\dfrac{x}{\theta}\right]^{n-1}, & 0\leqslant x\leqslant\theta,\\ 0, & \text{其他}.\end{cases}=\begin{cases}\dfrac{n}{\theta^n}x^{n-1}, & 0\leqslant x\leqslant\theta,\\ 0, & \text{其他}.\end{cases}$

于是 $E(\hat{\theta}_2)=E(X_{(n)})=\int_0^\theta x\dfrac{n}{\theta^n}x^{n-1}\mathrm{d}x=\dfrac{n\theta^{n+1}}{\theta^n(n+1)}=\dfrac{n}{n+1}\theta$，

$E(\hat{\theta}_2)\neq\theta$，所以 $\hat{\theta}_2$ 不是 θ 的无偏估计量，其偏差

$$b_n=E(\hat{\theta}_2)-\theta=\frac{-\theta}{n+1}.$$

当 n 趋向无穷大时，b_n 的极限为0. 所以 $\hat{\theta}_2=X_{(n)}$ 为 θ 的渐近无偏估计量. 若对 $\hat{\theta}_2$ 作修正：

$$\hat{\theta}_3=\frac{n+1}{n}\hat{\theta}_2=\frac{n+1}{n}X_{(n)},$$

则 $\hat{\theta}_3$ 为 θ 的无偏估计量.

同一个未知参数可以有多个无偏估计量. 例如当$(X_1, X_2, \cdots, X_n)$为来自正态总体$N(\mu_1, \sigma^2)$的样本，则X_i，$\frac{X_1}{3}+\frac{2X_2}{3}$，$\overline{X}$等均为$\mu$的无偏估计. 所以仅有无偏性的要求是不够的，它不能确定诸多无偏估计量中何者为优. 下面给出估计量的另一评选标准：有效性的要求.

二、有效性

无偏性只反映了估计量所取数值在未知参数的真值周围波动，而没有反映出估计值波动性的大小程度. 如果我们要比较参数θ的两个无偏估计量$\hat{\theta}_1$与$\hat{\theta}_2$何者为优，则当$\hat{\theta}_1$的可能取的值较$\hat{\theta}_2$更密集在θ附近，即$\hat{\theta}_1$比$\hat{\theta}_2$的波动性小时，我们就认为$\hat{\theta}_1$比$\hat{\theta}_2$理想. 而$\hat{\theta}$波动性的大小可用其均方误差$E(\hat{\theta}-\theta)^2$来描述. 当$\hat{\theta}$为θ的无偏估计时，其均方误差即为方差，从而无偏估计量以方差小者较为有效.

定义 2.2.2　设$(X_1, X_2, \cdots, X_n)$为来自总体X的样本，$\hat{\theta}_1=\hat{\theta}_1(X_1, X_2, \cdots, X_n)$与$\hat{\theta}_2=\hat{\theta}_2(X_1, X_2, \cdots, X_n)$都是总体$X$的未知参数$\theta$的无偏估计量，若对参数空间$\Theta$中的一切$\theta$，都有

$$\mathrm{Var}(\hat{\theta}_1) \leqslant \mathrm{Var}(\hat{\theta}_2),$$

且至少存在一点$\theta \in \Theta$，使$\mathrm{Var}(\hat{\theta}_1) < \mathrm{Var}(\hat{\theta}_2)$，则称$\hat{\theta}_1$较$\hat{\theta}_2$有效.

例 2.2.6　比较例2.2.5中参数θ的无偏估计量$\hat{\theta}_1=2\overline{X}$与$\hat{\theta}_3=\frac{n+1}{n}X_{(n)}$何者较为有效?

解　$\mathrm{Var}(\hat{\theta}_1)=\mathrm{Var}(2\overline{X})$

$$=4\mathrm{Var}(\overline{X})=4\cdot\frac{\mathrm{Var}(X)}{n}=\frac{4}{n}\cdot\frac{\theta^2}{12}=\frac{\theta^2}{3n}.$$

$$\mathrm{Var}(\hat{\theta}_3)=\mathrm{Var}\left(\frac{n+1}{n}X_{(n)}\right)=\left(\frac{n+1}{n}\right)^2\mathrm{Var}(X_{(n)})$$

$$=\left(\frac{n+1}{n}\right)^2\{E(X_{(n)}^2)-[E(X_{(n)})]^2\}.$$

例 2.2.5 中已求 $E(X_{(n)})=\frac{n}{n+1}\theta$，现在来求

$$\begin{aligned}E(X_{(n)}^2) &= \int_{-\infty}^{+\infty} x^2 g(x)\,\mathrm{d}x \\ &= \int_0^{\theta} x^2\,\frac{n}{\theta^n}x^{n-1}\,\mathrm{d}x = \frac{n}{n+2}\theta^2 .\end{aligned}$$

于是得

$$\mathrm{Var}(\hat{\theta}_3)=\left(\frac{n+1}{n}\right)^2\left[\frac{n}{n+2}\theta^2-\left(\frac{n}{n+1}\right)^2\theta^2\right]=\frac{\theta^2}{n(n+2)}.$$

由此得出，当 $n\geqslant 2$ 时

$$\mathrm{Var}(\hat{\theta}_3)<\mathrm{Var}(\hat{\theta}_1),$$

所以 $\hat{\theta}_3$ 较 $\hat{\theta}_1$ 为有效.

定义 2.2.3　设 $(X_1, X_2, \cdots, X_n)$ 为来自总体 X 的样本，$\hat{u}_1(X_1,X_2,\cdots,X_n)$ 为待估函数 $u(\theta)$ 的一个无偏估计量，若对 $u(\theta)$ 的任一无偏估计量 $\hat{u}(X_1,X_2,\cdots,X_n)$，都有

$$\mathrm{Var}(\hat{u}_1)\leqslant \mathrm{Var}(\hat{u})\quad（对一切\ \theta\in\Theta）$$

则称 $\hat{u}_1$ 为 $u(\theta)$ 的一个一致最小方差无偏估计量，简记为 UMVUE (Uniformly Minimum Variance Unbiased Estimator).

本定义常见的特殊情形为 $u(\theta)=\theta$.

一致最小方差无偏估计量无疑是一种较好的估计量，但待估函数 $u(\theta)$ 的无偏估计量可能有许多，怎样才能确定 $\hat{u}_1$ 的方差为最小呢？下面的定理给出了满足一定条件的无偏估计的方差下界，它有助于找到 UMVUE.

定理 2.2.1（克拉美—劳(Cramér-Rao)定理）　设总体 X 的密度函数为 $f(x;\theta)$，其中 θ 为一维未知参数，$\theta\in\Theta$，参数空间 Θ 为开区间. $(X_1, X_2, \cdots, X_n)$ 为总体 X 的一个样本，$\hat{u}(X_1,X_2,\cdots,X_n)$ 为待估函数 $u(\theta)$ 的任一个无偏估计量. 假定

（1）集合 $\{x: f(x;\theta)>0\}$ 与 θ 无关，即使得密度函数取正值的那些 x 组成的集合与 θ 值无关；

（2）$u'(\theta)$ 与 $\frac{\partial f(x;\theta)}{\partial\theta}$ 均存在，且对一切 $\theta\in\Theta$，有

$$\frac{\mathrm{d}}{\mathrm{d}\theta}\int_{-\infty}^{+\infty} f(x;\theta)\,\mathrm{d}x = \int_{-\infty}^{+\infty} \frac{\partial}{\partial\theta} f(x;\theta)\,\mathrm{d}x\ ;$$

(3) $$\frac{\mathrm{d}}{\mathrm{d}\theta}\Big[\int_{-\infty}^{+\infty}\cdots\int_{-\infty}^{+\infty} \hat{u}(x_1,\cdots,x_n)\prod_{i=1}^{n} f(x_i;\theta)\,\mathrm{d}x_1\cdots\mathrm{d}x_n\Big]$$
$$= \int_{-\infty}^{+\infty}\cdots\int_{-\infty}^{+\infty} \hat{u}(x_1,\cdots,x_n)\frac{\partial}{\partial\theta}\Big[\prod_{i=1}^{n} f(x_i;\theta)\Big]\mathrm{d}x_1\cdots\mathrm{d}x_n;$$

(4) 记 $$I(\theta) = E_\theta\Big\{\frac{\partial}{\partial\theta}[\ln f(X;\theta)]\Big\}^2, \forall\, \theta \in \Theta, \qquad (2.2.1)$$

有 $0 < I(\theta) < \infty$.

则有如下不等式成立

$$\mathrm{Var}(\hat{u}(X_1,\cdots,X_n)) \geqslant \frac{[u'(\theta)]^2}{nI(\theta)}, \qquad \forall\, \theta \in \Theta \quad (2.2.2)$$

特别，当 $u(\theta) = \theta$ 时，上式成为

$$\mathrm{Var}(\hat{\theta}) \geqslant \frac{1}{nI(\theta)}, \qquad \forall\, \theta \in \Theta \qquad (2.2.3)$$

式（2.2.2）称为克拉美—劳不等式，简称 C-R 不等式.

证明 因为 $X_1,X_2,\cdots,X_n$ 相互独立，且与 X 有相同的分布，所以 $X_1,X_2,\cdots,X_n$ 的联合密度函数为 $\prod_{i=1}^{n} f(x_i;\theta)$，且有

$$\frac{\partial}{\partial\theta}\Big\{\ln\Big[\prod_{i=1}^{n} f(x_i;\theta)\Big]\Big\} = \sum_{i=1}^{n}\frac{\partial}{\partial\theta}[\ln f(x_i;\theta)]\ ,$$

式中，x_i 用相应的随机变量 X_i 代替，并记为

$$S(X_1,X_2,\cdots,X_n;\theta) = \frac{\partial}{\partial\theta}\Big\{\ln\Big[\prod_{i=1}^{n} f(X_i;\theta)\Big]\Big\}$$
$$= \sum_{i=1}^{n}\frac{\partial}{\partial\theta}[\ln f(X_i;\theta)]\ . \qquad (2.2.4)$$

由条件（2），对于 $i=1$，2，…，n，有

$$E_\theta\Big\{\frac{\partial}{\partial\theta}[\ln f(X_i;\theta)]\Big\} = \int_{-\infty}^{+\infty}\frac{\partial}{\partial\theta}[\ln f(x_i;\theta)]f(x_i;\theta)\,\mathrm{d}x_i$$

$$= \int_{-\infty}^{+\infty}\frac{\partial}{\partial\theta}[f(x_i;\theta)]\,\mathrm{d}x_i = \frac{\mathrm{d}}{\mathrm{d}\theta}\int_{-\infty}^{+\infty} f(x_i;\theta)\,\mathrm{d}x_i = 0\ , \qquad (2.2.5)$$

所以 $$E_\theta[S(X_1,X_2,\cdots,X_n;\theta)] = E_\theta\left\{\sum_{i=1}^{n}\frac{\partial}{\partial\theta}[\ln f(X_i;\theta)]\right\}$$

$$= \sum_{i=1}^{n}E_\theta\left\{\frac{\partial}{\partial\theta}[\ln f(X_i;\theta)]\right\} = 0. \tag{2.2.6}$$

由式（2.2.5）与式（2.2.1），有

$$\mathrm{Var}[S(X_1,X_2,\cdots,X_n;\theta)] = \mathrm{Var}\left\{\sum_{i=1}^{n}\frac{\partial}{\partial\theta}[\ln f(X_i;\theta)]\right\}$$

$$= \sum_{i=1}^{n}\mathrm{Var}\left\{\frac{\partial}{\partial\theta}[\ln f(X_i;\theta)]\right\} = \sum_{i=1}^{n}E_\theta\left\{\frac{\partial}{\partial\theta}[\ln f(X_i;\theta)]\right\}^2$$

$$= nI(\theta). \tag{2.2.7}$$

又 $$\{\mathrm{Cov}[S(X_1,\cdots,X_n;\theta),\hat{u}(X_1,\cdots,X_n)]\}^2$$

$$\leqslant \mathrm{Var}[S(X_1,\cdots,X_n;\theta)]\cdot\mathrm{Var}[\hat{u}(X_1,\cdots,X_n)]$$

$$= nI(\theta)\cdot\mathrm{Var}[\hat{u}(X_1,\cdots,X_n)]. \tag{2.2.8}$$

注意到 $E_\theta[S(X_1,X_2,\cdots,X_n;\theta)]=0$，所以

$$\mathrm{Cov}[S(X_1,\cdots,X_n;\theta),\hat{u}(X_1,\cdots,X_n)]$$

$$= E_\theta[S(X_1,\cdots,X_n;\theta)\cdot\hat{u}(X_1,\cdots,X_n)]$$

$$= \int_{-\infty}^{+\infty}\cdots\int_{-\infty}^{+\infty}\hat{u}(x_1,\cdots,x_n)\cdot$$

$$\frac{\partial}{\partial\theta}\left\{\ln\left[\prod_{i=1}^{n}f(x_i;\theta)\right]\right\}\prod_{i=1}^{n}f(x_i;\theta)\,\mathrm{d}x_1\cdots\mathrm{d}x_n.$$

$$= \int_{-\infty}^{+\infty}\cdots\int_{-\infty}^{+\infty}\hat{u}(x_1,\cdots,x_n)\frac{\partial}{\partial\theta}\left[\prod_{i=1}^{n}f(x_i;\theta)\right]\mathrm{d}x_1\cdots\mathrm{d}x_n.$$

由条件（3），并注意到 $\hat{u}(X_1,\cdots,X_n)$ 为 $u(\theta)$ 的无偏估计，有

$$\mathrm{Cov}[S(X_1,\cdots,X_n;\theta),\hat{u}(X_1,\cdots,X_n)]$$

$$= \frac{\mathrm{d}}{\mathrm{d}\theta}\left[\int_{-\infty}^{+\infty}\cdots\int_{-\infty}^{+\infty}\hat{u}(x_1,\cdots,x_n)\prod_{i=1}^{n}f(x_i;\theta)\,\mathrm{d}x_1\cdots\mathrm{d}x_n\right]$$

$$= \frac{\mathrm{d}}{\mathrm{d}\theta}E_\theta[\hat{u}(X_1,\cdots,X_n)] = u'(\theta). \tag{2.2.9}$$

将式（2.2.9）代入式（2.2.8）左端即得

$$\mathrm{Var}[\hat{u}(X_1,\cdots,X_n)] \geqslant \frac{[u'(\theta)]^2}{nI(\theta)}.$$

当总体 X 为离散型随机变量时，若将定理 2.2.1 中 X 的密度函数 $f(x;\theta)$ 用 X 的分布律 $f(x;\theta)=P(X=x;\theta)$ 来代，条件 (2) 和 (3) 中的积分用对 X 的所有可能值 x 的求和来代，此时式 (2.2.2) 仍然成立.

除了定理 2.2.1 的条件成立外，还设

$$\frac{\mathrm{d}}{\mathrm{d}\theta}\int_{-\infty}^{+\infty}\frac{\partial f(x;\theta)}{\partial\theta}\mathrm{d}x=\int_{-\infty}^{+\infty}\frac{\partial^2 f(x;\theta)}{\partial\theta^2}\mathrm{d}x \tag{2.2.10}$$

则 $I(\theta)$ 有一个比较易于计算的表达式

$$I(\theta)=-E_\theta\left\{\frac{\partial^2}{\partial\theta^2}[\ln f(X;\theta)]\right\}. \tag{2.2.11}$$

证明 $I(\theta)=E_\theta\left\{\frac{\partial}{\partial\theta}[\ln f(X;\theta)]\right\}^2$

$$=\int_{-\infty}^{+\infty}\left\{\frac{\partial}{\partial\theta}[\ln f(x;\theta)]\right\}^2 f(x;\theta)\mathrm{d}x$$

$$=\int_{-\infty}^{+\infty}\left[\frac{1}{f(x;\theta)}\cdot\frac{\partial f(x;\theta)}{\partial\theta}\right]^2 f(x;\theta)\mathrm{d}x$$

$$=\int_{-\infty}^{+\infty}\frac{1}{f(x;\theta)}\left[\frac{\partial f(x;\theta)}{\partial\theta}\right]^2\mathrm{d}x. \tag{2.2.12}$$

另一方面

$$-E_\theta\left\{\frac{\partial^2[\ln f(X;\theta)]}{\partial\theta^2}\right\}=-\int_{-\infty}^{+\infty}\frac{\partial^2[\ln f(x;\theta)]}{\partial\theta^2}f(x;\theta)\mathrm{d}x$$

$$=-\int_{-\infty}^{+\infty}\frac{\partial}{\partial\theta}\left[\frac{1}{f(x;\theta)}\frac{\partial f(x;\theta)}{\partial\theta}\right]f(x;\theta)\mathrm{d}x$$

$$=-\int_{-\infty}^{+\infty}\left\{\frac{-1}{f^2(x;\theta)}\left[\frac{\partial f(x;\theta)}{\partial\theta}\right]^2+\frac{1}{f(x;\theta)}\cdot\frac{\partial^2 f(x;\theta)}{\partial\theta^2}\right\}f(x;\theta)\mathrm{d}x$$

$$=\int_{-\infty}^{+\infty}\frac{1}{f(x;\theta)}\left[\frac{\partial f(x;\theta)}{\partial\theta}\right]^2\mathrm{d}x-\int_{-\infty}^{+\infty}\frac{\partial^2 f(x;\theta)}{\partial\theta^2}\mathrm{d}x. \tag{2.2.13}$$

由式 (2.2.10) 和定理 2.2.1 的假定 (2) 知，上式右端第二个积分

$$\int_{-\infty}^{+\infty}\frac{\partial^2 f(x;\theta)}{\partial\theta^2}\mathrm{d}x=\frac{\mathrm{d}}{\mathrm{d}\theta}\int_{-\infty}^{+\infty}\frac{\partial f(x;\theta)}{\partial\theta}\mathrm{d}x$$

$$=\frac{\mathrm{d}^2}{\mathrm{d}\theta^2}\int_{-\infty}^{+\infty}f(x;\theta)\,\mathrm{d}x=0,$$

从而式（2.2.13）右端等于 $\int_{-\infty}^{+\infty}\frac{1}{f(x;\theta)}\left[\frac{\partial f(x;\theta)}{\partial\theta}\right]^2\mathrm{d}x$，比较式(2.2.12)，即可得

$$I(\theta)=-E_\theta\left\{\frac{\partial^2[\ln f(X;\theta)]}{\partial\theta^2}\right\}.$$ 证毕.

式（2.2.2）右端的 $\frac{[u'(\theta)]^2}{nI(\theta)}$ 称为 $u(\theta)$ 的无偏估计方差的**克拉美-劳下界**，简称 C-R 下界. 定理 2.2.1 中的条件（1）、(2)、(3）称为**正则条件**，常见的分布如正态分布、二项分布、泊松分布等都能满足这些条件，但也有例外. 例如区间 $[0, \theta]$ 上的均匀分布，当 θ 为待估参数时，显然不满足条件（1). 而在满足定理条件的无偏估计中，方差达到 C-R 下界的一定是 $u(\theta)$ 的 UMVUE（见下面的例 2.2.7 与例 2.2.8). 但要注意，反之未必成立，即待估参数的一致最小方差无偏估计其方差未必能达到 C-R 下界（参看例 2.2.10). 另外，C-R 下界只是针对满足定理 2.2.1 条件的无偏估计而言的，也就是说，若定理 2.2.1 的条件不满足，其待估参数的无偏估计的方差还可能小于 C-R 下界.

当参数 θ 的无偏估计 $\hat{\theta}$ 的方差达到 C-R 下界 $\frac{1}{nI(\theta)}$ 时，$nI(\theta)$ 越大，表示方差越小，说明估计的精确程度越高. 当样本容量 n 固定时，$I(\theta)$ 越大，估计的精确度就越高，表明总体分布族本身提供的关于 θ 的信息量越多. 因此称 $I(\theta)$ 为 Fisher **信息量**或**信息量**，即将 $I(\theta)$ 视为一种衡量总体分布族所含关于 θ 的信息多少的量.

例 2.2.7 设总体 X 服从 $B(1,p)$ 分布（即参数为 p 的

0-1 分布),$(X_1,X_2,\cdots,X_n)$为总体 X 的样本，试求 p 的无偏估计方差的 C-R 下界，并验证 $\hat{p}=\overline{X}p$ 的为 UMVUE.

解 X 的分布律为

$$f(x;p)=p^x(1-p)^{1-x},\ x=0,1.$$

容易验证$f(x;p)$满足定理 2.2.1 的正则条件 (1)、(2)、(3). 又

$$\begin{aligned}\frac{\partial}{\partial p}[\ln f(x;p)]&=\frac{\partial}{\partial p}[x\ln p+(1-x)\ln(1-p)]\\&=\frac{x}{p}-\frac{1-x}{1-p}=\frac{x-p}{p(1-p)}.\end{aligned}$$

于是

$$\begin{aligned}I(p)&=E\left\{\left[\frac{\partial}{\partial p}\ln f(X;p)\right]^2\right\}=E\left[\frac{X-p}{p(1-p)}\right]^2,\\&=\frac{\mathrm{Var}(X)}{p^2(1-p)^2}=\frac{1}{(1-p)p},\end{aligned}$$

于是 p 的任一无偏估计量 $\hat{p}$ 均满足

$$\mathrm{Var}(\hat{p})\geqslant\frac{1}{nI(p)}=\frac{p(1-p)}{n}.$$

考察 p 的无偏估计量 $\hat{p}=\overline{X}$. 因为 $\mathrm{Var}(X)=p(1-p)$，于是

$$\mathrm{Var}(\hat{p})=\mathrm{Var}(\overline{X})=\frac{1}{n}\mathrm{Var}(X)=\frac{p(1-p)}{n}.$$

即 $\hat{p}=\overline{X}$ 是达到 C-R 下界的无偏估计量，所以是参数 p 的一个 UMVUE.

例 2.2.8 设总体 X 服从指数分布，密度函数为

$$f(x;\lambda)=\begin{cases}\lambda e^{-\lambda x}, & x>0,\\ 0, & x\leqslant 0.\end{cases}$$

$(X_1,X_2,\cdots,X_n)$ 为 X 的样本，未知参数 $\lambda>0$，求待估函数 $u(\lambda)=\dfrac{1}{\lambda}$的无偏估计的 C-R 下界，并证明 $\hat{u}=\overline{X}$ 为 $u(\lambda)=\dfrac{1}{\lambda}$的 UMVUE.

解 指数分布的总体满足正则条件. 当 $x>0$ 时,

$$\frac{\partial^2}{\partial\lambda^2}[\ln f(x;\lambda)]=\frac{\partial^2}{\partial\lambda^2}[\ln\lambda-\lambda x]$$

$$=\frac{\partial}{\partial\lambda}\left[\frac{1}{\lambda}-x\right]=\frac{-1}{\lambda^2}.$$

容易验证 $f(x;\theta)$ 满足式 (2.2.10), 故

$$I(\lambda)=-E\left[\frac{\partial^2}{\partial\lambda^2}\ln f(X;\lambda)\right]=-E\left(\frac{-1}{\lambda^2}\right)=\frac{1}{\lambda^2}.$$

所以 $u(\lambda)=\frac{1}{\lambda}$ 的无偏估计方差的 C-R 下界为

$$\frac{[u'(\lambda)]^2}{nI(\lambda)}=\frac{\left[\frac{-1}{\lambda^2}\right]^2}{n\cdot\frac{1}{\lambda^2}}=\frac{1}{n\lambda^2}.$$

因为

$$E(\hat{u})=E(\overline{X})=E(X)=\frac{1}{\lambda}=u(\lambda),$$

所以 $\hat{u}=\overline{X}$ 是 $u(\lambda)=\frac{1}{\lambda}$ 的无偏估计量, 其方差

$$\mathrm{Var}(\hat{u})=\mathrm{Var}(\overline{X})=\frac{1}{n}\mathrm{Var}(X)=\frac{1}{n\lambda^2}$$

即 $\hat{u}=\overline{X}$ 的方差达到 C-R 下界,所以 $\overline{X}$ 为 $\frac{1}{\lambda}$ 的 UMVUE.

例 2.2.9 设总体 $X\sim N(\mu,\sigma^2)$, $(X_1,\cdots,X_n)$ 为总体 X 的样本. (1) σ^2 已知时, 求 μ 的无偏估计方差的 C-R 下界, 并验证 μ 的无偏估计 $\hat{\mu}=\overline{X}$ 的方差是否达到 C-R 下界; (2) μ 已知时, 求 σ^2 的无偏估计方差的 C-R 下界, 并验证 σ^2 的无偏估计 $\hat{\sigma}^2=S^2=\frac{1}{n-1}\sum_{i=1}^{n}(X_i-\overline{X})^2$ 的方差是否达到 C-R 下界.

解 (1) 总体 X 的密度函数

$$f(x;\mu,\sigma^2)=\frac{1}{\sqrt{2\pi}\,\sigma}e^{-\frac{(x-\mu)^2}{2\sigma^2}},\ -\infty<x<+\infty.$$

$$\ln f(x;\mu,\sigma^2)=-\ln\sqrt{2\pi}-\frac{1}{2}\ln\sigma^2-\frac{(x-\mu)^2}{2\sigma^2}.$$

$$\frac{\partial^2}{\partial\mu^2}[\ln f(x;\mu,\sigma^2)]=\frac{\partial}{\partial\mu}\left[\frac{x-\mu}{\sigma^2}\right]=-\frac{1}{\sigma^2}.$$

容易验证$f(x;\mu,\sigma^2)$关于参数μ和σ^2均满足式（2.2.10），故

$$I(\mu)=-E\left\{\frac{\partial^2}{\partial\mu^2}[\ln f(X;\mu,\sigma^2)]\right\}=\frac{1}{\sigma^2}.$$

所以σ^2已知时，μ的无偏估计量方差的C-R下界为

$$\frac{1}{nI(\mu)}=\frac{\sigma^2}{n}.$$

而$\mathrm{Var}(\hat{\mu})=\mathrm{Var}(\overline{X})=\frac{1}{n}\mathrm{Var}(X)=\frac{\sigma^2}{n}$，这表明$\hat{\mu}=\overline{X}$是$\mu$的达到C-R下界的无偏估计量，从而为$\mu$的UMVUE.

（2）$$\frac{\partial}{\partial(\sigma^2)}[\ln f(x;\mu,\sigma^2)]=-\frac{1}{2\sigma^2}+\frac{(x-\mu)^2}{2\sigma^4},$$

$$\begin{aligned}\frac{\partial^2}{\partial(\sigma^2)^2}[\ln f(x;\mu,\sigma^2)]&=\frac{\partial}{\partial\sigma^2}\left[-\frac{1}{2\sigma^2}+\frac{(x-\mu)^2}{2\sigma^4}\right]\\&=\frac{1}{2\sigma^4}-\frac{(x-\mu)^2}{\sigma^6}.\end{aligned}$$

于是得Fisher信息量

$$\begin{aligned}I(\sigma^2)&=-E\left\{\frac{\partial^2}{\partial(\sigma^2)^2}[\ln f(X;\mu,\sigma^2)]\right\}\\&=-E\left\{\frac{1}{2\sigma^4}-\frac{(X-\mu)^2}{\sigma^6}\right\}=-\frac{1}{2\sigma^4}+\frac{1}{\sigma^6}E\{(X-\mu)^2\}=\frac{1}{2\sigma^4}.\end{aligned}$$

因此，μ已知时，σ^2无偏估计方差的C-R下界为

$$\frac{1}{nI(\sigma^2)}=\frac{2\sigma^4}{n}.$$

但

$$\begin{aligned}\mathrm{Var}(S^2) &= \mathrm{Var}\left\{\frac{1}{n-1}\sum_{i=1}^{n}(X_i-\overline{X})^2\right\}\\ &= \mathrm{Var}\left\{\frac{\sigma^2}{n-1}\cdot\frac{1}{\sigma^2}\sum_{i=1}^{n}(X_i-\overline{X})^2\right\}\\ &= \frac{\sigma^4}{(n-1)^2}\mathrm{Var}\left\{\frac{1}{\sigma^2}\sum_{i=1}^{n}(X_i-\overline{X})^2\right\},\end{aligned}$$

因为对正态总体 $N(\mu,\sigma^2)$，随机变量

$$\frac{1}{\sigma^2}\sum_{i=1}^{n}(X_i-\overline{X})^2 \sim \chi^2(n-1),$$

故其方差

$$\mathrm{Var}\left\{\frac{1}{\sigma^2}\sum_{i=1}^{n}(X_i-\overline{X})^2\right\}=2(n-1).$$

于是

$$\mathrm{Var}(S^2)=\frac{\sigma^4}{(n-1)^2}2(n-1)=\frac{2\sigma^4}{n-1}>\frac{2\sigma^4}{n}.$$

可见 σ^2 的无偏估计 $\hat{\sigma}^2=S^2$ 的方差没有达到 C-R 下界.

例 2.2.10 设总体 $X\sim N(\theta,1)$，$(X_1,X_2,\cdots,X_n)$是来自总体 X 的样本. 考察 θ^2 的无偏估计.

在例 2.2.9(1)中已求出 $N(\theta,1)$总体中 θ 的 Fisher 信息量 $I(\theta)=1$，所以 θ^2 的无偏估计方差的 C-R 下界为

$$\frac{[(\theta^2)']^2}{nI(\theta)}=\frac{(2\theta)^2}{n\cdot 1}=\frac{4\theta^2}{n}.$$

记 $\hat{\theta^2}(X_1,X_2,\cdots,X_n)=(\overline{X})^2-\frac{1}{n}$，因为

$$\begin{aligned}E[\hat{\theta^2}(X_1,\cdots,X_n)] &= E[(\overline{X})^2]-\frac{1}{n}=[\mathrm{Var}(\overline{X})+E^2(\overline{X})]-\frac{1}{n}\\ &=\left(\frac{1}{n}+\theta^2\right)-\frac{1}{n}=\theta^2,\end{aligned}$$

所以 $\hat{\theta^2}(X_1,\cdots,X_n)$是 θ^2 的无偏估计，进一步还可以证明 $\hat{\theta^2}(X_1,\cdots,X_n)$是 θ^2 的一致最小方差无偏估计.

下面计算 $\operatorname{Var}[\hat{\theta^2}(X_1,\cdots,X_n)]$. 记 $U=\sqrt{n}(\overline{X}-\theta)$, 易见 $U\sim N(0,1)$. 故

$$\begin{aligned}\operatorname{Var}[\hat{\theta^2}(X_1,\cdots,X_n)]&=\operatorname{Var}\left[(\overline{X})^2-\frac{1}{n}\right]=\operatorname{Var}[(\overline{X})^2]\\&=\operatorname{Var}\left[\left(\frac{U+\sqrt{n}\theta}{\sqrt{n}}\right)^2\right]\\&=\frac{1}{n^2}\operatorname{Var}[(U+\sqrt{n}\theta)^2]\\&=\frac{1}{n^2}\{E[(U+\sqrt{n}\theta)^4]-E^2(U+\sqrt{n}\theta)^2\}.\end{aligned}$$

因为

$$\begin{aligned}E[(U+\sqrt{n}\theta)^4]&=E(U^4+4U^3\sqrt{n}\theta+6U^2n\theta^2+4Un\sqrt{n}\theta^3+n^2\theta^4)\\&=3+6n\theta^2+n^2\theta^4\end{aligned}$$

和

$$E[(U+\sqrt{n}\theta)^2]=E(U^2+2U\sqrt{n}\theta+n\theta^2)=1+n\theta^2,$$

所以

$$\begin{aligned}\operatorname{Var}[\hat{\theta^2}(X_1,\cdots,X_n)]&=\frac{1}{n^2}[3+6n\theta^2+n^2\theta^4-(1+n\theta^2)^2]\\&=\frac{1}{n^2}[3+6n\theta^2+n^2\theta^4-(1+2n\theta^2+n^2\theta^4)]\\&=\frac{1}{n^2}(2+4n\theta^2)=\frac{2}{n^2}+\frac{4\theta^2}{n}>\frac{4\theta^2}{n}.\end{aligned}$$

这说明 $\hat{\theta^2}(X_1,\cdots,X_n)=(\overline{X})^2-\dfrac{1}{n}$ 的方差没有达到 θ^2 的无偏估计方差的 C-R 下界.

由上可见, 参数 θ 的 UMVUE 其方差可能达到 C-R 下界, 也可能达不到 C-R 下界. 为此引入估计量的有效率的概念.

定义 2.2.4 设 $\hat{u}(X_1,\cdots,X_n)$ 是 $u(\theta)$ 的一个无偏估计, 且 $u(\theta)$ 的无偏估计方差的 C-R 下界存在, 则称

$$e(\hat{u}(X_1,\cdots,X_n))=\frac{[u'(\theta)]^2}{nI(\theta)}\Big/\operatorname{Var}(\hat{u}(X_1,\cdots,X_n))$$

为无偏估计量 $\hat{u}(X_1,\cdots,X_n)$ 的**有效率**.

显然，$0<e(\hat{u}(X_1,\cdots,X_n))\leqslant 1$. 若 $e(\hat{u}(X_1,\cdots,X_n))=1$，则称 $\hat{u}(X_1,\cdots,X_n)$ 为 $u(\theta)$ 的有效估计；若 $\lim\limits_{n\to\infty} e(\hat{u}(X_1,\cdots,X_n))=1$，则称 $\hat{u}(X_1,\cdots,X_n)$ 为 $u(\theta)$ 的渐近有效估计.

由前面的讨论可知，有效估计一定是一致最小方差无偏估计，反之则不然. 如对正态总体 $N(\mu,\sigma^2)$（σ^2 已知），$\overline{X}$ 为 μ 的有效估计，从而亦为 μ 的 UMVUE.

又如对正态总体 $N(\theta,1)$，由例 2.2.10 知 $\hat{\theta}^2(X_1,\cdots,X_n)=(\overline{X})^2-\frac{1}{n}$ 是 θ^2 的 UMVUE，其有效率为

$$e[\hat{\theta}^2(X_1,\cdots,X_n)]=\frac{4\theta^2/n}{(2+4n\theta^2)/n^2}=\frac{2n\theta^2}{1+2n\theta^2}<1.$$

因此，$\hat{\theta}^2(X_1,\cdots,X_n)$ 非 θ^2 的有效估计，而是渐近有效估计，从而说明 UMVUE 未必是有效估计.

三、相合性

在无偏估计类中，我们以估计量方差的大小作为衡量估计量好坏的标准，但是无偏估计类中方差最小或较小的估计量，不一定比有偏估计量的方差来得小. 如对正态总体 $N(\mu,\sigma^2)$，σ^2 的估计量 $S_n^2=\frac{1}{n}\sum\limits_{i=1}^{n}(X_i-\overline{X})^2$ 是渐近无偏的，其方差

$$\begin{aligned}\mathrm{Var}(S_n^2)&=\mathrm{Var}\left[\frac{\sigma^2}{n}\cdot\frac{1}{\sigma^2}\sum_{i=1}^{n}(X_i-\overline{X})^2\right]\\&=\frac{\sigma^4}{n^2}\mathrm{Var}\left[\frac{1}{\sigma^2}\sum_{i=1}^{n}(X_i-\overline{X})^2\right]\\&=\frac{\sigma^4}{n^2}2(n-1)<\frac{2\sigma^4}{n}\end{aligned}$$

即 $\mathrm{Var}(S_n^2)$ 小于 σ^2 的无偏估计方差的 C-R 下界.

在 n 充分大时，S_n^2 的偏差与方差都很小，那么如何评价作为 σ^2 的估计量 S_n^2 的优良性呢？人们希望在样本容量 n 充分大时，在偏差性与分散性（方差大小）两者兼顾的原则下，建立

估计量"优"的准则.

定义 2.2.5　设$(X_1,X_2,\cdots,X_n)$为总体X的样本，$\hat{\theta}_n$为未知参数θ的估计量，若对任意正数ε，有

$$\lim_{n\to\infty}P\{|\hat{\theta}_n-\theta|<\varepsilon\}=1,$$

即$\hat{\theta}_n$依概率收敛于θ，则称$\hat{\theta}_n$为θ的相合估计量，或一致估计量.

定理 2.2.2　假定总体原点矩$E(X^k)$存在，则样本原点矩$A_k=\frac{1}{n}\sum_{i=1}^{n}X_i^k$为$E(X^k)$的相合估计量.

证明　因为样本$(X_1,X_2,\cdots,X_n)$中,$X_1,X_2,\cdots,X_n$相互独立且与总体同分布，于是$X_1^k,X_2^k,\cdots,X_n^k$也相互独立且与X^k同分布，根据辛钦大数定律，对任意正数ε，有

$$\lim_{n\to\infty}P\left\{\left|\frac{1}{n}\sum_{i=1}^{n}X_i^k-E(X^k)\right|<\varepsilon\right\}=1,$$

所以样本的k阶原点矩$A_k=\frac{1}{n}\sum_{i=1}^{n}X_i^k$为总体$k$阶原点矩$E(X^k)$的相合估计量. 证毕.

定理 2.2.3　若$\hat{\theta}_1,\hat{\theta}_2,\cdots,\hat{\theta}_k$分别为$\theta_1,\theta_2,\cdots,\theta_k$的相合估计量，又函数$h(x_1,x_2,\cdots,x_k)$在$k$维点$(\theta_1,\theta_2,\cdots,\theta_k)$连续,则$h(\hat{\theta}_1,\hat{\theta}_2,\cdots,\hat{\theta}_k)$是$h(\theta_1,\theta_2,\cdots,\theta_k)$的相合估计量. （证略）

推论 2.2.1　样本中心矩是相应的总体中心矩的相合估计量(假定被估计的总体中心矩存在).

例 2.2.11　设$(X_1,X_2,\cdots,X_n)$为总体X的样本，若$\mathrm{Var}(X)$存在,试证S为$\sqrt{\mathrm{Var}(X)}$的相合估计量.

证明　因为$n\to\infty$时，S_n^2依概率收敛于$\mathrm{Var}(X)$，即

$$S_n^2\xrightarrow{P}\mathrm{Var}(X)\qquad(n\to\infty),$$

又常数列$\left\{\frac{n}{n-1}\right\}$可看成服从退化分布$P\left\{Y_n=\frac{n}{n-1}\right\}=1$的随机变量序列，于是

$$\frac{n}{n-1}\xrightarrow{P}1 \qquad (n\to\infty),$$

所以，$S^2=\frac{n}{n-1}S_n^2 \xrightarrow{P}\mathrm{Var}(X) \qquad (n\to\infty)$. 即 S^2 为 $\mathrm{Var}(X)$ 的相合估计量. 由定理 2.2.3 知 S 为 $\sqrt{\mathrm{Var}(X)}$ 的相合估计量.

下面的定理对于验证估计量的相合性是有用的.

定理 2.2.4 设 $\hat{\theta}_n$ 为 θ 的估计量，若

$$\lim_{n\to\infty}E(\hat{\theta}_n)=\theta,\text{且}\lim_{n\to\infty}\mathrm{Var}(\hat{\theta}_n)=0,$$

则 $\hat{\theta}_n$ 为 θ 的相合估计量.

证明 设 $\hat{\theta}_n$ 的密度函数为 $f_n(x)$，对任意正数 ε，

$$\begin{aligned}P\{|\hat{\theta}_n-\theta|\geqslant\varepsilon\} &= \int_{|x-\theta|\geqslant\varepsilon} f_n(x)\,\mathrm{d}x \\ &\leqslant \int_{-\infty}^{+\infty}\frac{(x-\theta)^2}{\varepsilon^2}f_n(x)\,\mathrm{d}x \\ &= \frac{E[(\hat{\theta}_n-\theta)^2]}{\varepsilon^2},\end{aligned}$$

而

$$\begin{aligned}E[(\hat{\theta}_n-\theta)^2] &= E\{[(\hat{\theta}_n-E(\hat{\theta}_n))+(E(\hat{\theta}_n)-\theta)]^2\} \\ &= \mathrm{Var}(\hat{\theta}_n)+[E(\hat{\theta}_n)-\theta]^2.\end{aligned}$$

令 $n\to\infty$，即得 $\lim\limits_{n\to\infty}E[(\hat{\theta}_n-\theta)^2]=0$,从而 $\lim\limits_{n\to\infty}P\{|\hat{\theta}_n-\theta|\geqslant\varepsilon\}=0$,即 $\lim\limits_{n\to\infty}P\{|\hat{\theta}_n-\theta|<\varepsilon\}=1$，由定义 2.2.5 知 $\hat{\theta}_n$ 为 θ 的相合估计量.

定理 2.2.4 说明，若 θ 的估计量 $\hat{\theta}_n$ 的偏差与方差均随 n 的无限增大而趋于零，则 $\hat{\theta}_n$ 为 θ 的相合估计量.

在以上三个对估计量的评选标准中，无偏性、有效性是对每一个固定的样本容量 n 作出的要求，而相合性则是当 n 无限增大时，要求两个标准同时兼顾. 矩估计与极大似然估计这两种常用估计均为相合的.

§2.3 区间估计

前面两节我们讨论了参数的点估计. 未知参数 θ 的估计量 $\hat{\theta}(X_1,X_2,\cdots,X_n)$ 是样本的函数, 由一组具体的样本值 $(x_1,x_2,\cdots,x_n)$ 求得的估计值 $\hat{\theta}(x_1,x_2,\cdots,x_n)$,其误差范围与可信程度如何? 我们希望给出一个范围（随机区间），使它以较大的概率覆盖 θ 的真值. 为此给出区间估计的概念.

定义 2.3.1 设 $(X_1,X_2,\cdots,X_n)$ 是来自总体 X 的样本，θ 为总体 X 的一维参数. 对于给定的常数 $\alpha(0<\alpha<1)$，若统计量 $T_1=T_1(X_1,X_2,\cdots,X_n)$ 与 $T_2=T_2(X_1,X_2,\cdots,X_n)$ 满足

$$P\{T_1<\theta<T_2\}\geqslant 1-\alpha, \tag{2.3.1}$$

则称随机区间（T_1，T_2）为参数 θ 的置信水平为 $1-\alpha$ 的**置信区间**，T_1、T_2 分别称为**置信下限**与**置信上限**，$1-\alpha$ 称为**置信水平**.

θ 的置信区间也叫作 θ 的区间估计.

一般，我们选择满足式（2.3.1）的区间（T_1，T_2），使其长度尽可能小. 当 X 为连续型总体，我们可按式（2.3.1）中等号成立的条件求出随机区间（T_1，T_2），即要求 T_1、T_2 满足

$$P\{T_1<\theta<T_2\}=1-\alpha. \tag{2.3.2}$$

这时任何包含（T_1，T_2）的随机区间（$\tilde{T}_1$，$\tilde{T}_2$）均为 θ 的置信水平为 $1-\alpha$ 的区间估计，因为它们包含 θ 的概率至少为 $1-\alpha$. 但我们一般取满足式（2.3.2）的区间（T_1，T_2）作为 θ 的区间估计. 而当 X 为离散型总体时，满足式（2.3.2）的区间（T_1，T_2）未必存在. 此时我们选择一个随机区间（T_1，T_2），使其满足式（2.3.1），且左边的概率 $P\{T_1<\theta<T_2\}$ 尽可能接近 $1-\alpha$.

式（2.3.2）的意义可解释为，统计量 T_1、T_2 为随机变量，而 θ 为一固定的未知常数. 每组样本值 $(x_1,x_2,\cdots,x_n)$ 确定一个区间 $(T_1(x_1,x_2,\cdots,x_n),T_2(x_1,x_2,\cdots,x_n))$，它可能包含 θ 的真值，也可能不包含 θ 的真值，在样本容量 n 不变的情况下反复抽样多

次，例如 N 次，于是得到 N 个区间，这些区间分两类：包含 θ 的和不包含 θ 的．当 N 很大时，包含 θ 的区间约占 $100(1-\alpha)\%$．例如当置信水平 $1-\alpha=95\%$ 时，N 个区间中约有 95% 的区间包含 θ，而不包含 θ 的区间约为 5%．

那么 α 取多大才好呢？显然 α 越小，$1-\alpha$ 就越大，区间 (T_1, T_2) 覆盖 θ 的概率就越大，但区间长度 $L=T_2-T_1$ 也就可能因此而增大，从而估计的误差范围也增大．我们希望估计的置信水平与精度都尽可能的高．而置信水平和精度是两个相互矛盾的要求，一般的处理方法是，保证置信水平．在给定较大置信水平 $1-\alpha$ 的条件下，使 $[T_1, T_2]$ 平均长度越小越好．

下面给出几个常见的参数的区间估计．

一、正态总体均值的区间估计

1．方差 σ^2 已知

设 $(X_1, \cdots, X_n)$ 为总体 $N(\mu,\sigma^2)$ 的一个样本，σ^2 已知，μ 未知，试求 μ 的置信水平为 $1-\alpha$ 的置信区间．

我们知道，样本均值 $\overline{X}$ 是 μ 的一个优良估计，现在要构造 μ 的置信区间，很自然想到 $\overline{X}$．由定理 1.5.1 知

$$U=\frac{\overline{X}-\mu}{\sigma/\sqrt{n}}\sim N(0,1),$$

即 U 的分布不依赖任何未知参数，同时有

$$P\left\{-u_{1-\alpha/2}<\frac{\overline{X}-\mu}{\sigma/\sqrt{n}}<u_{1-\alpha/2}\right\}=1-\alpha, \tag{2.3.3}$$

其中，$u_{1-\alpha/2}$ 为 $N(0,1)$ 的 $1-\dfrac{\alpha}{2}$ 分位数（图 2.3.1）．

事件

$$\left\{-u_{1-\alpha/2}<\frac{\overline{X}-\mu}{\sigma/\sqrt{n}}<u_{1-\alpha/2}\right\}$$

的等价事件为

$$\left\{\overline{X}-u_{1-\alpha/2}\frac{\sigma}{\sqrt{n}}<\mu<\overline{X}+u_{1-\alpha/2}\frac{\sigma}{\sqrt{n}}\right\},$$

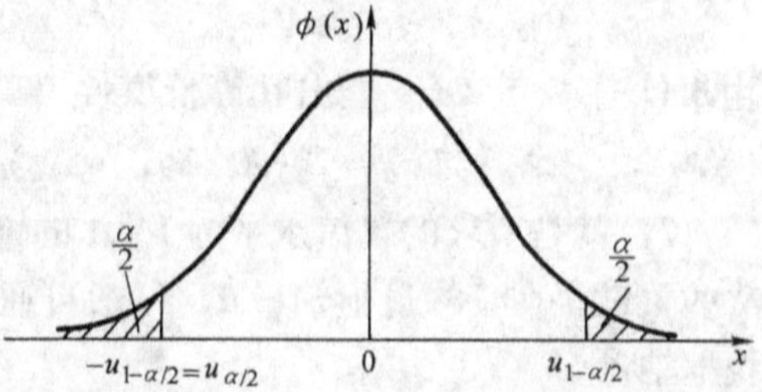

图　2.3.1

故式（2.3.3）可表示为

$$P\left\{\overline{X}-u_{1-\alpha/2}\frac{\sigma}{\sqrt{n}}<\mu<\overline{X}+u_{1-\alpha/2}\frac{\sigma}{\sqrt{n}}\right\}=1-\alpha.$$

由定义 2.3.1 知，所求置信区间为

$$\left(\overline{X}-u_{1-\alpha/2}\frac{\sigma}{\sqrt{n}},\overline{X}+u_{1-\alpha/2}\frac{\sigma}{\sqrt{n}}\right),\tag{2.3.4}$$

常把它简记为

$$\left(\overline{X}\pm\frac{\sigma}{\sqrt{n}}u_{1-\alpha/2}\right).\tag{2.3.5}$$

可以证明，在置信水平 $1-\alpha$ 下，式（2.3.4）给出的 μ 的置信区间，在形如$\left(\overline{X}-a_n\frac{\sigma}{\sqrt{n}},\ \overline{X}+b_n\frac{\sigma}{\sqrt{n}}\right)$的置信区间中长度为最短.

以上求置信区间的方法具有一般性. 一般，若要求未知参数 θ 的置信水平为 $1-\alpha$ 的置信区间，可用如下的枢轴量法.

（1）构造样本的函数

$$Y=g(X_1,\cdots,X_n;\theta),\theta\in\Theta,$$

它包含待估参数 θ，而不包含其他未知参数. Y 的分布已知且不包含任何未知参数，具有这种性质的函数称为**枢轴量**.

（2）对于给定的置信水平 $1-\alpha$，确定两个常数 c、d，使事件 $\{c<Y<d\}$ 发生的概率不小于 $1-\alpha$，即

$$P\{c < Y < d\} \geqslant 1-\alpha.$$

(3) 若由事件 $\{c<Y<d\}$ 推出其等价事件 $\{T_1<\theta<T_2\}$，其中 $T_1=T_1(X_1,X_2,\cdots,X_n)$ 与 $T_2=T_2(X_1,X_2,\cdots,X_n)$ 为两个统计量，则区间 (T_1,T_2) 就是所求的置信水平为 $1-\alpha$ 的置信区间.

上述方法的关键，在于构造枢轴量 Y. 一般可通过参数 θ 的点估计去寻找枢轴量.

上述正态总体 $N(\mu,\sigma^2)$ 方差 σ^2 已知情形下寻求 μ 的置信区间时的枢轴量为 $U=\dfrac{\overline{X}-\mu}{\sigma/\sqrt{n}}$.

例 2.3.1 随机地从一批导线中抽取6根，测得电阻（单位：Ω）为：0.146，0.151，0.149，0.148，0.152，0.151. 设测定数据来自正态总体.

(1) 求这批导线平均电阻 $E(X)$ 的矩估计；

(2) 若已知总体方差为 6×10^{-6}，试求平均电阻 $\mu=E(X)$ 的置信区间（$\alpha=0.01$）.

解 (1) $E(X)$ 的矩估计为

$$\bar{x}=\frac{1}{6}(0.146+0.151+0.149+0.148+0.152+0.151)$$

$$=0.1495.$$

(2) 依题意，$X\sim N(\mu,6\times10^{-6})$，由式（2.3.5），所求 $E(X)$ 的置信水平为 $1-\alpha$ 的置信区间为

$$\left(\overline{X}\pm\frac{\sigma}{\sqrt{n}}u_{1-\alpha/2}\right)$$

即为 $\left(0.1495\pm\dfrac{\sqrt{6\times10^{-6}}}{\sqrt{6}}u_{1-\alpha/2}\right)=(0.1495\pm0.001u_{1-\alpha/2})$.

查正态分布表，当 $\alpha=0.01$ 时，$u_{1-\alpha/2}=u_{0.995}=2.58$，代入上式，得 μ 的置信水平为 0.99 的置信区间为

$$(0.1469,\ 0.1521).$$

2. 方差 σ^2 未知

当方差 σ^2 未知时，$U=\dfrac{\overline{X}-\mu}{\sigma/\sqrt{n}}$中除了含待估参数 μ 外，还含未知参数 σ，所以此时 U 不能成为枢轴量. 若用 S 代替 σ，则可得函数

$$t=\frac{\overline{X}-\mu}{S/\sqrt{n}}\sim t(n-1),$$

取 t 为枢轴量，可得

$$P\left\{-t_{1-\alpha/2}(n-1)<\frac{\overline{X}-\mu}{S/\sqrt{n}}<t_{1-\alpha/2}(n-1)\right\}=1-\alpha,$$

即

$$P\left\{\overline{X}-t_{1-\alpha/2}(n-1)\frac{S}{\sqrt{n}}<\mu<\overline{X}+t_{1-\alpha/2}(n-1)\frac{S}{\sqrt{n}}\right\}=1-\alpha.$$

于是得 μ 的置信水平为 $1-\alpha$ 的置信区间

$$\left(\overline{X}\pm t_{1-\alpha/2}\ (n-1)\ \frac{S}{\sqrt{n}}\right), \tag{2.3.6}$$

这里 $t_p(m)$ 表示 $t(m)$ 分布的 p 分位数，见图 1.4.6.

例 2.3.2 对某农作物计算了15个地块的亩产量，所得数据（单位：0.5kg）如下：

422.2	417.2	425.6	420.3	425.8
423.1	418.7	428.2	438.3	434.0
412.3	431.5	413.5	441.3	423.0

设亩产量服从正态分布，试由上述数据求亩产量数学期望的置信区间（$\alpha=0.05$）.

解 计算得上述数据的平均值 $\bar{x}=425.0$，又 $\sum\limits_{i=1}^{15}(x_i-\bar{x})^2=1008.68$，$\alpha=0.05$，查表得

$$t_{1-\alpha/2}(14)=t_{0.975}(14)=2.145.$$

于是

$$\bar{x}-t_{1-\alpha/2}(14)\frac{S}{\sqrt{15}}=425.0-2.145\times\sqrt{\frac{1008.68}{14\times 15}}=420.3,$$

$$\bar{x}+t_{1-\alpha/2}(14)\frac{S}{\sqrt{15}}=425.0+2.145\times\sqrt{\frac{1008.68}{14\times 15}}=429.7,$$

所以所求置信区间为（420.3，429.7）.

3. 两正态总体均值差的区间估计

设总体 $X\sim N(\mu_1,\sigma_1{}^2)$，其样本容量为 n_1 的样本均值为 $\overline{X}$，样本方差为 S_X^2；总体 $Y\sim N(\mu_2,\sigma_2^2)$，其样本容量为 n_2 的样本均值为 $\overline{Y}$，样本方差为 S_Y^2，并设这两个样本相互独立，试求两总体均值差 $\mu_1-\mu_2$ 的区间估计.

从 $\mu_1-\mu_2$ 的无偏估计 $\overline{X}-\overline{Y}$ 出发构造枢轴量.

（1）σ_1^2、σ_2^2 均已知时，因为

$$E(\overline{X}-\overline{Y})=\mu_1-\mu_2,$$

$$\operatorname{Var}(\overline{X}-\overline{Y})=\operatorname{Var}(\overline{X})+\operatorname{Var}(\overline{Y})=\frac{\sigma_1^2}{n_1}+\frac{\sigma_2^2}{n_2}.$$

所以统计量

$$U=\frac{\overline{X}-\overline{Y}-(\mu_1-\mu_2)}{\sqrt{\dfrac{\sigma_1^2}{n_1}+\dfrac{\sigma_2^2}{n_2}}}\sim N(0,1). \tag{2.3.7}$$

以 U 为枢轴量，易得 $\mu_1-\mu_2$ 的置信水平为 $1-\alpha$ 的置信区间为

$$\left(\overline{X}-\overline{Y}\pm u_{1-\alpha/2}\sqrt{\frac{\sigma_1^2}{n_1}+\frac{\sigma_2^2}{n_2}}\right). \tag{2.3.8}$$

此处 u_p 表示标准正态分布 $N(0,1)$ 的 p 分位数（见图2.3.1）.

（2）$\sigma_1^2=\sigma_2^2=\sigma^2$，而 σ^2 未知时，式（2.3.7）为

$$U=\frac{\overline{X}-\overline{Y}-(\mu_1-\mu_2)}{\sigma\sqrt{\dfrac{1}{n_1}+\dfrac{1}{n_2}}}.$$

由于 U 中含未知参数 σ，故不能作为枢轴量，用 σ^2 的无偏估计

$$S_{\omega}^{2}=\frac{(n_1-1)S_X^2+(n_2-1)S_Y^2}{n_1+n_2-2}$$

代替 σ^2. 由定理 1.5.4 知

$$t=\frac{(\overline{X}-\overline{Y})-(\mu_1-\mu_2)}{S_{\omega}\sqrt{\frac{1}{n_1}+\frac{1}{n_2}}}\sim t(n_1+n_2-2).$$

取 t 为枢轴量，可得 $\mu_1-\mu_2$ 的置信水平为 $1-\alpha$ 的置信区间为

$$\left(\overline{X}-\overline{Y}\pm t_{1-\alpha/2}(n_1+n_2-2)S_{\omega}\sqrt{\frac{1}{n_1}+\frac{1}{n_2}}\right) \qquad (2.3.9)$$

（3）σ_1^2、σ_2^2 均未知时，若两个总体的样本容量都充分大，则可用大样本方法来近似求得置信区间. 由定理 1.5.6，当 X、Y 为一般总体，随机变量

$$\frac{\overline{X}-\overline{Y}-(\mu_1-\mu_2)}{\sqrt{\frac{S_X^2}{n_1}+\frac{S_Y^2}{n_2}}}$$

的渐近分布为 $N(0,1)$. 因此，无论 X、Y 服从何种分布，一般，当 n_1、n_2 均大于 50 时，近似地有

$$\frac{\overline{X}-\overline{Y}-(\mu_1-\mu_2)}{\sqrt{\frac{S_X^2}{n_1}+\frac{S_Y^2}{n_2}}}\sim N(0,1), \qquad (2.3.10)$$

于是可得 $\mu_1-\mu_2$ 的置信水平为 $1-\alpha$ 的近似置信区间

$$\left(\overline{X}-\overline{Y}\pm u_{1-\alpha/2}\sqrt{\frac{S_X^2}{n_1}+\frac{S_Y^2}{n_2}}\right). \qquad (2.3.11)$$

对于两总体均值差 $\mu_1-\mu_2$ 的置信区间，若 $\mu_1-\mu_2$ 的置信下限大于零，则有较大把握认为 $\mu_1>\mu_2$；若 $\mu_1-\mu_2$ 的置信上限小于零，则有较大把握认为 $\mu_1<\mu_2$；若 $\mu_1-\mu_2$ 的置信区间包含零，则不能断定哪个总体均值较大.

例 2.3.3 检查某地正常成年男子156名，正常成年女子 74 名，计算得男性红细胞样本均值为 465.13 万/mm^3，样本方差为

3022.41（万/mm^3）^{2}；女性红细胞样本均值为 422.16 万/mm^3，样本方差为 2453.80（万/mm^3）^{2}. 设总体 X 表示正常成年男性的红细胞数，总体 Y 表示正常成年女性的红细胞数. 由经验知道 X、Y 均服从正态分布，$X \sim N(\mu_1, \sigma_1^2), Y \sim N(\mu_2, \sigma_2^2)$.

（1）若 $\sigma_1^2 = \sigma_2^2 = \sigma^2$，$\sigma^2$ 未知，求 $\mu_1 - \mu_2$ 的置信水平为 0.99 的置信区间；

（2）若 σ_1^2、σ_2^2 均未知，求 $\mu_1 - \mu_2$ 的置信水平为 0.99 的置信区间.

解 （1）由已知，$n_1 = 156$，$\bar{x} = 465.13$，$s_X^2 = 3022.41$；$n_2 = 74$，$\bar{y} = 422.16$，$s_Y^2 = 2453.80$. 计算可得

$$S_\omega = \sqrt{\frac{(n_1 - 1)s_X^2 + (n_2 - 1)s_Y^2}{n_1 + n_2 - 2}}$$

$$= \sqrt{\frac{155 \times 3022.41 + 73 \times 2453.80}{228}} = 53.29$$

又 $\alpha = 1 - 0.99 = 0.01$，自由度 $n = n_1 + n_2 - 2 = 228$，查 t 分布表可得

$$t_{1-\alpha/2}(n) = t_{0.995}(228) = 2.601.$$

对于自由度大于 45 的 t 分布分位数，亦可用标准正态分布分位数近似：$t_{1-\alpha/2}(n) \approx u_{1-\alpha/2}$.

代入公式（2.3.9），得 $\mu_1 - \mu_2$ 的置信水平为 0.99 的置信区间为

$$\left(\bar{x} - \bar{y} \pm t_{1-\alpha/2}(n_1 + n_2 - 2) S_\omega \sqrt{\frac{1}{n_1} + \frac{1}{n_2}}\right)$$

$$= \left(465.13 - 422.16 \pm 2.601 \times 53.29 \sqrt{\frac{1}{156} + \frac{1}{74}}\right)$$

$$= (42.97 \pm 19.56),$$

即为(23.41, 62.53).

（2）查标准正态分布表，得 $U_{1-\alpha/2} = U_{0.995} = 2.575$，代入公式（2.3.11），得 $\mu_1 - \mu_2$ 的置信水平为 0.99 的近似置信区间为

$$\left(\bar{x}-\bar{y}\pm u_{1-\alpha/2}\sqrt{\frac{s_X^2}{n_1}+\frac{s_Y^2}{n_2}}\right)$$

$$=\left(42.97\pm 2.575\sqrt{\frac{3022.41}{156}+\frac{2453.80}{74}}\right)$$

$$=(42.97\pm 18.66)$$

即为(24.31,61.63).

上例中，由于$\mu_1-\mu_2$的置信下限大于0，故有较大把握认为$\mu_1>\mu_2$，即有较大把握认为正常成年男性的红细胞数多于正常成年女性的红细胞数.

二、正态总体方差的区间估计

1. 单个正态总体方差的置信区间

设总体$X\sim N(\mu,\sigma^2)$，μ和σ^2均未知，$(X_1,X_2,\cdots,X_n)$是来自X的样本，现求方差σ^2的置信水平为$1-\alpha$的置信区间.

我们知道，样本方差S^2是σ^2的无偏估计，由定理1.5.1知，随机变量

$$\chi^2=\frac{(n-1)S^2}{\sigma^2}\sim\chi^2(n-1),$$

分布中不含任何未知参数，故可将其作为枢轴量. χ^2的密度函数是单峰的，但不对称，由$P\left\{\frac{(n-1)S^2}{\sigma^2}<\chi^2_{\alpha/2}(n-1)\right\}=\frac{\alpha}{2}$以及$P\left\{\frac{(n-1)S^2}{\sigma^2}<\chi^2_{1-\alpha/2}(n-1)\right\}=1-\frac{\alpha}{2}$可得

$$P\left\{\chi^2_{\alpha/2}(n-1)<\frac{(n-1)S^2}{\sigma^2}<\chi^2_{1-\alpha/2}(n-1)\right\}=1-\alpha.$$

由此得σ^2的置信水平为$1-\alpha$的置信区间为

$$\left(\frac{(n-1)S^2}{\chi^2_{1-\alpha/2}(n-1)},\frac{(n-1)S^2}{\chi^2_{\alpha/2}(n-1)}\right),\tag{2.3.12}$$

其中，$\chi^2_p(n-1)$表示$\chi^2(n-1)$的p分位数(见图1.4.4). 等价地，标准差σ的置信水平为$1-\alpha$的置信区间为

$$\left(\frac{\sqrt{n-1}S}{\sqrt{\chi^2_{1-\alpha/2}(n-1)}}, \frac{\sqrt{n-1}S}{\sqrt{\chi^2_{\alpha-2}(n-1)}}\right).$$

例 2.3.4 假定健康人的血磷值 $X \sim N(\mu, \sigma^2)$. 从某地健康人群中随机抽取 8 人，测量其血磷值，具体数据如下(单位：mg/100ml)：

1.67, 4.14, 4.57, 3.70, 2.50, 1.98, 2.34, 4.82

试求 σ^2 的置信水平为 0.95 的置信区间.

解 容易算得

$$\bar{x}=3.215,\ (n-1)S^2 = \sum_{i=1}^{n}(x_i-\bar{x})^2 = 10.692.$$

又，$\alpha=0.05$，$n=8$，查χ^2 分布分位数表，得

$$\chi^2_{1-\frac{\alpha}{2}}(n-1)=\chi^2_{0.975}(7)=16.013,$$

$$\chi^2_{\frac{\alpha}{2}}(n-1)=\chi^2_{0.025}(7)=1.690,$$

于是有

$$\frac{\sum_{i=1}^{n}(x_i-\bar{x})^2}{\chi^2_{1-\frac{\alpha}{2}}(n-1)} = \frac{10.692}{16.013} = 0.6677,$$

$$\frac{\sum_{i=1}^{n}(x_i-\bar{x})^2}{\chi^2_{\frac{\alpha}{2}}(n-1)} = \frac{10.692}{1.690} = 6.3266.$$

即健康人血磷值方差 σ^2 的置信水平为 $1-\alpha=0.95$ 的置信区间为

$$(0.6677, 6.3266).$$

2. 两正态总体方差比的置信区间

设总体 $X \sim N(\mu_1, \sigma_1^2)$，总体 $Y \sim N(\mu_2, \sigma_2^2)$，$\mu_1$、$\mu_2$、$\sigma_1^2$、$\sigma_2^2$ 都未知，它们的容量分别为 n_1 和 n_2 的两个样本相互独立，样本方差分别为 S_X^2 及 S_Y^2，试求方差比$\frac{\sigma_1^2}{\sigma_2^2}$的区间估计.

S_X^2 与 S_Y^2 分别为 σ_1^2 与 σ_2^2 的无偏估计，并且由定理 1.5.1，

$$\frac{(n_1-1)S_X^2}{\sigma_1^2}\sim\chi^2(n_1-1),\frac{(n_2-1)S_Y^2}{\sigma_2^2}\sim\chi^2(n_2-1),$$

它们又是相互独立的，由 F 分布的定义知

$$F=\frac{S_X^2}{\sigma_1^2}\Big/\frac{S_Y^2}{\sigma_2^2}=\frac{S_X^2/S_Y^2}{\sigma_1^2/\sigma_2^2}\sim F(n_1-1,n_2-1).$$

F 的分布已知且其中不含任何未知参数，可作为枢轴量，由

$$P\left\{F_{\alpha/2}(n_1-1,n_2-1)<\frac{S_X^2/S_Y^2}{\sigma_1^2/\sigma_2^2}<F_{1-\alpha/2}(n_1-1,n_2-1)\right\}=1-\alpha$$

得 $\frac{\sigma_1^2}{\sigma_2^2}$ 的置信水平为 $1-\alpha$ 的置信区间为

$$\left(\frac{S_X^2/S_Y^2}{F_{1-\alpha/2}(n_1-1,n_2-1)},\frac{S_X^2/S_Y^2}{F_{\alpha/2}(n_1-1,n_2-1)}\right).\quad(2.3.13)$$

这里 F_p 表示 F 分布的 p 分位数（见图 1.4.8）．对于两总体方差比 $\frac{\sigma_1^2}{\sigma_2^2}$ 的置信区间，若 $\frac{\sigma_1^2}{\sigma_2^2}$ 的置信上限小于 1，则有较大把握认为总体 $N(\mu_1,\sigma_1^2)$ 的波动性较 $N(\mu_2,\sigma_2^2)$ 小；若 $\frac{\sigma_1^2}{\sigma_2^2}$ 的置信下限大于 1，则有较大把握认为总体 $N(\mu_1,\sigma_1^2)$ 的波动性较总体 $N(\mu_2,\sigma_2^2)$ 大；而若 $\frac{\sigma_1^2}{\sigma_2^2}$ 的置信区间包含数 1，则不能肯定两个总体的方差何者更大些，或认为二者相差不显著.

例 2.3.5 某自动机床加工同类套筒，假设套筒的直径服从正态分布．现在从两个不同班次 A 班和 B 班的产品中各抽取 5 个套筒，测得它们直径（单位：cm）分别为

A 班：2.066，2.063，2.068，2.060，2.067；

B 班：2.058，2.057，2.063，2.059，2.060.

试求两班所加工的套筒直径的方差比 $\frac{\sigma_A^2}{\sigma_B^2}$ 的置信水平为 $1-\alpha=$

0.90 的置信区间.

解　$S_A^2=\frac{1}{4}\sum_{i=1}^{5}(x_i-\bar{x})^2=1.07\times10^{-5}$,

$$S_B^2=\frac{1}{4}\sum_{i=1}^{5}(y_i-\bar{y})^2=5.3\times10^{-6}.$$

又 $1-\alpha=0.90$，则 $\frac{\alpha}{2}=0.05$，$n_1=n_2=5$. 查 F 分布的分位数表得 $F_{0.95}(4,4)=6.39$，$F_{0.05}(4,4)=\frac{1}{F_{0.95}(4,4)}=\frac{1}{6.39}$，于是得 $\frac{\sigma_A^2}{\sigma_B^2}$ 的置信水平为 0.90 的置信区间为

$$\left(\frac{S_A^2/S_B^2}{F_{0.95}(4,4)},F_{0.95}(4,4)\frac{S_A^2}{S_B^2}\right)=(0.3159,12.9006).$$

为了便于使用，我们将正态总体均值与方差的区间估计的公式列成表 2.3.1.

三、非正态总体参数的区间估计

对非正态总体，常用大样本作近似估计. 通常的方法是先求得 θ 的极大似然估计 $\hat{\theta}_n=\hat{\theta}(X_1,\cdots,X_n)$，可以证明，在一定的条件下，$n$ 趋向无穷大时，$\sqrt{n}(\hat{\theta}_n-\theta)$ 的极限分布为正态分布：

$$\sqrt{n}(\hat{\theta}_n-\theta)\xrightarrow{L}N\left(0,\frac{1}{I(\theta)}\right),$$

其中 $I(\theta)$ 是 Fisher 信息量. 所以 n 充分大时，$\sqrt{nI(\theta)}(\hat{\theta}_n-\theta)$ 近似地服从 $N(0,1)$. 于是当 $I(\theta)$ 为连续函数时，有

$$P\left\{\left|\sqrt{nI(\theta)}(\hat{\theta}_n-\theta)\right|<u_{1-\alpha/2}\right\}\approx1-\alpha.$$

由此得 θ 的置信水平为 $1-\alpha$ 的近似区间估计

$$\left(\hat{\theta}_n\pm u_{1-\alpha/2}\Big/\sqrt{nI(\hat{\theta}_n)}\right),\qquad(2.3.14)$$

注意式（2.3.14）中 $I(\hat{\theta}_n)$ 是 $I(\theta)$ 的估计.

在应用上很重要的 0-1 分布中参数 p 的区间估计，就可用这种近似方法.

表 2.3.1

总体	待估参数	枢轴量	枢轴量的分布	置信区间
$X \sim N(\mu,\sigma^2)$	μ	$U=\frac{\overline{X}-\mu}{\sigma}\sqrt{n}$($\sigma^2$ 已知)	$N(0,1)$	$\left(\overline{X} \pm \frac{\sigma}{\sqrt{n}}u_{1-\frac{\alpha}{2}}\right)$
		$t=\frac{\overline{X}-\mu}{S}\sqrt{n}$($\sigma^2$ 未知)	$t(n-1)$	$\left(\overline{X} \pm \frac{S}{\sqrt{n}}t_{1-\frac{\alpha}{2}}(n-1)\right)$
$X \sim N(\mu_1,\sigma_1^2)$ $Y \sim N(\mu_2,\sigma_2^2)$	$\mu_1-\mu_2$	$U=\frac{\overline{X}-\overline{Y}-(\mu_1-\mu_2)}{\sqrt{\frac{\sigma_1^2}{n_1}+\frac{\sigma_2^2}{n_2}}}$($\sigma_1^2,\sigma_2^2$ 已知)	$N(0,1)$	$\left(\overline{X}-\overline{Y} \pm u_{1-\frac{\alpha}{2}}\sqrt{\frac{\sigma_1^2}{n_1}+\frac{\sigma_2^2}{n_2}}\right)$
		$t=\frac{\overline{X}-\overline{Y}-(\mu_1-\mu_2)}{S_\omega\sqrt{\frac{1}{n_1}+\frac{1}{n_2}}}$ ($\sigma_1^2=\sigma_2^2=\sigma^2$,$\sigma^2$ 未知)其中 $S_\omega=\sqrt{\frac{(n_1-1)S_X^2+(n_2-1)S_Y^2}{n_1+n_2-2}}$	$t(n_1+n_2-2)$	$\Big(\overline{X}-\overline{Y} \pm$ $t_{1-\frac{\alpha}{2}}(n_1+n_2-2)S_\omega\sqrt{\frac{1}{n_1}+\frac{1}{n_2}}\Big)$

（续）

总体	待估参数	枢 轴 量	枢轴量的分布	置信区间
$X \sim N(\mu_1,\sigma_1^2)$ $Y \sim N(\mu_2,\sigma_2^2)$	$\mu_1-\mu_2$	$U=\dfrac{\overline{X}-\overline{Y}-(\mu_1-\mu_2)}{\sqrt{\dfrac{S_X^2}{n_1}+\dfrac{S_Y^2}{n_2}}}$ （σ_1^2、σ_2^2 未知，$n_1,n_2>50$）	$N(0,1)$ （渐近分布）	$\left(\overline{X}-\overline{Y}\pm u_{1-\frac{\alpha}{2}}\sqrt{\dfrac{S_X^2}{n_1}+\dfrac{S_Y^2}{n_1}}\right)$ （近似） 注：X、Y 为其他总体也适用
$X \sim N(\mu,\sigma^2)$	σ^2	$\chi^2=\dfrac{(n-1)S^2}{\sigma^2}$（$\mu$ 未知）	$\chi^2(n-1)$	$\left(\dfrac{(n-1)S^2}{\chi^2_{1-\frac{\alpha}{2}}(n-1)},\dfrac{(n-1)S^2}{\chi^2_{\frac{\alpha}{2}}(n-1)}\right)$
$X \sim N(\mu_1,\sigma_1^2)$ $Y \sim N(\mu_2,\sigma_2^2)$	$\dfrac{\sigma_1^2}{\sigma_2^2}$	$F=\dfrac{S_X^2/\sigma_1^2}{S_Y^2/\sigma_2^2}$（$\mu_1,\mu_2$ 未知）	$F(n_1-1,n_2-1)$	$\left(\dfrac{S_X^2/S_Y^2}{F_{1-\frac{\alpha}{2}}(n_1-1,n_2-1)},\right.$ $\left.\dfrac{S_X^2/S_Y^2}{F_{\frac{\alpha}{2}}(n_1-1,n_2-1)}\right)$

因为 p 的极大似然估计 $\hat{p}=\overline{X}$，又由例 2.2.7，$I(p)=\dfrac{1}{p(1-p)}$，所以 $I(\hat{p})=\dfrac{1}{\overline{X}(1-\overline{X})}$，代入式（2.3.14），即得 p 的近似区间估计为

$$\left(\overline{X}\pm u_{1-\alpha/2}\sqrt{\frac{\overline{X}(1-\overline{X})}{n}}\right). \tag{2.3.15}$$

这种方法一般要求样本容量较大，应满足 $n\hat{p}=n\overline{X}>5$.

0-1 分布的参数 p 的区间估计亦可用下面的方法.

由中心极限定理，对任何总体 X，只要 $\mathrm{Var}(X)$ 存在且大于零，都有

$$Z=\frac{\overline{X}-E(X)}{\sqrt{\mathrm{Var}(X)/n}}\xrightarrow{L}N(0,1). \qquad (n\to\infty)$$

对于 0-1 分布，有 $E(X)=p$，$\mathrm{Var}(X)=p(1-p),0<p<1$，于是有

$$Z=\frac{\overline{X}-p}{\sqrt{p(1-p)/n}}\xrightarrow{L}N(0,1). \qquad (n\to\infty)$$

所以当 n 充分大（一般 $n>30$），随机变量 $Z=\dfrac{\overline{X}-p}{\sqrt{p(1-p)/n}}$近似地服从 $N(0,1)$. 于是

$$P\left\{\left|\frac{\overline{X}-p}{\sqrt{p(1-p)/n}}\right|<u_{1-\alpha/2}\right\}\approx 1-\alpha. \tag{2.3.16}$$

上式花括号内不等式经整理可化为

$$(n+u_{1-\alpha/2}^2)p^2-(2n\overline{X}+u_{1-\alpha/2}^2)p+n(\overline{X})^2<0.$$

记 $a=n+u_{1-\alpha/2}^2, b=-(2n\overline{X}+u_{1-\alpha/2}^2), c=n(\overline{X})^2$，则上式左端可记为 ap^2+bp+c. 方程 $ap^2+bp+c=0$ 的根为

$$p_{1,2}=\frac{-b\pm\sqrt{b^2-4ac}}{2a}$$

易证 $b^2-4ac>0$，于是 p_1、p_2 为两个不相等的实根. 所以式（2.3.16）可等价地表示为

$$P\{p_1<p<p_2\}=1-\alpha.$$

即0-1分布参数p的近似区间估计为

$$(p_1,p_2)=\left(\frac{-b-\sqrt{b^2-4ac}}{2a},\frac{-b+\sqrt{b^2-4ac}}{2a}\right).\tag{2.3.17}$$

例 2.3.6 从某厂生产的一批产品中抽查了100件，发现其中有一级品60件，求这批产品的一级品率的置信水平为95%的置信区间.

解一 设这批产品的一级品率为p，令

$$X_i=\begin{cases}1, & \text{抽查的第 } i \text{ 件产品为一级品},\\ 0, & \text{抽查的第 } i \text{ 件产品为非一级品}.\end{cases}$$

那么（X_1，X_2，…，X_n）是取自0-1分布总体$B(1,p)$的一个容量$n=100$的样本，样本均值$\bar{x}=0.6$，$u_{1-\alpha/2}=u_{0.975}=1.96$，代入式（2.3.15），可得$p$的置信水平为95%的近似区间估计

$$\left(\bar{x}-u_{1-\alpha/2}\sqrt{\frac{\bar{x}(1-\bar{x})}{n}},\bar{x}+u_{1-\alpha/2}\sqrt{\frac{\bar{x}(1-\bar{x})}{n}}\right)$$

$$=\left(0.6-1.96\sqrt{\frac{0.6(1-0.6)}{100}},0.6+1.96\sqrt{\frac{0.6(1-0.6)}{100}}\right)$$

$$=(0.6-0.096,0.6+0.096),$$

$$\text{即}(0.504,0.696).$$

解二 在式(2.3.17)中，

$$a=n+u_{1-\alpha/2}^2=100+1.96^2=103.84,$$

$$b=-(2n\bar{x}+u_{1-\alpha/2}^2)=-(2\times100\times0.6+1.96^2)$$
$$=-123.84,$$

$$c=n(\bar{x})^2=100\times0.6^2=36,$$

$$p_1=\frac{-b-\sqrt{b^2-4ac}}{2a}=0.502,$$

$$p_2=\frac{-b+\sqrt{b^2-4ac}}{2a}=0.691.$$

所以p的置信水平为95%的近似区间估计为（0.502，0.691）. 两种方法计算结果差异不大.

四、单侧置信区间

对于上面所讨论的参数的置信区间，其左、右端点都是有限的，即置信上、下限 T_1、T_2 的取值均为有限数. 而在一些实际问题中，我们只关心置信上限或下限. 例如对于设备、元件等的寿命，平均寿命越长越好，而不能过短. 我们关注的是平均寿命的下限，此时置信区间可采用（T_1，$+\infty$）的形式. 与之相反，对产品的次品率等，我们关注的是它的上限，置信区间可采用如（$-\infty$，T_2）的形式（对于次品率，其形式为（0，T_2））. 这就引出了单侧置信区间的概念.

定义 2.3.2 设（X_1，X_2，…，X_n）是来自总体 X 的样本，θ 为总体的一维参数. 对于给定的常数 $\alpha(0<\alpha<1)$，若统计量 $T_1=T_1(X_1,X_2,\cdots,X_n)$ 满足

$$P\{\theta>T_1\}\geqslant 1-\alpha, \tag{2.3.18}$$

则称随机区间（T_1，$+\infty$）为参数 θ 的置信水平为 $1-\alpha$ 的**单侧置信区间**，称 T_1 为 θ 的置信水平为 $1-\alpha$ 的**单侧置信下限**；又若统计量 $T_2=T_2$（X_1，X_2，…，X_n）满足

$$P\{\theta<T_2\}\geqslant 1-\alpha, \tag{2.3.19}$$

则称随机区间（$-\infty$，T_2）为参数 θ 的置信水平为 $1-\alpha$ 的单侧置信区间，称 T_2 为 θ 的置信水平为 $1-\alpha$ 的**单侧置信上限**.

与置信区间的情形类似，当总体为连续型的，我们按式（2.3.18）或式（2.3.19）中等号成立的条件求出单侧置信下限或上限. 而对离散型总体，我们选择满足式（2.3.18）或式（2.3.19）的单侧置信限，并使左边的概率尽可能接近 $1-\alpha$.

构造单侧置信区间和单侧置信限亦可用枢轴量法.

（1）选择枢轴量 $Y=g(X_1,X_2,\cdots,X_n;\theta)$，$\theta\in\Theta$，使 Y 中除了待估参数 θ 外不包含其他未知参数，且 Y 的分布已知并且不包含任何未知参数.

（2）对给定的置信水平 $1-\alpha$，确定常数 c 或 d，使

$$P\{c<Y\}\geqslant 1-\alpha \text{ 或 } P\{Y<d\}\geqslant 1-\alpha$$

（3）若将不等式 $c<Y$ 或 $Y<d$ 等价地解出 $T_1<\theta$ 或 $\theta<T_2$，

则 T_1、T_2 分别为 θ 的置信水平为 $1-\alpha$ 的单侧置信下限和单侧置信上限. 相应的单侧置信区间分别为

$$(T_1, +\infty)\text{和}(-\infty, T_2).$$

例 2.3.7 某工厂生产的灯泡使用时数 X 可认为服从正态分布 $N(\mu,\sigma^2)$，现观察 20 个灯泡的使用时数，计算得 $\overline{x}=1832$，$s=510$，试求灯泡使用时数的均值 μ 的置信水平为 95% 的单侧置信下限与单侧置信区间.

解 由于总体 X 的分布 $N(\mu,\sigma^2)$ 的方差 σ^2 未知，且为小样本，故可用

$$t=\frac{\overline{X}-\mu}{S/\sqrt{n}}\sim t(n-1)$$

作为枢轴量. 注意到 t 为 μ 的单调减函数，所以令

$$P\{t<d\}=1-\alpha$$

由 t 分布分位数定义可知 d 为 $t(n-1)$ 分布的 $1-\alpha$ 分位数，即 $d=t_{1-\alpha}(n-1)$. 由不等式 $t<t_{1-\alpha}(n-1)$ 等价地解出

$$\mu>\overline{X}-t_{1-\alpha}(n-1)\frac{S}{\sqrt{n}}.$$

所以有

$$P\left\{\mu>\overline{X}-t_{1-\alpha}(n-1)\frac{S}{\sqrt{n}}\right\}=1-\alpha,$$

从而 μ 的置信水平为 $1-\alpha$ 的单侧置信下限为 $\overline{x}-t_{1-\alpha}(n-1)\cdot\frac{S}{\sqrt{n}}$. 此例中，$\overline{x}=1832$，$s=510$，$\alpha=0.05$，$n=20$，查表得

$$t_{1-\alpha}(n-1)=t_{0.95}(19)=1.7291.$$

于是 μ 的单侧置信下限为

$$t_1=\overline{x}-t_{1-\alpha}(n-1)\frac{s}{\sqrt{n}}=1832-1.7291\times\frac{510}{\sqrt{20}}=1634.81.$$

μ 的单侧置信区间为（1634.81，$+\infty$）. 说明这批灯泡中约有 95% 的寿命大于 1634.81 小时.

§2.4 贝叶斯（Bayes）估计

本节简要地介绍贝叶斯估计的主要内容.

一、贝叶斯学派的基本观点

设总体 $X\sim F(x;\theta)$,$\theta\in\Theta$, 其中 $F(x;\theta)$ 的形式已知，但参数 θ 未知. 我们现在要寻找 θ 的点估计. 按照前面所述的参数估计理论，θ 是个未知参数. 在获得样本之前，除了知道 $\theta\in\Theta$ 之外，其他一无所知. 然而在统计界中颇有影响的贝叶斯学派对此提出了一些新的观点，其主要观点可以概括为以下几点.

1. 未知参数 θ 是个随机变量

贝叶斯学派认为，即使在进行观察以获得样本之前，人们对 θ 也会有一些知识. 由于这种知识是在试验、观察之前得到的，故称它为“先验知识”或“先验信息”. 人们之所以会有这些“先验信息”，可以是由于某种理论，可以是由以往处理同类问题时所积累的经验，也可以是观察者的主观认识. 因此，贝叶斯学派认为，应该把 θ 看作随机变量. θ 的分布函数记为 $H(\theta)$，θ 的密度函数记为 $h(\theta)$，分别称为 θ 的**先验分布函数**和**先验密度函数**. 先验分布函数与先验密度函数统称为先验分布. θ 的先验信息是用 θ 的先验分布来描述的.

2. θ 的先验分布是统计推断不可缺少的要素

贝叶斯学派认为，像来自某个总体 X（其分布形式 $F(x;\theta)$ 已知）的样本 $(X_1,X_2,\cdots,X_n)$ 一样，θ 的先验分布 $H(\theta)$ 也是统计推断不可缺少的要素. 由于把 θ 看作随机变量，因此样本 $(X_1,X_2,\cdots,X_n)$ 的密度函数 $f(x_1,x_2,\cdots,x_n;\theta)$ 应该看作在 θ 给定条件下 $(X_1,X_2,\cdots,X_n)$ 的条件密度 $f(x_1,x_2,\cdots,x_n\mid\theta)$. 把 $f(x_1,x_2,\cdots,x_n|\theta)$ 与 θ 的先验密度 $h(\theta)$ 相结合便得 $(X_1,X_2,\cdots,X_n,\theta)$ 的联合密度

$$g(x_1,x_2,\cdots,x_n,\theta)=f(x_1,x_2,\cdots,x_n|\theta)h(\theta).$$

$(X_1,X_2,\cdots,X_n)$ 的无条件密度函数为

$$p(x_1,x_2,\cdots,x_n) = \int_\Theta g(x_1,x_2,\cdots,x_n,\theta)\,\mathrm{d}\theta$$

$$= \int_\Theta f(x_1,x_2,\cdots,x_n \mid \theta)h(\theta)\,\mathrm{d}\theta.$$

给定$(X_1,X_2,\cdots,X_n)$的条件下θ的条件密度函数为

$$h(\theta \mid x_1,x_2,\cdots,x_n) = \frac{g(x_1,x_2,\cdots,x_n,\theta)}{p(x_1,x_2,\cdots,x_n)}$$

$$= \frac{f(x_1,x_2,\cdots,x_n \mid \theta)h(\theta)}{\int_\Theta f(x_1,x_2,\cdots,x_n \mid \theta)h(\theta)\,\mathrm{d}\theta}. \tag{2.4.1}$$

$(-\infty < x_1,x_2,\cdots,x_n < \infty, \theta \in \Theta)$，$h(\theta | x_1,x_2,\cdots,x_n)$称为$\theta$的**后验密度函数**，相应的分布函数称为**后验分布函数**，记为$H(\theta | x_1,x_2,\cdots,x_n)$. 后验密度函数与后验分布函数统称为后验分布.

3. 获得样本的目的全在于将θ的先验分布调整为θ的后验分布

先验分布是在获得样本之前就有的. 它所包含的是θ的一般信息（即先验信息）. 在抽取样本时，θ有一个当前值，即随机变量θ的实现值. 样本中包含了θ当前的新信息. 贝叶斯学派认为，获得样本的净效果在于把我们对θ的认识由先验信息调整到后验信息. 后验信息中集中了θ的先验信息和当前信息. 完成了这样的调整之后，对θ作统计推断就完全基于后验分布，完成这个调整的方法就是利用公式（2.4.1）.

从上述贝叶斯学派的主要观点可以看出，贝叶斯学派特别强调使用先验信息. 只使用总体信息和样本信息的统计学称为**经典统计学**. 既使用总体信息和样本信息，又使用先验信息的统计学称为**贝叶斯统计学**. 是否使用先验信息是经典统计学与贝叶斯统计学的根本区别.

在将θ的先验分布调整为后验分布时使用了式（2.4.1）. 式（2.4.1）称为**贝叶斯公式**. 确切地讲，式（2.4.1）是X与θ都是连续型随机变量时的贝叶斯公式. 当X与θ都是离散型随

机变量时，其贝叶斯公式为

$$P(\theta=\theta_i\mid X_1=x_1,\cdots,X_n=x_n)$$
$$=\frac{P(X_1=x_1,\cdots,X_n=x_n\mid\theta=\theta_i)P(\theta=\theta_i)}{\sum\limits_{k=1}^{\infty}P(X_1=x_1,\cdots,X_n=x_n\mid\theta=\theta_k)P(\theta=\theta_k)} \tag{2.4.2}$$

$(i=1,2,\cdots;x_j=x_{jl},j=1,2,\cdots,n,l=1,2,\cdots)$. 式(2.4.2)是大家熟知的. 当 X 是离散型随机变量，而 θ 是连续型随机变量时，其贝叶斯公式为

$$h(\theta\mid X_1=x_1,\cdots,X_n=x_n)$$
$$=\frac{P(X_1=x_1,\cdots,X_n=x_n\mid\theta)h(\theta)}{\int_{\Theta}P(X_1=x_1,\cdots,X_n=x_n\mid\theta)h(\theta)\mathrm{d}\theta} \tag{2.4.3}$$

$(\theta\in\Theta;\ x_j=x_{jl},\ j=1,\ 2,\ \cdots,\ n,\ l=1,\ 2,\ \cdots)$. 当 X 是连续型随机变量而 θ 是离散型随机变量时，其贝叶斯公式为

$$P(\theta=\theta_i\mid x_1,x_2,\cdots,x_n)$$
$$=\frac{f(x_1,x_2,\cdots,x_n\mid\theta_i)P(\theta=\theta_i)}{\sum\limits_{k=1}^{\infty}f(x_1,x_2,\cdots,x_n\mid\theta_k)P(\theta=\theta_k)} \tag{2.4.4}$$

$(i=1,\ 2,\ \cdots;\ -\infty<x_1,\ x_2,\ \cdots,\ x_n<\infty)$.

我们从下面的例子可以看出贝叶斯方法的基本点.

例 2.4.1 设总体 $X\sim b(1,\theta),\theta\in(0,1)$. $(X_1,\ X_2,\ \cdots,\ X_n)$ 是来自 X 的样本. 根据贝叶斯统计学的基本观点，应该把 θ 看作随机变量. 于是就要确定 θ 的先验分布，这是使用贝叶斯方法最关键、也是最困难的问题. 如果没有历史的经验可以借鉴，那么就要人为地给出一个先验分布，这时可以采取“同等无知”的原则，假定 θ 服从（0，1）上的均分布. 其密度函数为

$$h(\theta)=\begin{cases}1, & 0<\theta<1,\\ 0, & \text{其他}.\end{cases}$$

$X_1,\ X_2,\ \cdots,\ X_n$ 关于 θ 的条件分布律为

$$P(X_1=x_1,\cdots,X_n=x_n|\theta)=\theta^{\Sigma x_i}(1-\theta)^{n-\Sigma x_i},$$
$$(x_i=0,1;i=1,2,\cdots,n).$$

上式中"Σ"表示"$\sum_{i=1}^{n}$". 本例中都使用这个记号.

$$P(X_1=x_1,\cdots,X_n=x_n\mid\theta)h(\theta)=\theta^{\Sigma x_i}(1-\theta)^{n-\Sigma x_i}$$
$$(0<\theta<1;\ x_i=0,\ 1;\ i=1,\ 2,\ \cdots,\ n).$$

$$\int_0^1 P(X_1=x_1,\cdots,X_n=x_n\mid\theta)h(\theta)\mathrm{d}\theta$$
$$=\int_0^1\theta^{\Sigma x_i}(1-\theta)^{n-\Sigma x_i}\mathrm{d}\theta$$
$$=\beta(\Sigma x_i+1,n-\Sigma x_i+1).$$

由式（2.4.3），θ 的后验密度为

$$h(\theta\mid X_1=x_1,\cdots,X_n=x_n)$$
$$=\frac{P(X_1=x_1,\cdots,X_n=x_n\mid\theta)h(\theta)}{\int_0^1 P(X_1=x_1,\cdots,X_n=x_n\mid\theta)h(\theta)\mathrm{d}\theta}$$
$$=\frac{1}{\beta(\Sigma x_i+1,n-\Sigma x_i+1)}\theta^{\Sigma x_i}(1-\theta)^{n-\Sigma x_i}.\quad(0<\theta<1)$$
$$(2.4.5)$$

获得了 θ 的后验密度（2.4.5）后，对于 θ 的统计推断都基于式(2.4.5). 从式（2.4.5）出发寻找 θ 的合理估计，按不同的标准可得到不同的解. 与经典统计学中极大似然估计类似的考虑，可用后验密度的众数（使后验密度 $h(\theta|X_i=x_1,\cdots,X_n=x_n)$达到最大的 θ 值)作为 θ 的估计；使得 $E[|\hat{\theta}(x_1,\cdots,x_n)-\theta|\mid x_1,\cdots,x_n]$达到最小的后验密度的中位数亦可作为 θ 的估计；使得 $E\{[\hat{\theta}(x_1,\cdots,x_n)-\theta]^2|x_1,\cdots,x_n\}$达到最小的后验密度的数学期望也可作为 θ 的估计，用得较多的是以后验密度的数学期望作为 θ 的估计. 有的还把这个估计称为贝叶斯估计.

在本例中，θ 的后验密度的数学期望为

$$E(\theta \mid X_1 = x_1, \cdots, X_n = x_n) = \int_{-\infty}^{\infty} \theta h(\theta \mid X_1 = x_1, \cdots, X_n = x_n) \mathrm{d}\theta$$

$$= \frac{1}{\beta(\sum x_i + 1, n - \sum x_i + 1)} \int_0^1 \theta^{\sum x_i + 1} (1-\theta)^{n - \sum x_i} \mathrm{d}\theta$$

$$= \frac{\beta(\sum x_i + 2, n - \sum x_i + 1)}{\beta(\sum x_i + 1, n - \sum x_i + 1)}$$

$$= \frac{\Gamma(\sum x_i + 2)\Gamma(n - \sum x_i + 1)}{\Gamma(n+3)} \cdot \frac{\Gamma(n+2)}{\Gamma(\sum x_i + 1)\Gamma(n - \sum x_i + 1)}$$

$$= \frac{\sum x_i + 1}{n+2}. \tag{2.4.6}$$

所以 θ 的关于先验分布 $U(0,1)$ 的贝叶斯估计为

$$\hat{\theta}(X_1, \cdots, X_n) = \frac{\sum_{i=1}^{n} X_i + 1}{n+2}.$$

经典统计学对贝叶斯统计学的批评主要是：尽管在有些情况下把未知参数 θ 看作随机变量是合理的，但是在许多场合下把 θ 看作随机变量未必合理. 例如，设 θ 为某厂生产的产品的废品率. 就特定的某一天而言，废品率是个确定的数，无随机性可言. 但逐日的废品率是会有波动的. 假如该厂的生产条件保持不变，那么引起波动的原因便是纯随机性的. 故从较长一段时间看，把 θ 视为随机变量是合理的. 又例如，我们要估计 A、B 两地的距离 θ. 采取的办法是先进行 n 次测量. 因为测量具有误差，记为 ε，所以测量值 $X = \theta + \varepsilon$ 是数学期望为 θ 的随机变量. 获得 n 个测量值 $x_1, x_2, \cdots, x_n$ 后，就用这组样本的均值对 θ 作出估计. 在这个问题中把 θ 看作随机变量就很不自然.

但是，撇开经典统计学与贝叶斯统计学的争论不谈，在有些

场合，由贝叶斯方法获得的结果（估计等）确实较为合理，即使采用经典统计学的标准来衡量也具有优良性. 另外，贝叶斯方法也已成为理论统计研究的一个重要工具.

例 2.4.1 中所获得的 0-1 分布成功概率 θ 关于先验分布 $U(0,1)$ 的贝叶斯估计 $\hat{\theta}(X_1,\cdots,X_n)=\dfrac{\sum X_i+1}{n+2}$ 与经典统计学中的常用估计 $\tilde{\theta}(X_1,\cdots,X_n)=\dfrac{1}{n}\sum\limits_{i=1}^{n}X_i$ 相比较还有某些优点. 这主要表现在，当样本观察值为 $x_i=0(i=1,2,\cdots,n)$ 或 $x_i=1(i=1,2,\cdots,n)$ 时，若采用 $\tilde{\theta}(x_1,\cdots,x_n)$ 则分别用 0 或 1 作为 θ 的估计. 这样的估计似乎太极端. 若采用 $\hat{\theta}(x_1,\cdots,x_n)$ 则分别用 $\dfrac{1}{n+2}$ 或 $\dfrac{n+1}{n+2}$ 去估计 θ，显然 $\hat{\theta}(x_1,\cdots,x_n)$ 较为合理.

二、先验分布的选取

前面我们已经指出，是否使用先验信息是贝叶斯统计学与经典统计学的根本区别. 先验信息是用先验分布来描述的. 那么，对于一个具体问题怎样来确定先验分布呢?

如果有专家的经验和历史的资料可以借鉴，以此来帮助我们确定先验分布，那是最理想的. 如果这两者都没有，那么可以根据"同等无知"的原则，选取均匀分布作为先验分布. 在例 2.4.1 中，我们就是这样做的. 除此之外，还有一种确定先验分布的方法，那就是寻找"共轭先验分布".

定义 2.4.1 设总体 X 的分布族为 $\mathscr{F}=\{F(x,\theta),\theta\in\Theta\}$，又设 $\mathscr{H}$ 是一个先验分布族. 如果对任一先验分布 $H(\theta)\in\mathscr{H}$ 和任一 $F(x,\theta)\in\mathscr{F}$，它们结合后产生的后验分布 $H(\theta|x)$ 仍属于 $\mathscr{H}$，则称 $\mathscr{H}$ 为与 $\mathscr{F}$ 共轭的先验分布族，或称 $H(\theta)$ 为参数 θ 的**共轭先验分布**.

共轭先验分布的特点是先验分布 $H(\theta)$ 与后验分布 $H(\theta|x)$ 属于同一个分布族. 要求先验分布 $H(\theta)$ 与"$H(\theta)$ 跟当前信息结合

后产生的后验分布 $H(\theta|x)$”属于同一个分布族，应该说这是一个合理的要求．“共轭先验分布”的另一个特点是，数学上处理简单，这个特点是一个很大的优点．

在例 2.4.1 中，选取 $U(0,1)$ 作为未知参数 θ 的先验分布．经计算，θ 的后验分布是参数为 $\sum_{i=1}^{n} x_i + 1$ 和 $n - \sum_{i=1}^{n} x_i + 1$ 的 β 分布（见式（2.4.5）），由于 $U(0,1)$ 是特殊的 β 分布，所以这时 θ 的先验分布与后验分布都属于 β 分布族．事实上，可以验证，当 θ 的先验分布是一般的 β 分布（不限于（0，1）上的均匀分布 $U(0,1)$）时，其后验分布也服从 β 分布．所以 β 分布是 0—1 分布中成功概率 θ 的共轭先验分布．

下面再举一个关于共轭先验分布的例子．

例 2.4.2　设总体 $X \sim N(\theta,1)$，$(X_1,X_2,\cdots,X_n)$ 是来自 X 的样本．又设 θ 的先验分布 $H(\theta) \in \mathscr{H} = \{N(0,\tau^2),\tau>0\}$．求：$\theta$ 的后验分布．

解　$(X_1,X_2,\cdots,X_n)$ 的密度函数为

$$f(x_1,x_2,\cdots,x_n|\theta) = \frac{1}{(2\pi)^{n/2}} e^{-\frac{1}{2}\sum_{i=1}^{n}(x_i-\theta)^2}$$

$$(-\infty < x_1,x_2,\cdots,x_n < \infty)$$

$(X_1,X_2,\cdots,X_n,\theta)$ 的联合密度为

$$\begin{aligned} g(x_1,x_2,\cdots,x_n,\theta) &= f(x_1,x_2,\cdots,x_n|\theta)h(\theta) \\ &= \frac{1}{(2\pi)^{n/2}} e^{-\frac{1}{2}\sum_{i=1}^{n}(x_i-\theta)^2} \cdot \frac{1}{(2\pi)^{1/2}\tau} e^{-\frac{\theta^2}{2\tau^2}} \\ &= (2\pi)^{-\frac{n+1}{2}} \tau^{-1} \exp\left\{-\frac{1}{2}\left[\sum_{i=1}^{n} x_i^2 - 2\theta\sum_{i=1}^{n} x_i + \theta^2(n+\tau^{-2})\right]\right\} \end{aligned}$$

$(-\infty < x_1, \cdots, x_n, \theta < \infty)$．记 $T_1 = \sum_{i=1}^{n} x_i, T_2 = \sum_{i=1}^{n} x_i^2$．于是

$$\begin{aligned} &g(x_1,x_2,\cdots,x_n,\theta) \\ &= (2\pi)^{-\frac{n+1}{2}} \tau^{-1} \exp\left[-\frac{1}{2}T_2 + \theta T_1 - \frac{1}{2}\theta^2(n+\tau^{-2})\right] \end{aligned}$$

$$= (2\pi)^{-\frac{n+1}{2}}\tau^{-1}\exp\left[-\frac{1}{2}\left(\sqrt{n+\tau^{-2}}\theta - \frac{T_1}{\sqrt{n+\tau^{-2}}}\right)^2 + \frac{T_1^2}{2(n+\tau^{-2})} - \frac{1}{2}T_2\right]$$

$(-\infty < x_1,\ \cdots,\ x_n,\ \theta < \infty)$. 所以 $X_1, X_2, \cdots, X_n$ 的无条件密度为

$$p(x_1, x_2, \cdots, x_n) = \int_{-\infty}^{\infty} g(x_1, x_2, \cdots, x_n, \theta)\,\mathrm{d}\theta$$

$$= (2\pi)^{-\frac{n+1}{2}}\tau^{-1}\exp\left[\frac{T_1^2}{2(n+\tau^{-2})} - \frac{1}{2}T_2\right]\times$$

$$\int_{-\infty}^{\infty}\exp\left[-\frac{1}{2}\left(\sqrt{n+\tau^{-2}}\theta - \frac{T_1}{\sqrt{n+\tau^{-2}}}\right)^2\right]\mathrm{d}\theta$$

$$= (2\pi)^{-\frac{n}{2}}\tau^{-1}\exp\left[\frac{T_1^2}{2(n+\tau^{-2})} - \frac{1}{2}T_2\right]\cdot\frac{1}{\sqrt{n+\tau^{-2}}}$$

$$(-\infty < x_1, x_2, \cdots, x_n < \infty).$$

θ 的后验密度为

$$h(\theta | x_1, x_2, \cdots, x_n) = \frac{g(x_1, x_2, \cdots, x_n, \theta)}{p(x_1, x_2, \cdots, x_n)}$$

$$= \frac{\sqrt{n+\tau^{-2}}}{\sqrt{2\pi}}\exp\left[-\frac{1}{2}\left(\sqrt{n+\tau^{-2}}\theta - \frac{T_1}{\sqrt{n+\tau^{-2}}}\right)^2\right]$$

$$(-\infty < \theta < \infty).$$

所以，X_1，X_2，…，X_n 给定时 θ 服从期望为$\frac{T_1}{n+\tau^{-2}}$，方差为$\frac{1}{n+\tau^{-2}}$的正态分布，即

$$\theta \mid X_1, X_2, \cdots, X_n \sim N\left(\frac{\sum_{i=1}^{n} x_i}{n+\tau^{-2}}, \frac{1}{n+\tau^{-2}}\right).$$

在这个例子中，θ 的先验分布与后验分布都服从正态分布. 一般地，正态分布族是正态分布的均值（方差已知）θ 的共轭先验分布族.

表 2.4.1 列出了几种常用的共轭先验分布.

表 2.4.1

总体分布	参数	共轭先验分布
0-1 分布 $B(1,\theta)$	成功概率 θ	β 分布
泊松分布 $P(\lambda)$	均值 λ	Γ 分布
指数分布 $Exp(\lambda)$	均值倒数 λ	Γ 分布
正态分布 $N(\mu,\sigma^2)$(σ^2 已知)	均值 μ	正态分布
正态分布 $N(\mu,\sigma^2)$(μ 已知)	方差 σ^2	倒 Γ 分布

注：若 X 服从 Γ 分布，则称 X^{-1} 的分布为倒 Γ 分布.

三、使后验分布的均方误差(MSE)达到最小的贝叶斯估计

设总体 $X \sim F(x,\theta)$，$\theta \in \Theta$. θ 的先验密度为 $h(\theta)$. $(X_1, X_2,\cdots,X_n)$ 是来自 X 的样本，$h(\theta \mid \underset{\sim}{x})$ 为 θ 的后验密度，其中 $\underset{\sim}{x}=(x_1,x_2,\cdots,x_n)'$. 使得

$$E_\theta\{[\hat{\theta}(\underset{\sim}{x})-\theta]^2 \mid \underset{\sim}{x}\} \tag{2.4.7}$$

达到最小的 $\hat{\theta}(\underset{\sim}{x})$ 称为使后验分布的均方误差达到最小的 θ 的贝叶斯估计. 式（2.4.7）中 $E_\theta(\cdot \mid \underset{\sim}{x})$ 表示给定 $X_1=x_1, X_2=x_2,\cdots,X_n=x_n$ 条件下关于 θ 的条件数学期望. 式（2.4.7）可化为

$$E_\theta\left\{[\hat{\theta}(\underset{\sim}{x})-\theta]^2 \mid \underset{\sim}{x}\right\}=\int_\Theta [\hat{\theta}(\underset{\sim}{x})-\theta]^2 h(\theta \mid \underset{\sim}{x})\mathrm{d}\theta$$

$$=\int_\Theta [\hat{\theta}(\underset{\sim}{x})]^2 h(\theta \mid \underset{\sim}{x})\mathrm{d}\theta-2\int_\Theta \hat{\theta}(\underset{\sim}{x})\theta h(\theta \mid \underset{\sim}{x})\mathrm{d}\theta+\int_\Theta \theta^2 h(\theta \mid \underset{\sim}{x})\mathrm{d}\theta$$

$$=[\hat{\theta}(\underset{\sim}{x})]^2-2\hat{\theta}(\underset{\sim}{x})E_\theta(\theta \mid \underset{\sim}{x})+E_\theta(\theta^2 \mid \underset{\sim}{x}). \tag{2.4.8}$$

对任一固定的 $\underset{\sim}{x}$，上式是 $\hat{\theta}(\underset{\sim}{x})$ 的二次三项式. 用求导法即可得式（2.4.8）在 $\hat{\theta}(\underset{\sim}{x})=E_\theta(\theta \mid \underset{\sim}{x})$ 达到最小. 因此，使后验分布的均方误差达到最小的 θ 的贝叶斯估计为 θ 的后验数学期望（即 θ 的后验分布的数学期望）. 例 2.4.1 所求得的，当总体 $X \sim b(1,$

$\theta)$以及θ的先验分布为$U(0,1)$时，θ的估计式（2.4.6）即为使后验分布的均方误差达到最小的贝叶斯估计.

设随机变量$Y \sim \Gamma(\alpha,\lambda)$，则称$U=1/Y$所服从的分布为倒$\Gamma$分布，记为$U \sim \Gamma^{-1}(\alpha,\lambda)$，$Y$的密度函数为

$$f_Y(y)=\frac{\lambda^\alpha}{\Gamma(\alpha)}y^{\alpha-1}\mathrm{e}^{-\lambda y} \qquad (y>0).$$

U的密度函数为

$$f_U(u)=\frac{\lambda^\alpha}{\Gamma(\alpha)}\left(\frac{1}{u}\right)^{\alpha+1}\mathrm{e}^{-\lambda/u} \qquad (u>0).$$

例 2.4.3 设总体$X \sim N$（0，τ）（$\tau>0$）. 又设τ的先验分布为$\Gamma^{-1}(\alpha,\lambda)$. 其密度函数为

$$h(\tau)=\frac{\lambda^\alpha}{\Gamma(\alpha)}\left(\frac{1}{\tau}\right)^{\alpha+1}\mathrm{e}^{-\lambda/\tau} \qquad (\tau>0),$$

$\alpha>0$，$\lambda>0$都已知.（$X_1,X_2,\cdots,X_n$）$(n\geqslant 2)$是来自X的样本.求：τ的使后验分布的均方误差达到最小的贝叶斯估计.

解 X_1，X_2，$\cdots$，X_n的密度函数为

$$f(x_1,x_2,\cdots,x_n \mid \tau) = \frac{1}{(2\pi\tau)^{n/2}}\mathrm{e}^{-\frac{\sum_{i=1}^n x_i^2}{2\tau}}$$

$$(-\infty<x_1,x_2,\cdots,x_n<\infty).$$

$(X_1,X_2,\cdots,X_n,\tau)$的联合密度为

$$\begin{aligned} g(x_1,x_2,\cdots,x_n,\tau) &= f(x_1,x_2,\cdots,x_n \mid \tau)h(\tau) \\ &= \frac{\lambda^\alpha}{(2\pi)^{n/2}\Gamma(\alpha)}\tau^{-\left(\alpha+1+\frac{n}{2}\right)}\mathrm{e}^{-\frac{\sum_{i=1}^n x_i^2+2\lambda}{2\tau}} \\ &= \frac{\lambda^\alpha}{(2\pi)^{n/2}\Gamma(\alpha)}\tau^{-(b+1)}\mathrm{e}^{-\frac{a}{\tau}} \end{aligned}$$

$$(-\infty<x_1,x_2,\cdots,x_n<\infty,\tau>0),$$

其中，$a=\dfrac{\sum_{i=1}^n x_i^2+2\lambda}{2}$，$b=\alpha+\dfrac{n}{2}$.（$X_1$，$X_2$，$\cdots$，$X_n$）的无条

件密度为

$$p(x_1,x_2,\cdots,x_n)=\int_{-\infty}^{\infty}g(x_1,x_2,\cdots,x_n,\tau)\mathrm{d}\tau$$

$$=\frac{\lambda^{\alpha}}{(2\pi)^{n/2}\Gamma(\alpha)}\int_0^{\infty}\tau^{-(b+1)}\mathrm{e}^{-\frac{a}{\tau}}\mathrm{d}\tau$$

$$=\frac{\lambda^{\alpha}}{(2\pi)^{n/2}\Gamma(\alpha)}\cdot\frac{\Gamma(b)}{a^b},$$

τ 的后验密度为

$$h(\tau|x_1,x_2,\cdots,x_n)=\frac{g(x_1,x_2,\cdots,x_n,\tau)}{p(x_1,x_2,\cdots,x_n)}$$

$$=\frac{a^b}{\Gamma(b)}\tau^{-(b+1)}\mathrm{e}^{-a/\tau}\qquad(\tau>0),$$

所以 $\tau|X_1,X_2,\cdots,X_n\sim\Gamma^{-1}(b,a)$，倒 Γ 分布族是 τ 的共轭先验分布族. τ 的使后验分布的均方误差达到最小的贝叶斯估计为

$$\hat{\tau}(\underset{\sim}{x})=E_{\tau}(\tau|\underset{\sim}{x})=\frac{a^b}{\Gamma(b)}\int_0^{\infty}\tau^{-(b-1+1)}\mathrm{e}^{-a/\tau}\mathrm{d}\tau$$

$$=\frac{a^b}{\Gamma(b)}\cdot\frac{\Gamma(b-1)}{a^{b-1}}=\frac{a}{b-1}$$

$$=\frac{\sum_{i=1}^{n}x_i^2+2\lambda}{2\alpha+n-2}.$$

小 结

参数估计问题是利用从总体抽得的样本来估计总体的某些参数，或者估计参数的某些函数. 参数估计分点估计和区间估计两种.

点估计是构造一个适当的统计量，作为未知参数的估计量. 当有了样本值，将它代入该统计量中算出一个值，用来作为未知参数的估计值.

本章介绍了矩估计、极大似然估计、贝叶斯估计等点估计的方法.

矩估计法就是用样本矩去估计相应的总体矩，用样本矩的连续函数去估计相应的总体矩的同一函数.

极大似然法的基本思想是，选择一个使得试验（观察）结果具有最大可能性的参数作为未知参数真值的估计. 求极大似然估计（MLE）的一般步骤是：(1) 写出似然函数$L(\theta)$；(2) 求似然函数$L(\theta)$的最大值点，此即θ的MLE. 由于$\ln L(\theta)$与$L(\theta)$在θ的同一值处达到其最大值，因此可以使用对数似然函数$\ln L(\theta)$求极大似然估计. 似然函数取对数之后可以将原来的乘积化为求和，使问题简化. 一般可通过求解对数似然方程：$\frac{\mathrm{d}\ln L(\theta)}{\mathrm{d}\theta}=0$得到$\theta$的MLE. 若$\theta$是向量，上述方程必须用似然方程组代替. 有时用上述求导方法求参数的MLE行不通，这时只能直接从似然函数$L(\theta)$出发按极大似然原则来求.

设总体$X\sim F(x;\theta)$，$\theta\in\Theta$，其中$F(x;\theta)$的形式已知，参数θ未知. 贝叶斯方法的最大特点是将未知参数θ看作随机变量. θ的密度函数$h(\theta)$称为θ的先验密度函数，它包含了θ的先验信息. 在获得样本$(X_1,X_2,\cdots,X_n)$之后，θ的先验密度函数$h(\theta)$调整为后验密度函数. $h(\theta|X_1=x_1,X_2=x_2,\cdots,X_n=x_n)$. 后验密度函数集中了$\theta$的先验信息和当前信息，此后的统计推断全基于后验密度函数. 按照不同的标准，从后验密度函数出发可获得不同的贝叶斯估计. 使后验分布的均方误差达到最小的贝叶斯估计为θ的后验数学期望.

同一个未知参数用不同的方法可得不同的估计量，这就需要给出评定估计量的优良性准则. 常用的几条标准是：无偏性、有效性和相合性（一致性）. 无偏性是对估计量的一个常见而重要的要求，无偏性的实际意义是指没有系统偏差. 无偏估计以方差小者为好，这就引进了有效性这一概念. 相合性是估计量的大样本特性，通常我们得到的估计量一般都满足相合性要求.

为了反映估计的精度，我们引入了区间估计. 置信区间是一个随机区间（T_1，T_2），它能以足够大的概率覆盖未知参数的真值. 置信区间的观察值是一个普通区间，我们也称其为置信区间.

仅含有一个待估的未知参数，而不包含其他未知参数，且其分布已知的样本函数称为枢轴量. 寻求置信区间的方法：从 θ 的一个较好的估计出发，构造一个枢轴量 $Y=g(X_1,X_2,\cdots,X_n,\theta)$；对于给定的置信水平 $1-\alpha$，根据 Y 的分布，确定常数 c 和 d，使得 $P\{c<Y<d\}\geqslant 1-\alpha$；由事件 $c<Y<d$ 推出其等价事件 $T_1<\theta<T_2$，其中 $T_1=T_1(X_1,X_2,\cdots,X_n)$，$T_2=T_2(X_1,X_2,\cdots,X_n)$，则 (T_1, T_2) 就是 θ 的置信水平为 $100(1-\alpha)\%$ 的置信区间.

类似地，寻求单侧置信区间亦可用枢轴量的方法.

习　题　二

1. 从某食品厂生产的一批罐头中随机抽取 10 个，测得其重量如下(单位：g)

$$342, 337, 340, 340, 342, 341, 342, 344, 339, 337.$$

试求该批罐头重量的均值和标准差的矩估计.

2. 设总体 X 服从参数是 $p(0<p<1)$ 的几何分布，其分布律为

$$P(X=x)=p(1-p)^{x-1}, \qquad x=1,2,\cdots,$$

$(X_1,\cdots,X_n)$ 是来自总体 X 的样本. 求 (1) p 的矩估计；(2) p 的极大似然估计.

3. 设总体 X 的分布律为

$$P(X=x)=(x-1)\theta^2(1-\theta)^{x-2}, \qquad x=2,3,\cdots,$$

其中，$0<\theta<1$，θ 是未知参数，$(X_1,X_2,\cdots,X_n)$ 是来自总体 X 的样本. 求：(1) θ 的矩估计；(2) θ 的极大似然估计.

4. 设总体 X 的概率密度函数如下：

$$f(x)=\begin{cases}\dfrac{2}{\alpha^2}(\alpha-x), & 0<x<\alpha,\\ 0, & \text{其他}.\end{cases}$$

$\alpha>0$ 是未知参数. $(X_1,X_2,\cdots,X_n)$ 是来自 X 的样本，试求未知参数 α 的矩估计.

5. 设总体 $X\sim\Gamma(\alpha,\lambda)$，其密度函数为

$$f(x)=\begin{cases}\dfrac{\lambda^{\alpha}}{\Gamma(\alpha)}x^{\alpha-1}\mathrm{e}^{-\lambda x}, & x>0,\\ 0, & \text{其他}.\end{cases}$$

其中,$\alpha>0$, $\lambda>0$ 都未知. $(X_1,\cdots,X_n)$是来自 X 的样本，试求 α 及 λ 的矩估计.

6. 设总体 X 的密度函数为

$$f(x)=\begin{cases}\theta x^{\theta-1}, & 0<x<1,\\ 0, & \text{其他},\end{cases}$$

其中,$\theta>0$ 是未知参数. $(X_1,\cdots,X_n)$是来自 X 的样本，试求:(1) θ 的矩估计; (2) θ 的极大似然估计.

7. 设总体 $X\sim\Gamma(\alpha,\lambda)$，其密度函数为

$$f(x)=\begin{cases}\dfrac{\lambda^{\alpha}}{\Gamma(\alpha)}x^{\alpha-1}\mathrm{e}^{-\lambda x}, & x>0,\\ 0, & x\leqslant 0.\end{cases}$$

其中形状参数 $\alpha>0$ 已知，尺度参数 $\lambda>0$ 未知. $(X_1,\cdots,X_n)$是来自 X 的样本，试求 λ 的极大似然估计.

8. 设总体 X 服从威布尔(Weibull)分布,其密度函数为

$$f(x)=\begin{cases}\dfrac{\beta}{\eta}\left(\dfrac{x}{\eta}\right)^{\beta-1}\mathrm{e}^{-\left(\frac{x}{\eta}\right)^{\beta}}, & x>0\\ 0, & x\leqslant 0.\end{cases}$$

其中形状参数 $\beta>0$ 已知，尺度参数 $\eta>0$ 未知. $(X_1,\cdots,X_n)$是来自 X 的样本. 试求 η 的极大似然估计.

9. 设总体 X 服从马克斯韦尔（Maxwell）分布，其密度函数为

$$f(x;\alpha)=\begin{cases}\dfrac{4x^2}{\alpha^3\sqrt{\pi}}\exp\left(-\dfrac{x^2}{\alpha^2}\right), & x>0,\\ 0, & x\leqslant 0.\end{cases}$$

其中，$\alpha>0$，$(X_1, X_2, \cdots, X_n)$ 是来自 X 的样本，求 α 的极大似然估计.

10. 设总体 X 的密度函数为

$$f(x;\theta_1,\theta_2)=\frac{1}{\theta_2}\mathrm{e}^{-\frac{x-\theta_1}{\theta_2}},\ -\infty<\theta_1<x<+\infty,0<\theta_2<+\infty.$$

$(X_1,X_2,\cdots,X_n)$为其样本，试求参数 θ_1 及 θ_2 的极大似然估计.

11. 已知某种白炽灯泡寿命 T 服从指数分布，其密度函数为

$$f(x)=\begin{cases}\lambda\mathrm{e}^{-\lambda t}, & t>0,\\ 0, & t\leqslant 0,\end{cases}$$

在某星期所生产的该种灯泡中随机抽取10只，测得其寿命（单位：h）为

1067 919 1196 785 1126 936 918 1156 920 948

试用极大似然法估计这个星期中生产的灯泡能使用1300h以上的概率.

12. 设$(X_1,X_2,\cdots,X_n)$为正态总体$X\sim N(\mu,\sigma^2)$的一个样本，μ、σ^2未知，试求$P\{X<t\}$的极大似然估计，其中t已知.

13. 设总体X服从对数正态分布，其密度函数为

$$f(x)=\begin{cases}\dfrac{1}{\sqrt{2\pi}\sigma x}\exp\left\{-\dfrac{(\ln x-\mu)^2}{2\sigma^2}\right\}, & x>0,\\ 0, & \text{其他}.\end{cases}$$

（1）验证$E(X)=\exp\left\{\mu+\dfrac{1}{2}\sigma^2\right\}$;

（2）若$(X_1,X_2,\cdots,X_n)$是X的样本，试求$E(X)$的极大似然估计.

14. 根据遗传学理论，基因总是成对出现并且具有两种型式A及a中的一种. 根据Hardy-Weinberg定律，基因型AA，Aa，aa在人群中的比分别为$(1-\theta)^2$，$2\theta(1-\theta)$和θ^2. 为了考察某种基因在人群中的分布情况，1937年从香港地区华人中抽取了1029例观测，其基因型分布情况如下：

基因型	AA	Aa	aa
频 数	342	500	187

求：θ的极大似然估计.

15. 设$(X_1,X_2,\cdots,X_n)$为泊松分布$P(\lambda)$的一个样本，试验证

（1）$S^2=\dfrac{1}{n-1}\sum\limits_{i=1}^{n}(X_i-\overline{X})^2$是$\lambda$的无偏估计；

（2）对任意的α：$0\leqslant\alpha\leqslant 1$，$\alpha\overline{X}+(1-\alpha)S^2$也是$\lambda$的无偏估计.

16. 设$(X_1, X_2, \cdots, X_n)$为指数分布总体X的一个样本，X的密度函数为$f(x)=\begin{cases}\dfrac{1}{\theta}e^{-x/\theta}, & x>0,\\ 0, & \text{其他}.\end{cases}$试验证样本均值$\overline{X}=\dfrac{1}{n}\sum\limits_{i=1}^{n}X_i$是$\theta$达到C-R下界的无偏估计.

17. 设总体$X\sim N(\mu,\sigma^2)$，其中μ已知，$(X_1,X_2,\cdots,X_n)$是来自X的样本. （1）试证：$\hat{\sigma}=\dfrac{1}{n}\sqrt{\dfrac{\pi}{2}}\sum\limits_{i=1}^{n}|X_i-\mu|$是$\sigma$的无偏估计量；（2）求估计量$\hat{\sigma}$的有效率$e(\hat{\sigma})$.

18. 设总体 X 的分布密度为 $f(x,\theta)=\begin{cases}\dfrac{1}{\theta}, & 0<x\leqslant\theta,\\ 0, & \text{其他}.\end{cases}$ (X_1, X_2, X_3) 为来自 X 的样本，试证：$\dfrac{4}{3}\underset{1\leqslant i\leqslant 3}{\mathrm{Max}}\{X_i\}$ 与 $4\underset{1\leqslant i\leqslant 3}{\mathrm{Min}}\{X_i\}$ 都是 θ 的无偏估计量，问哪一个较有效？

19. 设总体 X 服从几何分布，其分布律为

$$P(X=x)=p(1-p)^{x-1},\ x=1,2,\cdots$$

其中，$p>0$ 是未知参数.$(X_1,X_2,\cdots,X_n)$ 为来自 X 的样本，记 $g(p)=\dfrac{1}{p}$

(1) 试求 $g(p)$ 的极大似然估计量 $g(\hat{p})$；(2) $g(\hat{p})$ 是否是 $g(p)$ 的 UMVUE?

20. 设 $(X_1,X_2,\cdots,X_n)$ 是总体 $X\sim N(0,\sigma^2)$ 的一个样本，试证：

(1) $\hat{\sigma}_1^2=\dfrac{1}{n}\sum\limits_{i=1}^{n}X_i^2$ 是 σ^2 的有效估计量；

(2) $\hat{\sigma}_2^2=\dfrac{1}{n-1}\sum\limits_{i=1}^{n}(X_i-\overline{X})^2$ 是 σ^2 的渐近有效估计量.

21. 设总体 X 服从参数为 λ 的泊松分布，$(X_1,X_2,\cdots,X_n)$ 为 X 的样本，试证明 $\hat{\lambda}=\overline{X}$ 是 λ 的有效估计量.

22. 某工厂生产滚珠，从某日生产的产品中随机抽取 9 个，测得直径 (mm) 如下：

14.6　14.7　15.1　14.9　14.8　15.0　15.1　15.2　14.8

(1) 用矩法估计该日生产的滚珠直径的均值.

(2) 如果滚珠直径服从正态分布，并且已知标准差为 0.15mm，求直径均值的置信水平为 95% 的置信区间.

23. 对方差 σ^2 为已知的正态总体来说，问需要抽取容量 n 为多大的样本，方使总体均值 μ 的置信水平为 $100(1-\alpha)\%$ 的置信区间的长度不大于 L?

24. 已知某种木材横纹抗压力的实验值服从正态分布，对 10 个试件作横纹抗压力试验得数据（单位：$10^{-1}\mathrm{N/cm^2}$）如下：

482　493　457　471　510　446　435　418　394　469

试求该木材平均横纹抗压力的置信水平为 95% 的置信区间.

25. 包糖机某日开工包了 12 包糖，称得的重量（单位：50g）分别为

10.1 10.3 10.4 10.5 10.2 9.7

9.8 10.1 10.0 9.9 9.8 10.3

假设重量服从正态分布，试由此数据对糖包的平均重量作置信水平为95%的双侧区间估计.

26. 已知人体中红血球的直径服从正态分布. 今在某人血液中随机测得9个红血球的直径（单位：μm）如下：

7.8, 9.0, 7.1, 7.6, 8.5, 7.7, 7.3, 8.1, 8.0

试求该人红血球平均直径的置信水平为95%的置信区间.

27. 设炮弹初速度服从正态分布，取9发炮弹做试验，得炮弹初速度样本方差为11 $(\mathrm{m/s})^2$，分别求炮弹初速度的方差 σ^2 和标准差 σ 的置信水平为90%的置信区间.

28. 有两位化验员Ⅰ、Ⅱ，他们独立地对某种聚合物的含氯量用相同的方法各作了10次测定，其测定值的样本方差依次为0.5419和0.6065，设 σ_{I}^2 和 σ_{II}^2 分别为Ⅰ、Ⅱ所测量的数据总体（为正态总体）的方差，试求方差比 $\sigma_{\mathrm{I}}^2/\sigma_{\mathrm{II}}^2$ 的置信水平为95%的置信区间.

29. 对某种产品质量指标进行抽样检验，每天抽取容量为5的样本（各天样本相互独立），某5天的样本方差数据为

$$S_1^2=237,\ S_2^2=320,\ S_3^2=453,\ S_4^2=296,\ S_5^2=141.$$

假设产品质量指标 $X\sim N(\mu,\sigma^2)$，试求 σ^2 的置信水平为95%的置信区间.

30. 在对于电视某栏目收视率的调查中，共调查了350人，其中有27人收看该栏目. 试求该栏目收视率 p 的置信水平为0.95的置信区间（用第一种方法）.

31. 某厂对于其生产的家用电器作满意度的调查，共调查了800个用户，其中有324个表示满意. 试求该厂生产的这种家用电器满意度 p 的置信水平为0.99的置信区间（用第一种方法）.

32. 随机地从甲批导线中抽取4根，从乙批导线中抽取5根，测得其电阻（单位：Ω）分别为

甲批导线：0.142 0.143 0.137 0.143

乙批导线：0.138 0.140 0.136 0.140 0.142

设测试数据分别服从 $N(\mu_1,\sigma^2)$ 和 $N(\mu_2,\sigma^2)$，并且它们相互独立，又 μ_1、μ_2 及 σ^2 均未知，试求 $\mu_1-\mu_2$ 的（1）置信水平为95%的置信区间；（2）置信水平为95%的单侧置信下限.

33. 设总体 $X \sim N(\mu, \sigma^2)$，$(x_1, x_2, \cdots, x_{10})$ 为来自 X 的一个样本，且 $\sum_{i=1}^{10} x_i = 50$，$\sum_{i=1}^{10} x_i^2 = 380$，求方差 σ^2 的置信水平为90%的单侧置信下限.

34. 某电器零件的电阻（单位：Ω）服从正态分布，从某天生产的零件中抽取15只，测得电阻为：3.0，2.7，2.9，2.8，3.1，2.6，2.5，2.8，2.4，2.9，2.7，2.6，3.2，3.0，2.8. 试求

（1）电阻均值 μ 的置信水平为95%的单侧置信下限；

（2）电阻方差 σ^2 的置信水平为95%的单侧置信上限.

35. 某城市每年组织一次高一学生数学竞赛，现随机地从第一年参赛选手中取出16人，其竞赛成绩平均值为78分，标准差为5.9分；随机地从第二年参赛选手中取出21人，其竞赛成绩平均值为81分，标准差为8.2分. 假定这两年该项竞赛各选手的成绩服从 $N(\mu_i, \sigma_i^2)$ 分布 $(i=1, 2)$，且两年竞赛成绩互不影响，试求 σ_1^2/σ_2^2 的置信水平0.90的单侧置信下限.

36. 设随机变量 X 的密度函数为

$$f(x|\theta) = \frac{2x}{\theta^2}, 0 < x < \theta < 1$$

（1）假如 θ 的先验分布为 $U(0,1)$，求 θ 的后验密度函数 $h(\theta|x)$.

（2）假如 θ 的先验密度函数为

$$h(\theta) = 3\theta^2,\ 0 < \theta < 1.$$

求 θ 的后验密度函数 $h(\theta|x)$.

37. （1）设总体 X 服从泊松分布 $P(\lambda)$，$\lambda > 0$ 是未知参数. $(X_1, X_2, \cdots, X_n)$ 是来自 X 的样本. 又设 λ 的先验密度为 $h(\lambda) = e^{-\lambda}\ (\lambda > 0)$，求 λ 的使后验分布的均方误差达到最小的贝叶斯估计.

（2）设在每盘长为1200m的磁带上的缺陷数服从泊松分布 $P(\lambda)$. 又设 λ 的先验分布如(1)所示. 任取三盘磁带作检查，分别发现有2个、0个和6个缺陷. 求 λ 的使后验分布的均方误差达到最小的Bayes估计.

38. （1）设总体 X 服从指数分布，其密度函数为

$$f(x|\lambda) = \begin{cases} \lambda e^{-\lambda x}, & x > 0, \\ 0, & x \leqslant 0. \end{cases}$$

$\lambda > 0$ 是未知参数. $(X_1, X_2, \cdots, X_n)$ 是来自 X 的样本. 又设 λ 的先验密度为

$$h(\lambda) = \begin{cases} \dfrac{\alpha^\beta}{\Gamma(\beta)} \lambda^{\beta-1} e^{-\alpha\lambda}, & \lambda > 0, \\ 0, & \lambda \leqslant 0. \end{cases}$$

其中，$\alpha>0$ 与 $\beta>0$ 已知，求 λ 的使后验分布的均方误差达到最小的贝叶斯估计.

(2) 设某银行为每位顾客服务的时间(单位：分)服从参数为 λ 的指数分布，其密度如(1)所示. 又设 λ 的先验分布是均值为 2.0，标准差为 1.0 的 Γ 分布. 现对 20 位顾客的服务进行观察，测得平均服务时间为 3.8 分钟. 求 λ 的使后验分布的均方误差达到最小的 Bayes 估计.

39. (1) 设总体 $X \sim N(\theta,\sigma^2)$，其中 σ^2 已知. $(X_1,X_2,\cdots,X_n)$ 是来自总体 X 的样本. 又设 θ 的先验分布为 $N(\mu,\tau^2)$，其中 μ 与 τ^2 已知. 求 θ 的后验分布和 θ 的使后验分布的均方误差达到最小的 Bayes 估计.

(2) 对某儿童做智力测验. 设测验结果 $X \sim N(\theta,100)$. 其中 θ 在心理学中定义为该儿童的智商. 根据过去多次测验，可设 θ 的先验分布为 $N(100,225)$. 现对该儿童测验了两次，其测验得分分别为 115 分和 118 分. 试问该儿童智商 θ 的使后验分布的均方误差达到最小的贝叶斯估计是多少？

第三章 假设检验

除了参数估计之外，实践中还提出了另一类重要的统计推断问题——假设检验. 所谓假设检验是指提出关于总体的某项假设，然后根据所获得的样本来判断这个假设是否成立. 关于总体的假设可以分为两类，与之相应的假设检验也可以分为两类.

设总体 X 的分布函数 $F(x;\theta)$ 的形式是已知的，其中参数 θ 未知. 现对未知参数 θ 提出假设，例如，“其真值等于 θ_0”（即“$\theta=\theta_0$”），怎样利用样本提供的信息来判断这个假设是否成立? 这类统计问题称为参数假设检验.

除了参数假设检验之外的假设检验问题都属于非参数假设检验. 设总体 X 的分布函数 $F(x)$ 未知，现提出 $F(x)$ 等于指定的分布函数 $F_0(x)$ 的假设(即“$F(x)=F_0(x)$”)，要用来自 X 的样本所提供的信息来判断这个假设是否成立，这种假设检验问题称为分布拟合检验，它属于非参数假设检验. 其他如随机变量 X 与 Y 之间的独立性检验，以及 X 与 Y 分布函数相等性检验也属于非参数假设检验.

本章先介绍假设检验的基本概念，接着介绍正态总体均值与方差的假设检验问题，以及非正态总体均值的大样本假设检验问题，最后介绍两类非参数假设检验问题：分布拟合检验和两个总体相等性检验.

§3.1 假设检验的基本概念

一、假设检验的统计思想

为了说明假设检验的统计思想请看以下的例子.

例 3.1.1 某食品厂用自动包装机将食品装袋. 每袋的标准

重量规定为100g，每天开工时需要先检验包装机工作是否正常. 根据以往的经验，各袋食品的重量 X 服从正态分布 $N(\mu, \sigma^2)$，标准差 $\sigma=0.85$g. 某天开工后抽测了 9 袋，其重量（单位：g）如下：

101.2 101.4 99.7 99.5 100.5 101.3 99.6 100.0 101.6

试问：该天包装机工作是否正常？（假定该天 σ 仍不变）

解 题目提出的问题是“该天包装机工作是否正常”. 不是包装机包装出来的食品每袋都是100g 才算工作正常. 因为受随机误差的影响，每袋食品的重量 X 是一个随机变量. 包装机的工作即使是正常的，也不是每袋食品都正好重100g，而只是在100g 左右摆动. 所谓“工作正常”，用数理统计的语言来表述就是，该天包装机所包装的食品的重量 X 的数学期望 μ 等于 100. 我们要根据所获得的样本值判断 $\mu=100$ 还是 $\mu\neq100$. 为此，我们提出两个相互对立的假设

$$H_0: \mu=\mu_0=100 \text{ 和 } H_1: \mu\neq100. \tag{3.1.1}$$

现在要检验的假设涉及 μ. μ 是正态总体的数学期望. 前面在参数估计部分已经学过，样本均值 $\bar{X}$ 是 μ 的性质优良的估计. 所以我们很自然地想到用 $\bar{X}$ 这个统计量来进行判断. 如果 $H_0: \mu=100$ 为真，虽然由于随机因素的影响，$\bar{X}$ 与 100 之间的差异是不可避免的，但是它们之间的差异不能太大. 所以我们应寻找一个适当的常数 K，使得当 $|\bar{X}-100|\geqslant K$ 时拒绝 H_0，认为包装机工作不正常；当 $|\bar{X}-100|<K$ 时接受 H_0，认为包装机工作正常.

这样，问题便转化为怎样确定这个常数 K. 这就需要给出确定 K 的原则. 我们的做法是，常数 K 的确定要符合如下的原则：

当假设 $H_0: \mu=100$ 为真时，$\{|\bar{X}-100|\geqslant K\}$ 是一个小概率事件.

若把这个小的概率记为 α，那么上面这句话就可以写成 $P\{|\bar{X}-100|\geqslant K|H_0 \text{ 为真}\}=\alpha$. 这样做的根据是实际推断原理，即“概率很小的事件在一次试验中是几乎不可能发生的”（有的书也把实际推断原理称为小概率原理）.

根据这个原理，如果 H_0：$\mu=100$ 为真，这时由 K 的作法知 $\{|\bar{X}-100|\geqslant K\}$ 是一个小概率事件，所以在一次观察中样本均值的观察值 $\bar{x}$ 满足 $|\bar{x}-100|\geqslant K$ 是几乎不可能的. 如果在一次观察中居然真的出现了满足 $|\bar{x}-100|\geqslant K$ 的 $\bar{x}$，我们就有理由怀疑假设 H_0 的正确性，因而拒绝 H_0；相反，若观察值 $\bar{x}$ 满足 $|\bar{x}-100|<K$，则表明假设 H_0 与实际情况没有矛盾，此时没有理由拒绝 H_0，因而接受 H_0.

考虑到本题中当 H_0 为真时 $U\triangleq\dfrac{\bar{X}-100}{\sigma/\sqrt{n}}\sim N(0,1)$，所以将小概率事件 $\{|\bar{X}-100|\geqslant K\}$ 用等价事件 $\left\{\dfrac{|\bar{X}-100|}{\sigma/\sqrt{n}}\geqslant\dfrac{K}{\sigma/\sqrt{n}}\right\}$ 来表示. 记 $K'=\dfrac{K}{\sigma/\sqrt{n}}$，于是相应地确定 K' 即可. 对于给定的 α，由

$$P\left\{\frac{|\bar{X}-100|}{\sigma/\sqrt{n}}\geqslant K'\ \middle|\ H_0\text{ 为真}\right\}=\alpha$$

知，我们要求的 K' 就是标准正态分布 $N(0,1)$ 的 $1-\dfrac{\alpha}{2}$ 分位数 $u_{1-\frac{\alpha}{2}}$（见图 2.3.1）. 于是，我们得到如下的检验规则：对于样本均值的观察值 $\bar{x}$，

$$\begin{aligned}&\text{若}\frac{|\bar{x}-100|}{\sigma/\sqrt{n}}\geqslant u_{1-\frac{\alpha}{2}}\text{，则拒绝 }H_0\text{；}\\&\text{若}\frac{|\bar{x}-100|}{\sigma/\sqrt{n}}<u_{1-\frac{\alpha}{2}}\text{，则接受 }H_0.\end{aligned}\tag{3.1.2}$$

如果取 $\alpha=0.05$，由标准正态分布表（附表 1）可以查到 $u_{0.975}=1.96$. 本题中 $n=9$，$\sigma=0.85$，$\bar{x}=\dfrac{1}{9}\sum\limits_{i=1}^{9}x_i=100.53$. 经计算，

$$|u|=\frac{|\bar{x}-100|}{\sigma/\sqrt{n}}=\frac{|100.53-100|}{0.85/\sqrt{9}}=1.87.$$

因为 $1.87<1.96=u_{0.975}$，所以接受 H_0，认为该天包装机工作正常.

通过这个例子可总结出假设检验的统计思想如下：

设有某假设 H_0 需要检验（上例中为 H_0：$\mu=100$），先假定该假设 H_0 是正确的，在此假定之下构造一个具有已知分布的统计量$\left(\text{上例中为 } U=\dfrac{\bar{X}-100}{\sigma/\sqrt{n}}\right)$，并由此构造一个在 H_0 为真的条件下概率很小的事件 A（上例中 $A=\left\{|U|>u_{1-\frac{\alpha}{2}}\right\}$，$P\{A|H_0\text{ 为真}\}=\alpha$）. 现进行一次试验（一次抽样），若 A 发生了，由实际推断原理，使人怀疑 H_0 的正确性，从而拒绝 H_0；若 A 不发生，无法否认 H_0 的正确性，从而接受 H_0.

假设检验的统计思想可以概括为一句话：**"概率意义下的反证法"**.

在例 3.1.1 中提出的两个相互对立的假设中，H_0 称为**原假设**（也称为**零假设**），H_1 称为**备择假设**（也称为**对立假设**）. 设总体 X 的分布函数为 $F(x;\theta)$，其中 $\theta\in\Theta$. 又有 $\Theta_0\cup\Theta_1\subset\Theta,\Theta_0\cap\Theta_1=\varnothing$. 一般地，我们把原假设记为 $H_0:\theta\in\Theta_0$，把备择假设记为 $H_1:\theta\in\Theta_1$. 不论是原假设还是备择假设，若其中只包含一个参数值，则称为**简单假设**；否则，就称为**复合假设**. 例 3.1.1 中参数 σ^2 已知，H_0 中只包含参数 μ 的一个值100，所以 H_0 是简单假设；H_1 中 μ 包含除 100 以外的一切实数（从该例的实际意义来看应有 $\mu>0$），所以 H_1 是复合假设. 如果总体 X 服从正态分布 $N(\mu,\sigma^2)$，其中 μ 和 σ^2 都未知. 我们仍提出如下两个相互对立的假设

$$H_0:\mu=100,\ H_1:\mu\neq 100. \tag{3.1.3}$$

这两个假设表面上看与例 3.1.1 中的两个假设没有什么不同. 但因这里 σ^2 未知，所以式（3.1.3）中的 H_0 包含了所有形如 $(100,\sigma^2)$（其中 σ^2 是任意的正数）的参数值，所以它是复合假设. 式（3.1.3）中的 H_1 更是复合假设.

例 3.1.1 中出现的用于检验假设的统计量 $U=\dfrac{\bar{X}-\mu_0}{\sigma/\sqrt{n}}$（$\mu_0=100$）称为**检验统计量**. 根据检验规则，当检验统计量取某个区域 W 中的值时，拒绝原假设 H_0，则称区域 W 为**拒绝域**，W 的补

集 $\overline{W}$ 称为**接受域**. 拒绝域与接受域的边界点称为**临界点**，其数值称为**临界值**或**临界限**. 例 3.1.1 中的拒绝域为 $|u| \geqslant u_{1-\frac{\alpha}{2}}$ $\left(亦可记为\left(-\infty, -u_{1-\frac{\alpha}{2}}\right] \cup \left[u_{1-\frac{\alpha}{2}}, +\infty\right)\right)$，接受域为 $|u| < u_{1-\frac{\alpha}{2}}$ $\left(亦可记为\left(-u_{1-\frac{\alpha}{2}}, u_{1-\frac{\alpha}{2}}\right)\right)$；而 $u=u_{1-\frac{\alpha}{2}}$ 和 $u=-u_{1-\frac{\alpha}{2}}$ 分别称为临界上限和临界下限,它们统称为临界限或临界值.

例 3.1.1 中的备择假设为“H_1：$\mu \neq 100$”. 它表示当备择假设 H_1 为真时，μ 可能大于 100 也可能小于 100，这种备择假设称为**双边备择假设**. 与之相应的检验称为**双边检验**. 但有时我们只关心 μ 是否增大. 例如，某种材料的强度服从正态分布 $N(\mu, \sigma^2)$. 现采用新工艺试图提高材料的强度. 在这种情况下，μ 越大越好. 如果我们能判断新工艺下生产的材料的 μ 较以往正常生产的大，则可考虑采用新工艺. 这时我们应提出如下假设

$$H_0: \mu \leqslant \mu_0,\ H_1: \mu > \mu_0, \tag{3.1.4}$$

其中，μ_0 是以往生产的这种材料的平均强度. 形如式（3.1.4）的假设称为**右边假设**，与之相应的检验称为**右边检验**. 在有些情况下我们要检验的假设应为

$$H_0: \mu \geqslant \mu_0,\ H_1: \mu < \mu_0. \tag{3.1.5}$$

形如式（3.1.5）的假设称为**左边假设**，与之相应的检验称为**左边检验**. 右边假设与左边假设统称为**单边假设**，右边检验与左边检验统称为**单边检验**.

二、检验的两类错误和显著性水平

这里要指出的是，由于样本具有随机性，假设检验中所作出的拒绝或者接受原假设 H_0 的结论并不是总是正确的. 多数时候是正确的，但有时也会犯错误. 当假设 H_0 实际上为真时，虽然检验统计量观察值落入拒绝域是个小概率事件，但它并不是绝对不可能发生的，也是可能发生的. 如果 H_0 为真而检验统计量观察值又落入了拒绝域，根据检验规则我们便拒绝 H_0. 这时就犯了错误，把正确的东西抛弃了. 这种“弃真”的错误称为**第一**

类错误. 另外，当 H_0 实际上不真时我们接受了 H_0，这时也犯了错误. 这种"取伪"的错误称为**第二类错误**. 我们把犯第一类错误的概率记作 α，犯第二类错误的概率记作 β. 当原假设 H_0: $\theta\in\Theta_0$ 为复合假设时，犯第一类错误的概率 α 还依赖于参数 θ 在 Θ_0 中的具体取值；同样，当备择假设 H_1: $\theta\in\Theta_1$ 为复合假设时，犯第二类错误的概率 β 还依赖于参数 θ 在 Θ_1 中的具体取值. 故常把犯第一类错误和犯第二类错误的概率分别记为 $\alpha(\theta)$ 和 $\beta(\theta)$. 于是有

$$\alpha(\theta)=P\{\text{拒绝 } H_0 \mid H_0 \text{ 为真}\} \qquad \theta\in\Theta_0$$

和

$$\beta(\theta)=P\{\text{接受 } H_0 \mid H_0 \text{ 不真}\} \qquad \theta\in\Theta_1 \tag{3.1.6}$$

如果 H_0 是简单假设，那么犯第一类错误的概率就是一个确定的数. 同样，如果 H_1 是简单假设，那么犯第二类错误的概率就是一个确定的数. 如果 H_0 是简单假设，那么犯第一类错误的概率在数值上正好等于在作假设检验过程中所构造的小概率事件 A 发生的概率.

定义 3.1.1　对于某个假设检验问题，若其犯第一类错误的概率总不超过 α，则称 α 为该假设检验问题的**显著性水平**，简称**水平**；而把该检验称作**显著性水平为 α 的检验**，简称**水平为 α 的检验**.

根据上述定义，若 α 是某检验问题的显著性水平，那么它应满足

$$\operatorname*{Sup}_{\theta\in\Theta_0} \alpha(\theta)\leqslant\alpha \tag{3.1.7}$$

易见，式（3.1.7）左端也是该检验的水平，我们把它称为该检验的**真实水平**. 下面我们在说到检验的水平时，一般都是指检验的真实水平. 检验的水平 α 一般都取一个较小的且标准化的正数，如 0.1、0.05、0.01 等. 使用"标准化"水平值的方便之处是便于查与检验统计量有关的分布的分位数表.

以后我们在叙述某假设检验问题时，前面总要冠以"在显著性水平 α 之下"；在作出拒绝（或接受）某假设的结论时，也

总是说"在显著性水平 α 之下"拒绝（或接受）某假设，这是因为某假设在水平 α_1（比如 0.05）之下被拒绝，而在水平 α_2（比如 0.01）之下可能被接受.

在一个假设检验问题中，我们当然希望犯第一类错误的概率与犯第二类错误的概率都很小. 但是由进一步的讨论可知，在样本容量确定之后，若减小犯某一类错误的概率，那么犯另一类错误的概率往往会增大. 要使犯两类错误的概率都减小，只有增加样本容量. 请看下面例子.

例 3.1.2 设总体 $X \sim N(\mu, \sigma^2)$，其中 σ^2 已知. $(X_1, X_2, \cdots, X_n)$ 是来自 X 的容量为 n 的样本. 在显著性水平 α 之下检验假设

$$H_0: \mu = \mu_0, \ H_1: \mu = \mu_1,$$

其中，$\mu_1 > \mu_0$. 所用检验统计量为

$$U = \frac{\bar{X} - \mu_0}{\sigma / \sqrt{n}}.$$

若 H_1 为真，则 $E(U) = \dfrac{\mu_1 - \mu_0}{\sigma / \sqrt{n}} > 0$，$U$ 有偏大的趋势. 所以拒绝域的形式应为 $U = \dfrac{\bar{X} - \mu_0}{\sigma / \sqrt{n}} \geqslant K$. 注意到

$$P\left\{ \frac{\bar{X} - \mu_0}{\sigma / \sqrt{n}} \geqslant u_{1-\alpha} \,\middle|\, H_0 \text{ 为真} \right\} = \alpha,$$

对于检验统计量的观察值 u，其检验规则可定为

若 $u = \dfrac{\bar{x} - \mu_0}{\sigma / \sqrt{n}} \geqslant u_{1-\alpha}$，则拒绝 H_0；

若 $u = \dfrac{\bar{x} - \mu_0}{\sigma / \sqrt{n}} < u_{1-\alpha}$，则接受 H_0.

下面计算犯两类错误的概率. 显然，犯第一类错误的概率为 α. 而犯第二类错误的概率为

$$\beta = P\{\text{接受 } H_0 \mid H_1 \text{ 为真}\} = P_{\mu_1}\left\{ \frac{\bar{X} - \mu_0}{\sigma / \sqrt{n}} < u_{1-\alpha} \right\}.$$

在上式中 $P_{\mu_1}\{A\}$ 表示参数为 μ_1 时事件 A 发生的概率. 在 H_1 为真时,

$$U=\frac{\overline{X}-\mu_0}{\sigma/\sqrt{n}}\sim N\left(\frac{\mu_1-\mu_0}{\sigma/\sqrt{n}},1\right).$$

记 $\Delta=\dfrac{\mu_1-\mu_0}{\sigma/\sqrt{n}}>0$, 于是

$$\beta=\int_{-\infty}^{u_{1-\alpha}}\frac{1}{\sqrt{2\pi}}\mathrm{e}^{-\frac{(u-\Delta)^2}{2}}\mathrm{d}u.$$

令 $t=u-\Delta$, 则

$$\beta=\int_{-\infty}^{u_{1-\alpha}-\Delta}\frac{1}{\sqrt{2\pi}}\mathrm{e}^{-\frac{t^2}{2}}\mathrm{d}t=\Phi(u_{1-\alpha}-\Delta).\qquad(3.1.8)$$

当样本容量 n 固定时, Δ 是一个确定的正数. 这时由式(3.1.8)可以看出, 若 α 减小, 则 $u_{1-\alpha}$ 增大, 从而使 β 增大; 相反, 若 β 减小, 则 $u_{1-\alpha}$ 也减小, 从而使 α 增大. 这表明, 在样本容量 n 固定时, 若要减少犯第一类错误的可能, 必将使犯第二类错误的可能增加; 而要减少犯第二类错误的可能, 又将使犯第一类错误的可能增加.

我们再来看, 如果 α 的值固定, 这时 $u_{1-\alpha}$ 的值也固定. 那么要减小 β, 由式(3.1.8)知必须增加 Δ 的值, 亦即必须增加样本容量 n(注意到 $\mu_1-\mu_0>0$). 类似地, 如果 β 的值固定, 要减小 α, 同样必须增加样本的容量 n.

如果将例 3.1.2 中的假定 "$\mu_1>\mu_0$" 改为 "$\mu_1<\mu_0$", 会出现类似的现象. 这种现象在一般的假设检验问题中也都会出现.

上述这种现象使我们处于两难境地, 需要有一种妥协方案. 由英国著名统计学家奈曼(Neyman)和 E. S. 皮尔逊(E. S. Pearson)建立起来的假设检验理论的基本思想是, 先给定一个小的正数 α, 要求检验犯第一类错误的概率不超过 α, 然后在满足这个约束条件的检验类中寻找犯第二类错误的概率尽可能小的检验. 这

就是假设检验理论中的奈曼—皮尔逊原则. 可惜的是，如何遵照奈曼—皮尔逊原则去寻找优良检验的内容已超出本书的范围. 本书采取的办法是，对犯第一类错误的概率加以控制，适当考虑犯第二类错误的概率的大小. 这种检验称之为**显著性检验**.

就检验的结果来说，拒绝原假设的理由是充分的，而接受原假设的理由则是不充分的. 我们之所以说“拒绝原假设的理由是充分的”，是因为对于犯第一类错误的概率作了控制（检验的水平 α 很小）. 在我们作出“拒绝原假设”的结论时真实情况有两种. 一种情况是原假设不真，这时我们的结论是正确的. 另一种情况是原假设为真，这时我们的结论不正确，犯了第一类错误，但犯这种错误的可能性很小（其概率小于等于 α）. 从而我们在拒绝原假设时就有着很大的把握. 相反，我们之所以说“接受原假设的理由是不充分的”，是因为没有控制犯第二类错误的概率. 在我们作出“接受原假设”的结论时，如果真实情况是原假设不真，这时我们的结论不正确，犯了第二类错误，而且犯这种错误的可能性也许不小. 从而我们在接受原假设时把握不大. 所以在这里较科学的说法是“不拒绝原假设”. 但人们习惯上已把这种情况称为“接受原假设”. 本书也这样称呼，只不过在说到“接受原假设”时只能在这个意义上理解.

假设检验中对犯第一类错误的概率加以控制，体现了“保护原假设”的原则. 由于在原假设 H_0 为真时错误地拒绝 H_0 的概率受到了控制，所以如果没有充足的理由，原假设不能轻易被拒绝. 根据“保护原假设”的原则，在做假设检验工作时应把有把握的、不能轻易否定的命题作为原假设，而把没有把握的、不能轻易肯定的命题作为备择假设. 例如，某建材厂一直生产材料 A. 据称最近试制了新材料 B，其性能优于材料 A. 材料 A 经过长期使用被证明其性能是好的，不能轻易被淘汰. 如果轻率地认为材料 B 优于材料 A 从而替代材料 A，有可能导致不必要的浪费或其他不良后果. 只有当试验结果提供充分的证据，说明新材料 B 显著地优于材料 A 时才能接受材料 B，替代材料 A. 否则的话，宁可继续使用材料 A 而不使用材料 B. 所以应把"材料 B 的性能不优于材料 A"作为原假设，而把"材料 B 的性能优于材料 A"作为备择假设. 从以上讨论可以看出，在假设检验问题中原假设与备择假设的地位不是对等的.

三、检验的 p 值

前面我们在讨论假设检验问题时，都先给出显著性水平 α，接着根据 α 的值确定临界值，然后通过比较检验统计量的观察值与临界值的大小来决定拒绝还是接受 H_0. 但是这样做有时会遇到一些困难. 对于同一个假设检验问题，使用同一个检验统计量，由于采用不同的显著性水平可能导致不同的结论：在较大的显著性水平（如 $\alpha=0.05$）下拒绝原假设，而在较小的显著性水平（如 $\alpha=0.01$）之下却接受原假设. 为此，许多文献采用另一种假设检验的途径，提出了"p 值"的概念.

现在再来考察例 3.1.1. 在这个问题中使用的检验统计量是 $U=\dfrac{\overline{X}-100}{\sigma/\sqrt{n}}$. 从一组样本观察值算得检验统计量 U 的观察值 u. 我们把 $P_{\mu_0}\{|U|\geqslant|u|\}$ 称为该检验的 p 值，记为 p. 对于给定的水平 α，由检验规则（3.1.2）知，在水平 α 之下拒绝 H_0: $\mu=\mu_0$，当且仅当 $|u|\geqslant u_{1-\frac{\alpha}{2}}$. 而 $|u|\geqslant u_{1-\frac{\alpha}{2}}$ 当且仅当 $p=P_{\mu_0}\{|U|\geqslant|u|\}\leqslant P_{\mu_0}\left\{|U|\geqslant u_{1-\frac{\alpha}{2}}\right\}=\alpha$. 所以检验规则（3.1.2）可等价地写为

$$\begin{aligned}&\text{若 } p\leqslant\alpha\text{，则在水平 }\alpha\text{ 之下拒绝 }H_0;\\&\text{若 } p>\alpha\text{，则在水平 }\alpha\text{ 之下接受 }H_0.\end{aligned}\tag{3.1.9}$$

在例 3.1.1 中已算得 $u=1.87$，由此即可算得该检验问题的 p 值:

$$\begin{aligned}p&=P_{\mu_0}(|U|\geqslant1.87)=2P_{\mu_0}(U\geqslant1.87)\\&=2[1-\Phi(1.87)]\\&=2(1-0.9693)=0.0614.\end{aligned}$$

由式（3.1.9）知，因 $p=0.0614>0.05=\alpha$，所以接受 H_0（在水平 0.05 之下）. 若将例 3.1.1 中的水平改为 $\alpha'=0.1$，则因

$p=0.0614<0.1=\alpha'$，这时应拒绝 H_0（在水平 0.1 之下）.

对于这个例子，从另一角度看，只要显著性水平 $\alpha<0.0614$（p 值），其结论始终是接受 H_0；相反，如果显著性水平 $\alpha\geqslant 0.0614$（p 值），其结论就变成拒绝 H_0. 所以这个 p 值实际上就是相应于检验统计量的观察值 $u=1.87$ 得出拒绝 H_0 这个结论的显著性水平的最小值（见图 3.1.1）. 以下是 p 值的正式定义.

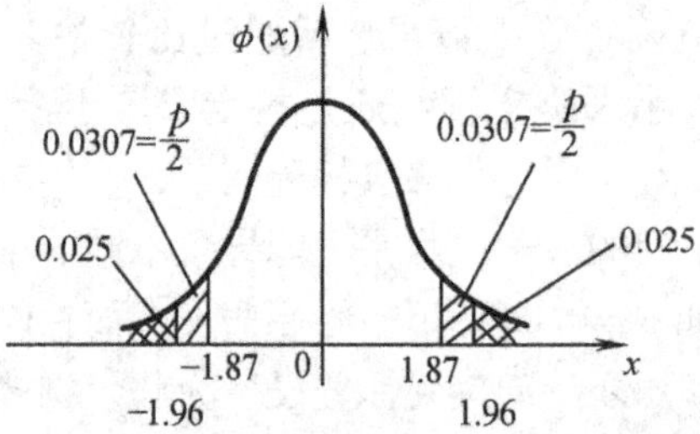

图 3.1.1

定义 3.1.2 在一个假设检验问题中，由样本值能够得出“拒绝原假设”结论的最小显著性水平（最小真实水平）称为该假设检验问题的 p 值.

p 值与按式（3.1.2）得出的检验结果相比含有更多的信息. 一些通用统计软件（如 SAS 软件）的计算机输出，一般只给出 p 值，然后由统计软件使用者根据问题的实际背景确定显著性水平 α，并由此获得检验的结果.

对不同的备择假设，p 值的计算公式不同. 若将例 3.1.1 中的假设分别改为

$$H_0':\ \mu\leqslant\mu_0,\ H_1':\ \mu>\mu_0$$

和

$$H_0'':\ \mu\geqslant\mu_0,\ H_1'':\ \mu<\mu_0,$$

则计算 p 值的公式分别为

$$p=P_{\mu_0}(U\geqslant u) \tag{3.1.10}$$

和

$$p=P_{\mu_0}(U\leqslant u). \tag{3.1.11}$$

式(3.1.10)和式(3.1.11)中的 u 是检验统计量 $U=\dfrac{\overline{X}-100}{\sigma/\sqrt{n}}$ 的观察值. 式(3.1.10)右边计算的是 $\mu=\mu_0$ 时事件($U\geqslant u$)的概率. ($U\geqslant u$)与右边假设检验问题拒绝域的形式($U\geqslant k$)一致. 关于右边假设检验问题拒绝域的形式将在下一节详细介绍. 式(3.1.11)中要计算概率的事件($U\leqslant u$)与左边假设检验问题拒绝域的形式($U\leqslant k$)一致.

对于以后几节将要遇到的 t 检验, χ^2 检验和 F 检验亦可以类似地计算 p 值. 我们将在一些例子中通过具体计算来说明对于这三种检验如何计算 p 值, 使大家了解统计软件计算机输出中的 p 值是如何获得的.

§3.2　正态总体均值的假设检验

一、单个正态总体均值的检验

设总体 $X\sim N(\mu,\sigma^2)$, $(X_1, X_2, \cdots, X_n)$是来自 X 的一组样本. 下面分 σ^2 已知和未知两种情况讨论.

1. σ^2 已知时关于 μ 的检验(U 检验)

问题是要在显著性水平 α 之下检验如下三个假设

$$H_0: \mu=\mu_0,\ H_1: \mu\neq\mu_0, \tag{3.2.1}$$

$$H_0': \mu\leqslant\mu_0,\ H_1': \mu>\mu_0, \tag{3.2.2}$$

$$H_0'': \mu\geqslant\mu_0,\ H_1'': \mu<\mu_0, \tag{3.2.3}$$

其中, μ_0 是已知常数. 先考虑假设检验问题(3.2.1). 例3.1.1所讨论的就是这样的问题, 其检验统计量为

$$U=\frac{\overline{X}-\mu_0}{\sigma/\sqrt{n}}. \tag{3.2.4}$$

当 H_0 为真时(即 $\mu=\mu_0$ 时) $U\sim N(0,1)$. 其拒绝域为 $\left(-\infty, -u_{1-\frac{\alpha}{2}}\right]\cup\left[u_{1-\frac{\alpha}{2}}, +\infty\right)$. 检验规则为: 当检验统计量的观察值 u 落在拒绝域时, 在水平 α 下拒绝原假设 H_0; 当 u 落在接受域时,

在水平 α 下接受原假设 H_0.

下面考虑假设检验问题(3.2.2). 所用的检验统计量仍为式(3.2.4). 因为当 H_0'不真(或 H_1'为真)时, 检验统计量 U 有偏大的趋势, 所以拒绝域的形式为 $U=\dfrac{\overline{X}-\mu_0}{\sigma/\sqrt{n}}\geqslant K$. 下面从控制犯第一类错误概率的要求出发来确定 K.

$$P\{\text{拒绝 } H_0' \mid H_0'\text{为真}\}=P_{\mu\leqslant\mu_0}\left\{\frac{\overline{X}-\mu_0}{\sigma/\sqrt{n}}\geqslant K\right\}$$
$$=P_{\mu\leqslant\mu_0}\left\{\frac{\overline{X}-\mu}{\sigma/\sqrt{n}}\geqslant K+\frac{\mu_0-\mu}{\sigma/\sqrt{n}}\right\},$$

这里的 μ 是总体 X 的真实均值. 注意到$\dfrac{\mu_0-\mu}{\sigma/\sqrt{n}}\geqslant 0$, 有

$$P_{\mu\leqslant\mu_0}\left\{\frac{\overline{X}-\mu}{\sigma/\sqrt{n}}\geqslant K+\frac{\mu_0-\mu}{\sigma/\sqrt{n}}\right\}\leqslant P_{\mu\leqslant\mu_0}\left\{\frac{\overline{X}-\mu}{\sigma/\sqrt{n}}\geqslant K\right\}.$$

所以, 要使 $P\{\text{拒绝 } H_0' \mid H_0'\text{ 为真}\}\leqslant\alpha$, 只需要使 $P_{\mu\leqslant\mu_0}\left\{\dfrac{\overline{X}-\mu}{\sigma/\sqrt{n}}\geqslant K\right\}=\alpha$ 即可. 因为$\dfrac{\overline{X}-\mu}{\sigma/\sqrt{n}}\sim N(0,1)$, 所以 $K=u_{1-\alpha}$. 从而得到拒绝域$\dfrac{\overline{X}-\mu_0}{\sigma/\sqrt{n}}\geqslant u_{1-\alpha}$.

对于假设检验问题(3.2.3), 所用的检验统计量仍为式(3.2.4). 经过与假设检验问题(3.2.2)类似的讨论得拒绝域 $\dfrac{\overline{X}-\mu_0}{\sigma/\sqrt{n}}\leqslant -u_{1-\alpha}=u_\alpha$.

对于假设检验问题(3.2.1), (3.2.2)和(3.2.3), 当 $\mu=\mu_0$ 时检验统计量 U 服从标准正态分布. 我们把这种检验称为 **U 检验**.

例 3.2.1 有一种元件, 其平均寿命不小于 1000h 才算合格.

现从一批这种元件中随机抽出25个，测得其寿命平均值为985h. 已知这种元件的寿命 $X \sim N(\mu, \sigma^2)$，且已知其标准差 $\sigma = 100$h. 试在显著性水平 $\alpha = 0.05$ 之下判定该批元件是否合格.

解 本题要在水平 $\alpha = 0.05$ 之下检验假设

$$H_0: \mu \geqslant 1000, \ H_1: \mu < 1000.$$

由已知，$n = 25$，$\sigma = 100$，$\bar{x} = 985$，所以应使用 U 检验. 检验统计量的观察值为

$$u = \frac{\bar{x} - 1000}{\sigma/\sqrt{n}} = \frac{985 - 1000}{100/\sqrt{25}} = -0.75,$$

经查表，$u_{0.95} = 1.645$. 本题是左边假设检验问题，现因 $u = -0.75 > -1.645 = -u_{0.95}$，所以接受 H_0，即在水平 $\alpha = 0.05$ 之下判定该批元件合格.

下面计算本例的 p 值. 本例中拒绝域形式为 $(U \leqslant K)$，p 值按式(3.1.11)计算. 本例中 $\mu = \mu_0 = 1000$ 时 $U \sim N(0,1)$，检验统计量的观察值 $u = -0.75$，所以 p 值为

$$\begin{aligned} p &= P_{\mu_0}(U \leqslant -0.75) = \Phi(-0.75) = 1 - \Phi(0.75) \\ &= 1 - 0.7734 = 0.2266. \end{aligned}$$

2. σ^2 未知时关于 μ 的检验（t 检验）

问题是要在水平 α 之下检验如下三个假设

$$H_0: \mu = \mu_0, \ H_1: \mu \neq \mu_0, \tag{3.2.5}$$

$$H_0': \mu \leqslant \mu_0, \ H_1': \mu > \mu_0, \tag{3.2.6}$$

$$H_0'': \mu \geqslant \mu_0, \ H_1'': \mu < \mu_0. \tag{3.2.7}$$

假设检验问题（3.2.5）、（3.2.6）和（3.2.7）与假设检验问题（3.2.1）、（3.2.2）和（3.2.3）在假设的形式上完全一样，所不同的仅是前者在正态总体的方差 σ^2 未知的条件下讨论关于均值 μ 的假设检验问题，而后者是在 σ^2 已知的条件下讨论关于均值 μ 的假设检验问题.

先考虑假设检验问题（3.2.5）. 因为现在 σ^2 未知，所以不能把式（3.2.4）作为检验假设（3.2.5）的检验统计量. 我们知道，样本方差 S^2 是总体方差 σ^2 的优良估计，所以很自然地想

到用样本标准差 S 代替式（3.2.4）中的 σ，构造如下的检验统计量

$$t=\frac{\overline{X}-\mu_0}{S/\sqrt{n}}. \tag{3.2.8}$$

由定理1.5.3，当 H_0 为真（即 $\mu=\mu_0$）时，$t=\dfrac{\overline{X}-\mu_0}{S/\sqrt{n}}\sim t\ (n-1)$.

当 H_0 不真（H_1 为真）时，$|t|=\left|\dfrac{\overline{X}-\mu_0}{S/\sqrt{n}}\right|$有偏大的趋势，拒绝域的形式为 $|t|=\left|\dfrac{\overline{X}-\mu_0}{S/\sqrt{n}}\right|\geqslant K$. 下面从犯第一类错误的概率不超过显著性水平 α 的要求出发来确定 K. 由

$$P\ \{拒绝\ H_0\mid H_0\ 为真\}\ =P_{\mu=\mu_0}\left\{\left|\frac{\overline{X}-\mu_0}{S/\sqrt{n}}\right|\geqslant K\right\}=\alpha$$

知 $K=t_{1-\frac{\alpha}{2}}\ (n-1)$. 拒绝域为 $|t|=\left|\dfrac{\overline{X}-\mu_0}{S/\sqrt{n}}\right|\geqslant t_{1-\frac{\alpha}{2}}\ (n-1)$.

对于单边假设检验问题（3.2.6）和（3.2.7）所用的检验统计量仍为式（3.2.8），只不过拒绝域与假设检验问题（3.2.5）不同. 经过与假设检验问题（3.2.2）类似的讨论知，假设检验问题（3.2.6）的拒绝域为 $t=\dfrac{\overline{X}-\mu_0}{S/\sqrt{n}}\geqslant t_{1-\alpha}\ (n-1)$；假设检验问题（3.2.7）的拒绝域为 $t=\dfrac{\overline{X}-\mu_0}{S/\sqrt{n}}\leqslant -t_{1-\alpha}\ (n-1)\ =t_{\alpha}\ (n-1)$.

对于假设检验问题（3.2.5）、（3.2.6）和（3.2.7），当 $\mu=\mu_0$ 时检验统计量 $t=\dfrac{\overline{X}-\mu_0}{S/\sqrt{n}}$服从 $t\ (n-1)$ 分布，我们把这种检验称为 ***t* 检验**. 在实际应用中，正态总体的方差常为未知，所以我们常用 t 检验法来检验关于正态总体均值的假设.

例 3.2.2 某砖瓦厂生产的砖其抗断强度 X 服从正态分布 $N(\mu, \sigma^2)$. 长期以来，砖的抗断强度的均值为 30（0.1MPa). 今改进了生产工艺，新生产了一批砖. 从中随机取出 10 块作抗断强度试验. 测得其抗断强度为

30.8　32.6　29.7　31.6　30.2

31.9　31.0　29.5　31.8　31.4

试问：这批砖的抗断强度的均值是否较以往生产的砖有显著提高（取 $\alpha=0.05$）?

解 这是单个正态总体方差未知条件下关于均值的单边假设检验问题，要在水平 $\alpha=0.05$ 之下检验

$$H_0: \mu \leqslant 30,\ H_1: \mu > 30.$$

使用检验统计量（3.2.8). 经计算，$\bar{x}=31.05$, $s=1.007$. 检验统计量 t 的观察值为

$$t=\frac{\bar{x}-30}{s/\sqrt{n}}=\frac{31.05-30}{1.007/\sqrt{10}}=3.2973.$$

经查表，$t_{0.95}(9)=1.8331$. 因为 $t_{0.95}(9)=1.8331<3.2973=t$，所以在水平 $\alpha=0.05$ 之下拒绝 H_0，认为这批砖的抗断强度的均值较以往生产的砖有显著的提高.

下面计算 p 值，本例中拒绝域形式为$\left(\frac{\overline{X}-\mu_0}{s/\sqrt{n}} \geqslant K\right)$. p 值用式 $P_{\mu_0}\left(\frac{\overline{X}-\mu_0}{s/\sqrt{n}} \geqslant t\right)$计算，其中 t 是检验统计量$\frac{\overline{X}-\mu_0}{s/\sqrt{n}}$的观察值. 本例中 $\mu_0=30$，检验统计量的观察值 $t=3.2973$. 因为当 $\mu=\mu_0=30$ 时，$\frac{\overline{X}-\mu_0}{s/\sqrt{10}} \sim t(9)$，所以

$$p=P(t(9) \geqslant 3.2973)=1-P(t(9)<3.2973).$$

其中，$\tilde{p} \triangleq P(t(9)<3.2973)$可以从有关统计软件获得，也可以查阅 t 分布分位数表并通过简单的运算得到. 具体做法如下：从 t 分

布分位数表发现 $t_{0.995}(9)=3.2498<3.2973<4.2968=t_{0.999}(9)$．由近似计算中的线性插入法得以下关系式：

$$\frac{0.999-0.995}{4.2968-3.2498}=\frac{\tilde{p}-0.995}{3.2973-3.2498}.$$

由此得 $\tilde{p}=0.995+\dfrac{0.004}{1.047}\times 0.0475=0.9952$，故本例的 p 值为 0.0048.

二、两个正态总体均值差的检验（t 检验）

设总体 $X\sim N(\mu_1, \sigma^2)$，$(X_1, X_2, \cdots, X_{n_1})$ 是来自 X 的样本；总体 $Y\sim N(\mu_2, \sigma^2)$，$(Y_1, Y_2, \cdots, Y_{n_2})$ 是来自 Y 的样本，且设这两个样本独立．总体中的参数 μ_1、μ_2、σ^2 都未知．要注意的是，这里假定两个总体的方差虽然都未知，但却知道它们相等，记为 σ^2．至于如何判定两个正态总体的方差相等可根据经验或专业知识，亦可采用下一节将要讲述的统计检验方法．现在的问题是在水平 α 之下检验假设

$$H_0: \mu_1-\mu_2=\delta,\ H_1: \mu_1-\mu_2\neq\delta, \tag{3.2.9}$$

$$H_0': \mu_1-\mu_2\leqslant\delta,\ H_1': \mu_1-\mu_2>\delta, \tag{3.2.10}$$

$$H_0'': \mu_1-\mu_2\geqslant\delta,\ H_1'': \mu_1-\mu_2<\delta, \tag{3.2.11}$$

其中，δ 是已知常数．这三个假设检验问题的检验统计量都是

$$t=\frac{(\overline{X}-\overline{Y})-\delta}{S_\omega\sqrt{1/n_1+1/n_2}}, \tag{3.2.12}$$

其中，$\overline{X}=\dfrac{1}{n_1}\sum\limits_{i=1}^{n_1}X_i$，$\overline{Y}=\dfrac{1}{n_2}\sum\limits_{j=1}^{n_2}Y_j$，$S_\omega^2=\dfrac{(n_1-1)S_X^2+(n_2-1)S_Y^2}{n_1+n_2-2}$，

$S_X^2=\dfrac{1}{n_1-1}\sum\limits_{i=1}^{n_1}(X_i-\overline{X})^2$，$S_Y^2=\dfrac{1}{n_2-1}\sum\limits_{j=1}^{n_2}(Y_j-\overline{Y})^2$．由定理1.5.4知，当 $\mu_1-\mu_2=\delta$ 时，

$$t=\frac{(\overline{X}-\overline{Y})-\delta}{S_\omega\sqrt{1/n_1+1/n_2}}\sim t(n_1+n_2-2).$$

对于假设检验问题（3.2.9），当 H_0 不真（H_1 为真）时，$|t|$ 有

偏大的趋势. 故其拒绝域的形式为 $|t| = \dfrac{|\overline{X}-\overline{Y}-\delta|}{S_\omega\sqrt{1/n_1+1/n_2}} \geqslant K$.
下面从犯第一类错误的概率不超过水平 α 的要求出发来确定 K.

由 $P\{拒绝H_0 \mid H_0为真\} = P_{\mu_1-\mu_2=\delta}\left\{\dfrac{|\overline{X}-\overline{Y}-\delta|}{S_\omega\sqrt{1/n_1+1/n_2}} \geqslant K\right\} = \alpha$

知, $K=t_{1-\frac{\alpha}{2}}(n_1+n_2-2)$. 拒绝域为 $|t| = \dfrac{|\overline{X}-\overline{Y}-\delta|}{S_\omega\sqrt{1/n_1+1/n_2}} \geqslant t_{1-\frac{\alpha}{2}}(n_1+n_2-2)$. 假设检验问题（3.2.10）和（3.2.11）的检验统计量仍为式（3.2.12）. 它们的拒绝域分别为 $t \geqslant t_{1-\alpha}(n_1+n_2-2)$ 和 $t \leqslant -t_{1-\alpha}(n_1+n_2-2) = t_\alpha(n_1+n_2-2)$.

在实际应用中常见的是 $\delta=0$ 的情形. 又, 若总体 X 和总体 Y 的方差都已知（不必相等）, 则检验统计量有更简洁的表示式, 读者可自行获得. 但在实际应用中总体方差一般是不知道的.

例 3.2.3　有甲乙两个品种的水稻. 选择 18 个条件大致相同的地块, 其中 8 块种甲种水稻, 10 块种乙种水稻. 对这些地块采用同样的田间管理, 得亩产量为（单位: kg）:

甲种　720, 747, 692, 645, 738, 683, 673, 672,

乙种　680, 822, 784, 676, 709, 767, 669, 738, 718, 835.

根据经验, 水稻亩产量服从正态分布, 且这两个总体的方差相等. 试问这两种水稻平均亩产量有无显著差异（$\alpha=0.05$）?

解　记甲种水稻亩产量总体为 $X \sim N(\mu_1, \sigma^2)$, 乙种水稻亩产量总体为 $Y \sim N(\mu_2, \sigma^2)$. 来自总体 X 和 Y 的样本其容量分别为 $n_1=8$, $n_2=10$. 现要在水平 $\alpha=0.05$ 之下检验假设

$$H_0: \mu_1-\mu_2=0,\ H_1: \mu_1-\mu_2 \neq 0.$$

由样本值算得样本均值分别为 $\overline{x}=696.25$ 和 $\overline{y}=739.8$, 样本方差分别为 $S_x^2=1261.64$ 和 $S_y^2=3622.18$. 又,

$$S_\omega^2 = \frac{(n_1-1)S_x^2+(n_2-1)S_y^2}{n_1+n_2-2}$$

$$=\frac{7\times1261.64+9\times3622.18}{16}$$

$$=2589.4438,$$

$S_\omega=50.8866$. 检验统计量的观察为

$$t=\frac{\bar{x}-\bar{y}}{S_\omega\sqrt{\frac{1}{n_1}+\frac{1}{n_2}}}=\frac{696.25-739.8}{50.8866\sqrt{\frac{1}{8}+\frac{1}{10}}}=-1.8042.$$

经查表，$t_{0.975}(16)=2.1199$. 因为 $|t|=1.8042<2.1199=t_{0.975}(16)$，所以在水平 $\alpha=0.05$ 之下接受 H_0，认为这两种水稻平均亩产量无显著差异.

下面计算本例的 p 值，本例中拒绝域形式为 $\left|\frac{\bar{X}-\bar{Y}}{S_\omega\sqrt{\frac{1}{n_1}+\frac{1}{n_2}}}\right|\geqslant K$，$p$ 值用式 $P_{\mu_1=\mu_2}\left(\frac{|\bar{X}-\bar{Y}|}{S_\omega\sqrt{\frac{1}{n_1}+\frac{1}{n_2}}}\geqslant|t|\right)$ 计算，其中 t 是检验统计量 $\frac{\bar{X}-\bar{Y}}{S_\omega\sqrt{\frac{1}{n_1}+\frac{1}{n_2}}}$ 的观察值. 本例中 $\mu_1=\mu_2$ 时 $\frac{\bar{X}-\bar{Y}}{S_\omega\sqrt{\frac{1}{n_1}+\frac{1}{n_2}}}\sim t(16)$，$t=-1.8042$，所以

$$p=P(|t(16)|\geqslant1.8042)=2P(t(16)\geqslant1.8042).$$

利用例 3.2.2 中计算 p 值时近似计算的方法得 $P(t(16)\geqslant 1.8042)=0.0461$，故

$$p=2\times0.0461=0.0922.$$

因为本例中 $\alpha=0.05<0.0922=p$，所以其结论是接受 H_0.

三、基于成对数据的检验（t 检验）

在实际工作中有时为了比较两种方法、两种产品或两种仪器等的差异，在相同条件下作对比试验. 在获得一批成对观察值之后通过对这些数据的配对分析作出统计推断（主要是假设检

验)．这种方法称为**成对比较法**．下面我们用一个例子来说明这种方法．

例 3.2.4 哥塞特（Gosset）在 1908 年以笔名“学生”发表的一篇论文中曾给过下列例题．为了比较两种安眠药 A 和 B 的疗效，以 10 个失眠患者为实验对象．以 X_1 表示使用 A 后延长的睡眠时间，X_2 表示使用 B 后延长的睡眠时间．每个患者各服 A、B 两种药一次，其延长的睡眠时间（单位：h）如表 3.2.1 所示．

表 3.2.1

患者	1	2	3	4	5	6	7	8	9	10
X_1	1.9	0.8	1.1	0.1	-0.1	4.4	5.5	1.6	4.6	3.4
X_2	0.7	-1.6	-0.2	-1.2	-0.1	3.4	3.7	0.8	0	2.0
$X=X_1-X_2$	1.2	2.4	1.3	1.3	0	1.0	1.8	0.8	4.6	1.4

现在考察这两种药的疗效有无显著差异(水平取为 $\alpha=0.01$)．

本例中的数据是成对的，即同一患者先后服用安眠药 A 和 B 之后得到一对延长睡眠时间的数据．表 3.2.1 中各数据之间的差异既是由患者服用不同的药引起的，又是由患者失眠轻重的差异引起的．重患者服用安眠药之后延长的睡眠时间短，而轻患者服用安眠药之后延长的睡眠时间长．所以在表 3.2.1 中，X_1 这一行的十个数据以及 X_2 这一行的十个数据都不能看成是来自同一总体的样本．另外，表 3.2.1 中同一患者的两个数据都是有联系的：重患者服用药 A 后延长的睡眠时间短，服用药 B 后延长的睡眠时间也短；轻患者服用药 A 后延长的睡眠时间长，服用药 B 后延长的睡眠时间也长．所以 X_1 这一行的数据与 X_2 这一行的数据是不独立的．鉴于这种情况，我们转而考虑各对数据的差

$$X=X_1-X_2.$$

X 的数据也列在表 3.2.1 中．X 的数据消除了不同患者之间的差异，只保留了两种安眠药性能的差异．假定 $X\sim N(\mu,\ \sigma^2)$，其中 μ 和 σ^2 都未知．A、B 两种药的疗效有无显著差异相当于“μ 是否等于 0”．因此，问题归结为在水平 $\alpha=0.01$ 之下检验

$$H_0: \mu = 0,\ H_1: \mu \neq 0.$$

这是单个正态总体方差未知时关于均值的检验. 经计算, $\bar{x} = 1.58$, $s = 1.23$. 故检验统计量的观察值为

$$t = \frac{\bar{x} - 0}{s/\sqrt{n}} = \frac{1.58}{1.23/\sqrt{10}} = 4.06.$$

经查表, $t_{0.995}(9) = 3.25$. 因为 $t_{0.995}(9) = 3.25 < 4.06 = |t|$, 所以在水平 $\alpha = 0.01$ 之下拒绝 H_0, 即认为 A、B 这两种药的疗效有显著差异.

§3.3 正态总体方差的假设检验

一、单个正态总体方差的检验(χ^2 检验)

设总体 $X \sim N(\mu, \sigma^2)$, μ 与 σ^2 都未知. $(X_1, X_2, \cdots, X_n)$ 是来自总体 X 的样本. 现在的问题是在水平 α 之下检验假设

$$H_0: \sigma^2 = \sigma_0^2,\ H_1: \sigma^2 \neq \sigma_0^2, \tag{3.3.1}$$

$$H_0': \sigma^2 \leqslant \sigma_0^2,\ H_1': \sigma^2 > \sigma_0^2, \tag{3.3.2}$$

$$H_0'': \sigma^2 \geqslant \sigma_0^2,\ H_1'': \sigma^2 < \sigma_0^2, \tag{3.3.3}$$

其中, σ_0^2 是已知常数.

先考虑假设检验问题(3.3.1). 我们知道, 样本方差 S^2 是 σ^2 的一个性质优良的估计. 因此, 我们很自然地想到要构造一个 S^2 的函数作为检验(3.3.1)的检验统计量. 由定理 1.5.1 知, 当 H_0 为真(即 $\sigma^2 = \sigma_0^2$)时统计量

$$\chi^2 = \frac{(n-1)S^2}{\sigma_0^2} \tag{3.3.4}$$

服从自由度为 $n-1$ 的 χ^2 分布. 统计量(3.3.4)可作为假设检验问题(3.3.1)的检验统计量. 因为假设检验问题(3.3.1)是双边假设检验, 所以其拒绝域的形式为

$$\frac{(n-1)S^2}{\sigma_0^2} \leqslant K_1 \quad \text{或} \quad \frac{(n-1)S^2}{\sigma_0^2} \geqslant K_2.$$

注意到 H_0 为真时, σ^2 仅取 σ_0^2 一个值. 故 K_1 和 K_2 可由 $P\{$拒绝

$H_0 | H_0$ 为真$\} = P_{\sigma^2=\sigma_0^2}\{$拒绝 $H_0\} = \alpha$ 确定. 为计算方便，习惯上由以下两式来确定 K_1 和 K_2

$$P_{\sigma^2=\sigma_0^2}\left\{\frac{(n-1)S^2}{\sigma_0^2} \leqslant K_1\right\} = \frac{\alpha}{2} \text{和} P_{\sigma^2=\sigma_0^2}\left\{\frac{(n-1)S^2}{\sigma_0^2} \geqslant K_2\right\} = \frac{\alpha}{2}.$$

因此 $K_1 = \chi^2_{\frac{\alpha}{2}}(n-1)$，$K_2 = \chi^2_{1-\frac{\alpha}{2}}(n-1)$，拒绝域为

$$\chi^2 = \frac{(n-1)S^2}{\sigma_0^2} \leqslant \chi^2_{\frac{\alpha}{2}}(n-1) \text{或} \chi^2 = \frac{(n-1)S^2}{\sigma_0^2} \geqslant \chi^2_{1-\frac{\alpha}{2}}(n-1).$$

下面讨论假设检验问题(3.3.2)，其检验统计量仍为式(3.3.4). 因为 $E(S^2) = \sigma^2$，所以当 H_1': $\sigma^2 > \sigma_0^2$ 为真时检验统计量(3.3.4)有偏大的趋势，拒绝域的形式为 $\chi^2 = \dfrac{(n-1)S^2}{\sigma_0^2} \geqslant K$. 根据犯第一类错误的概率不超过水平 α 的原则可确定 K. 因为

$$P\{\text{拒绝 } H_0' | H_0' \text{为真}\} = P_{\sigma^2 \leqslant \sigma_0^2}\left\{\frac{(n-1)S^2}{\sigma_0^2} \geqslant K\right\}$$

$$= P_{\sigma^2 \leqslant \sigma_0^2}\left\{\frac{(n-1)S^2}{\sigma^2} \geqslant \frac{\sigma_0^2}{\sigma^2}K\right\} \leqslant P_{\sigma^2 \leqslant \sigma_0^2}\left\{\frac{(n-1)S^2}{\sigma^2} \geqslant K\right\}.$$

所以，要使 $P\{$拒绝 $H'_0 | H'_0$为真$\} \leqslant \alpha$，只需要令 $P_{\sigma^2 \leqslant \sigma_0^2}\left\{\dfrac{(n-1)S^2}{\sigma^2} \geqslant K\right\} = \alpha$ 即可. 因为$\dfrac{(n-1)S^2}{\sigma^2} \sim \chi^2(n-1)$（注意到 σ^2 是总体方差的真值），所以 $K = \chi^2_{1-\alpha}(n-1)$. 从而得拒绝域 $\chi^2 = \dfrac{(n-1)S^2}{\sigma_0^2} \geqslant \chi^2_{1-\alpha}(n-1)$.

对于假设检验问题(3.3.3)，所用的检验统计量仍为式(3.3.4). 经过与假设检验问题(3.3.2)类似的讨论知其拒绝域为 $\chi^2 = \dfrac{(n-1)S^2}{\sigma_0^2} \leqslant \chi^2_{\alpha}(n-1)$.

对于假设检验问题(3.3.1)、(3.3.2)和(3.3.3)，由于当 $\sigma^2 = \sigma_0^2$ 时检验统计量 $\chi^2 = \dfrac{(n-1)S^2}{\sigma_0^2} \sim \chi^2(n-1)$. 我们把这种检

验称为 χ^2 **检验**.

现在考虑关于正态总体 $N(\mu, \sigma^2)$ 的标准差 σ 的假设检验问题，分别提出如下的假设

$$H_0: \sigma=\sigma_0,\ H_1: \sigma\neq\sigma_0, \tag{3.3.1$'$}$$

$$H_0': \sigma\leqslant\sigma_0,\ H_1': \sigma>\sigma_0, \tag{3.3.2$'$}$$

和

$$H_0'': \sigma\geqslant\sigma_0,\ H_1'': \sigma<\sigma_0. \tag{3.3.3$'$}$$

因为假设(3.3.1)′、(3.3.2)′和(3.3.3)′分别等价于假设(3.3.1)、(3.3.2)和(3.3.3)，所以前面关于检验假设(3.3.1)、(3.3.2)和(3.3.3)的结果都可用于对于假设(3.3.1)′、(3.3.2)′和(3.3.3)′的检验.

例 3.3.1 设某纺织厂生产的维尼纶的纤度 $X\sim N(\mu, \sigma^2)$. 以往生产时 σ 稳定在 0.048. 现改革了工艺. 从按新工艺生产的维尼纶纤维中任取 5 根，测得其纤度为

1.38，1.43，1.39，1.40，1.41.

问：革新后生产出的维尼纶其纤度的标准差与以往相比是否有显著减小($\alpha=0.1$)？

解 本题是单个正态总体关于标准差的左边假设检验问题，要在水平 $\alpha=0.1$ 之下检验

$$H_0: \sigma\geqslant 0.048,\ H_1: \sigma<0.048,$$

其检验统计量为式(3.3.4). 经计算，$(5-1)S^2=1.48\times10^{-3}$，

$$\chi^2=\frac{1.48\times10^{-3}}{(0.048)^2}=0.642.$$

查表知，$\chi^2_\alpha(n-1)=\chi^2_{0.1}(4)=1.064$. 因为 $\chi^2=0.642<1.064=\chi^2_{0.1}(4)$，所以在水平 $\alpha=0.1$ 之下拒绝 H_0，认为标准差与以往相比显著地变小了.

下面计算本例的 p 值. 本例中拒绝域形式为 $\dfrac{(n-1)S^2}{\sigma_0^2}\leqslant K$，$p$ 值用式 $P_{\sigma_0}\left(\dfrac{(n-1)S^2}{\sigma_0^2}\leqslant z\right)$ 计算，其中 z 是检验统计量 $\chi^2=$

$\dfrac{(n-1)S^2}{\sigma_0^2}$的观察值. 本例中当$\sigma=\sigma_0=0.048$时$\chi^2=\dfrac{(n-1)S^2}{\sigma_0^2}\sim\chi^2(4)$，检验统计量的观察值$z=0.642$. 所以，

$$p=P_{\sigma_0}\left(\frac{(n-1)S^2}{\sigma_0^2}\leqslant 0.642\right)=P(\chi^2(4)\leqslant 0.642).$$

查表，并由近似计算中的线性插入法得$p=0.0424$.

因为$p=0.0424<0.1=\alpha$，所以其结论为拒绝H_0. 在这个问题中，显著性水平至少可改进为0.05. 也就是说，在水平0.05之下仍可拒绝H_0. 这说明：p值可给出更为精确的显著性水平. 这也是p值方法的优点. 正因如此，有的文献也称p值为“可观察的显著性水平”.

二、两个正态总体方差的检验（F 检验）

设总体$X\sim N(\mu_1, \sigma_1^2)$，$\mu_1$和$\sigma_1^2$都未知，$(X_1, X_2, \cdots, X_{n_1})$是来自$X$的样本；总体$Y\sim N(\mu_2, \sigma_2^2)$，$\mu_2$和$\sigma_2^2$都未知，$(Y_1, Y_2, \cdots, Y_{n_2})$是来自$Y$的样本. 这两组样本相互独立. 来自这两组样本的样本方差分别记为S_X^2和S_Y^2. 现在要在水平α之下检验假设

$$H_0: \sigma_1^2=\sigma_2^2,\ H_1: \sigma_1^2\neq\sigma_2^2, \tag{3.3.5}$$

$$H_0': \sigma_1^2\leqslant\sigma_2^2,\ H_1': \sigma_1^2>\sigma_2^2, \tag{3.3.6}$$

$$H_0'': \sigma_1^2\geqslant\sigma_2^2,\ H_1'': \sigma_1^2<\sigma_2^2. \tag{3.3.7}$$

先考虑假设检验问题（3.3.5）. 因为S_X^2与S_Y^2相互独立且$(n_1-1)S_X^2/\sigma_1^2\sim\chi^2(n_1-1)$，$(n_2-1)S_Y^2/\sigma_2^2\sim\chi^2(n_2-1)$. 故有

$$\frac{S_X^2/\sigma_1^2}{S_Y^2/\sigma_2^2}\sim F(n_1-1, n_2-1).$$

当H_0为真，即$\sigma_1^2=\sigma_2^2$时，$\dfrac{S_X^2}{S_Y^2}=\dfrac{S_X^2/\sigma_1^2}{S_Y^2/\sigma_2^2}\sim F(n_1-1, n_2-1)$. 因此这个假设检验问题的检验统计量可取为

$$F=\frac{S_X^2}{S_Y^2}. \tag{3.3.8}$$

因为 $E(S_X^2)=\sigma_1^2$，$E(S_Y^2)=\sigma_2^2$，所以当 H_0 不真，H_1 为真时，检验统计量 F 有偏大或偏小的趋势. 因此，其拒绝域具有形式

$$\frac{S_X^2}{S_Y^2}\leqslant K_1 \text{ 或} \frac{S_X^2}{S_Y^2}\geqslant K_2,$$

其中，K_1 和 K_2 可以由 $P\{拒绝 H_0 \mid H_0 为真\}=P_{\sigma_1^2=\sigma_2^2}\{拒绝 H_0\}=\alpha$ 确定. 为计算方便，习惯上由以下两式确定 K_1 和 K_2

$$P_{\sigma_1^2=\sigma_2^2}\left\{\frac{S_X^2}{S_Y^2}\leqslant K_1\right\}=\frac{\alpha}{2} \text{和} P_{\sigma_1^2=\sigma_2^2}\left\{\frac{S_X^2}{S_Y^2}\geqslant K_2\right\}=\frac{\alpha}{2},$$

所以 $K_1=F_{\frac{\alpha}{2}}(n_1-1,n_2-1)$，$K_2=F_{1-\frac{\alpha}{2}}(n_1-1,n_2-1)$，拒绝域为

$$F=\frac{S_X^2}{S_Y^2}\leqslant F_{\frac{\alpha}{2}}(n_1-1,n_2-1) \text{ 或 } F=\frac{S_X^2}{S_Y^2}\geqslant F_{1-\frac{\alpha}{2}}(n_1-1,n_2-1).$$

假设检验问题（3.3.6）的检验统计量仍为式（3.3.8）. 当 H_0' 不真，H_1'：$\sigma_1^2>\sigma_2^2$ 为真时检验统计量（3.3.8）有偏大的趋势，拒绝域的形式为 $\frac{S_X^2}{S_Y^2}\geqslant K$. 根据犯第一类错误的概率不超过水平 α 的原则可确定 K. 因为

$$\begin{aligned}P\{拒绝 H_0' \mid H_0' 为真\}&=P_{\sigma_1^2\leqslant\sigma_2^2}\left\{\frac{S_X^2}{S_Y^2}\geqslant K\right\}\\&=P_{\sigma_1^2\leqslant\sigma_2^2}\left\{\frac{S_X^2/\sigma_1^2}{S_Y^2/\sigma_2^2}\geqslant K\frac{\sigma_2^2}{\sigma_1^2}\right\}\leqslant P_{\sigma_1^2\leqslant\sigma_2^2}\left\{\frac{S_X^2/\sigma_1^2}{S_Y^2/\sigma_2^2}\geqslant K\right\},\end{aligned}$$

所以只要 $P_{\sigma_1^2\leqslant\sigma_2^2}\left\{\frac{S_X^2/\sigma_1^2}{S_Y^2/\sigma_2^2}\geqslant K\right\}=\alpha$，就可使 $P\{拒绝 H_0' \mid H_0' 为真\}\leqslant\alpha$. 由 $\frac{S_X^2/\sigma_1^2}{S_Y^2/\sigma_2^2}\sim F(n_1-1,n_2-1)$ 知 $K=F_{1-\alpha}(n_1-1,n_2-1)$，拒绝域为

$$F=\frac{S_X^2}{S_Y^2}\geqslant F_{1-\alpha}(n_1-1,\ n_2-1).$$

假设检验问题（3.3.7）的检验统计量仍为式（3.3.8）. 经过与假设检验问题（3.3.6）类似的讨论知其拒绝域为

$$F=\frac{S_X^2}{S_Y^2}\leqslant F_{\alpha}(n_1-1,\ n_2-1).$$

对于假设检验问题（3.3.5），（3.3.6）和（3.3.7），当 $\sigma_1^2=\sigma_2^2$ 时检验统计量 $F=\frac{S_X^2}{S_Y^2}$ 服从 F 分布，所以称这种检验为 **F 检验**. 两个总体方差相等也称两总体具有方差齐性.

例 3.3.2 例 3.2.3 在检验"H_0: $\mu_1-\mu_2=0$"时作了"$\sigma_1^2=\sigma_2^2=\sigma^2$"的假定. 现在我们对此作检验，要在水平 $\alpha=0.10$ 之下检验

$$H_0:\sigma_1^2=\sigma_2^2,\ H_1:\sigma_1^2\neq\sigma_2^2.$$

在例 3.2.3 中已算出两样本的样本方差 $S_X^2=1261.64$ 和 $S_Y^2=3622.18$. 检验统计量（3.3.8）的观察值为

$$f=\frac{S_X^2}{S_Y^2}=\frac{1261.64}{3622.18}=0.3483.$$

经查表，$F_{0.95}(7,9)=3.2927$，$F_{0.05}(7,9)=\frac{1}{F_{0.95}(9,7)}=\frac{1}{3.6767}=0.2720$. 因为 $F_{0.05}(7,9)=0.2720<0.3483=f<3.2927=F_{0.95}(7,9)$，所以在水平 $\alpha=0.10$ 下接受 H_0，认为总体 X 和 Y 具有方差齐性.

下面计算本例的 p 值，本例中拒绝域形式为"$\frac{S_X^2}{S_Y^2}\leqslant k_1$，或 $\frac{S_X^2}{S_Y^2}\geqslant k_2$". 因为本例是双边假设检验问题，拒绝域在数轴的两端且两端尾部概率相等，所以对于检验统计量 $\frac{S_X^2}{S_Y^2}$ 的观察值 f 用式

$$2P_{\sigma_1^2=\sigma_2^2}\left(\frac{S_X^2}{S_Y^2}\leqslant f\right)\text{或}\,2P_{\sigma_1^2=\sigma_2^2}\left(\frac{S_X^2}{S_Y^2}\geqslant f\right)$$

计算 p 值，视 f 落在 $F(n_1-1,n_2-1)$ 分布的中位数 $F_{0.5}(n_1-1,n_2-1)$ 的哪一侧而定．若 $f<F_{0.5}(n_1-1,n_2-1)$ 用前式，若 $f>F_{0.5}(n_1-1,n_2-1)$ 用后式．这样处理的目的是为了保证算出的结果小于1.

本例中 $f=0.3483$．因为 $\sigma_1^2=\sigma_2^2$ 时，$\dfrac{S_X^2}{S_Y^2}\sim F(7,9)$，所以

$$\begin{aligned}p&=2P(F(7,9)\leqslant 0.3483)=2P\left(\frac{1}{F(7,9)}\geqslant\frac{1}{0.3483}\right)\\&=2P(F(9,7)\geqslant 2.8711)\\&=2[1-P(F(9,7)<2.8711)].\end{aligned}$$

查较为详细的表（如参考文献［12］的附表五），并通过适当的计算可得 $P(F(9,7)<2.8711)=0.9077$，故 p 值为

$$p=2\times(1-0.9077)=0.1846.$$

在对假设（3.3.5）作检验时，可以采用下面的简便方法．注意到 F 分布分位数表（见附表4）中 p 分位数 F_p（n_1, n_2）的值都大于1（表中 p 都是略小于1的正数)，所以 F 检验的临界上限（注意到 α 为接近于0的正数）$F_{1-\frac{\alpha}{2}}$（n_1-1, n_2-1）>1，而临界下限 $F_{\frac{\alpha}{2}}$（n_1-1, n_2-1）$=\dfrac{1}{F_{1-\frac{\alpha}{2}}(n_2-1,\ n_1-1)}<1$（参见图1.4.8).

如果检验统计量（3.3.8）的观察值 $f=\dfrac{S_X^2}{S_Y^2}<1$，于是必有 $f<F_{1-\frac{\alpha}{2}}$（n_1-1, n_2-1)．这时要考察 F 的观察值 f 究竟是落在拒绝域内还是落在接受域内，只需比较 F 的观察值 f 与临界下限 $F_{\frac{\alpha}{2}}$（n_1-1, n_2-1)的大小即可．若 $f\leqslant F_{\frac{\alpha}{2}}$（$n_1-1$, n_2-1)，则拒绝 H_0；若 $f>F_{\frac{\alpha}{2}}$（n_1-1, n_2-1)，则接受 H_0.

相反，如果检验统计量（3.3.8）的观察值$f=\dfrac{S_X^2}{S_Y^2}>1$，必有$F_{\frac{\alpha}{2}}(n_1-1,n_2-1)<f$. 这时要考察$f$是落在拒绝域内还是接受域内，只需比较$f$与临界上限$F_{1-\frac{\alpha}{2}}(n_1-1,n_2-1)$的大小即可. 若$f\geqslant F_{1-\frac{\alpha}{2}}(n_1-1,n_2-1)$，则拒绝$H_0$；若$f<F_{1-\frac{\alpha}{2}}(n_1-1,n_2-1)$，则接受$H_0$.

上述做法的好处是，省去了检验统计量F的观察值f与临界上限$F_{1-\frac{\alpha}{2}}(n_1-1,n_2-1)$的比较（$f<1$时），或与临界下限$F_{\frac{\alpha}{2}}(n_1-1,n_2-1)$的比较（$f>1$时）.

例3.3.2中检验统计量的观察值$f=0.3483<1$. 故只需将其与临界下限$F_{0.05}(7,9)=0.2720$比较即可. 因为$0.2720<0.3483$，所以在水平$\alpha=0.10$下接受H_0.

如果把例3.3.2中的假设检验问题等价地写为：在水平$\alpha=0.10$下检验

$$H_0':\sigma_2^2=\sigma_1^2,\ H_1':\sigma_2^2\neq\sigma_1^2,$$

相应的检验统计量记为$\tilde{F}=\dfrac{S_Y^2}{S_X^2}$，因为其观察值为$\tilde{f}=\dfrac{3622.18}{1261.64}=2.8710>1$，故只需将$\tilde{f}=2.8710$与临界上限$F_{0.95}(9,7)$比较即可$\left(\text{注意，在这里 }H_0'\text{ 为真时 }\tilde{F}=\dfrac{S_Y^2}{S_X^2}\sim F(9,7)\right)$. 经查表，$F_{0.95}(9,7)=3.6767$. 因为$\tilde{f}=2.8710<3.6767$，所以在水平$\alpha=0.10$下接受$H_0':\sigma_2^2=\sigma_1^2$. 其结论与例3.3.2相同.

现在考虑关于两个正态总体$N(\mu_1,\sigma_1^2)$和$N(\mu_2,\sigma_2^2)$的标准差σ_1和σ_2的假设检验问题，其中μ_1、σ_1^2和μ_2、σ_2^2都未知，分别提出如下的假设：

$$H_0:\sigma_1=\sigma_2,\ H_1:\sigma_1\neq\sigma_2, \tag{3.3.5$'$}$$

$$H_0':\sigma_1\leqslant\sigma_2,\ H_1':\sigma_1>\sigma_2, \tag{3.3.6$'$}$$

$$H_0'':\sigma_1\geqslant\sigma_2,\ H_1'':\sigma_1<\sigma_2. \tag{3.3.7$'$}$$

因为假设（3.3.5）′、（3.3.6）′和（3.3.7）′分别等价于假设（3.3.5）、（3.3.6）和（3.3.7），所以前面关于检验假设（3.3.5）、（3.3.6）和（3.3.7）的结果都可用于对于假设（3.3.5）′、（3.3.6）′和（3.3.7）′的检验.

§3.4 非正态总体均值的假设检验

一、单个总体均值的检验（大样本，u 检验）

设有总体 X，其分布形式不知道，但知道其一、二阶矩存在. 记 $E(X)=\mu$，$\mathrm{Var}(X)=\sigma^2$.（$X_1, X_2, \cdots, X_n$）是来自总体 X 的样本，样本容量 n 很大. 问题是要在显著性水平 α 之下检验假设

$$H_0: \mu=\mu_0,\ H_1: \mu\neq\mu_0, \tag{3.4.1}$$

$$H_0': \mu\leqslant\mu_0,\ H_1': \mu>\mu_0, \tag{3.4.2}$$

$$H_0'': \mu\geqslant\mu_0,\ H_1'': \mu<\mu_0. \tag{3.4.3}$$

其中 μ_0 是已知常数. 当 $\mu=\mu_0$ 时，由定理 1.5.5 知

$$\frac{\overline{X}-\mu_0}{S/\sqrt{n}} \xrightarrow{L} N(0,1)\ (n\to\infty). \tag{3.4.4}$$

所以当 $\mu=\mu_0$ 并且 n 很大时，统计量

$$U=\frac{\overline{X}-\mu_0}{S/\sqrt{n}} \tag{3.4.5}$$

近似地服从 $N(0, 1)$. 式（3.4.5）可作为假设检验问题（3.4.1）、（3.4.2）和（3.4.3）的检验统计量，其近似拒绝域分别为 $|U|=\frac{|\overline{X}-\mu_0|}{S/\sqrt{n}}\geqslant u_{1-\frac{\alpha}{2}}$、$U=\frac{\overline{X}-\mu_0}{S/\sqrt{n}}\geqslant u_{1-\alpha}$ 和 $U=\frac{\overline{X}-\mu_0}{S/\sqrt{n}}\leqslant -u_{1-\alpha}=u_{\alpha}$. 用此法作检验的理论根据是当样本容量 n 很大时统计量（3.4.5）近似服从 $N(0, 1)$，所以我们把这种检验法称为大样本 u 检验.

例 3.4.1 某厂生产的电子元件其平均电阻一直保持在

1.84Ω. 现采用新工艺进行生产. 改变工艺后测得 100 个元件的电阻. 经计算，其平均电阻为 1.85Ω，样本标准差为 0.08Ω. 问：新工艺对这种元件的平均电阻有无显著影响（取 $\alpha=0.01$）?

解　采用新工艺生产的这批电子元件的电阻是一个总体，记为 X. 其数学期望记为 μ. 问题是要在水平 $\alpha=0.01$ 下检验假设

$$H_0: \mu=1.84,\ H_1: \mu\neq 1.84.$$

样本容量 $n=100$，很大，故可用检验统计量（3.4.5）检验上述假设. 由已知，$\bar{x}=1.85$，$s=0.08$. 该检验统计量的观察值为

$$u=\frac{\bar{x}-1.84}{s/\sqrt{n}}=\frac{1.85-1.84}{0.08/\sqrt{100}}=1.25.$$

经查表，$u_{0.995}=2.57$. 因为 $|u|=1.25<2.57=u_{0.995}$，所以在水平 $\alpha=0.01$ 之下接受 H_0，认为新工艺对这种元件的平均电阻无显著影响.

二、两个总体均值差的检验（大样本，u 检验）

设有总体 X 和 Y，其分布形式都不知道，但知道它们的一、二阶矩都存在，记 $E(X)=\mu_1$，$E(Y)=\mu_2$.（$X_1, X_2, \cdots, X_{n_1}$）和（$Y_1, Y_2, \cdots, Y_{n_2}$）分别是来自 X 和 Y 的独立样本. 这两组样本的样本均值和样本方差分别是 $\overline{X}$、S_X^2 和 $\overline{Y}$、S_Y^2. 这两组样本的容量 n_1 和 n_2 都很大. 现在要在水平 α 之下检验假设

$$H_0: \mu_1-\mu_2=\delta,\ H_1: \mu_1-\mu_2\neq\delta, \tag{3.4.6}$$

$$H_0': \mu_1-\mu_2\leqslant\delta,\ H_1': \mu_1-\mu_2>\delta, \tag{3.4.7}$$

$$H_0'': \mu_1-\mu_2\geqslant\delta,\ H_1'': \mu_1-\mu_2<\delta, \tag{3.4.8}$$

其中 δ 是已知常数. 由定理 1.5.6 知，当 $\mu_1-\mu_2=\delta$ 时

$$U=\frac{\overline{X}-\overline{Y}-\delta}{\sqrt{\dfrac{S_X^2}{n_1}+\dfrac{S_Y^2}{n_2}}}\xrightarrow{L}N(0,1)\qquad(n_1\to\infty,\ n_2\to\infty). \tag{3.4.9}$$

所以当 $\mu_1-\mu_2=\delta$ 并且 n_1 和 n_2 都很大时，统计量

$$U=\frac{\overline{X}-\overline{Y}-\delta}{\sqrt{\frac{S_X^2}{n_1}+\frac{S_Y^2}{n_2}}} \tag{3.4.10}$$

近似地服从 $N(0, 1)$. 式（3.4.10）可作为假设检验问题(3.4.6)、(3.4.7) 和 (3.4.8) 的检验统计量，其近似拒绝域分别为 $|U|=\frac{|\overline{X}-\overline{Y}-\delta|}{\sqrt{\frac{S_X^2}{n_1}+\frac{S_Y^2}{n_2}}}\geqslant u_{1-\frac{\alpha}{2}}$, $U\geqslant u_{1-\alpha}$和 $U\leqslant -u_{1-\alpha}=u_\alpha$. 在实际应用中 δ 一般等于 0.

例 3.4.2　某厂的甲乙两个车间都生产同一型号的铆钉. 现从甲、乙车间各抽出 80 个铆钉，测量它们的直径（单位：mm). 经计算得

$$\text{甲车间}\quad \bar{x}=3.969,\ s_X^2=0.283;$$

$$\text{乙车间}\quad \bar{y}=3.982,\ s_Y^2=0.291.$$

试问：甲乙车间生产的铆钉其直径的均值 μ_1 和 μ_2 有无显著差异 $(\alpha=0.05)$?

解　本题是要在水平 $\alpha=0.05$ 之下检验假设

$$H_0: \mu_1-\mu_2=0,\ H_1: \mu_1-\mu_2\neq 0.$$

因为两组样本的容量都很大，故可用检验统计量（3.4.10）检验上述假设. 该检验统计量的观察值为

$$u=\frac{3.969-3.982}{\sqrt{\frac{0.283+0.291}{80}}}=\frac{-0.013}{0.0847}=-0.1535.$$

经查表，$u_{0.975}=1.96$. 因为 $|u|=0.1535<1.96=u_{0.975}$，所以在水平 $\alpha=0.05$ 之下接受 H_0，认为这两个车间生产的铆钉其直径的均值无显著差异.

关于正态总体均值、方差的检验法和非正态总体均值的检验法汇总于表 3.4.1.

表 3.4.1

情形	条件	假设	检验统计量	检验统计量的分布	拒绝域
1	总体 $X \sim N(\mu,\sigma^2)$ 样本 $(X_1,\cdots,X_n)$ σ^2 已知	$H_0:\mu=\mu_0,H_1:\mu\neq\mu_0$ $H_0':\mu\leqslant\mu_0,H_1':\mu>\mu_0$ $H_0'':\mu\geqslant\mu_0,H_1'':\mu<\mu_0$	$U=\dfrac{\bar{X}-\mu_0}{\sigma/\sqrt{n}}$	$\mu=\mu_0$ 时 $U\sim N(0,1)$	$\|u\|\geqslant u_{1-\alpha/2}$ $u\geqslant u_{1-\alpha}$ $u\leqslant u_{\alpha}$
2	总体 $X \sim N(\mu,\sigma^2)$ 样本 $(X_1,\cdots,X_n)$ σ^2 未知	$H_0:\mu=\mu_0,H_1:\mu\neq\mu_0$ $H_0':\mu\leqslant\mu_0,H_1':\mu>\mu_0$ $H_0'':\mu\geqslant\mu_0,H_1'':\mu<\mu_0$	$t=\dfrac{\bar{X}-\mu_0}{S/\sqrt{n}}$	$\mu=\mu_0$ 时 $t\sim t(n-1)$	$\|t\|\geqslant t_{1-\alpha/2}(n-1)$ $t\geqslant t_{1-\alpha}(n-1)$ $t\leqslant t_{\alpha}(n-1)$
3	总体 $X \sim N(\mu_1,\sigma_1^2)$ $Y\sim N(\mu_2,\sigma_2^2)$ 样本 $(X_1,\cdots,X_{n_1})$ $(Y_1,\cdots,Y_{n_2})$ 两样本独立 $\sigma_1^2=\sigma_2^2=\sigma^2$ 未知	$H_0:\mu_1-\mu_2=\delta,$ $H_1:\mu_1-\mu_2\neq\delta$ $H_0':\mu_1-\mu_2\leqslant\delta,$ $H_1':\mu_1-\mu_2>\delta$ $H_0'':\mu_1-\mu_2\geqslant\delta,$ $H_1'':\mu_1-\mu_2<\delta$	$t=\dfrac{\bar{X}-\bar{Y}-\delta}{S_\omega\sqrt{\dfrac{1}{n_1}+\dfrac{1}{n_2}}}$ $S_\omega^2=\dfrac{(n_1-1)S_X^2+(n_2-1)S_Y^2}{n_1+n_2-2}$	$\mu_1-\mu_2=\delta$ 时 $t\sim t(n_1+n_2-2)$	$\|t\|\geqslant t_{1-\alpha/2}(n_1+n_2-2)$ $t\geqslant t_{1-\alpha}(n_1+n_2-2)$ $t\leqslant t_{\alpha}(n_1+n_2-2)$
4	总体 $X \sim N(\mu,\sigma^2)$ 样本 $(X_1,\cdots,X_n)$ μ 未知	$H_0:\sigma^2=\sigma_0^2,H_1:\sigma^2\neq\sigma_0^2$ $H_0':\sigma^2\leqslant\sigma_0^2,H_1':\sigma^2>\sigma_0^2$ $H_0'':\sigma^2\geqslant\sigma_0^2,H_1'':\sigma^2<\sigma_0^2$	$\chi^2=\dfrac{(n-1)S^2}{\sigma_0^2}$	$\sigma^2=\sigma_0^2$ 时 $\chi^2\sim\chi^2(n-1)$	$\chi^2\leqslant\chi^2_{\alpha/2}(n-1)$ 或 $\chi^2\geqslant\chi^2_{1-\alpha/2}(n-1)$， $\chi^2\geqslant\chi^2_{1-\alpha}(n-1)$， $\chi^2\leqslant\chi^2_{\alpha}(n-1)$，

（续）

情形	条件	假设	检验统计量	检验统计量的分布	拒绝域
5	总体 $X\sim N(\mu_1,\sigma_1^2)$ $Y\sim N(\mu_2,\sigma_2^2)$ 样本$(X_1,\cdots,X_{n_1})$ $(Y_1,\cdots,Y_{n_2})$ 两样本独立 μ_1,μ_2 未知	$H_0:\sigma_1^2=\sigma_2^2,H_1:\sigma_1^2\neq\sigma_2^2$ $H_0':\sigma_1^2\leqslant\sigma_2^2,H_1':\sigma_1^2>\sigma_2^2$ $H_0'':\sigma_1^2\geqslant\sigma_2^2,H_1'':\sigma_1^2<\sigma_2^2$	$F=\frac{S_X^2}{S_Y^2}$	$\sigma_1^2=\sigma_2^2$ 时 $F\sim F(n_1-1,n_2-1)$	$F\leqslant F_{\alpha/2}(n_1-1,n_2-1)$或 $F\geqslant F_{1-\alpha/2}(n_1-1,n_2-1)$, $F\geqslant F_{1-\alpha}(n_1-1,n_2-1)$, $F\leqslant F_{\alpha}(n_1-1,n_2-1)$,
6	总体 $X,E(X)=\mu$, $\mathrm{Var}(X)=\sigma^2$ 样本$(X_1,\cdots,X_n)$,n 很大 σ^2 未知	$H_0:\mu=\mu_0,H_1:\mu\neq\mu_0$ $H_0':\mu\leqslant\mu_0,H_1':\mu>\mu_0$ $H_0'':\mu\geqslant\mu_0,H_1'':\mu<\mu_0$	$U=\frac{\overline{X}-\mu_0}{S/\sqrt{n}}$	$\mu=\mu_0$ 时近似地有 $U\sim N(0,1)$	$\lvert u\rvert\geqslant u_{1-\alpha/2}$ $u\geqslant u_{1-\alpha}$ $u\leqslant u_{\alpha}$
7	总体 $X,E(X)=\mu_1$, $\mathrm{Var}(X)=\sigma_1^2$ 总体 $Y,E(Y)=\mu_2$, $\mathrm{Var}(Y)=\sigma_2^2$ 样本$(X_1,\cdots,X_{n_1})$, n_1 很大 样本$(Y_1,\cdots,Y_{n_2})$, n_2 很大 两样本独立 σ_1^2,σ_2^2 未知	$H_0:\mu_1-\mu_2=\delta$, $H_1:\mu_1-\mu_2\neq\delta$ $H_0':\mu_1-\mu_2\leqslant\delta$, $H_1':\mu_1-\mu_2>\delta$ $H_0'':\mu_1-\mu_2\geqslant\delta$, $H_1'':\mu_1-\mu_2<\delta$	$U=\frac{\overline{X}-\overline{Y}-\delta}{\sqrt{\frac{S_X^2}{n_1}+\frac{S_Y^2}{n_2}}}$	$\mu_1-\mu_2=\delta$ 时近似 地有 $U\sim N(0,1)$	$\lvert u\rvert\geqslant u_{1-\alpha/2}$ $u\geqslant u_{1-\alpha}$ $u\leqslant u_{\alpha}$

注：1. 显著性水平为 α.

2. 关于成对数据之差的均值的检验可归入情形 2.

§3.5 分布拟合检验

这一节讨论的假设检验问题都属于非参数假设检验.

一、分布拟合的χ^2检验

设有总体 X, 其未知的分布函数记为 $F(x)$. 现要检验假设

$$H_0: F(x)=F_0(x), \qquad (3.5.1)$$

其中 $F_0(x)$ 是一完全已知的分布函数, 称为 X 的**理论分布**. 与 H_0 相应的备择假设是 H_1: $F(x)\neq F_0(x)$, 即 $F(x)$是任一不为 $F_0(x)$的分布函数. 这里备择假设 H_1 可以不写出来.

对于这个假设检验问题, 英国统计学家 K. 皮尔逊 (K. Pearson) 于 1900 年提出了分布拟合的χ^2检验, 其做法是这样的:

在实数轴上取 $k-1$ 个点 $t_1, t_2, \cdots, t_{k-1}$ $(t_1<t_2<\cdots<t_{k-1})$, 它们把实数轴分成了 k 个区间 $(-\infty, t_1]$, $(t_1, t_2]$, $\cdots$, $(t_{k-2}, t_{k-1}]$, $(t_{k-1}, +\infty)$. 记$A_i=(t_{i-1}, t_i]$ $(i=1, 2, \cdots, k)$, 其中t_0和 t_k 分别表示 $-\infty$ 和 $+\infty$. 如果 H_0 为真, 可算出 X 落入各区间的概率 $p_i\triangleq P\{X\in A_i\}$ $(i=1, 2, \cdots, k)$. 它们是$p_1\triangleq P\{X\leqslant t_1\}=F_0(t_1)$, $p_i\triangleq P\{t_{i-1}<X\leqslant t_i\}=F_0(t_i)-F_0(t_{i-1})$ $(2\leqslant i\leqslant k-1)$, $p_k\triangleq P\{t_{k-1}<X\}=1-F_0(t_{k-1})$. 易见, $\sum\limits_{i=1}^{k}p_i=1$. 现从总体中抽得容量为 n 的样本 $(X_1, X_2, \cdots, X_n)$. 用 n_i 记 X_1, $X_2, \cdots, X_n$ 落入区间 A_i 的个数 $(i=1, 2, \cdots, k)$, 称为**实际频数**. 易见, $\sum\limits_{i=1}^{k}n_i=n$. 由伯努利 (Bernoulli) 大数定律知, 如果 H_0 为真, 则当 $n\to\infty$ 时, n_i/n 依概率收敛于 p_i. 所以当 n 很大时, n_i/n 与 p_i 很接近. 基于此, K. 皮尔逊提出如下的"n_i/n 与 p_i 之差的加权平方和"作为检验假设 (3.5.1) 的检验统计量

$$\chi^2=\sum_{i=1}^{k}\frac{n}{p_i}\left(\frac{n_i}{n}-p_i\right)^2=\sum_{i=1}^{k}\frac{(n_i-np_i)^2}{np_i}. \qquad (3.5.2)$$

这里选取 n/p_i 作为权, 是为了使χ^2有较为理想的极限分布. 式 (3.5.2) 中 np_i 称为**理论频数**. K. 皮尔逊在 1900 年证明了下面

的定理.

定理 3.5.1　若假设（3.5.1）为真，χ^2 如式（3.5.2）所定义，则 $\chi^2 \xrightarrow{L} \chi^2(k-1)\ (n\to\infty)$.

定理中 $\chi^2(k-1)$ 是自由度为 $k-1$ 的 χ^2 分布. 由定理 3.5.1 知，检验统计量（3.5.2）的极限分布与原假设中的 $F_0(x)$ 无关，然而它却与"把实数轴分成若干个区间的区间个数 k"有关. 根据定理 3.5.1，当 H_0 为真且 n 很大时，$\chi^2=\sum\limits_{i=1}^{k}\dfrac{(n_i-np_i)^2}{np_i}$ 近似地服从 $\chi^2(k-1)$. 易见，当 H_0 不真时检验统计量 χ^2 有偏大的趋势. 所以相应于水平 α 的近似拒绝域为 $\chi^2=\sum\limits_{i=1}^{k}\dfrac{(n_i-np_i)^2}{np_i}\geqslant\chi^2_{1-\alpha}(k-1)$. 对于检验统计量的观察值 χ^2，检验规则为：若 $\chi^2\geqslant\chi^2_{1-\alpha}(k-1)$，则拒绝 H_0；若 $\chi^2<\chi^2_{1-\alpha}(k-1)$，则接受 H_0.

在分布拟合问题中，经常遇到的情形还有：原假设中出现的理论分布含有若干未知参数，要检验的假设为

$$H_0: F(x)=F_0(x;\ \theta_1,\cdots,\theta_r). \tag{3.5.3}$$

也就是说，要检验总体 X 的分布是否是某参数分布族的一员. 比如说，要检验 $F(x)$ 是否是正态分布族 $\{N(\mu,\sigma^2),\ -\infty<\mu<+\infty,\ \sigma^2>0\}$ 的一员. 因为正态分布族中每一成员都含有两个参数，所以它应归于假设检验问题（3.5.3）.

检验假设（3.5.3）的想法与检验假设（3.5.1）的想法类似. 但是现在在 H_0 为真条件下计算 p_i 获得的结果依赖于 θ_1，θ_2，…，θ_r. 我们把它记作 $p_i(\theta_1,\cdots,\theta_r)$. 将它代入式（3.5.2）得

$$\sum_{i=1}^{k}\frac{[n_i-np_i(\theta_1,\cdots,\theta_r)]^2}{np_i(\theta_1,\cdots,\theta_r)}. \tag{3.5.4}$$

因为式（3.5.4）包含未知参数 θ_1，…，θ_r，所以不能作为检验统计量. 一个很自然的想法是用适当的估计来代替式（3.5.4）中

的$\theta_1, \cdots, \theta_r$.

此时，似然函数为

$$L(\theta_1, \cdots, \theta_r) = \frac{n!}{n_1!n_2!\cdots n_k!}\prod_{i=1}^{k}[p_i(\theta_1, \cdots, \theta_r)]^{n_i}. \tag{3.5.5}$$

故

$$\ln L(\theta_1, \cdots, \theta_r) = \ln n! - \ln(n_1! n_2! \cdots n_k!) + \sum_{i=1}^{k} n_i \ln[p_i(\theta_1, \cdots, \theta_r)].$$

于是，可获得似然方程组

$$\sum_{i=1}^{k}\frac{n_i}{p_i(\theta_1, \cdots, \theta_r)}\cdot\frac{\partial p_i(\theta_1, \cdots, \theta_r)}{\partial \theta_l} = 0, \tag{3.5.6}$$

$l=1, 2, \cdots, r$. 解方程组（3.5.6）得$\theta_1, \cdots, \theta_r$的极大似然估计$\hat{\theta}_1, \cdots, \hat{\theta}_r$. 再将$\hat{\theta}_1, \cdots, \hat{\theta}_r$代入式（3.5.4）得

$$\hat{\chi}^2 = \sum_{i=1}^{k}\frac{[n_i - np_i(\hat{\theta}_1, \cdots, \hat{\theta}_r)]^2}{np_i(\hat{\theta}_1, \cdots, \hat{\theta}_r)}. \tag{3.5.7}$$

式（3.5.7）即可作为检验假设（3.5.3）的检验统计量. 但是式（3.5.7）的极限分布已不是$\chi^2(k-1)$.

R. A. 费歇尔在1924年证明了以下结果：

设假设（3.5.3）成立，$\hat{\theta}_1, \cdots, \hat{\theta}_r$是由式（3.5.6）获得的$\theta_1, \cdots, \theta_r$的估计，那么在$p_i(\theta_1, \cdots, \theta_r)$（$i=1, 2, \cdots, k$）满足某些条件时有

$$\hat{\chi}^2 \xrightarrow{L} \chi^2(k-r-1) \quad (n\to\infty). \tag{3.5.8}$$

式（3.5.8）告诉我们，$\hat{\chi}^2$的极限分布是χ^2分布，其自由度等于“组数减去未知参数个数再减1”.

这里要说明的是，检验统计量（3.5.7）中出现的关于$\theta_1, \cdots, \theta_r$的估计只有使用由式（3.5.6）解得的极大似然估计$\hat{\theta}_1, \cdots, \hat{\theta}_r$才能使式（3.5.8）成立. 如果将通常的极大似然估计（即不分区间的极大似然估计）$\tilde{\theta}_1, \cdots, \tilde{\theta}_r$代入式（3.5.4）得

$$\tilde{\chi}^2 = \sum_{i=1}^{k}\frac{[n_i - np_i(\tilde{\theta}_1, \cdots, \tilde{\theta}_r)]^2}{np_i(\tilde{\theta}_1, \cdots, \tilde{\theta}_r)}. \tag{3.5.9}$$

那么可以证明，当式（3.5.3）为真时，$\tilde{\chi}^2$ 的极限分布与$\hat{\chi}^2$ 的极限分布不同，不是χ^2（$k-r-1$）. 好在 $\tilde{\chi}^2$ 的极限分布在 k 较大而 r 较小时与χ^2（$k-r-1$）相差不大，并且求通常的极大似然估计 $\tilde{\theta}_1$，…，$\tilde{\theta}_r$一般都要比由式（3.5.6）求$\hat{\theta}_1$，…，$\hat{\theta}_r$来得容易，所以在实际做分布拟合时通常用式（3.5.9）作为检验统计量，并在 n 很大时把式（3.5.9）看做近似服从χ^2（$k-r-1$）. 相应于水平 α 的近似拒绝域为 $\tilde{\chi}^2 \geqslant \chi^2_{1-\alpha}$（$k-r-1$）. 本书中的例 3.5.2 和例 3.5.3 就是这样做的. 关于这点说明，详见参考文献［1］.

由以上讨论知，检验假设（3.5.1）和（3.5.3）分别基于检验统计量χ^2 和$\hat{\chi}^2$ 的极限分布因为χ^2 和$\hat{\chi}^2$ 的极限分布都是χ^2分布，所以我们把这种检验称为**分布拟合 χ^2 检验**. 同时，在使用χ^2 和$\hat{\chi}^2$（或 $\tilde{\chi}^2$）做分布拟合时 n 要很大，一般要求 $n \geqslant 50$；还要求 np_i（包含 np_i（$\hat{\theta}_1$，…，$\hat{\theta}_r$）和 np_i（$\tilde{\theta}_1$，…，$\tilde{\theta}_r$）；下同）不太小，一般要求 $np_i \geqslant 5$，否则应适当地合并区间以满足这个要求. 另外，区间的个数 k 以及分点 t_1，…，t_{k-1}如何选取，这是实际做分布拟合χ^2 检验时必须解决的问题.

如果总体的理论分布是离散型的，其可能值有有限多个：a_1，…，a_m，一般就取 $k=m$，且每个区间 A_i 包含 a_i，各 A_i 互不重叠（当然要兼顾 $np_i \geqslant 5$），这时 $p_i \triangleq P\{X \in A_i\} = P\{X = a_i\}$，$i=1, 2, \cdots, m$. 如果总体的理论分布是离散型的，其可能值有可列无穷多个：a_1，a_2，…，一般先适当取定自然数 k，对于 $i=1, 2, \cdots, k-1$ 取区间 A_i 包含 a_i，而 A_k 包含其余所有的可能值 a_k，a_{k+1}，…，各 A_i 互不重叠（当然要兼顾 $np_i \geqslant 5$）. 这时 $p_i \triangleq P\{X \in A_i\} = P\{X = a_i\}$（$i=1, \cdots, k-1$），而 $p_k \triangleq \sum_{j=k}^{\infty} P\{X = a_j\}$.

如果总体的理论分布是连续型的，一般选择 t_1 和 t_{k-1}使得 $np_1 \geqslant 5$ 和 $np_k \geqslant 5$. 并将（t_1，t_{k-1}］等分为 $k-2$ 个区间. 有人建议把 k 取

为 7 到 14（当然也要兼顾 $np_i \geqslant 5$）. 总体的理论分布无论是离散型的还是连续型的，t_0 亦可取为比所有样本观察值中最小的稍小一些的数，t_k 亦可取为比所有样本观察值中最大的稍大一些的数.

上面介绍的分布拟合 χ^2 检验既可用于总体为离散型的场合，又可用于总体为连续型的场合；既可用于总体的理论分布是完全已知的情形，也可用于总体的理论分布含有若干个未知参数的情形，所以它有着广泛的应用. 以下是遗传学上的一个著名例子.

例 3.5.1　生物学家孟德尔（Mendel）在豌豆培养试验中观察了把黄色圆型种子豌豆与绿色皱纹型种子豌豆杂交得到的不同种类的种子. 这种杂交的可能子代种类是：黄圆、黄皱、绿圆、绿皱. 孟德尔根据遗传学的理论指出，这四类豌豆个数之比为 9:3:3:1，他在 $n=556$ 个豌豆中观察到这四类豌豆的个数分别为 315，101，108，32. 现在要在水平 $\alpha=0.05$ 之下检验孟德尔理论的正确性.

解　以 X 记杂交子代豌豆的种类，$X=1,2,3,4$ 分别表示杂交子代豌豆是黄圆、黄皱、绿圆和绿皱型. 作四个互不重叠的区间 A_1、A_2、A_3 和 A_4，A_i 满足 $i \in A_i$，$i=1,\cdots,4$. 又记 $p_j=P\{X\in A_j\}(j=1,2,3,4)$. 根据孟德尔的理论应有

$$p_1=9/16,\ p_2=3/16,\ p_3=3/16,\ p_4=1/16. \tag{3.5.10}$$

式(3.5.10)就是我们要检验的假设，记为 H_0. $n=556$，很大，故可采用分布拟合 χ^2 检验法，使用检验统计量(3.5.2)，其计算过程列于表 3.5.1 中.

表　3.5.1

豌豆类型	实际频数 n_i	理论频数 np_i	$(n_i-np_i)^2/(np_i)$
1	315	312.75	0.0162
2	101	104.25	0.1013
3	108	104.25	0.1349
4	32	34.75	0.2176
Σ	556	556	$\chi^2=0.4700$

经查表，$\chi^2_{1-\alpha}(k-1)=\chi^2_{0.95}(3)=7.81$. 因为 $\chi^2=0.47<7.81=$

$\chi^2_{0.95}(3)$，所以在水平 $\alpha=0.05$ 之下接受 H_0，认为孟德尔的理论是正确的. 本题的 p 值为 $P\{\chi^2(3)\geqslant 0.47\}=0.92$，很大，所以孟德尔理论的理论分布与实际数据拟合得很好.

例 3.5.2 从某厂生产的标准大小的铝箔中随机地取出 100 张，计算每张铝箔上的小孔，其结果如下表所示，其中 n_j 是有 j 个小孔的铝箔数. 试问这种铝箔上的小孔数是否服从泊松分布($\alpha=0.05$)?

j	0	1	2	3	4	5	6	7	≥8
n_j	12	28	26	17	10	4	2	1	0

解 铝箔上小孔数记为 X. 问题是要在水平 $\alpha=0.05$ 之下检验假设

H_0：总体 X 服从泊松分布.

若 X 服从泊松分布，那么 X 的分布律为 $P\{X=k\}=\dfrac{\lambda^k}{k!}e^{-\lambda}(k=0, 1, 2, \cdots)$，它包含未知参数 λ. 为此，先要在 H_0 为真(即 X 服从泊松分布)条件下求出 λ 的极大似然估计：

$$\begin{aligned}\hat{\lambda}=\bar{x}&=(1\times28+2\times26+3\times17+4\times10+5\times4+6\times2+7\times1)/100\\&=2.1,\end{aligned}$$

作 9 个互不重叠的区间 $A_i(i=0, 1, \cdots, 8)$，使得 $\{i\}\subset A_i(i=0, 1, \cdots, 7)$，$\bigcup\limits_{i=8}^{\infty}\{i\}\subset A_8$. 将 $\hat{\lambda}=2.1$ 代入 X 的分布律，于是可求出

$$\hat{p}_i=P\{X\in A_i\}=\frac{2.1^i}{i!}e^{-2.1}, \qquad i=0, 1, \cdots, 7,$$

$$\hat{p}_8=P\{X\in A_8\}=P\{X\geqslant 8\}=1-\sum_{i=0}^{7}\hat{p}_i.$$

接着求出 $n\hat{p}_i$ $(i=0, 1, \cdots, 8)$. 因为当 $i=5, 6, 7, 8$ 时 $n\hat{p}_i$ 都小于 5，所以将 A_5、A_6、A_7 和 A_8 合成一个区间 A_5，这些结果都列在表 3.5.2 中，其中合并后的 n_5、$\hat{p}_5$ 和 $n\hat{p}_5$ 都以花括号表

示.

表　3.5.2

j	实际频数 n_j	$\hat{p}_j$	理论频数 $n\hat{p}_j$	$(n_j-n\hat{p}_j)^2/(n\hat{p}_j)$
0	12	0.1225	12.25	0.0051
1	28	0.2572	25.72	0.2021
2	26	0.2700	27.00	0.0370
3	17	0.1890	18.90	0.1910
4	10	0.0992	9.92	0.0006
5	4 }	0.0417 }	4.17 }	
6	2 } 7	0.0146 } 0.0621	1.46 } 6.21	0.1005
7	1 }	0.0044 }	0.44 }	
≥8	0 }	0.0014 }	0.14 }	
Σ	100	1	100	$\hat{\chi}^2=0.5363$

本题中最后作了 6 个区间，估计了 1 个参数 λ，即 k=6，r=1. 经查表，$\chi^2_{0.95}(6-1-1)=\chi^2_{0.95}(4)=9.488$. 因为检验统计量的观察值 $\hat{\chi}^2=0.5363<9.488=\chi^2_{0.95}(4)$，故在水平 0.05 下接受 H_0，即认为这种铝箔上的小孔数确实服从泊松分布.

例 3.5.3　测量了 65 发某种火箭弹的质量偏心 X（单位：$10^{-5}m$），其数据如下：

14.6　13.6　15.3　13.0　15.6　12.7　13.4　13.8　14.3　13.8
14.2　15.0　15.5　14.0　14.7　14.8　14.4　15.0　14.9　14.5
14.3　14.4　12.6　14.0　14.1　14.0　14.8　14.5　13.5　14.7
14.6　14.1　13.6　14.6　14.2　12.9　14.8　15.4　13.9　14.3
14.0　13.1　14.1　15.1　14.8　15.2　14.3　14.1　14.3　14.7
14.6　13.2　14.2　15.3　14.9　14.9　14.2　13.7　13.4　14.4
14.4　13.7　15.2　15.8　14.4

试问：这种火箭弹的质量偏心 X 是否服从正态分布（α=0.10）？

解　本题要在水平 0.10 之下检验

$$H_0: X \text{ 服从正态分布 } N(\mu, \sigma^2).$$

原假设中提供的理论分布包含两个未知参数. 先用极大似然法求

出它们的估计值

$$\hat{\mu} = \bar{x} = 14.3138,$$

$$\hat{\sigma}^2 = \frac{1}{65}\sum_{i=1}^{65} x_i^2 - (\bar{x})^2 = (0.6994)^2.$$

接着将 X 可能值的取值范围（$-\infty$，$+\infty$）分成几个小区间. 上述 65 个数据中最小的是 12.6，最大的是 15.8. 取 t_0 比 12.6 稍小一些，取 t_k 比 15.8 稍大一些. t_0 和 t_k 的数值都要比原来的数值在小数点后多取一位，且取最后一位数字为 5. 现取 $t_0 = 12.45$，$t_k = 16.05$. 又取 $k = 9$，即把（12.45，16.05）等分为 9 个小区间. 小区间的长度为（16.05 − 12.45）/9 = 0.4. 各分点为 $t_j = 12.45 + 0.4j$（$j = 0, 1, \cdots, 9$）. 然后改取 $t_0 = -\infty$，$t_9 = +\infty$，这样就把（$-\infty$，$+\infty$）分为 9 个区间. 记 $A_j = (t_{j-1}, t_j]$（$j = 1, 2, \cdots, 9$），如表 3.5.3 第一列所示. 于是可计算 $\hat{p}_j$. 在计算时为了查用标准正态分布表使用以下公式

$$\hat{p}_j = P\{X \in A_j\} = P\left\{\frac{t_{j-1} - \hat{\mu}}{\hat{\sigma}} < \frac{X - \hat{\mu}}{\hat{\sigma}} \leqslant \frac{t_j - \hat{\mu}}{\hat{\sigma}}\right\}$$

$$= \Phi\left(\frac{t_j - 14.3138}{0.6994}\right) - \Phi\left(\frac{t_{j-1} - 14.3138}{0.6994}\right).$$

表 3.5.3

A_j	n_j	$\hat{p}_j$	$n\hat{p}_j$	$(n_j - n\hat{p}_j)^2/(n\hat{p}_j)$
A_1:(−∞ ,12.85]	2	0.0183	1.1895	
A_2:(12.85,13.25]	4 }11	0.0460 }0.1711	2.9900 }11.1215	0.0013
A_3:(13.25,13.65]	5	0.1068	6.942	
A_4:(13.65,14.05]	9	0.1809	11.7585	0.6471
A_5:(14.05,14.45]	18	0.2233	14.5145	0.8370
A_6:(14.45,14.85]	13	0.2041	13.2665	0.0054
A_7:(14.85,15.25]	8	0.1305	8.4825	0.0274
A_8:(15.25,15.65]	5 }6	0.0620 }0.0901	4.0300 }5.8565	0.0035
A_9:(15.65, +∞)	1	0.0281	1.8265	
Σ	65	1	65	$\hat{\chi}^2 = 1.5217$

$\hat{p}_j$ 以及理论频数 $n\hat{p}_j$，实际频数 n_j，$(n_j - n\hat{p}_j)^2/(n\hat{p}_j)$ 和检验统计量的观察值 $\hat{\chi}^2$ 的计算结果都列在了表 3.5.3 中. 为了使各理论频数 $n\hat{p}_j$ 都不小于 5，将原来的区间 A_1、A_2、A_3 合成一个区间；A_8 和 A_9 也合成一个区间，所以最后将 $(-\infty, +\infty)$ 分成了 6 个区间. 合并区间后相应的理论频数和实际频数重新作了计算，在表3.5.3 中用花括号表示. 临界点为 $\chi^2_{0.90}(6-2-1) = \chi^2_{0.90}(3) = 6.251$. 因为 $\hat{\chi}^2 = 1.5217 < 6.251 = \chi^2_{0.90}(3)$，所以在水平 0.10 之下接受 H_0，认为这种火箭弹的质量偏心服从正态分布.

二、独立性检验（列联表（contingency table）方法）

考虑二维总体 (X, Y). 设 X 的可能值为 $x_1, x_2, \cdots, x_r$；Y 的可能值为 $y_1, y_2, \cdots, y_s$，现从总体 (X, Y) 中抽取一个容量为 n 的样本 $(X_1, Y_1), (X_2, Y_2), \cdots, (X_n, Y_n)$，其中事件 $\{X = x_i, Y = y_j\}$ 发生的频数为 n_{ij} $(i = 1, \cdots, r;\ j = 1, \cdots, s)$. 又记 $n_{i\cdot} = \sum_{j=1}^{s} n_{ij}$, $n_{\cdot j} = \sum_{i=1}^{r} n_{ij}$. 易见，$n = \sum_{i=1}^{r}\sum_{j=1}^{s} n_{ij} = \sum_{i=1}^{r} n_{i\cdot} = \sum_{j=1}^{s} n_{\cdot j}$. 将这些数据列入一张表中，这张表称为 $r \times s$ 列联表（见表 3.5.4）. 2×2 列联表常称为“四格表”，是应用最为广泛的一种情况.

表 3.5.4

Y / X	y_1	y_2	$\cdots$	y_s	
x_1	n_{11}	n_{12}	$\cdots$	n_{1s}	$n_{1\cdot}$
x_2	n_{21}	n_{22}	$\cdots$	n_{2s}	$n_{2\cdot}$
$\vdots$	$\vdots$	$\vdots$		$\vdots$	$\vdots$
x_r	n_{r1}	n_{r2}	$\cdots$	n_{rs}	$n_{r\cdot}$
	$n_{\cdot 1}$	$n_{\cdot 2}$	$\cdots$	$n_{\cdot s}$	n

(X, Y) 的可能值 (x_i, y_j) $(i = 1, \cdots, r; j = 1, \cdots, s)$ 是平面上的 rs 个点. 在平面上作 rs 个互不相交的区域 A_{ij}，使得 $(x_i, y_j) \subset A_{ij}$. 以上所说的 n_{ij} 亦可看做样本 $(X_1, Y_1), (X_2, Y_2), \cdots, (X_n, Y_n)$ 落入 A_{ij} 的个数，这样就可把前面所说的分布拟合 χ^2 检验法用

于检验假设

$$H_0: X \text{ 与 } Y \text{ 相互独立}. \tag{3.5.11}$$

记 $p_{ij} = P\{X = x_i, Y = y_j\}$, $P\{X = x_i\} = \sum_{j=1}^{s} p_{ij} = p_{i\cdot}$, $P\{Y = y_j\} = \sum_{i=1}^{r} p_{ij} = p_{\cdot j}$.

易见，

$$\sum_{i=1}^{r} p_{i\cdot} = \sum_{j=1}^{s} p_{\cdot j} = 1. \tag{3.5.12}$$

由离散型随机变量相互独立的定义知，假设(3.5.11)等价于假设

$$H_0': p_{ij} = p_{i\cdot}\, p_{\cdot j} \qquad (i = 1, \cdots, r; j = 1, \cdots, s). \tag{3.5.13}$$

上述假设中出现的 $p_{i\cdot}$ 和 $p_{\cdot j}$ 都是未知参数. 由式(3.5.12)知，这些未知参数中仅有 $r+s-2$ 个是独立变化的. 要想使用检验统计量 $\hat{\chi}^2$，需先求出这 $r+s-2$ 个未知参数的极大似然估计. 在假设(3.5.13)为真条件下，似然函数为

$$\begin{aligned} L &= C\prod_{i=1}^{r}\prod_{j=1}^{s} p_{ij}^{n_{ij}} = C\prod_{i=1}^{r}\prod_{j=1}^{s}(p_{i\cdot}p_{\cdot j})^{n_{ij}} = C\prod_{i=1}^{r} p_{i\cdot}^{n_{i\cdot}}\prod_{j=1}^{s} p_{\cdot j}^{n_{\cdot j}} \\ &= C\prod_{i=1}^{r-1} p_{i\cdot}^{n_{i\cdot}}\left(1 - \sum_{i=1}^{r-1} p_{i\cdot}\right)^{n_{r\cdot}} \cdot \prod_{j=1}^{s-1} p_{\cdot j}^{n_{\cdot j}}\left(1 - \sum_{j=1}^{s-1} p_{\cdot j}\right)^{n_{\cdot s}} \end{aligned} \tag{3.5.14}$$

其中，C 为与 $p_{i\cdot}$ 及 $p_{\cdot j}$ 无关的常数.

对数似然函数为

$$\begin{aligned} \ln L = \ln C &+ \sum_{i=1}^{r-1} n_{i\cdot}\ln p_{i\cdot} + n_{r\cdot}\ln\left(1 - \sum_{i=1}^{r-1} p_{i\cdot}\right) + \\ &\sum_{j=1}^{s-1} n_{\cdot j}\ln p_{\cdot j} + n_{\cdot s}\ln\left(1 - \sum_{j=1}^{s-1} p_{\cdot j}\right). \end{aligned}$$

把 $\ln L$ 分别对 $p_{i\cdot}$ 和 $p_{\cdot j}$（$i = 1, \cdots, r-1$; $j = 1, \cdots, s-1$）求偏导并令其为零，得到这些参数的极大似然估计

$$\hat{p}_{i\cdot} = \frac{n_{i\cdot}}{n} \; (i = 1, \cdots, r), \quad \hat{p}_{\cdot j} = \frac{n_{\cdot j}}{n} \; (j = 1, \cdots, s). \tag{3.5.15}$$

将它们代入式（3.5.7）得检验统计量

$$\hat{\chi}^2 = n\sum_{i=1}^{r}\sum_{j=1}^{s}\frac{\left(n_{ij}-\frac{n_{i\cdot}n_{\cdot j}}{n}\right)^2}{n_{i\cdot}n_{\cdot j}}. \tag{3.5.16}$$

由式(3.5.8)知，当 $n\to\infty$ 时检验统计量(3.5.16)的极限分布为 χ^2 分布，其自由度为 $rs-(r+s-2)-1=(r-1)(s-1)$. 所以假设检验问题(3.5.11)(即假设检验问题(3.5.13))的检验统计量为式(3.5.16)，其近似拒绝域为 $\hat{\chi}^2 \geqslant \chi^2_{1-\alpha}((r-1)(s-1))$.

例 3.5.4 为了研究赌博与吸烟之间的关系，美国某地调查了 1000 个人，他们赌博与吸烟的情况如表 3.5.5 所示.

表 3.5.5

	吸 烟	不吸烟	
赌博者	120	30	150
非赌博者	479	371	850
	599	401	1000

试问：赌博与吸烟是否有关（取 $\alpha=0.01$）？

解 对于调查对象引进随机变量 X 和 Y. $\{X=1\}$ 表示是赌博者，$\{X=2\}$ 表示非赌博者；$\{Y=1\}$ 表示吸烟，$\{Y=2\}$ 表示不吸烟. 问题是要在水平 $\alpha=0.01$ 之下检验假设

$$H_0: X 与 Y 相互独立. \tag{3.5.17}$$

由表 3.5.5 知，$n=1000$，$n_{11}=120$，$n_{12}=30$，$n_{21}=479$，$n_{22}=371$，$n_{1\cdot}=150$，$n_{2\cdot}=850$，$n_{\cdot 1}=599$，$n_{\cdot 2}=401$. 将它们代入式（3.5.16）得

$$\hat{\chi}^2 = 1000\times\frac{(120-150\times 599/1000)^2}{150\times 599} +$$

$$1000\times\frac{(30-150\times 401/1000)^2}{150\times 401} +$$

$$1000\times\frac{(479-850\times 599/1000)^2}{850\times 599} +$$

$$1000\times\frac{(371-850\times 401/1000)^2}{850\times 401}$$

$$= 10.117 + 15.113 + 1.785 + 2.667 = 29.682.$$

本题 $r = s = 2$，自由度为 $(r-1)(s-1) = 1$. 经查表 $\chi^2_{0.99}(1) = 6.635$. 因为 $\hat{\chi}^2 = 29.682 > 6.635 = \chi^2_{0.99}(1)$，故在水平 $\alpha = 0.01$ 之下拒绝 H_0，认为赌博与吸烟有关.

用列联表检验独立性，除了用于上例那种按类计数的变量外，还可用于连续变化的量. 此时，先要根据实际情况和需要，将变量 X 与 Y 的可能值的范围分别分成若干个互不相交的区间 $A_1, A_2, \cdots, A_r$ 和 $B_1, B_2, \cdots, B_s$. 从总体 (X, Y) 中抽取一个容量为 n 的样本 (X_1, Y_1), (X_2, Y_2), $\cdots$, (X_n, Y_n)，其中 $\{X \in A_i, Y \in B_j\}$ 发生的频数记为 n_{ij} ($i = 1, \cdots, r; j = 1, \cdots, s$). 又记 $n_{i\cdot} = \sum_{j=1}^{s} n_{ij}$, $n_{\cdot j} = \sum_{i=1}^{r} n_{ij}$. 于是，我们可构造一张类似于表 3.5.4 的 $r \times s$ 列联表. 接下去就可以借助于这张列联表检验"X 与 Y 相互独立"这个假设.

例 3.5.5 对于成年人的胖瘦，世界卫生组织(WHO)提出了如下的体重指数(BMI)：BMI = 体重(kg)除以身高平方(m^2). 该值小于 20 的归于"瘦"，大于等于 20 但小于 25 的归于"正常"，大于等于 25 的归于"胖". 对于高血压病，世界卫生组织(WHO)提出了如下的诊断标准：收缩压大于等于 140 或舒张压大于等于 90(单位：mmHg)的归于患高血压，其余均归于未患高血压. 为了研究成年人胖瘦与患高血压是否有关，澳大利亚某地调查了 491 名成年人，其结果列于表 3.5.6.

表 3.5.6

	瘦	正常	胖	
患高血压	32	40	59	131
未患高血压	133	121	106	360
	165	161	165	491

试问：成年人患高血压与胖瘦是否有关($\alpha = 0.05$)？

解 对于调查对象引进随机变量 X 和 Y. X 等于 1、2 分别表示调查对象患与未患高血压；Y 等于 1、2 和 3 分别表示调查对象

瘦、正常与胖. 现要在水平 $\alpha=0.05$ 之下检验

$$H_0: X\text{与}Y\text{相互独立}. \tag{3.5.18}$$

由表3.5.6知, $n=491$, $n_{11}=32$, $n_{12}=40$, $n_{13}=59$, $n_{21}=133$, $n_{22}=121$, $n_{23}=106$, $n_{1\cdot}=131$, $n_{2\cdot}=360$, $n_{\cdot 1}=165$, $n_{\cdot 2}=161$, $n_{\cdot 3}=165$, 将它们代入式(3.5.16)得

$$\begin{aligned}\hat{\chi}^2 &= 491\times\frac{(32-131\times165/491)^2}{131\times165}+491\times\frac{(40-131\times161/491)^2}{131\times161}+\\&\quad 491\times\frac{(59-131\times165/491)^2}{131\times165}+491\times\frac{(133-360\times165/491)^2}{360\times165}+\\&\quad 491\times\frac{(121-360\times161/491)^2}{360\times161}+491\times\frac{(106-360\times165/491)^2}{360\times165}\\&=3.283+0.203+5.096+1.195+0.074+1.854\\&=11.705.\end{aligned}$$

本题 $r=2$, $s=3$, 自由度为 $(r-1)(s-1)=2$. 经查表 $\chi^2_{0.95}(2)=5.991$. 因为 $\hat{\chi}^2=11.705>5.991=\chi^2_{0.95}(2)$, 故在水平 $\alpha=0.05$ 之下拒绝 H_0, 认为成年人的胖瘦与患高血压是有关的.

三、柯尔莫哥洛夫(Колмогоров)检验

分布拟合 χ^2 检验虽然有不少优点, 但从它的具体做法知道, 这种检验法实际上只是检验了 $F(t_i)-F(t_{i-1})=F_0(t_i)-F_0(t_{i-1})\triangleq p_i(i=1,2,\cdots,k)$ 是否为真, 而并未真正检验总体分布 $F(x)$ 是否为 $F_0(x)$. 因此,即使原假设 $H_0: F(x)=F_0(x)$ 不成立, 但在各分点 $t_0<t_1<\cdots<t_k$ 上 $F(t_i)-F(t_{i-1})=F_0(t_i)-F_0(t_{i-1})\triangleq p_i$ 还可能成立. 这时若使用分布拟合 χ^2 检验就可能导致接受原假设 H_0, 而犯第二类错误.

前苏联数学家柯尔莫哥洛夫在1933年证明了下面将要讲到的著名定理, 并由此建立了一个新的分布拟合检验——柯尔莫哥洛夫检验. 这个检验法在每一点上考虑经验分布函数(它集中了样本的信息)与理论分布之间的差异, 克服了分布拟合 χ^2 检验依赖于区间划分的缺点.

设总体 X 的分布函数为 $F(x)$, 现要检验假设

$$H_0: F(x) = F_0(x). \tag{3.5.19}$$

从总体 X 抽取容量为 n 的样本$(X_1, X_2, \cdots, X_n)$. 由这组样本产生的次序统计量为 $X_{(1)} \leqslant X_{(2)} \leqslant \cdots \leqslant X_{(n)}$, 其对应的经验分布函数为 $F_n(x)$. 格里汶科定理(见定理1.3.5)告诉我们, 当 H_0 为真时有

$$P\{\lim_{n\to\infty} \sup_{-\infty<x<\infty} |F_n(x) - F_0(x)| = 0\} = 1. \tag{3.5.20}$$

若记 $D_n = \sup\limits_{-\infty<x<\infty} |F_n(x) - F_0(x)|$, 则 D_n 可用于检验 H_0, 当 D_n 较大时拒绝 H_0.

记

$$D_n^+ = \sup_{-\infty<x<+\infty} [F_n(x) - F_0(x)],$$

$$D_n^- = \sup_{-\infty<x<+\infty} [F_0(x) - F_n(x)].$$

显然, $D_n = \mathrm{Max}(D_n^+, D_n^-)$. 由于 $F_n(x)$ 是单调非降阶梯函数, 它在区间$(-\infty, x_{(1)})$, $[x_{(1)}, x_{(2)})$, $[x_{(2)}, x_{(3)})$, $\cdots$, $[x_{(n-1)}, x_{(n)})$, $[x_{(n)}, +\infty)$的取值分别为常数 $0, \frac{1}{n}, \frac{2}{n}, \cdots, \frac{n-1}{n}, 1$. 而 $F_0(x)$ 是单调非降函数, 所以 D_n^+ 与 D_n^- 的观察值只需在 n 个点 $x_{(i)}$ $(i=1, 2, \cdots, n)$处找(图3.5.1), 它们分别为

$$D_n^+ = \mathop{\mathrm{Max}}_{1\leqslant i\leqslant n}\left[\frac{i}{n} - F_0(x_{(i)})\right] \quad 与 \quad D_n^- = \mathop{\mathrm{Max}}_{1\leqslant i\leqslant n}\left[F_0(x_{(i)}) - \frac{i-1}{n}\right].$$

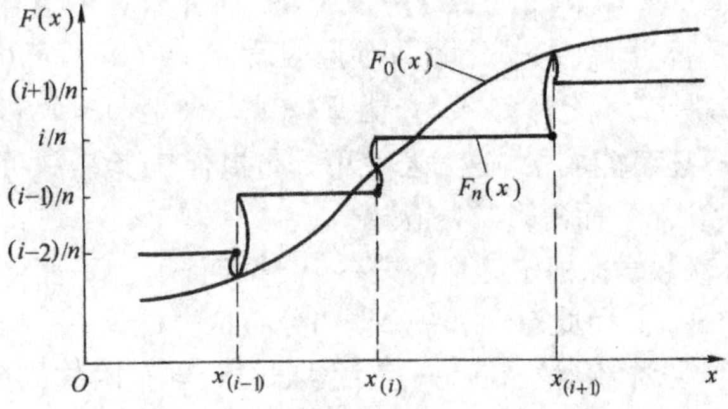

图 3.5.1

知道了统计量 D_n 的观察值的具体求法, 还要知道 H_0 为真时

D_n 的分布，下面不加证明地给出关于 D_n 分布函数的定理.

定理 3.5.2 设总体 X 的理论分布 $F_0(x)$ 是连续的分布函数，则当原假设(3.5.19)为真时有

$$P\left\{D_n < d + \frac{1}{2n}\right\} = \begin{cases} 0, & d < 0, \\ \int_{\frac{1}{2n}-d}^{\frac{1}{2n}+d}\int_{\frac{3}{2n}-d}^{\frac{3}{2n}+d}\cdots\int_{\frac{2n-1}{2n}-d}^{\frac{2n-1}{2n}+d} f(y_1\cdots y_n)\,\mathrm{d}y_1\cdots\mathrm{d}y_n, & 0 \leqslant d < \frac{2n-1}{2n}, \\ 1, & d \geqslant \frac{2n-1}{2n}, \end{cases} \tag{3.5.21}$$

其中

$$f(y_1, \cdots, y_n) = \begin{cases} n!, & 0 < y_1 < \cdots < y_n < 1, \\ 0, & \text{其他}. \end{cases}$$

这个定理表明，D_n 的分布函数不依赖于总体 X 的理论分布 $F_0(x)$，由这个定理可得 D_n 的分位数. 当 $n \leqslant 100$ 时，满足条件 $P\{D_n \geqslant D_{n,\alpha}\} = \alpha$ 的临界值 $D_{n,\alpha}$ 已制成表(见附表 5).

在 $n > 100$ 时，由定理 3.5.2 计算临界值 $D_{n,\alpha}$ 非常繁复. 为此，柯尔莫哥洛夫证明了下面的著名定理，给出了 D_n 的极限分布.

定理 3.5.3(柯尔莫哥洛夫定理) 设总体 X 的理论分布 $F_0(x)$ 是连续的分布函数，则在原假设(3.5.19)为真时有

$$\lim_{n\to\infty} P\{\sqrt{n}D_n \leqslant d\} = \begin{cases} 1 - 2\sum_{j=1}^{\infty}(-1)^{j-1}\exp(-2j^2d^2), & d > 0, \\ 0, & d \leqslant 0, \end{cases}$$
$$\triangleq k(d). \tag{3.5.22}$$

从这个定理可以看出，极限分布 $k(d)$ 与理论分布 $F_0(x)$ 也无关. 对不同的 d 值，$k(d)$ 的数值已制成表(见附表 6). 由 $\sqrt{n}D_n$ 的极限分布 $k(d)$，当 $n > 100$ 时满足条件 $P\{D_n \geqslant D_{n,\alpha}\} = \alpha$ 的临界

值 $D_{n,\alpha}$可这样求得：对于给定的 α，由极限分布 $k(d)$ 表先查得 $k(d)$ 的 $1-\alpha$ 分位数 $d_{1-\alpha}$. 因为 $P\{\sqrt{n}D_n \leqslant d_{1-\alpha}\} \approx k(d_{1-\alpha}) = 1-\alpha$，所以 $P\{\sqrt{n}D_n > d_{1-\alpha}\} \approx \alpha$，于是便有 $D_{n,\alpha} \approx d_{1-\alpha}/\sqrt{n}$.

总结以上所述，柯尔莫哥洛夫检验的一般步骤如下：

1）将样本观察值 $x_1, x_2, \cdots, x_n$ 按从小到大的次序排列，得 $x_{(1)} \leqslant x_{(2)} \leqslant \cdots \leqslant x_{(n)}$；

2）计算统计量 D_n 的观察值 $D_n = \mathrm{Max}(D_n^+, D_n^-)$，其中 $D_n^+ = \underset{1\leqslant i\leqslant n}{\mathrm{Max}}\left[\frac{i}{n} - F_0(x_{(i)})\right]$，$D_n^- = \underset{1\leqslant i\leqslant n}{\mathrm{Max}}\left[F_0(x_{(i)}) - \frac{i-1}{n}\right]$；

3）对给定的显著性水平 α，对于 $n \leqslant 100$ 和 $n > 100$ 两种不同情形分别查相应的表，得到临界值 $D_{n,\alpha}$；

4）若 $D_n \geqslant D_{n,\alpha}$，则拒绝原假设 H_0，认为数据与理论分布 $F_0(x)$ 不符；若 $D_n < D_{n,\alpha}$，则接受 H_0，认为数据与理论分布 $F_0(x)$ 拟合得好.

例 3.5.6 从某连续型分布的总体 X 抽取容量为 10 的样本，其数据如下

0.406, 2.343, 0.538, 5.088, 5.587,
2.563, 0.023, 3.334, 3.491, 1.267.

试问：能否认为这些数据来自均值为 2 的指数分布（$\alpha = 0.05$）？

解 问题是要在水平 $\alpha = 0.05$ 之下检验

$$H_0: F(x) = F_0(x),$$

其中 $F(x)$ 是总体 X 的分布函数，$F_0(x) = 1 - \mathrm{e}^{-x/2}\ (x > 0)$.

将 10 个数据按从小到大的次序排列成 $x_{(1)} \leqslant x_{(2)} \leqslant \cdots \leqslant x_{(10)}$，然后分别求出 $F_0(x_{(i)})$，$\frac{i}{n} - F_0(x_{(i)})$，$F_0(x_{(i)}) - \frac{i-1}{n}$（$i = 1, 2, \cdots, 10$），计算结果都列于表 3.5.7 中，第 6 列中最大者为 $D_{10}^+ = 0.0886$，第 7 列中最大者为 $D_{10}^- = 0.2901$，故 $D_{10} = \mathrm{Max}(0.0886, 0.2901) = 0.2901$. 经查表知 $D_{10,0.05} = 0.4093$. 因为 $D_{10} = 0.2901 < 0.4093 = D_{10,0.05}$，所以在水平 $\alpha = 0.05$ 之下接受 H_0，

认为数据与理论分布 $F_0(x)$ 拟合得好.

表 3.5.7

i	$x_{(i)}$	$F_0(x_{(i)})$	i/n	$(i-1)/n$	$\frac{i}{n}-F_0(x_{(i)})$	$F_0(x_{(i)})-\frac{i-1}{n}$
1	0.023	0.0114	0.1	0	0.0886	0.0114
2	0.406	0.1838	0.2	0.1	0.0162	0.0838
3	0.538	0.2359	0.3	0.2	0.0641	0.0359
4	1.267	0.4693	0.4	0.3	−0.0693	0.1693
5	2.343	0.6901	0.5	0.4	−0.1901	0.2901
6	2.563	0.7224	0.6	0.5	−0.1224	0.2224
7	3.334	0.8112	0.7	0.6	−0.1112	0.2112
8	3.491	0.8255	0.8	0.7	−0.0255	0.1255
9	5.088	0.9215	0.9	0.8	−0.0215	0.1215
10	5.587	0.9388	1.0	0.9	0.0612	0.0388

我们学了两种分布拟合检验：K. 皮尔逊的分布拟合 χ^2 检验和柯尔莫哥洛夫检验. 分布拟合 χ^2 检验要把实轴 $(-\infty, +\infty)$ 人为地分为若干个区间. 区间个数及每个区间端点的选取都带有随意性. 对同一组数据，不同的人都用这种方法去做，由于分组不同可能得出不同的结论. 而柯尔莫哥洛夫检验则要考察经验分布函数与理论分布在每一点的差异，因而没有这种随意性，其检验效果较好. 另外，对于柯尔莫哥洛夫检验使用的检验统计量 D_n，我们既知道它的精确分布又知道它的极限分布. 因此当样本容量 n 较小与 n 很大时都可在相应的表中查到临界值，都可使用这种方法，相反，对于 K. 皮尔逊的分布拟合 χ^2 检验，由于我们只知道其检验统计量 χ^2 的极限分布，而不知道其精确分布，所以只有样本容量 n 很大($n \geq 50$)时才能使用这种检验法.

当然，柯尔莫哥洛夫检验也有缺点. 它只适用于理论分布是完全已知的连续分布的情形，而不像分布拟合 χ^2 检验那样对于连续型总体与离散型总体都适用，对于理论分布完全已知与含有几个未知参数的情形也都适用. 当总体的理论分布含有未知参数，即 $F_0(x;\theta)$ 时，如果先由样本值 $x_1, x_2, \cdots, x_n$ 求出 θ 的估计

值 $\hat{\theta}_n$，然后计算 $D_n = \sup_{-\infty < x < +\infty} |F_n(x) - F_0(x;\hat{\theta}_n)|$，这时 D_n 的精确分布与极限分布都与理论分布 $F_0(x;\theta)$ 有关. 这就无法定出 D_n 的分位数. 因此,当总体理论分布含有未知参数时，柯尔莫哥洛夫检验不适用.

但是，当理论分布为正态分布或指数分布时，理论分布中的未知参数用适当的估计值代替之后所得的 D_n 其分位数已有专门的表可查，所以 D_n 可用于检验理论分布为正态分布或指数分布的假设，详见参考文献[2].

四、正态性检验

大家知道，数理统计中的许多结论是在总体服从正态分布的前提下获得的. 当基于正态性假定进行统计分析时，如果怀疑总体分布的正态性，就要检验该总体是否服从正态分布. 对于这样的正态性检验问题，当然可以使用分布拟合 χ^2 检验或柯尔莫哥洛夫检验. 但因这些检验法是通用的，不是针对某个具体分布的，所以如果把它们拿来作正态性检验，由于没有充分利用原假设成立(即总体服从正态分布)时的特有信息，故其功效不够高. 统计学家们已提出不少专门用于作正态性检验的检验法. 在这里我们介绍其中的三种：图方法(正态概率纸法)，W 检验和 D 检验. 关于正态性检验，2001 年批准的国家标准《数据的统计处理和解释　正态性检验》(见参考文献[3])首先推荐的是正态概率纸法.

1. 图方法(正态概率纸法)

正态概率纸法就是使用特制的正态概率纸检验总体是否服从正态分布的一种检验方法. 它具有计算简单、使用方便的优点.

先介绍正态概率纸的构造. 正态概率纸是一种具有特殊刻度的坐标纸. 从下面的介绍可以知道，一般正态变量的分布函数的图形在正态概率纸上画出来时是一条斜率大于 0 的直线.

设 $X \sim N(\mu, \sigma^2)$. 大家知道，如果 X 的分布函数用标准正态分布的分布函数 $\Phi(\cdot)$来表示的话，则有

$$y=\Phi\left(\frac{x-\mu}{\sigma}\right).$$

我们把它写成复合函数的形式

$$y=\Phi(u),\quad u=\frac{x-\mu}{\sigma}.$$

易见，u 是 x 的线性函数，它在一般的(x, u)坐标系中的图形是一条斜率大于0 的直线. 在(x, u)坐标系上，不改变 x 轴的刻度，而在 u 轴上将 u 的刻度转换成 $\Phi(u)$(即 y)的刻度. 因为$\Phi(3)=0.9987$，所以原来 u 的刻度为 3 处转换成 99.87%；因为$\Phi(0)=0.5$，所以原来 u 的刻度为 0 处转换成 50%；因为$\Phi(-2)=0.0228$，所以原来 u 的刻度为 −2 处转换成 2.28%，余类推(见图 3.5.2). 由于 $y=\Phi(u)$是 u 的非线性函数，所以转换成$\Phi(u)$的刻度是非线性的(非均匀的). 于是,我们就得到了一张横轴的刻度是线性的(均匀的)而纵轴的刻度是非线性的(非均匀的)坐标纸，这就是正态概率纸，见图 3.5.3.

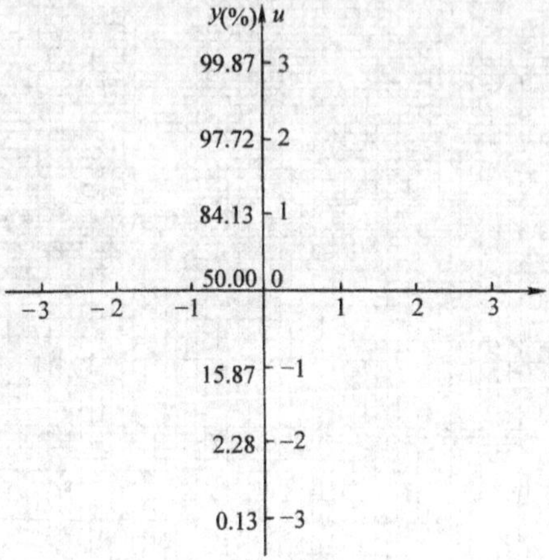

图 3.5.2

在实际使用时，不必知道 u 刻度的值，所以正态概率纸中 u 刻度的值不出现. 为了方便使用，y 刻度已经移到左侧. 右侧的 y

刻度使得这张正态概率纸倒过来也能使用. 因为 $\lim_{u \to -\infty} \Phi(u) = 0$, $\lim_{u \to +\infty} \Phi(u) = 1$, 这说明, 当纵轴刻度 y 分别趋于 0 和 1 时, 相应的 u 刻度分别趋于 $-\infty$ 和 $+\infty$. 这在概率纸上无法表示. 所以正态概率纸上纵轴的 y 刻度从 0.01% 到 99.99%.

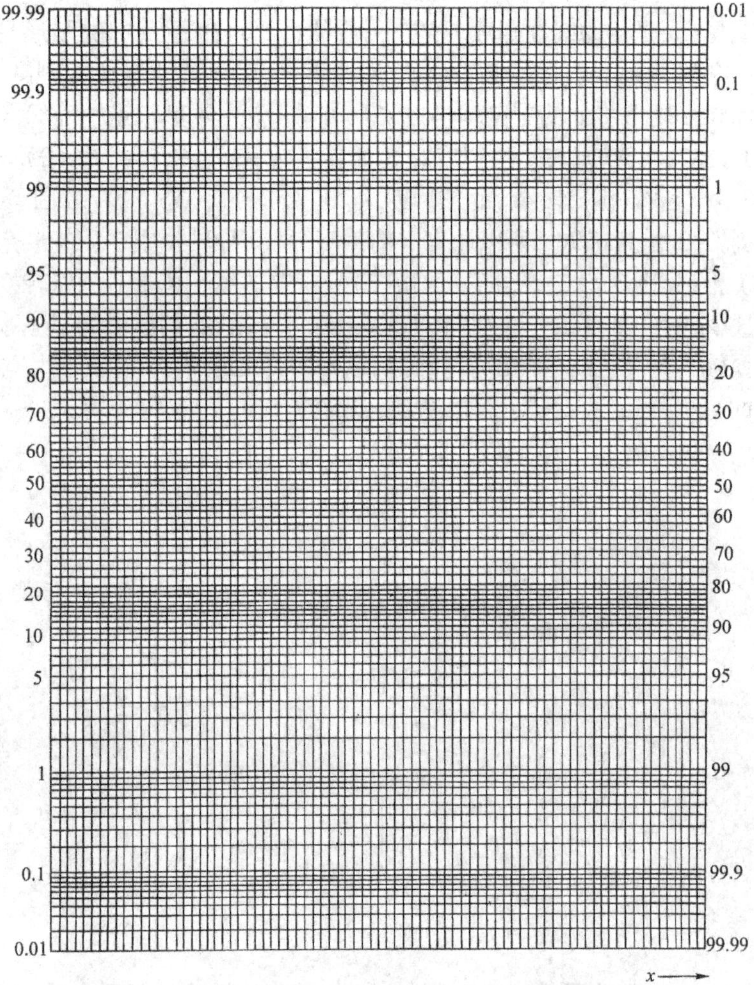

图 3.5.3

从正态概率纸的构造知道，任意一个正态分布 $N(\mu, \sigma^2)$ 的分布函数在正态概率纸上的图形是一条上升直线. 设总体 X 的分布函数为 $F(x)$，$(x_1, x_2, \cdots, x_n)$ 是来自 X 的容量为 n 的样本观察值. 如果在正态概率纸上描出的 n 个点

$$(x_i, F(x_i)), \quad i=1, 2, \cdots, n,$$

或者依次描出的 n 个点

$$(x_{(i)}, F(x_{(i)})), \quad i=1, 2, \cdots, n$$

落在一条直线上，我们有理由认为 X 服从正态分布. 但这样还不能对总体 X 作正态性检验. 这是因为 X 的分布函数 $F(x)$ 是检验的对象，所以上述 n 个点的纵坐标 $F(x_i)$（或 $F(x_{(i)})$）是未知的，这 n 个点尚不能画出.

设 X 的分布函数 $F(x)$ 是连续函数，可以证明，随机变量 $F(X) \sim U(0, 1)$. 又设 $(X_1, X_2, \cdots, X_n)$ 是来自 X 的容量为 n 的样本，$(X_{(1)}, X_{(2)}, \cdots, X_{(n)})$ 是相应的次序统计量. 于是，$F(X_{(i)})$ $(i=1, 2, \cdots, n)$ 是总体为 $(0, 1)$ 上均匀分布的第 i 个次序统计量. 由例 1.4.2 知，$F(X_{(i)}) \sim Be(i, n-i+1)$. 容易算得

$$E[F(X_{(i)})] = \frac{i}{n+1}, \quad i=1, 2, \cdots, n.$$

用 $\frac{i}{n+1}$ 代替 $F(x_{(i)})$ 可在正态概率纸上描出 n 个点

$$\left(x_{(i)}, \frac{i}{n+1}\right), \quad i=1, 2, \cdots, n.$$

如果总体 X 服从正态分布，这 n 个点大致应该在一条直线上.

$\frac{i}{n+1}$ 是对于 $F(x_{(i)})$ 的近似. 为了提高近似程度，国家标准《数据的统计处理和解释　正态性检验》推荐使用 $\frac{i-3/8}{n+1/4}$ 代替 $\frac{i}{n+1}$ 去近似 $F(x_{(i)})$.

归纳以上所述，使用正态概率纸对总体 X 的正态性假设作检验可如下进行：

1）将来自总体 X 的容量为 n 的样本观察值 $(x_1, x_2, \cdots, x_n)$ 转换为次序统计量观察值

$$x_{(1)} \leqslant x_{(2)} \leqslant \cdots \leqslant x_{(n)};$$

2）在正态概率纸上描出 n 个点

$$\left(x_{(i)}, \frac{i-3/8}{n+1/4}\right), \quad i=1, 2, \cdots, n;$$

3）目测这 n 个点的位置. 如果这些点明显地不在一条直线附近，则拒绝原假设，认为总体 X 不服从正态分布；如果这些点都在某条直线附近，各点离该直线的偏差都不大，特别是在纵轴刻度为 50% 附近（30% 至 70%）的各点离该直线的偏差较小，则接受原假设，认为总体 X 服从正态分布.

如果接受了"总体 X 服从正态分布"这个假设，利用在正态概率纸上用 n 个点 $\left(x_{(i)}, \frac{i-3/8}{n+1/4}\right)$ $(i=1, 2, \cdots, n)$ 所配的直线 l 便可粗略地估计出 X 的数学期望 μ 和标准差 σ. 因为纵轴上 y（即 $\Phi(u)$）刻度为 50% 的点对应的 u 刻度为 0，所以直线 l 上 y 刻度为 50% 的点其 x 刻度（即横坐标）应满足 $\frac{x-\mu}{\sigma}=0$，即 $x=\mu$；又因为纵轴上 y（即 $\Phi(u)$）刻度为 84.1% 的点对应的 u 刻度为 1，所以直线 l 上 y 刻度（即纵坐标）为 84.1% 的点其 x 刻度（即横坐标）应满足 $\frac{x-\mu}{\sigma}=1$，即 $x=\mu+\sigma$. 根据这个性质，通过纵轴上刻度为 50% 的点作与横轴平行的直线，与所配直线 l 的交点的横坐标就是 μ 的估计值；通过纵轴上刻度为 84.1% 的点作与横轴平行的直线，与所配直线 l 的交点的横坐标就是 $\mu+\sigma$ 的估计值. 把这两个交点横坐标的值相减即得 σ 的估计值. 请看以下实例.

例 3.5.7 某医院测量了 16 名正常成年人的胆固醇指标（单位：mmol/L），其数据如下：

2.07，4.46，3.06，3.94，4.35，4.72，3.68，2.77

3.21，5.02，3.95，4.94，2.69，2.43，3.42，3.63

试问：正常成年人胆固醇指标是否服从正态分布？

解　先将按由小到大次序排列的 $x_{(i)}$ 和 $\frac{i-0.375}{16.25}$ ($i=1, 2, \cdots, 16$) 的值列成表 3.5.8. 然后，在正态概率纸上描出点 $\left(x_{(i)}, \frac{i-0.375}{16.25}\right)$ ($i=1, 2, \cdots, 16$). 这些点大致落在一条直线（把这条直线记为 l）附近（见图 3.5.4），所以认为正常成年人胆固醇指标服从正态分布.

表　3.5.8

i	$x_{(i)}$	$\frac{i-0.375}{16.25}$	i	$x_{(i)}$	$\frac{i-0.375}{16.25}$
1	2.07	3.8%	9	3.68	53.1%
2	2.43	10.0%	10	3.94	59.2%
3	2.69	16.2%	11	3.95	65.4%
4	2.77	22.3%	12	4.35	71.5%
5	3.06	28.5%	13	4.46	77.7%
6	3.21	34.6%	14	4.72	83.8%
7	3.42	40.8%	15	4.94	90.0%
8	3.63	46.9%	16	5.02	96.2%

从图 3.5.4 可以看出，直线 $y=50\%$ 与直线 l 交点的横坐标为 3.65，直线 $y=84.1\%$ 与直线 l 交点的横坐标为 4.63，故 μ 和 σ 的估计值分别为 $\tilde{\mu}=3.65$ 和 $\tilde{\sigma}=0.98$.

本例若分别用样本均值和样本标准差估计 μ 和 σ，则它们分别为 $\hat{\mu}=3.646$ 和 $\hat{\sigma}=0.905$，与 $\tilde{\mu}$ 和 $\tilde{\sigma}$ 相差不大.

2. W 检验

W 检验是夏皮诺(Shapiro)和威尔克(Wilk)在 1965 年提出的.

设$(X_1, X_2, \cdots, X_n)$是来自总体 X 的样本，现要在水平 α 之下检验如下假设

$$H_0: X \text{ 服从正态分布 } N(\mu, \sigma^2). \tag{3.5.23}$$

检验这一假设的 W 检验法使用的统计量为

$$W=\frac{\left[\sum_{k=1}^{[n/2]} a_k\left(X_{(n+1-k)}-X_{(k)}\right)\right]^2}{\sum_{k=1}^{n}\left(X_{(k)}-\overline{X}\right)^2}, \tag{3.5.24}$$

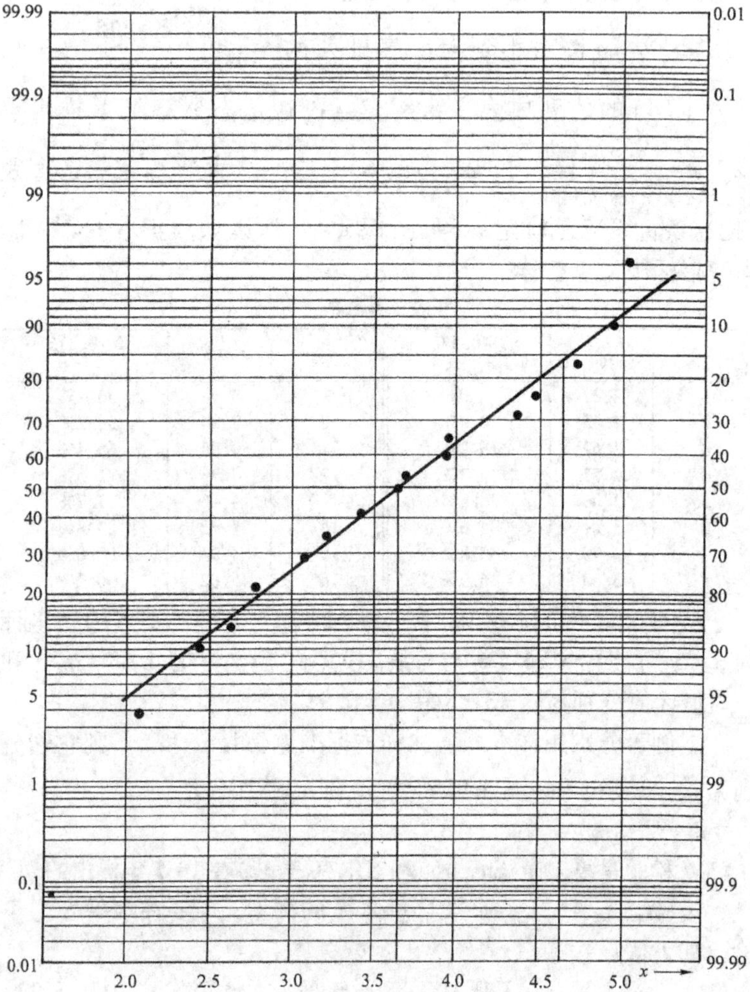

图　3.5.4

上式中[x]表示不超过 x 的最大整数. 当 n 为偶数时，$\left[\frac{n}{2}\right]=\frac{n}{2}$；当 n 为奇数时$\left[\frac{n}{2}\right]=\frac{n-1}{2}$. 另外，$X_{(1)}\leqslant X_{(2)}\leqslant\cdots\leqslant X_{(n)}$ 是来自样

本的次序统计量. 对于 $8 \leqslant n \leqslant 50$, $k=1, 2, \cdots, [n/2]$, 式(3.5.24)中的 a_k 值已制成表(见附表 7). 统计量 W 由下式简化而来

$$W=\frac{\left\{\sum_{k=1}^{n} a_k X_{(k)}\right\}^2}{\sum_{k=1}^{n}(X_{(k)}-\overline{X})^2}. \tag{3.5.25}$$

H_0 为真, 即总体 $X \sim N(\mu, \sigma^2)$时, σ 的最小方差线性无偏估计为(见参考文献[6])

$$\hat{\sigma}=\sum_{k=1}^{n} c_k X_{(k)}. \tag{3.5.26}$$

式(3.5.25)中的$(a_1, a_2, \cdots, a_n)$是由式(3.5.26)中的$(c_1, c_2, \cdots, c_n)$标准化而来的. $(a_1, a_2, \cdots, a_n)$具有以下性质

$$\sum_{k=1}^{n} a_k=0,\ a_k=-a_{n+1-k},\ k=1, 2, \cdots, n.$$

故可将式(3.5.25)简化为式(3.5.24). W 仅在$\left[\frac{na_1^2}{n-1}, 1\right]$上取值. 当 H_0 不真时 W 有偏小的趋势, 其拒绝域为

$$W \leqslant W_\alpha,$$

其中 W_α 是 H_0 为真时 W 分布的 α 分位数. 根据 H_0 为真时 W 分布的性质, 使用随机模拟法, 对于 $8 \leqslant n \leqslant 50$ 以及 $\alpha=0.01$, 0.05 和 0.1 的情形, W_α 的值已经制成表(见附表 8).

通过下面的例子即可知道使用 W 检验法检验假设(3.5.23)的步骤.

例 3.5.8 数据如例 3.5.7. 试问: 正常成年人胆固醇指标是否服从正态分布(使用 W 检验法, 取 $\alpha=0.05$).

解: 本题要检验

H_0: 总体 X 服从正态分布

$n=16$, 可使用 W 检验法. 将数据按递增次序排列如下:

2.07, 2.43, 2.69, 2.77, 3.06, 3.21, 3.42, 3.63,

3.68, 3.94, 3.95, 4.35, 4.46, 4.72, 4.94, 5.02.

然后将这些数据填入下表.

k	$x_{(k)}$	$x_{(17-k)}$	$x_{(17-k)}-x_{(k)}$	a_k
1	2.07	5.02	2.95	0.5056
2	2.43	4.94	2.51	0.3290
3	2.69	4.72	2.03	0.2521
4	2.77	4.46	1.69	0.1939
5	3.06	4.35	1.29	0.1447
6	3.21	3.95	0.74	0.1005
7	3.42	3.94	0.52	0.0593
8	3.63	3.68	0.05	0.0196

其中 $a_k(k=1, \cdots, 8)$的值是在附表 7 中根据 $n=16$ 查得的. 经计算,

$$\sum_{k=1}^{16} x_{(k)} = 58.34,$$

$$\sum_{k=1}^{16} x_{(k)}^2 = 225.0048,$$

$$\sum_{k=1}^{16} (x_{(k)} - \bar{x})^2 = \sum_{k=1}^{16} x_{(k)}^2 - \frac{1}{16}\left(\sum_{i=1}^{16} x_{(k)}\right)^2 = 12.2826,$$

$$\sum_{k=1}^{8} a_k(x_{(17-k)} - x_{(k)}) = 3.4496.$$

于是,统计量 W 的值为

$$W=\frac{(3.4496)^2}{12.2826}=0.9688.$$

查附表 8 得 $n=16$ 时 W 的 0.05 分位数 $W_{0.05}=0.887$. 因为 $W_{0.05}=0.887<0.9688=W$, 所以接受 H_0, 认为正常成年人的胆固醇指标服从正态分布,其结论与例 3.5.7 相同.

3. D 检验

W 检验是一种有效的正态性检验方法, 可惜它只适用于样本容量为 8 至 50 的情形. 其主要原因是当 $n>50$ 时, a_k 和 W_α 的值很难计算. 为此,达戈斯底纳(D'Agostino)在 1971 年提出了 D 检验. 这种检验不需要附一张像 W 检验中 a_k 那样的系数表, 它所

适用的样本容量范围为 $50 \leqslant n \leqslant 1000$. 记

$$D = \frac{\sum_{i=1}^{n}\left(i - \frac{n+1}{2}\right)X_{(i)}}{(\sqrt{n})^3 \sqrt{\sum_{i=1}^{n}(X_{(i)} - \overline{X})^2}}, \tag{3.5.27}$$

其中 $X_{(1)} \leqslant X_{(2)} \leqslant \cdots \leqslant X_{(n)}$ 是来自样本 $X_1, X_2, \cdots, X_n$ 的次序统计量.

可以证明，在总体正态性假设成立时，D 的分布仅与样本容量 n 有关. 当 $n \to +\infty$ 时，D 的渐近分布是正态分布，且

$$E(D) \approx 0.28209479,$$

$$\sqrt{\mathrm{Var}(D)} \approx 0.02998598/\sqrt{n}.$$

D 的近似的标准化随机变量为

$$Y = \frac{\sqrt{n}(D - 0.28209479)}{0.02998598}. \tag{3.5.28}$$

Y 就是用于检验正态性的 D 检验法的统计量.

易见，Y 的渐近分布是标准正态分布 $N(0, 1)$. 但是，Y 趋于 $N(0, 1)$ 的速度很慢，以致当 $n = 1000$ 时，Y 的分布与 $N(0, 1)$ 还有不可忽略的偏差. 所以达戈斯底纳仍用随机模拟法算出对于各种样本容量 $n(50 \leqslant n \leqslant 1000)$ 的 Y 的分位数值(见附表 9)，供作 D 检验时使用.

在总体正态性假设成立时，$E(Y) \approx 0$，当 $n > 50$ 时 $|Y|$ 取较大值的可能性很小. 在正态性假设不成立时，Y 的可能值不是偏小就是偏大. 所以对于给定的显著性水平 α，D 检验的拒绝域为

$$\{Y \leqslant Y_{\alpha/2}\} \text{或} \{Y \geqslant Y_{1-\alpha/2}\},$$

其中 $Y_{\alpha/2}$ 和 $Y_{1-\alpha/2}$ 分别是 Y 的 $\frac{\alpha}{2}$ 和 $1 - \frac{\alpha}{2}$ 分位数.

在具体计算统计量 Y 的值时，一般需编程上机计算. 若 n 较小（当然必须要有 $n \geqslant 50$），为了便于计算，因为统计量 D 的分子 $\sum_{i=1}^{n}\left(i - \frac{n+1}{2}\right)x_{(i)}$ 中 $x_{(n+1-i)}$ 的系数为（$n+1-i$） $-\frac{n+1}{2} =$

$\frac{n+1}{2}-i$，与 $x_{(i)}$ 的系数仅差一个符号，所以可将它简化为 $\sum_{i=1}^{[\frac{n}{2}]}\left(\frac{n+1}{2}-i\right)\cdot[x_{(n+1-i)}-x_{(i)}]$. 这时 D 统计量化为

$$D=\frac{\sum_{i=1}^{[\frac{n}{2}]}\left(\frac{n+1}{2}-i\right)(x_{(n+1-i)}-x_{(i)})}{(\sqrt{n})^3\cdot\sqrt{\sum_{i=1}^{n}(x_{(i)}-\bar{x})^2}}. \qquad (3.5.29)$$

进而由此式可算出 Y 的值.

从下面的例子即可知道使用 D 检验法检验正态性的步骤.

例 3.5.9 测量了 65 发某种火箭弹的质量偏心 X（单位：10^{-5}m），其数据如例 3.5.3，试用 D 检验法检验质量偏心 X 的正态性（$\alpha=0.05$）.

解 本题要检验如下假设

$$H_0: X \text{ 服从正态分布.}$$

$n=65$，可使用 D 检验法. 将数据按递增次序排列后填入下表.

i	$x_{(i)}$	$x_{(66-i)}$	$x_{(66-i)}-x_{(i)}$	$33-i$	$(33-i)[x_{(66-i)}-x_{(i)}]$
1	12.6	15.8	3.2	32	102.4
2	12.7	15.6	2.9	31	89.9
3	12.9	15.5	2.6	30	78.0
4	13.0	15.4	2.4	29	69.6
5	13.1	15.3	2.2	28	61.6
6	13.2	15.3	2.1	27	56.7
7	13.4	15.2	1.8	26	46.8
8	13.4	15.2	1.8	25	45.0
9	13.5	15.1	1.6	24	38.4
10	13.6	15.0	1.4	23	32.2
11	13.6	15.0	1.4	22	30.8
12	13.7	14.9	1.2	21	25.2
13	13.7	14.9	1.2	20	24.0

（续）

i	$x_{(i)}$	$x_{(66-i)}$	$x_{(66-i)}-x_{(i)}$	$33-i$	$(33-i)[x_{(66-i)}-x_{(i)}]$
14	13.8	14.9	1.1	19	20.9
15	13.8	14.8	1.0	18	18.0
16	13.9	14.8	0.9	17	15.3
17	14.0	14.8	0.8	16	12.8
18	14.0	14.8	0.8	15	12.0
19	14.0	14.7	0.7	14	9.8
20	14.0	14.7	0.7	13	9.1
21	14.1	14.7	0.6	12	7.2
22	14.1	14.6	0.5	11	5.5
23	14.1	14.6	0.5	10	5.0
24	14.1	14.6	0.5	9	4.5
25	14.2	14.6	0.4	8	3.2
26	14.2	14.5	0.3	7	2.1
27	14.2	14.5	0.3	6	1.8
28	14.2	14.4	0.2	5	1.0
29	14.3	14.4	0.1	4	0.4
30	14.3	14.4	0.1	3	0.3
31	14.3	14.4	0.1	2	0.2
32	14.3	14.4	0.1	1	0.1

由上表中的数据可算得

$$\sum_{i=1}^{32}(33-i)(x_{(66-i)}-x_{(i)}) = 829.8.$$

经计算，

$$\sum_{i=1}^{65}x_i = 930.4 \quad \sum_{i=1}^{65}x_i^2 = 13349.4,$$

$$\sum_{i=1}^{65}(x_i-\bar{x})^2 = \sum_{i=1}^{65}x_i^2 - \left(\sum_{i=1}^{65}x_i\right)^2 \Big/ 65 = 31.797539,$$

$$D = \frac{\sum_{i=1}^{32}(33-i)[x_{(66-i)}-x_{(i)}]}{(65)^{3/2}\cdot\sqrt{\sum_{i=1}^{65}(x_i-\bar{x})^2}} = 0.280806166,$$

$$Y=\frac{\sqrt{65}(D-0.28209479)}{0.02998598}=-0.3465.$$

附表 9 没有给出 $n=65$ 时统计量 Y 的分位数，但从附表 9 可查到 $n=60$ 与 70 时 $Y_{0.025}$ 分别为 -2.68 与 -2.64；$Y_{0.975}$ 分别为 1.13 与 1.19. 从这些数据可推断出：对于 $n=65$，$Y_{0.025}$ 在 -2.68 与 -2.64 之间，$Y_{0.975}$ 在 1.13 与 1.19 之间. 故有 $Y_{0.025}<-0.3465<Y_{0.975}$，所以接受 H_0，认为这种火箭弹的质量偏心 X 服从正态分布. 这个结论与例 3.5.3 的结论相同.

关于正态性检验的详细内容可见参考文献[4].

§3.6 两个总体相等性检验

这一节要讨论的"两个总体相等性检验"也属于非参数假设检验. 在这一节我们介绍两种关于"两个总体相等性检验"的方法：秩和检验与游程总数检验.

一、秩和检验

秩和检验是建立在秩与秩统计量基础上的非参数检验.

定义 3.6.1 设 $(Z_1, Z_2, \cdots, Z_n)$ 是来自连续型总体 Z 的样本，其次序统计量为 $Z_{(1)}<Z_{(2)}<\cdots<Z_{(n)}$. 如果 $Z_i=Z_{(R_i^*)}$，则称 R_i^* 为 Z_i 的秩.

记 $\boldsymbol{R}^*=(R_1^*, R_2^*, \cdots, R_n^*)$，则称 $\boldsymbol{R}^*$ 为 $(Z_1, Z_2, \cdots, Z_n)$ 的**秩统计量**. 为了方便起见，我们把由 $\boldsymbol{R}^*$ 导出的统计量也称为秩统计量.

由上述定义，如果有容量为 6 的样本观察值：1.26, 2.03, 0.97, 1.38, 1.55, 1.14，则

$$\boldsymbol{R}^*=(R_1^*, \cdots, R_6^*)=(3, 6, 1, 4, 5, 2).$$

定理 3.6.1 设 $(Z_1, Z_2, \cdots, Z_n)$ 是来自连续型总体 Z 的样本，$\boldsymbol{R}^*=(R_1^*, \cdots, R_n^*)$ 为相应的秩统计量. 记

$$\boldsymbol{R}=\{r: r \text{ 是 } 1, 2, \cdots, n \text{ 的一个置换}\},$$

则 $\boldsymbol{R}^*$ 服从 $\mathbf{R}$ 上的均匀分布，即对 $1, 2, \cdots, n$ 的任一置换 r 有

$$P\{R^* = r\} = \frac{1}{n!}. \tag{3.6.1}$$

证明从略.

从定理3.6.1知道，秩统计量 $\boldsymbol{R}^*$ 的分布与总体 Z 的分布无关. 正因为这一点才使得秩方法在非参数统计中有着重要的地位. 下面是定理3.6.1的重要推论.

推论3.6.1 设$(Z_1, Z_2, \cdots, Z_n)$是来自连续型总体 Z 的样本，$\boldsymbol{R}^* = (R_1^*, R_2^*, \cdots, R_n^*)$为相应的秩统计量，则对任一 $i=1, 2, \cdots, n$,

$$P\{R_i^* = l\} = \frac{1}{n}, \text{当 } l=1, 2, \cdots, n; \tag{3.6.2}$$

并对任意 $i, j=1, 2, \cdots, n$, 且 $i \neq j$ 有

$$P\{R_i^* = l, R_j^* = s\} = \frac{1}{n(n-1)}, \text{当 } l, s=1, 2, \cdots, n \text{ 且满足 } l \neq s. \tag{3.6.3}$$

证明 不失一般性，只需证明对任一 l_{10} $(l_{10}=1, 2, \cdots, n)$, $P\{R_1^* = l_{10}\} = \frac{1}{n}$.

注意到$\{R_1^* = l_{10}\} = \{(R_1^*, R_2^*, \cdots, R_n^*) = (l_{10}, l_2, \cdots, l_n) \mid (l_{10}, l_2, \cdots, l_n)$是使 l_{10} 固定的$(1, 2, \cdots, n)$的任一置换，共$(n-1)!$ 个$\}$. 由定理3.6.1有 $P\{R_1^* = l_{10}\} = \frac{1}{n!}(n-1)! = \frac{1}{n}$.

同理可证第二个结论. 证毕.

推论3.6.2 设$(Z_1, Z_2, \cdots, Z_n)$是来自连续型总体 Z 的样本，$\boldsymbol{R}^* = (R_1^*, R_2^*, \cdots, R_n^*)$为相应的秩统计量，则对 $i=1, 2, \cdots, n$ 有

$$E(R_i^*) = \frac{n+1}{2}, \quad \mathrm{Var}(R_i^*) = \frac{(n+1)(n-1)}{12}. \tag{3.6.4}$$

对 $i, j=1, 2, \cdots, n$ 且 $i\neq j$ 有

$$\mathrm{Cov}(R_i^*, R_j^*) = -\frac{n+1}{12}. \tag{3.6.5}$$

证明　$E(R_i^*) = \sum_{k=1}^{n} k \cdot P\{R_i^* = k\} = \frac{1}{n}\sum_{k=1}^{n} k = \frac{n+1}{2}.$

又因 $E(R_i^{*2}) = \sum_{k=1}^{n} k^2 \cdot P\{R_i^* = k\} = \frac{1}{n}\sum_{i=1}^{n} k^2 = \frac{(n+1)(2n+1)}{6}$,

故

$$\begin{aligned}\mathrm{Var}(R_i^*) &= E(R_i^{*2}) - E^2(R_i^*) = \frac{(n+1)(2n+1)}{6} - \frac{(n+1)^2}{4}\\ &= \frac{(n+1)(n-1)}{12}.\end{aligned}$$

当 $i\neq j$ 时,

$$\begin{aligned}E(R_i^* R_j^*) &= \sum_{l=1}^{n}\sum_{s\neq l} lsP\{R_i^* = l, R_j^* = s\}\\ &= \frac{1}{n(n-1)}\sum_{l=1}^{n} l\left(\sum_{s=1}^{n} s - l\right)\\ &= \frac{1}{n(n-1)}\left[\frac{n^2(n+1)^2}{4} - \frac{n(n+1)(2n+1)}{6}\right]\\ &= \frac{(n+1)(3n+2)}{12},\end{aligned}$$

所以, $$\begin{aligned}\mathrm{Cov}(R_i^*, R_j^*) &= E(R_i^* R_j^*) - E(R_i^*)E(R_j^*)\\ &= \frac{(n+1)(3n+2)}{12} - \frac{(n+1)^2}{4} = -\frac{n+1}{12}.\end{aligned}$$

下面介绍威尔柯克逊(Wilcoxon)秩和检验.

设$(X_1, X_2, \cdots, X_m)$和$(Y_1, Y_2, \cdots, Y_n)$分别是来自连续型总体 X 和 Y 的独立样本. X 和 Y 的分布函数分别是 $F(x)$ 和 $G(x)=F(x-\Delta)$, 其中 $-\infty<\Delta<+\infty$ 是未知的位置参数. X 和 Y 的密度函数分别记为 $f(x)$ 和 $g(x)$. 我们感兴趣的是检验假设

$$H_0: \Delta\leqslant 0,\ H_1: \Delta>0, \tag{3.6.6}$$

$$H_0': \Delta\geqslant 0,\ H_1': \Delta<0, \tag{3.6.7}$$

和

$$H_0'': \Delta=0,\ H_1'': \Delta\neq 0. \tag{3.6.8}$$

这样的假设检验问题称为“两样本位置问题”. 这里要指出的

是，在假设检验问题(3.6.6)，(3.6.7)和(3.6.8)中，虽然形式上出现一个位置参数 Δ，但因 X 与 Y 分布的具体形式不知道，所以它们本质上是非参数检验问题. 下面主要讨论假设检验问题(3.6.6).

把样本$(X_1, X_2, \cdots, X_m)$和样本$(Y_1, Y_2, \cdots, Y_n)$放在一起，称为**合样本**. 记 $N = m + n$. 设 $Q_i\ (i = 1, 2, \cdots, m)$ 和 $R_j\ (j = 1, 2, \cdots, n)$分别是 X_i 和 Y_j 在合样本中的秩. 易见 $R^* = (Q_1, \cdots, Q_m, R_1, \cdots, R_n)$的观察值是$(1, 2, \cdots, N)$的一个置换. 虽然 $\boldsymbol{R}^*$ 是随机的，但必须满足约束

$$\sum_{i=1}^{m} Q_i + \sum_{j=1}^{n} R_j = \sum_{i=1}^{N} i = \frac{N(N+1)}{2}, \tag{3.6.9}$$

由式(3.6.9)知，我们只需把精力集中于两个秩和 $\sum\limits_{i=1}^{m} Q_i$ 与 $\sum\limits_{j=1}^{n} R_j$ 之一. 下面我们主要讨论 Y 的秩和 $\sum\limits_{j=1}^{n} R_j$. 不失一般性，还假定 $m \geqslant n$. 对于所讨论的两样本位置问题已有许多秩检验统计量被提出. 威尔柯克逊1945年提出把 Y 的秩和作为检验统计量：

$$W = \sum_{j=1}^{n} R_j . \tag{3.6.10}$$

当 H_1 为真(即 $\Delta > 0$)时，$G(x) = F(x - \Delta) < F(x)$，因此

$$\begin{aligned} P\{Y > X\} &= \int_{-\infty}^{\infty}\int_{-\infty}^{y} f(x)g(y)\,\mathrm{d}x\mathrm{d}y = \int_{-\infty}^{\infty} F(y)g(y)\,\mathrm{d}y \\ &> \int_{-\infty}^{\infty} G(y)g(y)\,\mathrm{d}y = \frac{1}{2}G^2(y)\Big|_{-\infty}^{+\infty} = \frac{1}{2}. \end{aligned} \tag{3.6.11}$$

式(3.6.11)说明，$\Delta > 0$ 时，与 X 的观察值相比，Y 的观察值有偏大的趋势. 从而知，$\Delta > 0$ 时合样本中 Y 观察值的秩和 $W = \sum\limits_{j=1}^{n} R_j$ 与 X 观察值的秩和 $\sum\limits_{i=1}^{m} Q_i$ 相比有偏大的趋势. 因此，拒绝域的形式为$\{W \geqslant c\}$. 为了确定临界值 c，要给出当 $\Delta = 0$ 时 W 的分

布.

定理 3.6.2　设$(X_1, X_2, \cdots, X_m)$和$(Y_1, Y_2, \cdots, Y_n)$分别是来自分布函数为$F(x)$和$F(x-\Delta)$的连续型总体X和Y的独立样本. 又设W是威尔柯克逊秩和统计量, 则当$\Delta=0$时W的分布律为

$$P_0\{W=\omega\}=\begin{cases}t_{m,n}(\omega)/C_N^n, & \omega=\dfrac{n(n+1)}{2},\cdots,\dfrac{n(2m+n+1)}{2},\\ 0, & \text{其他},\end{cases}$$

其中$t_{m,n}(\omega)$是从$1, 2, \cdots, N(=m+n)$中任取n个数, 其和等于ω的组合数. 上述分布律称为W的零分布.

证明　按W的定义, W的可能值中最小者为$1+2+\cdots+n=\dfrac{n(n+1)}{2}$, 最大者为$(m+1)+(m+2)+\cdots+(m+n)=mn+\dfrac{n(n+1)}{2}=\dfrac{n(2m+n+1)}{2}$.

当$\Delta=0$时, 合样本$(X_1, \cdots, X_m, Y_1, \cdots, Y_n)$相当于来自同一总体的容量为$N(=m+n)$的样本. 因此, 由定理 3.6.1, 当$\Delta=0$时秩统计量$\boldsymbol{R}^*=(Q_1, \cdots, Q_m, R_1, \cdots, R_n)$等于$(1, 2, \cdots, N)$的任一置换的概率都为$\dfrac{1}{N!}$. 而与$\{W=\omega\}$相应的$(1, 2, \cdots, N)$的置换的个数为$t_{m,n}(\omega)\cdot m!\ n!$. 所以当$\omega=\dfrac{n(n+1)}{2}, \cdots, \dfrac{n(2m+n+1)}{2}$时,

$$P_0\{W=\omega\}=\frac{t_{m,n}(\omega)\cdot m!\ n!}{N!}=\frac{t_{m,n}(\omega)}{C_N^n}.$$ 证毕.

对于给定的m和n, 为了计算$P_0\{W=\omega\}$需要考虑X和Y观察值的所有C_{m+n}^n个可能的组合, 对每个这样的组合计算W的值. 在此基础上便可获得$t_{m,n}(\omega)$的表, 进而获得W的零分布. 请看下面例子.

例 3.6.1 设 x_1, x_2, x_3 和 y_1, y_2 分别是来自分布函数为 $F(x)$ 和 $F(x-\Delta)$ 的连续型总体 X 和 Y 的独立样本. $m=3, n=2$. 为了得到秩和统计量 W 的零分布，有 $C_{m+n}^{n}=C_5^2=10$ 个组合需要考察. 这些组合与相应的 W 的值如表 3.6.1 所示. 由定理 3.6.2 和表 3.6.1 可得 W 的零分布如下：

$$P_0\{W=\omega\}=\begin{cases}\dfrac{1}{10}, & \omega=3,4,8,9,\\ \dfrac{2}{10}, & \omega=5,6,7.\end{cases}$$

表 3.6.1

组　　合	W 的值
xxxyy	9
xxyxy	8
xyxxy	7
yxxxy	6
xxyyx	7
xyxyx	6
yxxyx	5
xyyxx	5
yxyxx	4
yyxxx	3

对于 $m+n\leqslant 20$ 的情形，在参考文献[5]中有 W 的零分布的表. 对于 $2\leqslant n\leqslant m\leqslant 10$ 时满足 $P_0(W\geqslant c(\alpha, m, n))\leqslant\alpha<P_0(W\geqslant c(\alpha,m,n)-1)$ 的临界值 $c(\alpha, m, n)$ 见附表 10.

对于假设检验问题(3.6.6)，若 W 的观察值 $\omega\geqslant c(\alpha, m, n)$，则在水平 α 之下拒绝 H_0，认为 $\Delta>0$；若 $\omega<c(\alpha, m, n)$，则接受 H_0，认为 $\Delta\leqslant 0$.

类似地，对于假设检验问题(3.6.7)，其拒绝域的形式为 $\{W\leqslant d\}$；其临界值记为 $d(\alpha, m, n)$，它满足

$$P_0(W\leqslant d(\alpha, m, n))\leqslant\alpha<P_0(W\leqslant d(\alpha,m,n)+1).$$

若 W 的观察值 ω 满足 $\omega\leqslant d(\alpha, m, n)$，则在水平 α 之下拒绝 H_0'，认为 $\Delta<0$；反之，接受 H_0'，认为 $\Delta\geqslant 0$.

可以证明，临界值 $d(\alpha, m, n)$ 与前面提到的临界值 $c(\alpha, m, n)$ 有如下关系

$$d(\alpha, m, n)=n(n+m+1)-c(\alpha, m, n). \qquad (3.6.12)$$

所以书后只给出了 $c(\alpha, m, n)$ 的附表. 需要 $d(\alpha, m, n)$ 的数值时，先从附表 10 查出 $c(\alpha, m, n)$，再从上式算出 $d(\alpha, m, n)$.

对于假设检验问题(3.6.8)，若 W 的观察值 $\omega\geqslant c(\alpha/2, m, n)$ 或 $\omega\leqslant d(\alpha/2, m, n)=n(n+m+1)-c(\alpha/2, m, n)$，则在水平 α 之下拒绝 H_0''，认为 $\Delta\neq 0$；反之，则接受 H_0''，认为 $\Delta=0$.

定理 3.6.3 设$(X_1, X_2, \cdots, X_m)$和$(Y_1, Y_2, \cdots, Y_n)$分别是来自分布函数为$F(x)$和$F(x-\Delta)$的连续型总体X和Y的独立样本. 又设W是威尔柯克逊秩和统计量，则当$\Delta=0$时，W的数学期望和方差分别为

$$E_0(W)=n(m+n+1)/2 \quad 和 \quad \mathrm{Var}_0(W)=mn(m+n+1)/12$$

证明 由推论 3.6.2,

$$\begin{aligned} E_0(W) &= E_0\Big(\sum_{i=1}^n R_i\Big) = \sum_{i=1}^n E_0(R_i) = \sum_{i=1}^n \frac{N+1}{2} \\ &= n(m+n+1)/2 \end{aligned}$$

$$\begin{aligned} \mathrm{Var}_0(W) &= \mathrm{Var}_0\Big(\sum_{i=1}^n R_i\Big) = \sum_{i=1}^n \mathrm{Var}_0(R_i) + 2\sum_{1=i<j=n} \mathrm{Cov}_0(R_i, R_j) \\ &= n\frac{(N+1)(N-1)}{12} + 2\cdot\frac{n(n-1)}{2}\cdot\left(-\frac{N+1}{12}\right) \\ &= mn(m+n+1)/12 \end{aligned}$$

定理 3.6.4 设$(X_1, X_2, \cdots, X_m)$和$(Y_1, Y_2, \cdots, Y_n)$分别是来自分布函数为$F(x)$和$F(x-\Delta)$的连续型总体X和Y的独立样本. 又设W是威尔柯克逊秩和统计量. 记$W^*=\dfrac{W-n(m+n+1)/2}{\sqrt{mn(m+n+1)/12}}$，则当$\Delta=0$时

$$W^* \xrightarrow{L} N(0,1) \qquad (m\to+\infty,\ n\to+\infty).$$

证明从略.

在$n>7$和$m>7$时，W^*的分布已很接近$N(0,1)$的分布. 此时，对于两样本位置问题，可以取W^*为检验统计量. 假设检验问题(3.6.6)，(3.6.7)和(3.6.8)的近似拒绝域分别为$[u_{1-\alpha}, +\infty)$，$(-\infty, -u_{1-\alpha}]$和$(-\infty, -u_{1-\frac{\alpha}{2}}]\cup[u_{1-\frac{\alpha}{2}}, +\infty)$.

例 3.6.2 某厂生产了两批灯泡：批A和批B. 考察这两批灯泡的电阻. 它们的分布都不知道，但可以相信，这两个分布的差异仅在其均值. 现分别从批A和批B随机取出 9 个和 8 个灯泡. 经测量，它们的电阻(单位：Ω)如表 3.6.2 所列.

表 3.6.2

批 A	0.723	0.721	0.729	0.740	0.737	0.726	0.741	0.733	0.720
秩	3	2	7	16	13.5	5	17	10	1
批 B	0.725	0.731	0.735	0.731	0.736	0.737	0.727	0.738	
秩	4	8.5	11	8.5	12	13.5	6	15	

试问：这两批灯泡的平均电阻有无显著差异（取 $\alpha=0.05$）？

解 本题要在水平 $\alpha=0.05$ 之下检验

$$H_0: \mu_A=\mu_B,\ H_1: \mu_A\neq\mu_B,$$

其中 μ_A 与 μ_B 分别是批 A 和批 B 灯泡电阻的均值. 因为这两个总体的分布不知道，故不能用 t 检验法. 可以采用处理假设检验问题(3.6.8)的威尔柯克逊秩和检验法. 本题中 $m=9$，$n=8$，$N=17$. 下面计算各观察值的秩. 将以上合样本观察值从小到大排列后，发现有两个灯泡的电阻都等于 0.731Ω，另有两个灯泡的电阻都等于 0.737Ω. 这种现象称为“打结”. 本题中涉及的两个总体都是连续型随机变量，从理论上讲，出现“打结”现象的概率为0. 但因在测量这些灯泡的电阻时精度不够，导致“打结”现象的出现. 处理这个问题的一个方法是把“平均秩”赋予数值相同的各观察值. 使用这个方法，两个电阻 0.731 的秩都是 $\frac{8+9}{2}=8.5$，而两个电阻 0.737 的秩都是 13.5. 所有观察值在合样本中的秩都列在表 3.6.2 中. 于是，可算得 $w=\sum_{j=1}^{8}R_j=78.5$. 经查表，$c(0.025,9,8)=93$. 又，$d(0.025,9,8)=8\times(9+8+1)-c(0.025,9,8)=51$. 因为 $d(0.025,9,8)=51<\omega=78.5<93=c(0.025,9,8)$，故接受 H_0，认为这两批灯泡的平均电阻无显著差异.

因为本题两个样本的容量都不小，故亦可使用检验统计量 W^*. 因为 $n(m+n+1)/2=8\times(9+8+1)/2=72$，$mn(m+n+1)/12=9\times8\times(9+8+1)/12=108$，故

$$w^*=\frac{w-72}{\sqrt{108}}=\frac{78.5-72}{\sqrt{108}}=0.625.$$

而 $u_{0.975}=1.96$，$w^*\in(-1.96, 1.96)$，所以接受 H_0. 与第一种做

法结论相同.

对于“两样本位置问题”，曼-惠特尼(Mann and Whitney)在1947年独立地提出另一个检验统计量

$$U = \sum_{i=1}^{m}\sum_{j=1}^{n}\psi(Y_j - X_i), \tag{3.6.13}$$

其中，$\psi(t)=\begin{cases}1, & t>0,\\ 0, & t\leqslant 0.\end{cases}$ U 表示 Y 观察值大于 X 观察值的总次数. 当 X 和 Y 观察值中没有“打结”时，可以验证 U 与威尔柯克逊秩和统计量 W 有如下关系

$$W = U + \frac{n(n+1)}{2}. \tag{3.6.14}$$

所以，对于“两样本位置问题”，使用 W 或 U 作为检验统计量是等价的.

二、游程总数检验

设有总体 X，其分布函数为 $F(x)$. $(X_1, X_2, \cdots, X_{n_1})$ 是来自 X 的样本；又有总体 Y，其分布函数为 $G(x)$. $(Y_1, Y_2, \cdots, Y_{n_2})$ 是来自 Y 的样本. 还设这两个样本相互独立. 现在考虑如下的假设检验问题

$$H_0: F(x) = G(x). \tag{3.6.15}$$

本节采用游程总数检验对上述假设进行检验. 先引入游程的概念.

将以上两个样本放在一起，得到合样本，记为 $(Z_1, Z_2, \cdots, Z_{n_1+n_2}) = (X_1, \cdots, X_{n_1}, Y_1, \cdots, Y_{n_2})$. 然后，把合样本按从小到大的次序排列，得到次序统计量 $(Z_{(1)}, Z_{(2)}, \cdots, Z_{(n_1+n_2)})$. 记

$$r_j = \begin{cases}0, & \text{如果 } Z_{(j)} \text{ 来自总体 } X,\\ 1, & \text{如果 } Z_{(j)} \text{ 来自总体 } Y.\end{cases}$$

$j=1, 2, \cdots, n_1+n_2$. 于是，就得到了由0和1两个元素组成的序列 $r_1, r_2, \cdots, r_{n_1+n_2}$（其中0有 n_1 个，1有 n_2 个）. 我们把连续出现0(或1)的一组数称为一个**游程**(run)，组成这个游程的0(或1)的个数称为该游程的长度. 共有两种类型的游程：0游程和1游程. 例如，在序列00010111100111中，000，1，0，1111，00，

111 都是游程. 这 6 个游程的长度分别为 3, 1, 1, 4, 2, 3. 我们用 R 表示序列的总游程数. 显然, R 是随机变量. R 的可能值最小为 2. 当 $n_1 \neq n_2$ 时, R 的可能值最大为 $2\mathrm{Min}(n_1, n_2)+1$; 当 $n_1 = n_2$ 时, R 的可能值最大为 $2n_1(=2n_2)$.

若 X 的可能值在实数轴的一侧而 Y 的可能值在实数轴的另一侧, 并且 X 与 Y 可能值的范围完全不重叠时, 总游程数 R 取值为 2.

若 X 与 Y 的期望值相同, 但 Y 的方差比 X 的方差大, 由于 Y 的观察值较为分散(分散在合样本的两头)而 X 的观察值较多地落在合样本的中间, 这时 R 的取值有偏小的趋势.

若 $F(x)=G(x)$, 那么 $X_1, \cdots, X_{n_1}, Y_1, \cdots, Y_{n_2}$ 可视为来自同一总体的样本, 这时它们的观察值能充分地混合, R 的取值有偏大的趋势.

总之, 当原假设 H_0: $F(x)=G(x)$ 为真时, R 有偏大的趋势, 而 H_0 不真时 R 有偏小的趋势. 所以总游程数 R 可用于检验 H_0. 对于给定的显著性水平 α, 确定临界值 R_α. 若 $R \leqslant R_\alpha$, 则拒绝 H_0; 反之, 若 $R > R_\alpha$, 则接受 H_0. 为了确定临界值 R_α, 需要知道 H_0 为真时 R 的分布.

定理 3.6.5 当原假设 H_0: $F(x)=G(x)$ 为真时, 序列 $r_1, r_2, \cdots, r_{n_1+n_2}$ 的总游程数 R 的分布律为

$$P_0(R=2k)=\frac{2C_{n_1-1}^{k-1}C_{n_2-1}^{k-1}}{C_{n_1+n_2}^{n_1}}, \tag{3.6.16}$$

$$P_0(R=2k+1)=\frac{C_{n_1-1}^{k-1}C_{n_2-1}^{k}+C_{n_1-1}^{k}C_{n_2-1}^{k-1}}{C_{n_1+n_2}^{n_1}}. \tag{3.6.17}$$

以上两式中 $P_0(A)$ 表示 H_0 为真时 A 发生的概率. 当 $n_1=n_2=n_0$ 时, 式(3.6.16)中 k 的取值为 $k=1, 2, \cdots, n_0$; 式(3.6.17)中 k 的取值为 $k=1, 2, \cdots, n_0-1$. 当 $n_1 \neq n_2$ 时, 式(3.6.16)和式(3.6.17)中 k 的取值都是 $k=1, 2, \cdots, \mathrm{Min}(n_1, n_2)$. 当 $k > n_i - 1$ 时 $C_{n_i-1}^{k}=0$, $i=1, 2$.

证明 由于 0 和 1 的游程在序列中是交替出现的, 所以 0 和

1 的游程数或者相等，或者相差 1. 若用 R_0 和 R_1 分别表示 0 的游程数和 1 的游程数，则当总游程数 $R=2k$ 时，$R_0=R_1=k$；当 $R=2k+1$ 时，或者 $R_0=k$ 且 $R_1=k+1$，或者 $R_0=k+1$ 且 $R_1=k$.

(1)先考虑 $R=2k$ 的情形. 此时 $R_0=R_1=k$. $R_0=k$ 相当于将 n_1 个 0 分为 k 组，而这又相当于在 n_1 个 0 的 n_1-1 个间隔中选出 $k-1$ 个间隔，共有 $C_{n_1-1}^{k-1}$ 种不同的方法. 类似地，对于 $R_1=k$ 有 $C_{n_2-1}^{k-1}$ 种不同的方法. 于是，当把 0 游程和 1 游程联合在一起时，就有 $C_{n_1-1}^{k-1}\cdot C_{n_2-1}^{k-1}$ 种不同的方法. 再注意到首次出现的游程既可以是 0 游程又可以是 1 游程，所以对应于 $R=2k$ 总计有 $2C_{n_1-1}^{k-1}C_{n_2-1}^{k-1}$ 种不同的序列 $r_1,r_2,\cdots,r_{n_1+n_2}$.

各种可能出现的序列 $r_1,r_2,\cdots,r_{n_1+n_2}$ 的总数为 $C_{n_1+n_2}^{n_1}$. 而当 H_0 为真时每个序列 $r_1,r_2,\cdots,r_{n_1+n_2}$ 出现的可能性都一样，所以有

$$P_0(R=2k)=\frac{2C_{n_1-1}^{k-1}C_{n_2-1}^{k-1}}{C_{n_1+n_2}^{n_1}}.$$

(2) 下面考虑 $R=2k+1$ 的情形.

若 $R_0=k$, $R_1=k+1$, 此时共有 $C_{n_1-1}^{k-1}C_{n_2-1}^{k}$ 种不同的方法. 若 $R_0=k+1$, $R_1=k$, 此时有 $C_{n_1-1}^{k}C_{n_2-1}^{k-1}$ 种不同的方法. 故有

$$P_0(R=2k+1)=\frac{C_{n_1-1}^{k-1}C_{n_2-1}^{k}+C_{n_1-1}^{k}C_{n_2-1}^{k-1}}{C_{n_1+n_2}^{n_1}}.$$

证毕.

有了 H_0 为真时 R 的分布，对于给定的 α，可由 $P_0(R\leqslant R_\alpha)=\sum_{j=2}^{R_\alpha}P_0(R=j)\leqslant\alpha<\sum_{j=2}^{R_\alpha+1}P_0(R=j)$ 得到临界点 R_α 的值. 对于较小的 n_1 和 n_2，临界点 R_α 的值已制成表. 附表 11 提供了 $\alpha=0.025$ 和 $\alpha=0.05$，$n_1\leqslant n_2\leqslant 20$ 时 R_α 的值. 但当 n_1 与 n_2 较大时计算相当复杂. 这时就得借助于 H_0 为真时 R 的极限分布. 可以算得，当 H_0 为真时.

$$E_0(R)=1+\frac{2n_1n_2}{n_1+n_2},$$

$$\mathrm{Var}_0(R)=\frac{2n_1n_2(2n_1n_2-n_1-n_2)}{(n_1+n_2)^2(n_1+n_2-1)}.$$

上式中 $E_0(R)$ 和 $\mathrm{Var}_0(R)$ 分别表示 H_0 为真时 R 的数学期望和方差. 当 $n_1=n_2=n_0$ 时 $E_0(R)=n_0+1$, $\mathrm{Var}_0(R)=\dfrac{n_0(n_0-1)}{2n_0-1}$. 可以证明, 当 H_0 为真时

$$\frac{R-E_0(R)}{\sqrt{\mathrm{Var}_0(R)}}\xrightarrow{L}N(0,1)\qquad(n_1\to+\infty,\ n_2\to+\infty).$$

记 $n=n_1+n_2$, $n_1=\delta n(0<\delta<1)$, $n_2=(1-\delta)n$. 当 n 很大时, $E_0(R)\approx 2n\delta(1-\delta)$, $\mathrm{Var}_0(R)\approx 4n\delta^2(1-\delta)^2$. 于是,当 H_0 为真时

$$\frac{R-2n\delta(1-\delta)}{2\delta(1-\delta)\sqrt{n}}\xrightarrow{L}N(0,1)\qquad(n\to+\infty).$$

利用这一极限分布可以得到临界值 R_α 的近似值

$$R_\alpha\approx 2n\delta(1-\delta)+2\sqrt{n}\delta(1-\delta)u_\alpha,$$

其中 u_α 是 $N(0,1)$ 的 α 分位数.

例 3.6.3　有Ⅰ、Ⅱ两种型号充电式剃须刀. 现随机取出 9 个Ⅰ型剃须刀和 10 个Ⅱ型剃须刀, 测量它们充电后能使用的时间(单位: h),其数据如下:

型号Ⅰ	4.90	5.50	4.65	6.20	5.85	5.90	5.15	5.30	4.60	
型号Ⅱ	4.35	5.60	5.25	5.05	4.25	5.20	4.55	4.80	6.30	5.55

试问: 在水平 $\alpha=0.025$ 之下, 能否认为这两种型号剃须刀充电后能使用的时间具有相同的分布?

解　Ⅰ型和Ⅱ型剃须刀充电以后能使用的时间分别记为 X 和 Y, 它们的分布函数分别记为 $F(x)$ 和 $G(x)$. 现要在水平 $\alpha=0.025$ 之下检验

$$H_0:\ F(x)=G(x).$$

将以上两组样本放在一起得到合样本后, 按从小到大的次序排列, 得

4.25, 4.35, 4.55, <u>4.60</u>, <u>4.65</u>, 4.80, <u>4.90</u>, 5.05, <u>5.15</u>, 5.20,

5.25, <u>5.30</u>, <u>5.50</u>, 5.55, 5.60, <u>5.85</u>, <u>5.90</u>, <u>6.20</u>, 6.30.

其中下面划线的是关于Ⅰ型剃须刀(即 X)的数据. 来自 X 的观察值用 0 代替，来自 Y 的观察值用 1 代替，可得如下序列

$$1110010101100110001.$$

容易算得 0 游程数和 1 游程数分别为 $R_0=5$ 和 $R_1=6$. 总游程数为 $R=11$. 这里 $n_1=9$, $n_2=10$, $\alpha=0.025$, 查附表 11 得 $R_{0.025}=5$. 因为 $R_{0.025}=5<11=R$, 所以接受 H_0, 认为这两种型号剃须刀充电后能使用的时间具有相同的分布.

小　　结

所谓假设检验是指提出关于总体的某项假设,然后根据所获得的样本来判断这个假设是否成立. 假设检验可分为参数假设检验和非参数假设检验两类.

设有某假设 H_0 需要检验. 先假定该假设 H_0 是正确的,在此假定之下构造一个具有已知分布的统计量,并由此构造一个在 H_0 为真条件下概率很小的事件 A. 现进行一次试验(一次抽样)，若 A 发生了，由实际推断原理，使人怀疑 H_0 的正确性，从而拒绝 H_0；若 A 不发生，无法否认 H_0 的正确性，从而接受 H_0.

上述假设检验的统计思想也可以称为"概率意义下的反证法".

假设检验问题中，原假设记为 H_0，备择假设记为 H_1. 用于检验假设的统计量称为检验统计量. 检验统计量的值域分为互不相交的两部分：一部分称为拒绝域，一部分称为接受域. 若检验统计量的观察值落在拒绝域内，则拒绝 H_0；若检验统计量的观察值落在接受域内，则接受 H_0.

由于样本的随机性，当 H_0 为真时，检验统计量的观察值也可能落入拒绝域，这时根据检验规则我们便作出拒绝 H_0 的错误结论，这种错误称为第一类错误；反之，当 H_0 不真时检验统计量的观察值也可能落入接受域，这时根据检验规则我们便作出接受 H_0 的错误结论，这种错误称为第二类错误.

在一个假设检验问题中，样本容量确定之后，若减小犯某一类错误的概率，那么犯另一类错误的概率就要增大，要使犯两类错误的概率都减小是不可能的. 对于这种现象，我们采取的办法是，控制犯第一类错误的概率，适当考虑犯第二类错误的概率. 这种检验称为显著性检验.

当我们作出拒绝 H_0 的结论时，如果 H_0 不真，那么结论正确；如果 H_0 为真，那么犯了第一类错误，由于我们控制了犯第一类错误的概率，这种可能性很小. 所以拒绝原假设 H_0 的理由是充分的. 当我们作出接受 H_0 的结论时，如果 H_0 为真，那么结论正确；如果 H_0 不真，那么犯了第二类错误，由于我们没有控制犯第二类错误的概率，这种可能性也许不小. 所以，接受原假设 H_0 的理由是不充分的.

假设检验中对犯第一类错误的概率加以控制，体现了"保护原假设"的原则，在做假设检验工作时应把有把握的、不能轻易否定的命题作为原假设. 所以，而把没有把握的、不能轻易肯定的命题作为备择假设.

本章具体介绍了正态总体均值和方差的若干假设检验方法以及若干分布拟合检验和两个总体相等性检验的非参数假设检验方法. 这些假设检验方法都是经常使用的，应予以掌握.

习 题 三

1. 设总体 $X \sim N(\mu, 5)$. 从来自该总体的容量为 8 的样本 $(x_1, x_2, \cdots, x_8)$ 算得 $\sum_{i=1}^{8} x_i = -11.2$. 试在水平 $\alpha = 0.05$ 之下检验假设

$$H_0: \mu = 0, \ H_1: \mu \neq 0.$$

2. 某种元件的厚度服从正态分布，其标准厚度为 36 丝. 检验员从某批该种元件任取 6 个，测得其厚度为（单位：丝[1]）

37.1　35.4　36.1　33.1　34.9　36.3

试问这批元件是否符合标准（$\alpha = 0.05$）？

---

[1] 1 丝 = 0.1mm.

3. 设总体 $X \sim N(\mu, \sigma^2)$，其中 $\sigma^2=25$. 从该总体获得容量为 36 的样本. 经计算，样本均值为 42.6. 试在水平 $\alpha=0.05$ 之下检验假设

$$H_0: \mu \geqslant 45, \ H_1: \mu < 45.$$

4. 某电器零件的平均电阻一直保持在 2.64Ω. 改变加工工艺后，测得 100 个零件的平均电阻为 2.62Ω. 如改变工艺后电阻的标准差仍保持在 0.06Ω，问新工艺对此零件的电阻有无显著影响（$\alpha=0.01$）?

5. 某纺织厂在正常运转条件下，各台布机 1h 内经纱平均断头数为 0.973 根. 该厂进行工艺改革，减少经纱上浆率. 在 200 台布机上进行试验. 结果 1h 内经纱平均断头数为 0.994 根，标准差为 0.16 根. 问：新工艺经纱断头数与旧工艺有无显著差异（$\alpha=0.05$）?

6. 使用 A（电学法）和 B（混合法）两种方法来研究冰的熔化热，试样都是 −0.72°C 的冰，下列数据是每克冰从 −0.72°C 变为 0°C 水的过程中的热量变化（单位：cal/g）：

方法 A：79.98，80.04，80.02，80.04，80.03，80.03，80.04，79.97，80.05，80.03

方法 B：80.02，79.94. 79.97，79.98，79.97，80.03，79.95，79.97

假定用两种方法测得的数据都服从正态分布，并且它们的方差相等. 试在 $\alpha=0.01$ 下检验：两种方法测量结果的总体均值是否相等.

7. 某种物品在处理前与处理后取样分析，其含脂率（%）如下：

处理前：0.19，0.18，0.21，0.30，0.26，0.42，0.08，0.12，0.30，0.27

处理后：0.15，0.13，0.00，0.07，0.24，0.24，0.19，0.04，0.08，0.20，0.12

假定处理前后含脂率都服从正态分布，且它们的方差相同. 试问处理前后平均含脂率有无显著差异（$\alpha=0.05$）?

8. 为确定肥料的效果，取某种植物 1000 株做试验. 在没有施肥的 100 株该种植物中有 53 株长势良好；在施肥的 900 株中则有 783 株长势良好. 问施肥的效果是否显著地好（$\alpha=0.01$）?

9. A、B 两厂生产同类蓄电池. 从两厂生产的蓄电池中各取出 10 个，其电容量（单位：A·h）分别为

A 厂：146，141，135，142，140，143，138，137，142，137

B 厂：141，143，139，135，140，141，146，140，142，138

假定 A 厂和 B 厂生产的蓄电池其电容量都服从正态分布且方差相同. 试检验两厂蓄电池的电容量有无显著差异（$\alpha=0.05$）?

10. 确定某种矿石中铁的百分比可用方法 A 和方法 B. 从这种矿石中任意取出由 12 个样品构成的样本. 用方法 A 和方法 B 各对每个样品进行一次测试，其结果如下：

	1	2	3	4	5	6	7	8	9	10	11	12
方法 A	38.25	31.68	26.24	41.29	44.81	46.37	35.42	38.41	42.68	46.71	29.20	30.76
方法 B	38.27	31.71	26.22	41.33	44.80	46.39	35.46	38.39	42.72	46.76	29.18	30.79

假定 $d_i = x_i - y_i$ $(i=1, 2, \cdots, 12)$ 来自正态总体. 试在水平 $\alpha = 0.05$ 下检验这两种方法测定的结果有无显著的差异.

11. 某谷物有 A、B 两种种子可选择. 选取 8 块不同的土地，每块分为面积相同的两部分，分别种植种子 A 和种子 B，其产量为（单位：kg）

	1	2	3	4	5	6	7	8
种子 A (x_i)	25.2	21.8	24.3	23.7	26.1	22.5	28.0	27.4
种子 B (y_i)	26.0	22.2	23.8	24.6	25.7	24.3	27.8	29.1

设 $d_i = x_i - y_i$ $(i=1, 2, \cdots, 8)$ 来自正态总体. 试检验使用 A、B 两种种子时该种谷物产量有无显著差异 $(\alpha=0.01)$？

12. 设某种电池的寿命（单位：h）$X \sim N(\mu, \sigma^2)$，从这种电池中任取 25 个，测量它们的寿命. 经计算，样本方差 $S^2 = 7200$. 试检验假设

$$H_0: \sigma^2 = 5000,\ H_1: \sigma^2 \neq 5000\ (\alpha = 0.02).$$

13. 从某产品中任意取出 8 个，测量其直径（单位：mm），数据如下：

$$20.5, 19.8, 19.7, 20.4, 20.1, 20.0, 19.0, 19.9$$

设这批产品的直径服从正态分布. 试检验这批产品的直径的方差为 0.25 $(\alpha=0.05)$.

14. 某种导线，要求其电阻的标准差不超过 0.005（Ω）. 今在一批这种导线中取出 9 根，测量其电阻. 经计算，其样本标准差 $S = 0.007$（Ω）. 设这种导线的电阻服从正态分布. 试在水平 $\alpha = 0.05$ 之下检验这批导线的电阻其标准差是否合乎要求.

15. 某公司声称他们生产的某种发动机零件，其直径的方差不大于 0.0002（cm^2）. 从这种零件中任意取出 10 个，测量其直径. 经计算，样本方差 $S^2 = 0.0003$（cm^2）. 假定这种零件的直径服从正态分布. 试问该公司所声称的是否为真 $(\alpha = 0.05)$？

16. 测定某种溶液中的水分. 设测定值 $X \sim N(\mu, \sigma^2)$. 由 10 个测定值算出 $\bar{x} = 0.452\%$，$S = 0.037\%$. 试在显著性水平 5% 下分别检验：

（1）$H_0: \mu = 0.5\%$，$H_1: \mu \neq 0.5\%$，

（2）$H_0: \sigma = 0.04\%$，$H_1: \sigma \neq 0.04\%$.

17. 甲、乙两台机床加工同一种零件. 假定机床甲所加工的零件的长度 $X \sim N(\mu_1, \sigma_1^2)$，机床乙所加工的零件的长度 $Y \sim N(\mu_2, \sigma_2^2)$. 现从机床甲生产的零件中任意取出 6 个，量其长度并计算得 $S_X^2 = 0.345$（mm^2）；从机床乙生产的零件中任意取出 9 个，量其长度并计算得 $S_Y^2 = 0.357$（mm^2）. 试在水平 $\alpha = 0.05$ 之下检验如下假设：$H_0: \sigma_1^2 \leqslant \sigma_2^2$，$H_1: \sigma_1^2 > \sigma_2^2$.

18. 测得 A、B 两批电子器材的电阻的样本值（单位：Ω）为

A 批（x）	0.140	0.138	0.143	0.142	0.144	0.137
B 批（y）	0.135	0.140	0.142	0.136	0.138	0.140

设这两批器材的电阻分别服从 $N(\mu_1, \sigma_1^2)$ 和 $N(\mu_2, \sigma_2^2)$，且样本独立. 试在水平 $\alpha = 0.05$ 之下分别检验

（1）$H_0: \sigma_1^2 = \sigma_2^2$，$H_1: \sigma_1^2 \neq \sigma_2^2$，

（2）$H_0: \mu_1 = \mu_2$，$H_1: \mu_1 \neq \mu_2$.

19. 第 6 题中两总体的方差分别记为 σ_1^2（方法 A）和 σ_2^2（方法 B）. 试在水平 $\alpha = 0.05$ 下检验

$$H_0: \sigma_1^2 = \sigma_2^2, \ H_1: \sigma_1^2 \neq \sigma_2^2,$$

以说明第 6 题中假定 $\sigma_1^2 = \sigma_2^2$ 是否合理.

20. 第 9 题中两总体的方差分别记为 σ_1^2（A 厂）和 σ_2^2（B 厂）. 试在水平 $\alpha = 0.05$ 下检验

$$H_0: \sigma_1^2 = \sigma_2^2, \ H_1: \sigma_1^2 \neq \sigma_2^2,$$

以说明第 9 题中假定 $\sigma_1^2 = \sigma_2^2$ 是否合理.

21. 一颗骰子掷了 300 次，得结果如下：

点数	1	2	3	4	5	6
频数	43	49	56	45	66	41

试在水平 $\alpha = 0.05$ 下检验这颗骰子是否均匀.

22. 从一大批某种杂交的几内亚猪后代中任取 64 只，发现其中 34 只红的，10 只黑的，20 只白的. 根据遗传学模型，它们之间的比例应为 9∶3∶4. 试问以上数据是否在 0.05 水平下与模型相符.

23. 卢瑟福（Rutherford）和盖格（Geiger）曾经做过一个著名的实验，观察每 1/8min 内一片放射性物质钋所放射出的 α 粒子数. 共观察了 2608 次，结果如下：

粒子数	0	1	2	3	4	5	6	7	8	9	10	11	12
频数	57	203	383	525	532	408	273	139	45	27	10	4	2

试问以上数据是否在水平 0.05 下与泊松分布相符？

24. 有 1000 人按性别和是否色盲分类如下：

	男	女
正常	442	514
色盲	38	6

按遗传学模型，这些数据应有下列相应的概率

	男	女
正常	$p/2$	$p(1-p)+p^2/2$
色盲	$(1-p)/2$	$(1-p)^2/2$

试问这些数据与模型是否相符（$\alpha=0.05$）？

25. 任取 200 个底火壳，测量其厚（单位：mm），其分组数据如下：

组序 i	1	2	3	4	5	6	7	8	9
组限	33.5 ~ 34.5	34.5 ~ 35.5	35.5 ~ 36.5	36.5 ~ 37.5	37.5 ~ 38.5	38.5 ~ 39.5	39.5 ~ 40.5	40.5 ~ 41.5	41.5 ~ 42.5
组中值 x_i	34	35	36	37	38	39	40	41	42
频数 n_i	1	3	22	69	74	20	8	2	1

试用分布拟合的χ^2 检验在水平 $\alpha=0.05$ 之下检验上述数据是否来自正态总体.

26. 按照遗传学理论，有三个血型遗传因子：A、B 和 O，其中 A 和 B 是显性因子，而 O 是隐性因子. 人能得到因子 A、B 和 O 的概率分别为 p、r 和 q，$p+r+q=1$. 每人都有一对血型遗传因子. 如果这一对是（OO）的情况，则该人是“O”血型；是(AA)、(AO)或(OA)的情况，则是“A”血型；是(BB)、(BO)或(OB)的情况，则是“B”血型；是(AB)或(BA)的情况，则是“AB”血型. 具有这四种血型的人的比例应是

O 型	A 型	B 型	AB 型
q^2	p^2+2pq	r^2+2qr	$2pr$

其中 $p+q+r=1$，$p>0$，$q>0$，$r>0$. 任意测查 1000 人的血型，其结果如下

O 型	A 型	B 型	AB 型
374	436	132	58

试问以上数据在水平 $\alpha=0.05$ 下是否与模型相符？

27. 对于学生在美国衣阿华（IOWA）州立大学黄道十二宫上行走将会

在下一次考试中失败这一荒诞说法，衣阿华首府一家日报（Des Moines Register）1971 年 2 月 28 日报道了衣阿华州立大学 458 名学生的忌讳情况如下：

	在黄道上行走	避开黄道
男	135	153
女	60	110

试问：在黄道上行走的行为是否与性别有关（$\alpha=0.05$）？

28. 按 2×2 列联表来处理第 24 题的数据. 试在水平 $\alpha=0.01$ 之下检验色盲是否与性别有关.

29. 某地震观测站要考察地下水位与发生地震之间是否有联系，收集了 1700 个观察结果，得数据如下

	有地震	无地震
水位有变化	98	902
水位无变化	82	618

试问：在水平 $\alpha=0.05$ 下能否认为地下水位变化与发生地震有关？

30. 工人甲、乙、丙生产同一种零件. 现从他们三人生产的零件中任意取出 200 个. 检查这些零件是正品还是次品，并按由哪位工人所生产的进行分类，其结果如下：

	甲	乙	丙
次品	10	8	14
正品	52	60	56

试问：零件是正品还是次品与由哪位工人生产的有关吗（$\alpha=0.01$）？

31. 试问：在水平 $\alpha=0.05$ 下是否可以认为下列 10 个数是来自（0, 1）上均匀分布的随机数：

0.268, 0.087, 0.165, 0.522, 0.962, 0.603, 0.864, 0.663, 0.501, 0.727.
（用柯尔莫哥洛夫检验法）

32. 在某段时间内观察来到某十字路口车辆的时间间隔，其结果如下（单位：s）

8.9, 10.1, 9.3, 9.8, 14.2, 10.5, 18.1, 16.8, 13.6, 11.1

用柯尔莫哥洛夫检验法检验这些数据是否来自均值为 12 的指数分布（$\alpha=0.05$）.

33. 某医院测量了 16 个儿童血液中微量元素铁的含量，其数据如下

(单位为：μg/100mL)

440.1, 258.9, 409.8, 292.6, 405.6, 384.1, 469.8, 446.0

312.8, 456.6, 326.3, 283.0, 416.7, 388.5, 448.7, 430.8

试用 W 检验法检验儿童血液中铁的含量是否服从正态分布 ($\alpha=0.05$)?

34. 从自动车床加工的轴中任意取出 11 根，测得其直径（单位：mm）为

10.52, 10.41, 10.32, 10.18, 10.64, 10.77

10.82, 10.67, 10.59, 10.38, 10.49

试用 W 检验法检验这批轴的直径是否服从正态分布 ($\alpha=0.05$).

35. 用甲、乙两种材料做的灯丝制造灯泡. 今分别随机抽取若干进行寿命试验，其结果如下（单位：h）

材料甲	1860	1990	1980	1910	1960	2050	1950
材料乙	1830	1950	1850	1890	1890		

假定两样本独立，且样本来自的两个总体其分布函数至多差一个位置参数. 问：两种材料对灯泡寿命的影响有无显著的差异 ($\alpha=0.10$)?

36. 某成人高校在某门基础课考试后，任意抽取了 9 名未婚小姐和 9 名已婚女士的考卷. 她们的成绩为

未婚小姐	85	65	74	79	60	77	75	68	69
已婚女士	72	76	66	73	73	63	70	70	71

假定上述两样本独立，且样本来自的两个总体其分布函数至多相差一个位置参数. 问：该高校的未婚小姐与已婚女士该门课考试成绩有无显著差异 ($\alpha=0.05$)?

37. 从某厂生产的 A 型和 B 型充电式计算器中分别任取 10 个和 11 个，测量它们充电后能使用的时间（单位：h），其数据如下：

A 型	4.8	5.6	4.6	5.3	4.3	6.2	5.8	5.1	5.2	5.9	
B 型	3.8	5.0	4.2	4.0	4.9	4.5	5.2	5.5	3.9	4.6	4.5

假定 A 型计算器充电后能使用时间 $X\sim F(x)$，B 型计算器充电后能使用时间 $Y\sim G(y)=F(y-\Delta)$，且 X 与 Y 独立. 试用大样本秩和检验法检验 A 型计算器充电后平均使用时间是否比 B 型计算器来得长，即检验如下假设 ($\alpha=0.05$)：

$$H_0: \Delta\leqslant 0,\ H_1: \Delta>0.$$

38. 在两次 15min 的游戏课中观察 10 名 4 岁男孩和 12 名 4 岁女孩. 在这两段时间内对每个孩子在游戏中表现出来的争斗性的发生率和程度进行评分，其具体分数如下：

男孩	86	69	72	65	41	50	118	45	141	104		
女孩	55	40	22	58	16	7	9	16	26	36	20	15

试用游程总数检验法，用这些分数检验：表现出来的争斗性是否存在性别差异（$\alpha=0.05$）.

39. 如果并不知道第 36 题中“两个总体的分布函数至多相差一个位置参数”，试用游程总数检验法，根据第 36 题提供的数据，检验该高校的未婚小姐与已婚女士该门课考试成绩有无显著差异（$\alpha=0.05$）.

第四章　方 差 分 析

方差分析是数理统计的基本方法之一，是对试验结果作数据分析的重要工具.

一般，影响试验结果的因素有很多，例如某种产品的质量，会受到如反应温度、压力、催化剂等可控因素的影响，此外还会受到一些随机因素（如气温等）的影响. 在可控因素中，哪些因素的影响比较显著，哪些不太显著是我们关心的. 方差分析就是根据试验结果进行数据分析，推断各因素对试验结果影响是否显著的有效方法.

本章分别介绍单因素试验与双因素试验方差分析的方法.

§4.1　单因素试验方差分析

试验中要观察的数据称为**指标**，如灯泡的使用寿命等. 称影响试验指标的条件为**因素**，用 A、B、C 等表示. 因素在试验中所处的不同状态称为**水平**，因素 A 的 r 个不同水平分别用 A_1，A_2，…，A_r 表示，若试验中只有一个因素在改变，称这种试验为**单因素试验**，若多于一个因素在改变则称为**多因素试验**.

一、基本思想与数学模型

引例　某厂用四种不同配料方案制成灯丝，生产了四批灯泡，在每批灯泡中随机地抽取若干灯泡，测得其使用寿命（单位：h）如表 4.1.1 所示.

问这四批灯泡的使用寿命有无显著差异.

此例中，灯泡使用寿命为指标，灯丝配料是因素，记作 A，四种不同配料方案是因素 A 的四个不同水平，这是单因素四水平的试验.

表 4.1.1

抽取灯泡号 使用寿命 灯泡种类	1	2	3	4	5	6	7	8
A_1	1600	1610	1650	1680	1700	1720	1800	—
A_2	1580	1640	1640	1700	1750	—	—	—
A_3	1460	1550	1600	1620	1640	1660	1740	1820
A_4	1510	1520	1530	1570	1600	1680	—	—

从表 4.1.1 的数据中可以看出，即使在同一配料方案下，灯泡的使用寿命也不一样，这种差异是由于试验受到随机性因素的影响而引起的. 在因素 A 的一个水平 A_i（$i=1, 2, \cdots, r$）下，灯泡的使用寿命为随机变量，记为 X_i，其理论均值为 $E(X_i)$，实测数据与 $E(X_i)$ 的偏差叫**随机误差**. 一般认为它服从正态分布 $N(0, \sigma^2)$. 而不同配料方案下灯泡的使用寿命可看作不同的随机变量，它们可能有不同的理论均值，其差异是由于因素的不同水平引起的.

把每一种配料方案下的灯泡使用寿命 X_i（$i=1, 2, 3, 4$）看作一个总体. 由于试验的其他条件不变，因此可认为四总体的方差是相同的：

$$X_i \sim N(\mu_i, \sigma^2), \quad i=1, 2, 3, 4.$$

从四个总体中分别抽取容量为 n_i 的样本：

$$X_{i1}, X_{i2}, \cdots, X_{in_i}, \quad i=1, 2, 3, 4.$$

因此，试验的目的就是检验假设

$$H_0: \mu_1=\mu_2=\mu_3=\mu_4$$

是否成立.

直观的想法是，若不同水平下的数据间的偏差与随机误差不相上下，则认为四个总体无显著差异；反之，则认为四个总体的均值间有显著差异.

一般，我们考察如下的数学模型.

设因素 A 有 r 个不同水平 A_1，A_2，…，A_r，在水平 A_i 下的总体记为 X_i，设 $X_i \sim N(\mu_i, \sigma^2)$ $(i=1, 2, \cdots, r)$ 且相互独立. 在水平 A_i 下进行 n_i 次（$n_i>1$，且各 n_i 可以不同）独立试验，获得样本

$$X_{i1}, X_{i2}, \cdots, X_{in_i},$$

其中，$X_{ij} \sim N(\mu_i, \sigma^2)$，$(j=1, 2, \cdots, n_i; i=1, 2, \cdots, r)$. 且所有的 X_{ij} 相互独立，试验结果如表 4.1.2 所示（注意，表内数据 x_{ij} 为 X_{ij} 的观察值）.

表 4.1.2

水平 \ 指标 \ 序号	1	2	…	j	…	n_i
A_1	x_{11}	x_{12}	…	x_{1j}	…	x_{1n_1}
A_2	x_{21}	x_{22}	…	x_{2j}	…	x_{2n_2}
⋮	⋮	⋮		⋮		⋮
A_i	x_{i1}	x_{i2}	…	x_{ij}	…	x_{in_i}
⋮	⋮	⋮		⋮		⋮
A_r	x_{r1}	x_{r2}	…	x_{rj}	…	x_{rn_r}

令 $\varepsilon_{ij}=X_{ij}-\mu_i$ $(j=1, 2, \cdots, n_i; i=1, 2, \cdots, r)$，则 ε_{ij} 为在水平 A_i 下第 j 次试验的误差，即随机误差，且 $\varepsilon_{ij} \sim N(0, \sigma^2)$. 于是单因素试验方差分析的数学模型为

$$\begin{cases} X_{ij}=\mu_i+\varepsilon_{ij}, \\ \varepsilon_{ij} \sim N(0, \sigma^2). \end{cases} \quad (j=1, 2, \cdots, n_i; i=1, 2, \cdots, r) \tag{4.1.1}$$

其中，ε_{ij} 相互独立.

以上数学模型含有三个基本假定：正态性、方差齐性与独立

性. 即（i）总体 X_i（$i=1,2,\cdots,r$）均服从正态分布；（ii）各总体方差相等；（iii）X_{ij}间相互独立. 在应用时要予以注意. 一般，当试验为随机试验，则可使（iii）成立.

记 $\mu=\frac{1}{n}\sum_{i=1}^{r}n_i\mu_i \quad (n=\sum_{i=1}^{r}n_i)$，称 μ 为**总平均**，又记 $\delta_i=\mu_i-\mu$，称 δ_i 为因素 A 的第 i 个水平 A_i 对指标的**效应**. 这样 μ_i 之间的差异等价于 δ_i 之间的差异，且 X_{ij}可分解为

$$X_{ij}=\mu+\delta_i+\varepsilon_{ij}. \tag{4.1.2}$$

称式（4.1.2）为指标 X_{ij}的效应分解式. 易证

$$\sum_{i=1}^{r}n_i\delta_i=0. \tag{4.1.3}$$

于是数学模型（4.1.1）可表为如下等价形式

$$\begin{cases}X_{ij}=\mu+\delta_i+\varepsilon_{ij},\\ \sum_{i=1}^{r}n_i\delta_i=0, \qquad (j=1,2,\cdots,n_i;i=1,2,\cdots,r)\\ \varepsilon_{ij}\sim N(0,\sigma^2).\end{cases} \tag{4.1.4}$$

其中 ε_{ij}相互独立.

单因素试验方差分析的主要任务是，对模型（4.1.1）检验假设

$$\begin{aligned}&H_0:\ \mu_1=\mu_2=\cdots=\mu_r,\\ &H_1:\ \mu_1,\ \mu_2,\ \cdots,\ \mu_r\ \text{不全相等},\end{aligned} \tag{4.1.5}$$

或等价地，检验假设

$$\begin{aligned}&H_0:\ \delta_1=\delta_2=\cdots=\delta_r=0,\\ &H_1:\ \delta_1,\ \delta_2,\ \cdots,\ \delta_r\ \text{不全为}\,0.\end{aligned}$$

二、统计分析

下面来导出检验假设（4.1.5）的检验统计量.

1. 平方和分解

对于来自总体 X_i 的样本值（$x_{i1},x_{i2},\cdots,x_{in_i}$），其样本均值为

$$\bar{x}_i = \frac{1}{n_i}\sum_{j=1}^{n_i} x_{ij},$$

样本方差为

$$S_i^2 = \frac{1}{n_i - 1}\sum_{j=1}^{n_i}(x_{ij} - \bar{x}_i)^2, i = 1,2,\cdots,r.$$

又记

$$\bar{x} = \frac{1}{n}\sum_{i=1}^{r}\sum_{j=1}^{n_i} x_{ij}, n = n_1 + n_2 + \cdots + n_r,$$

则 $\bar{x}$ 为所有指标值的**总平均值**. 显然

$$S_T = \sum_{i=1}^{r}\sum_{j=1}^{n_i}(x_{ij} - \bar{x})^2$$

反映了所有指标值与总平均值 $\bar{x}$ 的差异大小，称 S_T 为**总离差平方和**. 对 S_T 作如下分解

$$\begin{aligned} S_T &= \sum_{i=1}^{r}\sum_{j=1}^{n_i}(x_{ij} - \bar{x})^2 \\ &= \sum_{i=1}^{r}\sum_{j=1}^{n_i}[(x_{ij} - \bar{x}_i) + (\bar{x}_i - \bar{x})]^2 \\ &= \sum_{i=1}^{r}\sum_{j=1}^{n_i}(x_{ij} - \bar{x}_i)^2 + 2\sum_{i=1}^{r}\sum_{j=1}^{n_i}(x_{ij} - \bar{x}_i)(\bar{x}_i - \bar{x}) + \\ &\quad \sum_{i=1}^{r}\sum_{j=1}^{n_i}(\bar{x}_i - \bar{x})^2. \end{aligned} \tag{4.1.6}$$

上式右端第二项

$$2\sum_{i=1}^{r}\sum_{j=1}^{n_i}(x_{ij} - \bar{x}_i)(\bar{x}_i - \bar{x}) = 2\sum_{i=1}^{r}\left[(\bar{x}_i - \bar{x})\sum_{j=1}^{n_i}(x_{ij} - \bar{x}_i)\right],$$

而

$$\sum_{j=1}^{n_i}(x_{ij} - \bar{x}_i) = \sum_{j=1}^{n_i} x_{ij} - n_i\bar{x}_i = 0,$$

所以式（4.1.6）可化为

$$S_T = \sum_{i=1}^{r}\sum_{j=1}^{n_i}(x_{ij} - \bar{x}_i)^2 + \sum_{i=1}^{r}\sum_{j=1}^{n_i}(\bar{x}_i - \bar{x})^2.$$

记

$$S_e = \sum_{i=1}^{r}\sum_{j=1}^{n_i}(x_{ij}-\bar{x}_i)^2, S_A = \sum_{i=1}^{r}\sum_{j=1}^{n_i}(\bar{x}_i-\bar{x})^2, \quad (4.1.7)$$

则 S_T 可分解为 S_e 与 S_A 的和

$$S_T = S_e + S_A. \quad (4.1.8)$$

因为 $S_e = \sum_{i=1}^{r}\sum_{j=1}^{n_i}(x_{ij}-\bar{x}_i)^2 = \sum_{i=1}^{r}(n_i-1)S_i^2$，而 $(n_i-1)S_i^2$ 反映了第 i 个总体 X_i 的组内数据间总的差异的大小，这些差异反映了试验误差的大小，是由随机性因素引起的，所以 S_e 是各总体试验误差的总和，称 S_e 为**误差平方和或组内离差平方和**. 而 $S_A = \sum_{i=1}^{r}\sum_{j=1}^{n_i}(\bar{x}_i-\bar{x})^2 = \sum_{i=1}^{r}n_i(\bar{x}_i-\bar{x})^2$ 则反映了不同水平下总体的样本均值 $\bar{x}_i$ 与 $\bar{x}$ 的差异，称为 A 的**效应平方和或组间离差平方和**. 式（4.1.8）说明总离差平方和 S_T 可分解为反映试验误差影响的误差平方和 S_e 与反映因素 A 影响的效应平方和 S_A 两部分的和. 当 S_A 与 S_e 的比值较大，说明 A 对指标的影响较显著，否则说明 A 对指标影响不大.

2. 检验统计量及其分布

当式（4.1.5）中假设 H_0 成立时，有 $X_{ij} \sim N(\mu, \sigma^2)$，$\mu = \mu_1 = \cdots = \mu_r$. 也就是说，这时可把 X_{ij}（$i=1, 2, \cdots, r$; $j=1, 2, \cdots, n_i$）看作来自同一总体的样本. 所以由定理 1.5.1 知

$$\frac{S_T}{\sigma^2} = \sum_{i=1}^{r}\sum_{j=1}^{n_i}\frac{(X_{ij}-\bar{X})^2}{\sigma^2} \sim \chi^2(n-1) \quad (4.1.9)$$

又

$$\frac{S_e}{\sigma^2} = \sum_{i=1}^{r}\sum_{j=1}^{n_i}\frac{(X_{ij}-\bar{X}_i)^2}{\sigma^2} = \sum_{i=1}^{r}Q_i$$

其中，$Q_i = \sum_{j=1}^{n_i}\frac{(X_{ij}-\bar{X}_i)^2}{\sigma^2} \sim \chi^2(n_i-1), i = 1,2,\cdots,r$，且 $Q_1, \cdots, Q_r$ 相互独立，所以由推论 1.4.2 可得

$$\frac{S_e}{\sigma^2} = \sum_{i=1}^{r} Q_i \sim \chi^2\left(\sum_{i=1}^{r}(n_i - 1)\right).$$

因 $\sum_{i=1}^{r}(n_i - 1) = n - r$，所以

$$\frac{S_e}{\sigma^2} \sim \chi^2 \ (n-r) \tag{4.1.10}$$

且式（4.1.10）与假设 H_0 无关. 如果能证明当 H_0 成立时，S_A 与 S_e 相互独立，且

$$\frac{S_A}{\sigma^2} \sim \chi^2 \ (r-1) \tag{4.1.11}$$

则当 H_0 成立时，统计量

$$F = \frac{S_A/(r-1)}{S_e/(n-r)} \sim F \ (r-1, \ n-r). \tag{4.1.12}$$

用柯赫伦定理（定理1.5.2）可获得这一结果.

定理 4.1.1 对于单因素试验方差分析的数学模型（4.1.4），若假设（4.1.5）中 H_0 成立，则式（4.1.7）中的 S_e 与 S_A 相互独立，且 $\frac{S_A}{\sigma^2} \sim \chi^2(r-1)$.

证明 当 H_0 成立时，$X_{ij} \sim N(\mu, \sigma^2)$ $(i=1, 2, \cdots, r; j=1, 2, \cdots, n_i)$. 又

$$\begin{aligned}
&\sum_{i=1}^{r}\sum_{j=1}^{n_i}(X_{ij} - \mu)^2 \\
&= \sum_{i=1}^{r}\sum_{j=1}^{n_i}\left[(X_{ij} - \bar{X}_i) + (\bar{X}_i - \bar{X}) + (\bar{X} - \mu)\right]^2 \\
&= \sum_{i=1}^{r}\sum_{j=1}^{n_i}(X_{ij} - \bar{X}_i)^2 + \sum_{i=1}^{r}\sum_{j=1}^{n_i}(\bar{X}_i - \bar{X})^2 + \sum_{i=1}^{r}\sum_{j=1}^{n_i}(\bar{X} - \mu)^2 \\
&= S_e + S_A + n(\bar{X} - \mu)^2 .
\end{aligned}$$

在上式推导过程中应注意，各交叉乘积项之和均为零. 分别记 $Q = \sum_{i=1}^{r}\sum_{j=1}^{n_i}\left(\frac{X_{ij} - \mu}{\sigma}\right)^2, Q_1 = \frac{S_e}{\sigma^2}, Q_2 = \frac{S_A}{\sigma^2}, Q_3 = \frac{n(\bar{X} - \mu)^2}{\sigma^2}$，则有

$Q=Q_1+Q_2+Q_3$. 令 $Y_{ij}=\dfrac{X_{ij}-\mu}{\sigma}$. 当 H_0 成立时，Y_{ij}为相互独立的标准正态变量，$i=1, 2, \cdots, r$；$j=1, 2, \cdots, n_i$.

所以 $$Q=\sum_{i=1}^{r}\sum_{j=1}^{n_i}Y_{ij}^2\sim\chi^2(n),\text{其中 } n=\sum_{i=1}^{r}n_i .$$

又记

$$\bar{Y}_i=\frac{1}{n_i}\sum_{j=1}^{n_i}Y_{ij},\bar{Y}=\frac{1}{n}\sum_{i=1}^{r}\sum_{j=1}^{n_i}Y_{ij},$$

则

$$Q_1=\frac{S_e}{\sigma^2}=\sum_{i=1}^{r}\sum_{j=1}^{n_i}\left(\frac{X_{ij}-\bar{X}_i}{\sigma}\right)^2=\sum_{i=1}^{r}\sum_{j=1}^{n_i}(Y_{ij}-\bar{Y}_i)^2,$$

$$Q_2=\frac{S_A}{\sigma^2}=\sum_{i=1}^{r}\sum_{j=1}^{n_i}\left(\frac{\bar{X}_i-\bar{X}}{\sigma}\right)^2=\sum_{i=1}^{r}\sum_{j=1}^{n_i}(\bar{Y}_i-\bar{Y})^2$$

$$=\sum_{i=1}^{r}n_i(\bar{Y}_i-\bar{Y})^2,$$

$$Q_3=\frac{n(\bar{X}-\mu)^2}{\sigma^2}=\frac{n(\sigma\bar{Y})^2}{\sigma^2}=n\bar{Y}^2 .$$

所以 Q_1、Q_2、Q_3 均为 Y_{ij}的非负定二次型，它们的矩阵分别记为 $\boldsymbol{K}_1$、$\boldsymbol{K}_2$、$\boldsymbol{K}_3$，即 $Q_l=\boldsymbol{Y}'\boldsymbol{K}_l\boldsymbol{Y}$，$l=1, 2, 3$，其中

$$\boldsymbol{Y}'=(Y_{11}, \cdots, Y_{1n_1}, Y_{21}, \cdots, Y_{2n_2}, \cdots, Y_{r1}, \cdots, Y_{rn_r}).$$

记 $\boldsymbol{K}=\boldsymbol{K}_1+\boldsymbol{K}_2+\boldsymbol{K}_3$，则 $Q=Q_1+Q_2+Q_3=\boldsymbol{Y}'(\boldsymbol{K}_1+\boldsymbol{K}_2+\boldsymbol{K}_3)\boldsymbol{Y}=\boldsymbol{Y}'\boldsymbol{K}\boldsymbol{Y}$. 因为 $Q\sim\chi^2(n)$，所以 Q 的秩 $R(\boldsymbol{K})=n$. 下面计算 Q_l 的秩 $R(\boldsymbol{K}_l)$，$l=1, 2, 3$.

首先，由式(4.1.10)知，$R(\boldsymbol{K}_1)=n-r$. 其次考察 Q_3. 因为 $\bar{Y}\sim N\left(0, \dfrac{1}{n}\right)$，所以$\dfrac{\bar{Y}}{1/\sqrt{n}}\sim N(0, 1)$，易得 $Q_3=n\bar{Y}^2\sim\chi^2(1)$，于是 $R(\boldsymbol{K}_3)=1$. 接着来看 Q_2，因

$$Q_2=\sum_{i=1}^{r}n_i(\bar{Y}_i-\bar{Y})^2=\sum_{i=1}^{r}[\sqrt{n_i}(\bar{Y}_i-\bar{Y})]^2,$$

且有线性关联式

$$\sum_{i=1}^{r} \sqrt{n_i}[\sqrt{n_i}(\bar{Y}_i - \bar{Y})] = \sum_{i=1}^{r} n_i(\bar{Y}_i - \bar{Y}) = \sum_{i=1}^{r} n_i\bar{Y}_i - \sum_{i=1}^{r} n_i\bar{Y}$$

$$= \sum_{i=1}^{r}\sum_{j=1}^{n_i} Y_{ij} - n\bar{Y} = 0,$$

所以 Q_2 的秩 $R(\boldsymbol{K}_2) \leqslant r-1$. 于是 Q 的秩

$$\begin{aligned} n = R(\boldsymbol{K}) &= R(\boldsymbol{K}_1 + \boldsymbol{K}_2 + \boldsymbol{K}_3) \\ &\leqslant R(\boldsymbol{K}_1) + R(\boldsymbol{K}_2) + R(\boldsymbol{K}_3) \\ &\leqslant (n-r) + (r-1) + 1 = n, \end{aligned}$$

可得 $R(\boldsymbol{K}_1) + R(\boldsymbol{K}_2) + R(\boldsymbol{K}_3) = n$ 及 $R(\boldsymbol{K}_2) = r-1$. 又由定理 1.5.2 知 Q_1、Q_2、Q_3 相互独立，所以 S_e、S_A 相互独立，且

$$Q_2 = \frac{S_A}{\sigma^2} \sim \chi^2(r-1).$$ 证毕.

由上述定理可知,当式(4.1.5)中 H_0 成立时,统计量

$$F = \frac{S_A/(r-1)}{S_e/(n-r)} \sim F(r-1, n-r),$$

F 就是检验假设(4.1.5)的检验统计量. 当 H_0 不真时,F 有偏大的趋势,所以对 $0<\alpha<1$,若 $F \geqslant F_{1-\alpha}(r-1, n-r)$,则在水平 α 之下拒绝 H_0;反之则接受 H_0.

3. 简化公式

定理 4.1.2 在单因素试验方差分析的数学模型式(4.1.4)中,若记

$$P = \frac{1}{n}\left(\sum_{i=1}^{r}\sum_{j=1}^{n_i} x_{ij}\right)^2 = n(\bar{x})^2 \quad \left(n = \sum_{i=1}^{r} n_i\right),$$

$$Q = \sum_{i=1}^{r} \frac{1}{n_i}\left(\sum_{j=1}^{n_i} x_{ij}\right)^2, R = \sum_{i=1}^{r}\sum_{j=1}^{n_i} x_{ij}^2,$$

则

$$S_A = Q - P, S_e = R - Q, S_T = R - P.$$

证明

$$\begin{aligned} S_T &= \sum_{i=1}^{r}\sum_{j=1}^{n_i} (x_{ij} - \bar{x})^2 = \sum_{i=1}^{r}\sum_{j=1}^{n_i} [x_{ij}^2 - 2\bar{x}x_{ij} + (\bar{x})^2] \\ &= \sum_{i=1}^{r}\sum_{j=1}^{n_i} x_{ij}^2 - 2\bar{x}\sum_{i=1}^{r}\sum_{j=1}^{n_i} x_{ij} + n(\bar{x})^2 \end{aligned}$$

$$= \sum_{i=1}^{r}\sum_{j=1}^{n_i} x_{ij}^2 - 2n(\bar{x})^2 + n(\bar{x})^2$$
$$= R - n(\bar{x})^2 = R - P,$$

$$S_e = \sum_{i=1}^{r}\sum_{j=1}^{n_i}(x_{ij} - \bar{x}_i)^2$$
$$= \sum_{i=1}^{r}\sum_{j=1}^{n_i} x_{ij}^2 - 2\sum_{i=1}^{r}\sum_{j=1}^{n_i} x_{ij}\bar{x}_i + \sum_{i=1}^{r}\sum_{j=1}^{n_i}(\bar{x}_i)^2$$
$$= R - 2\sum_{i=1}^{r} n_i(\bar{x}_i)^2 + \sum_{i=1}^{r} n_i(\bar{x}_i)^2$$
$$= R - \sum_{i=1}^{r} n_i(\bar{x}_i)^2 = R - \sum_{i=1}^{r}\frac{1}{n_i}\left(\sum_{j=1}^{n_i} x_{ij}\right)^2 = R - Q.$$

于是

$$S_A = S_T - S_e = (R-P) - (R-Q) = Q - P.$$ 证毕.

当指标值 x_{ij} 较大,为简化计算,可设

$$z_{ij} = \frac{x_{ij} - a}{b}. \tag{4.1.13}$$

记 z_{ij} 的组间离差平方和为 $S_A{}'$,误差平方和为 $S_e{}'$,则易证

$$\frac{S_A{}'}{S_e{}'} = \frac{S_A}{S_e}. \tag{4.1.14}$$

可将计算结果列成单因素方差分析表(表 4.1.3)进行分析.

表 4.1.3

方差来源	平方和	自由度	均方	F 值	显著性
因素 A	$S_A = Q - P$	$r-1$	$MS_A = \frac{S_A}{r-1}$	$F = \frac{MS_A}{MS_e}$	
误差 e	$S_e = R - Q$	$n-r$	$MS_e = \frac{S_e}{n-r}$		
总和	$S_T = R - P$	$n-1$			

表中 $P = n(\bar{x})^2, Q = \sum_{i=1}^{r}\frac{1}{n_i}\left(\sum_{j=1}^{n_i} x_{ij}\right)^2, R = \sum_{i=1}^{r}\sum_{j=1}^{n_i} x_{ij}^2$.

在方差分析表中,一般作如下规定:若在水平 $\alpha = 0.01$ 下拒绝

H_0，即 $F \geqslant F_{1-0.01}(r-1,n-r)$，则称因素 A 的**影响高度显著**，并记为"＊＊"；若在水平 $\alpha=0.05$ 下拒绝 H_0，但在 $\alpha=0.01$ 下不拒绝 H_0，即 $F_{1-0.01}(r-1,n-r)>F\geqslant F_{1-0.05}(r-1,n-r)$，则称因素 A 的**影响显著**，并记为"＊"；若取 $\alpha=0.10$ 时，拒绝 H_0，但在 $\alpha=0.05$ 时不拒绝 H_0，即 $F_{1-0.05}(r-1,n-r)>F\geqslant F_{1-0.10}(r-1,n-r)$，则称因素 A **有一定影响**，记作"(＊)"；若在水平 $\alpha=0.10$ 时不拒绝 H_0，即 $F<F_{1-0.10}(r-1,n-r)$，则称因素 A **无显著影响**.

对引例中的数据 x_{ij} 作如下处理

$$z_{ij}=\frac{x_{ij}-1600}{10}.$$

将 z_{ij} 的数据列成表 4.1.4，于是

$$S_A{}'=Q-P=443.61,S_e{}'=R-Q=1513.51,$$

$$F=\frac{S_A{}'/(r-1)}{S_e{}'/(n-r)}=\frac{443.61/3}{1513.51/22}=2.1494.$$

表 4.1.4

指标 序号 / 水平	1	2	3	4	5	6	7	8	$\sum_j z_{ij}$	$\frac{1}{n_i}\left(\sum_j z_{ij}\right)^2$	$\sum_j z_{ij}^2$
A_1	0	1	5	8	10	12	20	—	56	448	734
A_2	-2	4	4	10	15	—	—	—	31	192.2	361
A_3	-14	-5	0	2	4	6	14	22	29	105.125	957
A_4	-9	-8	-7	-3	0	8	—	—	-19	60.167	267
	$r=4,n=26$								$P=\frac{1}{n}(\sum_i\sum_j z_{ij})^2=\frac{1}{26}(97)^2=361.88$	$Q=\sum_i\frac{1}{n_i}(\sum_j z_{ij})^2=805.49$	$R=\sum_i\sum_j z_{ij}^2=2319$

又对 $\alpha=0.10$,查表得 $F_{1-\alpha}(r-1,n-r)=F_{0.90}(3,22)=2.35$,因

$$F=2.1494<2.35=F_{0.90}(3,22),$$

所以接受 H_0,认为因素 A(灯丝配料)对灯泡使用寿命无显著影响.

将上述计算、分析过程整理成方差分析表(表 4.1.5).

表 4.1.5

方差来源	平方和	自由度	均方	F 值	显著性
因素 A	$S_A{}'=443.61$	3	147.87	2.1494	无显著影响
误差 e	$S_e{}'=1513.51$	22	68.796		
总和	$S_T{}'=1957.12$	25			

4. 参数估计

(1) δ_i 的点估计　对假设(4.1.5)进行检验,结果为接受 H_1,即认为各总体均值不全相等,则需进一步估计因素 A 各不同水平 A_i 的效应值 δ_i. 因为

$$E(\bar{X})=E\left(\frac{1}{n}\sum_{i=1}^{r}\sum_{j=1}^{n_i}X_{ij}\right)=\frac{1}{n}\sum_{i=1}^{r}\sum_{j=1}^{n_i}\mu_i$$
$$=\frac{1}{n}\sum_{i=1}^{r}n_i\mu_i=\mu,$$

即 $\bar{X}$ 为 μ 的无偏估计. 又 $\bar{X}_i=\dfrac{1}{n_i}\sum\limits_{j=1}^{n_i}X_{ij}$ 为 μ_i 的无偏估计,所以 $\hat{\delta}_i=\bar{X}_i-\bar{X}$ 为 $\delta_i=\mu_i-\mu$ 的无偏估计.

(2) S_A 与 S_e 的统计意义　为了深入理解 S_A、S_e 的统计意义,需要分别计算它们的数学期望. 由式(4.1.10)知

$$E(S_e)=\sigma^2E\left(\frac{S_e}{\sigma^2}\right)=\sigma^2(n-r),$$

所以

$$E\left(\frac{S_e}{n-r}\right)=\sigma^2 \tag{4.1.15}$$

即$\dfrac{S_e}{n-r}$为 σ^2 的无偏估计.

下面计算 $E(S_A)$. 由模型(4.1.1)可知,$X_{ij} \sim N(\mu_i, \sigma^2)$,且 X_{ij} $(j=1,2,\cdots,n_i;i=1,2,\cdots,r)$相互独立,由此易得

$$\bar{X}_i \sim N\left(\mu_i, \frac{\sigma^2}{n_i}\right), i=1,2,\cdots,r,$$

$$\bar{X} \sim N\left(\mu, \frac{\sigma^2}{n}\right).$$

所以

$$\begin{aligned}
E(S_A) &= E\left[\sum_{i=1}^{r} n_i(\bar{X}_i - \bar{X})^2\right] \\
&= E\left[\sum_{i=1}^{r} n_i(\bar{X}_i)^2 - n(\bar{X})^2\right] \\
&= \sum_{i=1}^{r} n_i E[(\bar{X}_i)^2] - nE[(\bar{X})^2] \\
&= \sum_{i=1}^{r} n_i\{\mathrm{Var}(\bar{X}_i) + [E(\bar{X}_i)]^2\} - n\{\mathrm{Var}(\bar{X}) + [E(\bar{X})]^2\} \\
&= \sum_{i=1}^{r} n_i\left(\frac{\sigma^2}{n_i} + \mu_i^2\right) - n\left(\frac{\sigma^2}{n} + \mu^2\right) \\
&= r\sigma^2 + \sum_{i=1}^{r} n_i\mu_i^2 - \sigma^2 - n\mu^2 \\
&= (r-1)\sigma^2 + \sum_{i=1}^{r} n_i\mu_i^2 - n\mu^2 \\
&= (r-1)\sigma^2 + \sum_{i=1}^{r} n_i(\mu_i - \mu)^2 \\
&= (r-1)\sigma^2 + \sum_{i=1}^{r} n_i\delta_i^2.
\end{aligned}$$

即
$$E(S_A) = (r-1)\sigma^2 + \sum_{i=1}^{r} n_i\delta_i^2. \tag{4.1.16}$$

式(4.1.16)可帮助我们更好地理解 S_A 的统计意义.

当 H_0 成立时,$\mu_i = \mu$,$\delta_i = 0$,于是

$$E(S_A) = \sigma^2(r-1),$$

即在 H_0 成立的条件下,

$$E\left(\frac{S_A}{r-1}\right)=\sigma^2, \tag{4.1.17}$$

所以，$\frac{S_A}{r-1}$亦为 σ^2 的无偏估计.

(3) μ_i 的区间估计　当 H_0 被拒绝时，说明各总体均值不尽相同，需要对 μ_i 作出估计. $\bar{X}_i$ 为 μ_i 的无偏估计，下面进一步作出 μ_i 的区间估计. 因为

$$\bar{X}_i \sim N\left(\mu_i, \frac{\sigma^2}{n_i}\right),$$

所以

$$Z_i=\frac{\bar{X}_i-\mu_i}{\sigma/\sqrt{n_i}} \sim N(0,1),$$

$$Z_i^2=\left(\frac{\bar{X}_i-\mu_i}{\sigma/\sqrt{n_i}}\right)^2=\frac{n_i(\bar{X}_i-\mu_i)^2}{\sigma^2} \sim \chi^2(1).$$

又由式(4.1.10)，

$$\frac{S_e}{\sigma^2} \sim \chi^2(n-r).$$

下面来说明 Z_i^2 与 $\frac{S_e}{\sigma^2}$ 是相互独立的. 因为对正态总体 $N(\mu_i,\sigma^2)$ 而言，其样本均值 $\bar{X}_i$ 与样本方差 $S_i^2=\frac{1}{n_i-1}\sum_{j=1}^{n_i}(X_{ij}-\bar{X}_i)^2$ 相互独立，又各总体相互独立，所以 Z_i^2 与 $\frac{S_e}{\sigma^2}=\frac{1}{\sigma^2}\sum_{i=1}^{r}\sum_{j=1}^{n_i}(X_{ij}-\bar{X}_i)^2=\frac{1}{\sigma^2}\sum_{i=1}^{r}(n_i-1)S_i^2$ 相互独立，因此统计量

$$F=\frac{Z_i^2}{S_e/[\sigma^2(n-r)]}=\frac{n_i(\bar{X}_i-\mu_i)^2}{S_e/(n-r)} \sim F(1,n-r).$$

由 $P\{F<F_{1-\alpha}(1,n-r)\}=1-\alpha$，知

$$P\{|\bar{X}_i-\mu_i|<\sqrt{F_{1-\alpha}(1,n-r)S_e/[n_i(n-r)]}\}=1-\alpha,$$

即

$$P\left\{\bar{X}_i-\sqrt{\frac{F_{1-\alpha}(1,n-r)S_e}{n_i(n-r)}}<\mu_i<\bar{X}_i+\sqrt{\frac{F_{1-\alpha}(1,n-r)S_e}{n_i(n-r)}}\right\}$$
$$=1-\alpha.$$

所以 μ_i 的置信水平为 $1-\alpha$ 的置信区间为

$$\left(X_i\pm\sqrt{\frac{F_{1-\alpha}(1,n-r)S_e}{n_i(n-r)}}\right),i=1,2,\cdots,r. \tag{4.1.18}$$

亦可用枢轴量

$$t=\frac{(\bar{X}_i-\mu_i)\sqrt{n_i}}{\sqrt{S_e/(n-r)}}\sim t(n-r),$$

得到 μ_i 的置信水平为 $1-\alpha$ 的区间估计

$$\left(\bar{X}_i\pm t_{1-\frac{\alpha}{2}}(n-r)\sqrt{\frac{S_e}{n-r}}\bigg/\sqrt{n_i}\right). \tag{4.1.19}$$

请读者自证.

§4.2　双因素试验方差分析

在许多试验中常有多个因素在变化. 如化工生产中,某原料的用量及反应时间都可能影响产品的产量与质量,这些因素的影响是否显著,需要作多因素的方差分析才能得出结论. 有些试验不仅各因素单独对试验结果有影响,而且因素之间还会联合起来对结果产生影响. 这种由各因素不同水平组合对指标产生的新的影响称为这些因素的**交互作用**. 请看下例.

例 4.2.1　某生产队在四块条件大致相同的大豆试验田上,用不同的方式施肥,得到大豆亩产(单位:kg)如表 4.2.1 所示.

表　4.2.1

磷肥 P/kg 大豆亩产/kg 氮肥 N/kg	$P_1=0$	$P_2=2$	
$N_1=0$	200	225	$225-200=25$
$N_2=3$	215	280	$280-215=65$
	$215-200=15$	$280-225=55$	$280-200=80$

氮肥 N 及磷肥 P 两个因素各取二水平，从表中所示数据可以看出，不加氮肥，只施 2kg 磷肥可增产 25kg；若不加磷肥，只施 3kg 氮肥，可增产 15kg. 而同时施 2kg 磷肥和 3kg 氮肥，则可增产 80kg，比单独施磷肥与单独施氮肥增产的和 25 + 15 = 40kg 还要多 80 − 40 = 40kg. 这多增产的 40kg 就是两种肥料对指标的交互作用产生的影响.

从表中还看到，在条件大致相同的情况下，氮肥对指标的作用依赖于磷肥，同样磷肥对指标的作用依赖于氮肥，这也说明交互作用的存在. 在有交互作用的场合，为了区分试验误差和交互作用的影响，一般在因素的同一水平组合下要作多次重复试验.

一、双因素重复试验方差分析

1. 数学模型

设因素 A 有 r 个不同水平 $A_1,A_2,\cdots,A_r$；因素 B 有 s 个不同水平 $B_1,B_2,\cdots,B_s$. 在 A_i 与 B_j 的搭配下均作了 $l(l>1)$ 次重复试验($i=1,\cdots,r;j=1,\cdots,s$). 下表给出第 k 次试验的结果($k=1,2,\cdots,l$).

表 4.2.2

A \ B	B_1	B_2	$\cdots$	B_j	$\cdots$	B_s
A_1	x_{11k}	x_{12k}	$\cdots$	x_{1jk}	$\cdots$	x_{1sk}
A_2	x_{21k}	x_{22k}	$\cdots$	x_{2jk}	$\cdots$	x_{2sk}
$\vdots$	$\vdots$	$\vdots$		$\vdots$		$\vdots$
A_i	x_{i1k}	x_{i2k}	$\cdots$	x_{ijk}	$\cdots$	x_{isk}
$\vdots$	$\vdots$	$\vdots$		$\vdots$		$\vdots$
A_r	x_{r1k}	x_{r2k}	$\cdots$	x_{rjk}	$\cdots$	x_{rsk}

表 4.2.2 中，X_{ijk} 表示在 A_i 与 B_j 搭配下作的第 k 次试验的结果. 将水平组合 A_iB_j 下的指标看成一个总体，记为 X_{ij}，而 X_{ij1}，$X_{ij2},\cdots,X_{ijl}$ 为总体 X_{ij} 的容量为 l 的样本. 设 $X_{ij}\sim N(\mu_{ij},\sigma^2)$，且各 X_{ij} 相互独立. 记 $\varepsilon_{ijk}=x_{ijk}-\mu_{ij}$，即 ε_{ijk} 表示水平组合 A_iB_j 下的第 k 次

试验的误差,假设 $\varepsilon_{ijk} \sim N(0,\sigma^2)$.

记

$$\mu = \frac{1}{rs}\sum_{i=1}^{r}\sum_{j=1}^{s}\mu_{ij}, \tag{4.2.1}$$

$$\mu_{i\cdot} = \frac{1}{s}\sum_{j=1}^{s}\mu_{ij} \quad (i = 1,2,\cdots,r), \tag{4.2.2}$$

$$\mu_{\cdot j} = \frac{1}{r}\sum_{i=1}^{r}\mu_{ij} \quad (j = 1,2,\cdots,s), \tag{4.2.3}$$

则 μ 为各总体数学期望的平均值,$\mu_{i\cdot}$ 与 $\mu_{\cdot j}$ 则分别为因素 A 的第 i 个水平 A_i 下各总体数学期望的平均值与因素 B 的第 j 个水平 B_j 下各总体数学期望的平均值. 又记

$$a_i = \mu_{i\cdot} - \mu, \quad i = 1,2,\cdots,r, \tag{4.2.4}$$

$$b_j = \mu_{\cdot j} - \mu, \quad j = 1,2,\cdots,s, \tag{4.2.5}$$

称 a_i 为因素 A 在 A_i 水平下对指标的效应,称 b_j 为因素 B 在 B_j 水平下对指标的效应. 显然

$$\begin{aligned}\sum_{i=1}^{r}a_i &= \sum_{i=1}^{r}(\mu_{i\cdot} - \mu) = \sum_{i=1}^{r}\left(\frac{1}{s}\sum_{j=1}^{s}\mu_{ij}\right) - r\mu \\ &= r\frac{1}{rs}\sum_{i=1}^{r}\sum_{j=1}^{s}\mu_{ij} - r\mu = r\mu - r\mu = 0.\end{aligned} \tag{4.2.6}$$

同理

$$\sum_{j=1}^{s}b_j = 0. \tag{4.2.7}$$

所以,因素 A 的各水平对指标的效应之和为零,因素 B 的各水平对指标的效应之和亦为零.

将 μ_{ij} 作如下分解

$$\begin{aligned}\mu_{ij} &= \mu + (\mu_{i\cdot} - \mu) + (\mu_{\cdot j} - \mu) + (\mu_{ij} - \mu_{i\cdot} - \mu_{\cdot j} + \mu) \\ &= \mu + a_i + b_j + (ab)_{ij},\end{aligned} \tag{4.2.8}$$

其中

$$(ab)_{ij} = (\mu_{ij} - \mu_{i\cdot} - \mu_{\cdot j} + \mu), \tag{4.2.9}$$

称为 A_i 和 B_j 的**交互效应**,不难算出

$$\sum_{i=1}^{r}(ab)_{ij} = 0 \text{ 及 } \sum_{j=1}^{s}(ab)_{ij} = 0. \tag{4.2.10}$$

所以，μ_{ij}可分解为各总体期望的平均值μ、A_i 的效应 a_i、B_j 的效应 b_j 以及 A_i 和 B_j 的交互效应$(ab)_{ij}$的和，从而可得双因素重复试验方差分析的数学模型为

$$\begin{cases} X_{ijk} = \mu + a_i + b_j + (ab)_{ij} + \varepsilon_{ijk}, \\ \varepsilon_{ijk} \sim N(0,\sigma^2) \text{ 且各 } \varepsilon_{ijk} \text{ 相互独立}, \\ \sum_{i=1}^{r} a_i = 0, \sum_{j=1}^{s} b_j = 0, \sum_{i=1}^{r} (ab)_{ij} = 0, \sum_{j=1}^{s} (ab)_{ij} = 0, \\ (i = 1,\cdots,r; j = 1,\cdots,s; k = 1,\cdots,l). \end{cases} \tag{4.2.11}$$

双因素重复试验方差分析的主要任务是，对模型(4.2.11)检验假设

$$H_{01}: a_1 = a_2 = \cdots = a_r = 0, \tag{4.2.12}$$

$$H_{02}: b_1 = b_2 = \cdots = b_s = 0, \tag{4.2.13}$$

$$H_{03}: (ab)_{ij} = 0 \quad (i = 1,\cdots,r; j = 1,\cdots,s). \tag{4.2.14}$$

和单因素方差分析类似，用平方和分解的方法可以导出检验假设(4.2.12)、(4.2.13)和(4.2.14)的统计量.

2. 统计分析

记

$$\bar{X} = \frac{1}{rsl}\sum_{i=1}^{r}\sum_{j=1}^{s}\sum_{k=1}^{l} X_{ijk}, \tag{4.2.15}$$

$$\bar{X}_{ij\cdot} = \frac{1}{l}\sum_{k=1}^{l} X_{ijk}, \tag{4.2.16}$$

$$\bar{X}_{i\cdot\cdot} = \frac{1}{sl}\sum_{j=1}^{s}\sum_{k=1}^{l} X_{ijk}, \bar{X}_{\cdot j\cdot} = \frac{1}{rl}\sum_{i=1}^{r}\sum_{k=1}^{l} X_{ijk}, \tag{4.2.17}$$

则易证 $\bar{X}$、$\bar{X}_{ij\cdot}$、$\bar{X}_{i\cdot\cdot}$、$\bar{X}_{\cdot j\cdot}$ 分别为μ、μ_{ij}、$\mu_{i\cdot}$、$\mu_{\cdot j}$的无偏估计，从而

$$(\widehat{ab})_{ij} = \bar{X}_{ij\cdot} - \bar{X}_{i\cdot\cdot} - \bar{X}_{\cdot j\cdot} + \bar{X} \tag{4.2.18}$$

为交互效应$(ab)_{ij}$的无偏估计.

记

$$S_T = \sum_{i=1}^{r}\sum_{j=1}^{s}\sum_{k=1}^{l}(X_{ijk} - \bar{X})^2, \tag{4.2.19}$$

$$S_e = \sum_{i=1}^{r}\sum_{j=1}^{s}\sum_{k=1}^{l}(X_{ijk} - \bar{X}_{ij\cdot})^2, \tag{4.2.20}$$

$$S_A = \sum_{i=1}^{r}\sum_{j=1}^{s}\sum_{k=1}^{l}(\bar{X}_{i\cdot\cdot} - \bar{X})^2 = sl\sum_{i=1}^{r}(\bar{X}_{i\cdot\cdot} - \bar{X})^2, \tag{4.2.21}$$

$$S_B = \sum_{i=1}^{r}\sum_{j=1}^{s}\sum_{k=1}^{l}(\bar{X}_{\cdot j\cdot} - \bar{X})^2 = rl\sum_{j=1}^{s}(\bar{X}_{\cdot j\cdot} - \bar{X})^2, \tag{4.2.22}$$

$$\begin{aligned} S_I &= \sum_{i=1}^{r}\sum_{j=1}^{s}\sum_{k=1}^{l}(\bar{X}_{ij\cdot} - \bar{X}_{i\cdot\cdot} - \bar{X}_{\cdot j\cdot} + \bar{X})^2 \\ &= l\sum_{i=1}^{r}\sum_{j=1}^{s}(\bar{X}_{ij\cdot} - \bar{X}_{i\cdot\cdot} - \bar{X}_{\cdot j\cdot} + \bar{X})^2, \end{aligned} \tag{4.2.23}$$

则 S_T 是所有指标与 $\bar{X}$ 的偏差的平方和,称 S_T 为**总离差平方和**;S_e 为各水平组合下的指标与来自该水平组合下总体的样本均值之差的平方和,反映了各次试验的累计误差大小,称 S_e 为**误差平方和**;S_A 与 S_B 分别反映了 A 与 B 不同水平下指标的平均值与总平均值 $\bar{X}$ 的偏差大小,分别称为 A 与 B 的**效应平方和**;因为 $\bar{X}_{ij\cdot} - \bar{X}_{i\cdot\cdot} - \bar{X}_{\cdot j\cdot} + \bar{X}$ 为 $(ab)_{ij}$ 的无偏估计,从而称 S_I 为 A 与 B **交互效应的平方和**. S_I 又可记为 $S_{A\times B}$.

类似单因素试验的平方和分解公式(4.1.8),可证总离差平方和 S_T 可作如下分解

$$\begin{aligned} S_T &= \sum_{i=1}^{r}\sum_{j=1}^{s}\sum_{k=1}^{l}(X_{ijk} - \bar{X})^2 \\ &= \sum_{i=1}^{r}\sum_{j=1}^{s}\sum_{k=1}^{l}[(X_{ijk} - \bar{X}_{ij\cdot}) + (\bar{X}_{i\cdot\cdot} - \bar{X}) + (\bar{X}_{\cdot j\cdot} - \bar{X}) + (\bar{X}_{ij\cdot} \\ &\quad - \bar{X}_{i\cdot\cdot} - \bar{X}_{\cdot j\cdot} + \bar{X})]^2 \\ &= \sum_{i=1}^{r}\sum_{j=1}^{s}\sum_{k=1}^{l}(X_{ijk} - \bar{X}_{ij\cdot})^2 + sl\sum_{i=1}^{r}(\bar{X}_{i\cdot\cdot} - \bar{X})^2 + \\ &\quad rl\sum_{j=1}^{s}(\bar{X}_{\cdot j\cdot} - \bar{X})^2 + l\sum_{i=1}^{r}\sum_{j=1}^{s}(\bar{X}_{ij\cdot} - \bar{X}_{i\cdot\cdot} - \bar{X}_{\cdot j\cdot} + \bar{X})^2 \\ &= S_e + S_A + S_B + S_I. \end{aligned} \tag{4.2.24}$$

在上式的推导过程中,应注意每个交叉乘积项之和均为零.

下面给出检验假设(4.2.12)、(4.2.13)和(4.2.14)的统计量.

定理 4.2.1　在模型(4.2.11)下,

(1) $\dfrac{S_e}{\sigma^2} \sim \chi^2(rs(l-1))$;

(2) 当 H_{01} 成立时,$\dfrac{S_A}{\sigma^2} \sim \chi^2(r-1)$,且 S_A 与 S_e 相互独立,从而

$$F_A = \frac{S_A/(r-1)}{S_e/[rs(l-1)]} \sim F(r-1, rs(l-1)); \quad (4.2.25)$$

(3) 当 H_{02} 成立时,$\dfrac{S_B}{\sigma^2} \sim \chi^2(s-1)$,且 S_B 与 S_e 相互独立,从而

$$F_B = \frac{S_B/(s-1)}{S_e/[rs(l-1)]} \sim F(s-1, rs(l-1)); \quad (4.2.26)$$

(4) 当 H_{03} 成立时,$\dfrac{S_I}{\sigma^2} \sim \chi^2((r-1)(s-1))$,且 S_I 与 S_e 相互独立,从而

$$F_I = \frac{S_I/[(r-1)(s-1)]}{S_e/[rs(l-1)]} \sim F((r-1)(s-1), rs(l-1)). \quad (4.2.27)$$

此定理的证明与定理 4.1.1 的证明类似(略).

用定理 4.2.1 中的统计量 F_A、F_B 与 F_I 可分别检验假设 H_{01}、H_{02} 及 H_{03}. 为减少舍入误差,可简化计算公式. 记

$$P = \frac{1}{rsl}\left(\sum_{i=1}^{r}\sum_{j=1}^{s}\sum_{k=1}^{l} x_{ijk}\right)^2,$$

$$Q_A = \frac{1}{sl}\sum_{i=1}^{r}\left(\sum_{j=1}^{s}\sum_{k=1}^{l} x_{ijk}\right)^2, Q_B = \frac{1}{rl}\sum_{j=1}^{s}\left(\sum_{i=1}^{r}\sum_{k=1}^{l} x_{ijk}\right)^2,$$

$$R = \frac{1}{l}\sum_{i=1}^{r}\sum_{j=1}^{s}\left(\sum_{k=1}^{l} x_{ijk}\right)^2,$$

$$W = \sum_{i=1}^{r}\sum_{j=1}^{s}\sum_{k=1}^{l} x_{ijk}^2,$$

则不难证明下面的计算公式

$$S_A = Q_A - P, S_B = Q_B - P, S_e = W - R, S_T = W - P$$

$$S_I = S_T - S_A - S_B - S_e = R - Q_A - Q_B + P \qquad (4.2.28)$$

请读者自证.

根据表 4.2.2 所示试验结果,按公式(4.2.28)计算各个平方和,可列出下面的双因素重复试验方差分析表(表 4.2.3).

表 4.2.3

方差来源	平方和	自由度	均方	F 值	显著性
因素 A	$S_A = Q_A - P$	$r-1$	$MS_A = \frac{S_A}{r-1}$	$F_A = \frac{MS_A}{MS_e}$	
因素 B	$S_B = Q_B - P$	$s-1$	$MS_B = \frac{S_B}{s-1}$	$F_B = \frac{MS_B}{MS_e}$	
交互作用 $A \times B = I$	$S_I = R - Q_A - Q_B + P$	$(r-1)(s-1)$	$MS_I = \frac{S_I}{(r-1)(s-1)}$	$F_I = \frac{MS_I}{MS_e}$	
误差 e	$S_e = W - R$	$rs(l-1)$	$MS_e = \frac{S_e}{rs(l-1)}$		
总和	$S_T = W - P$	$rsl - 1$			

对给定的显著性水平 α,查表求得

$$F_{1-\alpha}(r-1, rs(l-1)) = \lambda_1, F_{1-\alpha}(s-1, rs(l-1)) = \lambda_2,$$

$$F_{1-\alpha}((r-1)(s-1), rs(l-1)) = \lambda_3.$$

当 $F_A \geqslant \lambda_1$,则拒绝 H_{01},否则接受 H_{01};当 $F_B \geqslant \lambda_2$,则拒绝 H_{02},否则接受 H_{02};当 $F_I \geqslant \lambda_3$,则拒绝 H_{03},否则接受 H_{03}.

例 4.2.2 在某化工产品的生产过程中,为了提高收取率,选了三种浓度、四种温度做试验,在每种浓度与温度配合下各做两次试验,其收取率如表 4.2.4 所示(数据已简化)

表 4.2.4

温度/°C 浓度/%	$B_1(10)$	$B_2(24)$	$B_3(38)$	$B_4(52)$
$A_1(2)$	4,0	1,1	3,-1	0,2
$A_2(4)$	-1,-3	0,-2	-3,1	-4,0
$A_3(6)$	-5,1	3,4	2,3	4,0

在显著性水平 $\alpha=0.05$ 下，检验不同浓度、不同温度以及它们之间的交互作用对收取率有无显著影响.

解 在本题中，$r=3,s=4,l=2$，且有

$$P=\frac{1}{24}\left(\sum_{i=1}^{3}\sum_{j=1}^{4}\sum_{k=1}^{2}x_{ijk}\right)^2=\frac{100}{24}=4.167,$$

$$Q_A=\frac{1}{8}\sum_{i=1}^{3}\left(\sum_{j=1}^{4}\sum_{k=1}^{2}x_{ijk}\right)^2=\frac{388}{8}=48.5,$$

$$Q_B=\frac{1}{6}\sum_{j=1}^{4}\left(\sum_{i=1}^{3}\sum_{k=1}^{2}x_{ijk}\right)^2=\frac{94}{6}=15.667,$$

$$R=\frac{1}{2}\sum_{i=1}^{3}\sum_{j=1}^{4}\left(\sum_{k=1}^{2}x_{ijk}\right)^2=\frac{174}{2}=87,$$

$$W=\sum_{i=1}^{3}\sum_{j=1}^{4}\sum_{k=1}^{2}x_{ijk}^2=152.$$

所以

$$S_A=Q_A-P=48.5-4.167=44.333,$$

$$S_B=Q_B-P=15.667-4.167=11.50,$$

$$S_e=W-R=152-87=65,$$

$$S_T=W-P=152-4.167=147.833,$$

$$S_I=S_T-S_A-S_B-S_e=27.0.$$

列出方差分析表(表 4.2.5).

表　4.2.5

方差来源	平方和	自由度	均方	F 值	显著性
因素 A	$S_A=44.33$	$r-1=2$	22.165	4.09	*
因素 B	$S_B=11.50$	$s-1=3$	3.833	0.71	
交互作用 $I=A\times B$	$S_I=27.0$	$(r-1)(s-1)=6$	4.5	0.83	
误差 e	$S_e=65.0$	$rs(l-1)=12$	5.416		
总和	$S_T=147.83$	$rsl-1=23$			

对 $\alpha=0.05$，查表得 $F_{1-\alpha}(r-1,rs(l-1))=F_{0.95}(2,12)=3.89$，$F_{1-\alpha}(s-1,rs(l-1))=F_{0.95}(3,12)=3.49$，$F_{1-\alpha}((r-1)(s-1),rs(l-1))=F_{0.95}(6,12)=3.00$

因为 $F_A=4.09>3.89$，$F_B=0.71<3.49$，$F_I=0.83<3.00$，所以在显著性水平 $\alpha=0.05$ 下拒绝 H_{01}，认为因素 A 对指标影响显著（又因 $F_A<F_{1-0.01}(2,12)=6.93$，所以为“ * ”）而因素 B 及交互作用 $A\times B$ 对指标影响不显著.

二、双因素无重复试验方差分析

在双因素试验中，若根据实际经验或专业知识知道，两个因素无交互作用. 另外，试验的代价又较高，则可以作无重复的试验. 此时 $l=1$，所以就不能用表 4.2.3 的分析方法，因为照此表，误差平方和 S_e 的自由度变为零. 我们建立如下的数学模型.

设因素 A 有 r 个不同水平 $A_1,A_2,\cdots,A_r$；因素 B 有 s 个不同水平 $B_1,B_2,\cdots,B_s$. 在 A_i 与 B_j 搭配下的试验结果为 $X_{ij}(i=1,2,\cdots,r;j=1,2,\cdots,s)$. 设 $X_{ij}\sim N(\mu_{ij},\sigma^2)$，且各 X_{ij} 相互独立. 记 $\varepsilon_{ij}=X_{ij}-\mu_{ij}$，则 ε_{ij} 表示在水平组合 A_iB_j 下所作试验的误差. 显然 $\varepsilon_{ij}\sim N(0,\sigma^2)$. 记

$$\mu=\frac{1}{rs}\sum_{i=1}^{r}\sum_{j=1}^{s}\mu_{ij},\tag{4.2.29}$$

$$\mu_{i\cdot} = \frac{1}{s}\sum_{j=1}^{s}\mu_{ij} \quad (i = 1,2,\cdots,r), \qquad (4.2.30)$$

$$\mu_{\cdot j} = \frac{1}{r}\sum_{i=1}^{r}\mu_{ij} \quad (j = 1,2,\cdots,s), \qquad (4.2.31)$$

又记

$$a_i = \mu_{i\cdot} - \mu, i = 1,2,\cdots,r, \qquad (4.2.32)$$

$$b_j = \mu_{\cdot j} - \mu, j = 1,2,\cdots,s, \qquad (4.2.33)$$

称 a_i 为因素 A 在 A_i 水平下对指标的效应，称 b_j 为因素 B 在 B_j 水平下对指标的效应. 显然

$$\sum_{i=1}^{r} a_i = 0, \sum_{j=1}^{s} b_j = 0.$$

因为 A 与 B 的交互效应为零，参照式(4.2.11)，可得如下 $l=1$ 时无交互作用的方差分析的数学模型，它是数学模型(4.2.11)的特例.

$$\begin{cases} X_{ij} = \mu + a_i + b_j + \varepsilon_{ij}, \\ \varepsilon_{ij} \sim N(0,\sigma^2), \text{各 } \varepsilon_{ij} \text{ 相互独立}, \\ \sum_{i=1}^{r} a_i = 0, \sum_{j=1}^{s} b_j = 0, \\ (i = 1,2,\cdots,r; j = 1,2,\cdots,s). \end{cases} \qquad (4.2.34)$$

其中，μ、a_i、b_j、σ^2 均为未知参数. 此时要检验假设

$$H_{01}: a_1 = a_2 = \cdots = a_r = 0, \qquad (4.2.35)$$

$$H_{02}: b_1 = b_2 = \cdots = b_s = 0. \qquad (4.2.36)$$

我们利用平方和分解公式来导出检验统计量. 记

$$\bar{X} = \frac{1}{rs}\sum_{i=1}^{r}\sum_{j=1}^{s} X_{ij}, \quad \bar{X}_{i\cdot} = \frac{1}{s}\sum_{j=1}^{s} X_{ij}, \quad \bar{X}_{\cdot j} = \frac{1}{r}\sum_{i=1}^{r} X_{ij}, \qquad (4.2.37)$$

则总离差平方和

$$S_T = \sum_{i=1}^{r}\sum_{j=1}^{s}(X_{ij} - \bar{X})^2 = S_A + S_B + S_e, \qquad (4.2.38)$$

其中，

$$S_A = \sum_{i=1}^{r}\sum_{j=1}^{s}(\bar{X}_{i\cdot} - \bar{X})^2 = s\sum_{i=1}^{r}(\bar{X}_{i\cdot} - \bar{X})^2, \qquad (4.2.39)$$

$$S_B=\sum_{i=1}^{r}\sum_{j=1}^{s}(\bar{X}_{\cdot j}-\bar{X})^2=r\sum_{j=1}^{s}(\bar{X}_{\cdot j}-\bar{X})^2,\quad(4.2.40)$$

$$S_e=\sum_{i=1}^{r}\sum_{j=1}^{s}(X_{ij}-\bar{X}_{i\cdot}-\bar{X}_{\cdot j}+\bar{X})^2,\quad(4.2.41)$$

分别称为 A 的效应平方和,B 的效应平方和及误差平方和. 又记

$$\bar{\varepsilon}=\frac{1}{rs}\sum_{i=1}^{r}\sum_{j=1}^{s}\varepsilon_{ij},\quad \bar{\varepsilon}_{i\cdot}=\frac{1}{s}\sum_{j=1}^{s}\varepsilon_{ij},\quad \bar{\varepsilon}_{\cdot j}=\frac{1}{r}\sum_{i=1}^{r}\varepsilon_{ij},\quad(4.2.42)$$

则可得如下分解式

$$\bar{X}=\frac{1}{rs}\sum_{i=1}^{r}\sum_{j=1}^{s}X_{ij}=\frac{1}{rs}\sum_{i=1}^{r}\sum_{j=1}^{s}(\mu+a_i+b_j+\varepsilon_{ij})=\mu+\bar{\varepsilon},$$

$$\bar{X}_{i\cdot}=\frac{1}{s}\sum_{j=1}^{s}X_{ij}=\frac{1}{s}\sum_{j=1}^{s}(\mu+a_i+b_j+\varepsilon_{ij})=\mu+a_i+\bar{\varepsilon}_{i\cdot},$$

$$\bar{X}_{\cdot j}=\frac{1}{r}\sum_{i=1}^{r}X_{ij}=\frac{1}{r}\sum_{i=1}^{r}(\mu+a_i+b_j+\varepsilon_{ij})=\mu+b_j+\bar{\varepsilon}_{\cdot j}.$$

于是有 $\bar{X}_{i\cdot}-\bar{X}=a_i+\bar{\varepsilon}_{i\cdot}-\bar{\varepsilon}$, $\bar{X}_{\cdot j}-\bar{X}=b_j+\bar{\varepsilon}_{\cdot j}-\bar{\varepsilon}$,易知 $\bar{X}_{i\cdot}-\bar{X}$、$\bar{X}_{\cdot j}-\bar{X}$分别为 a_i、b_j 的无偏估计.

类似于双因素重复试验方差分析的定理 4.2.1,有如下定理.

定理 4.2.2 在模型(4.2.34)下,

(1) $\frac{S_e}{\sigma^2}\sim\chi^2((r-1)(s-1))$;

(2) 当 H_{01} 成立时,$\frac{S_A}{\sigma^2}\sim\chi^2(r-1)$,且 S_A 与 S_e 相互独立,从而

$$F_A=\frac{S_A/(r-1)}{S_e/[(r-1)(s-1)]}\sim F((r-1),(r-1)(s-1));$$

(3) 当 H_{02} 成立时,$\frac{S_B}{\sigma^2}\sim\chi^2(s-1)$,且 S_B 与 S_e 相互独立,从而

$$F_B=\frac{S_B/(s-1)}{S_e/[(r-1)(s-1)]}\sim F((s-1),(r-1)(s-1)).$$

证略.

由样本值算出 F_A, F_B 的值. 对显著性水平 α,若 $F_A\geqslant F_{1-\alpha}((r-1),(r-1)(s-1))$,则在水平 α 下拒绝 H_{01},否则接受 H_{01};

若 $F_B \geqslant F_{1-\alpha}((s-1),(r-1)(s-1))$，则在水平 α 下拒绝 H_{02}，否则接受 H_{02}.

为了减少计算过程中的舍入误差，可用如下的简便公式，记

$$\begin{cases} P = \dfrac{1}{rs}\left(\sum\limits_{i=1}^{r}\sum\limits_{j=1}^{s}x_{ij}\right)^2, \\ Q_A = \dfrac{1}{s}\sum\limits_{i=1}^{r}\left(\sum\limits_{j=1}^{s}x_{ij}\right)^2, \\ Q_B = \dfrac{1}{r}\sum\limits_{j=1}^{s}\left(\sum\limits_{i=1}^{r}x_{ij}\right)^2, \\ R = \sum\limits_{i=1}^{r}\sum\limits_{j=1}^{s}x_{ij}^2. \end{cases} \tag{4.2.43}$$

则

$$\begin{cases} S_T = R - P, \\ S_A = Q_A - P, \\ S_B = Q_B - P, \\ S_e = S_T - S_A - S_B = R - Q_A - Q_B + P. \end{cases} \tag{4.2.44}$$

请读者自证.

将计算结果列成表 4.2.6 与表 4.2.7.

表 4.2.6

$A \backslash B$	B_1	B_2	$\cdots$	B_s	$\sum\limits_{j=1}^{s}x_{ij}$	$\left(\sum\limits_{j=1}^{s}x_{ij}\right)^2$	$\sum\limits_{j=1}^{s}x_{ij}^2$
A_1	x_{11}	x_{12}	$\cdots$	x_{1s}	$\sum\limits_{j=1}^{s}x_{1j}$	$\left(\sum\limits_{j=1}^{s}x_{1j}\right)^2$	$\sum\limits_{j=1}^{s}x_{1j}^2$
A_2	x_{21}	x_{22}	$\cdots$	x_{2s}	$\sum\limits_{j=1}^{s}x_{2j}$	$\left(\sum\limits_{j=1}^{s}x_{2j}\right)^2$	$\sum\limits_{j=1}^{s}x_{2j}^2$
$\vdots$	$\vdots$	$\vdots$		$\vdots$	$\vdots$	$\vdots$	$\vdots$
A_r	x_{r1}	x_{r2}	$\cdots$	x_{rs}	$\sum\limits_{j=1}^{s}x_{rj}$	$\left(\sum\limits_{j=1}^{s}x_{rj}\right)^2$	$\sum\limits_{j=1}^{s}x_{rj}^2$
$\sum\limits_{i=1}^{r}x_{ij}$	$\sum\limits_{i=1}^{r}x_{i1}$	$\sum\limits_{i=1}^{r}x_{i2}$	$\cdots$	$\sum\limits_{i=1}^{r}x_{is}$	$\sum\limits_{i=1}^{r}\sum\limits_{j=1}^{s}x_{ij}$	Q_A	R
$\left(\sum\limits_{i=1}^{r}x_{ij}\right)^2$	$\left(\sum\limits_{i=1}^{r}x_{i1}\right)^2$	$\left(\sum\limits_{i=1}^{r}x_{i2}\right)^2$	$\cdots$	$\left(\sum\limits_{i=1}^{r}x_{is}\right)^2$	Q_B	P	

表 4.2.7

方差来源	平方和	自由度	均方	F 值	显著性
因素 A	$S_A=Q_A-P$	$r-1$	$MS_A=\frac{S_A}{r-1}$	$\frac{MS_A}{MS_e}$	
因素 B	$S_B=Q_B-P$	$s-1$	$MS_B=\frac{S_B}{s-1}$	$\frac{MS_B}{MS_e}$	
误差 e	$S_e=R-Q_A-Q_B+P$	$(r-1)(s-1)$	$MS_e=\frac{S_e}{(r-1)(s-1)}$		
总和	$S_T=R-P$	$rs-1$			

例 4.2.3 对木材进行抗压强度的试验,选择三种不同比重(单位:g/cm^3)的木材

A_1:0.34~0.47,A_2:0.48~0.52,A_3:0.53~0.56

及三种不同的加荷速度(单位:$10^{-1}N/cm^2\cdot min$)

$$B_1:600,B_2:2400,B_3:4200.$$

测得木材的抗压强度($10^{-1}N/cm^2$)如下

A \ B	B_1	B_2	B_3
A_1	3.72	3.90	4.02
A_2	5.22	5.24	5.08
A_3	5.28	5.74	5.54

检验木材比重及加荷速度对木材的抗压强度是否有显著影响?

解 按表 4.2.6 的格式列出计算结果

A \ B	B_1	B_2	B_3	$\sum_{j=1}^{s}x_{ij}$	$\left(\sum_{j=1}^{s}x_{ij}\right)^2$	$\sum_{j=1}^{s}x_{ij}^2$
A_1	3.72	3.90	4.02	11.64	135.49	45.209
A_2	5.22	5.24	5.08	15.54	241.49	80.512

（续）

B / A	B_1	B_2	B_3	$\sum_{j=1}^{s} x_{ij}$	$\left(\sum_{j=1}^{s} x_{ij}\right)^2$	$\sum_{j=1}^{s} x_{ij}^2$
A_3	5.28	5.74	5.54	16.56	274.23	91.518
$\sum_{i=1}^{r} x_{ij}$	14.22	14.88	14.64	43.74	$Q_A = 217.07$	$R = 217.24$
$\left(\sum_{i=1}^{r} x_{ij}\right)^2$	202.21	221.41	214.33	$Q_B = 212.65$	$P = 212.58$	

由公式(4.2.44)，得

$$S_T = R - P = 4.66,\quad S_A = Q_A - P = 4.49,$$
$$S_B = Q_B - P = 0.07,$$
$$S_e = 4.66 - 4.49 - 0.07 = 0.1.$$

于是得各统计量的值

$$F_A = \frac{S_A/2}{S_e/4} = 89.8,\quad F_B = \frac{S_B/2}{S_e/4} = 1.4.$$

列出方差分析表

方差来源	平方和	自由度	均方	F 值	显著性
因素 A	$S_A = 4.49$	$r-1=2$	2.245	$F_A = 89.8$	* *
因素 B	$S_B = 0.07$	$s-1=2$	0.035	$F_B = 1.4$	
误差 e	$S_e = 0.1$	$(r-1)(s-1)=4$	0.025		
总和	$S_T = 4.66$	8			

查表得 $F_{1-0.01}(2,4)=18, F_{1-0.05}(2,4)=6.94, F_{1-0.1}(2,4)=4.32$. 因 $F_A>18$，所以因素 A 对指标影响高度显著；而 $F_B<4.32$，所以因素 B 对指标没有显著影响. 即不同比重的木材抗压强度明显不同，而不同加荷速度对抗压强度无显著影响.

最后，我们说明方差分析方法在实际应用中应注意的几个问题.

(1) F 值特别小的情况　这种情况一般不应发生,发生的原因可能是漏掉了某个更重要的因素,此因素的效应被我们归结到误差中去了,从而分母增大,F 变小. 或是试验误差过大;或是取样及测量中存在系统偏差;或是某个重要因素在试验过程中发生了变化,即试验条件的变化未被我们发觉;也可能是指标的有效位数取得太少等. 发生这种情况,应找出原因,消除以上错误因素.

(2) 试验次序　为了消除试验中不可控因素的干扰,保证试验结果的相互独立,试验的次序最好不要依某因素(例如温度)的量的次序(从高到低或从低到高)进行,而是用抽签或查随机数表的方法决定试验的先后次序. 如双因素试验时,因素 A 取 3 个水平 A_1,A_2,A_3;因素 B 取 2 个水平 B_1,B_2. 将 A_iB_j 搭配下的试验记为 (i,j),对试验(1,1)、(1,2)、(2,1)、(2,2)、(3,1)、(3,2)依次编号为1、2、3、4、5、6. 从随机数表中任取一组数,如55、23、64、05、10、93,将不参加编号的数及重复的数5、0、5、0、9. 3 划去,余下的数为5、2、3、6、4、1. 即试验次序依次为(3,1)、(1,2)、(2,1)、(3,2)、(2,2)、(1,1).

小　　结

方差分析是对试验结果进行数据分析的重要工具. 一般,试验结果受到诸多因素的影响,除了试验条件外,还会受到随机因素的影响. 方差分析就是通过对这些受到随机因素干扰的数据作分析,检验不同因素水平下的总体均值是否相等或差异显著,以判断各因素对试验指标的影响是否显著. 方差分析分单因素试验和多因素试验两种情况.

如果在一项试验中只有一个因素在改变称为单因素试验,如果多于一个因素在改变称为多因素试验. 本书只介绍单因素试验方差分析和双因素试验方差分析.

对于单因素试验方差分析,设因素 A 有 r 个不同水平 A_1, $A_2,\cdots,A_r$. 在水平 A_i 下的总体记为 X_i, $X_i\sim N(\mu_i,\sigma^2)$ $(i=1,2,\cdots,$

r)且相互独立. 在这个数学模型中含有三个基本假定:正态性、方差齐性与独立性.

单因素试验方差分析要解决的问题主要是检验如下假设:

$$H_0:\mu_1=\mu_2=\cdots=\mu_r.$$

单因素试验方差分析的基本思想是,将总离差平方和

$$S_T=\sum_{i=1}^{r}\sum_{j=1}^{n_i}(x_{ij}-\bar{x})^2$$

分解为误差平方和(组内离差平方和)S_e 及因素 A 的效应平方和(组间离差平方和)S_A 两部分之和:$S_T=S_e+S_A$,其中 $S_e=\sum_{i=1}^{r}\sum_{j=1}^{n_i}(x_{ij}-\bar{x}_i)^2$ 是由试验的随机误差引起的,$S_A=\sum_{i=1}^{r}\sum_{j=1}^{n_i}(\bar{x}_i-\bar{x})^2$ 是由因素 A 各水平效应的差异及随机误差引起的. 当 S_A 比 S_e 大得多,则拒绝 H_0,说明因素 A 对指标的影响显著;否则说明 A 对指标的影响不大.

单因素试验方差分析所用的检验统计量为 $F=\dfrac{s_A/(r-1)}{s_e/(n-r)}$,$H_0$ 成立时,$F\sim F(r-1,n-r)$,拒绝域为 $F\geqslant F_{1-\alpha}(r-1,n-r)$.

双因素试验方差分析分考虑交互作用的与不考虑交互作用的两种情况. 有交互作用时,总离差平方和可分解为:$S_T=S_e+S_A+S_B+S_{A\times B}$,其中 $S_{A\times B}$ 反映了因素 A 与 B 的交互作用;无交互作用时,总离差平方和可分解为:$S_T=S_e+S_A+S_B$. 当因素 A 与 B 或其交互作用的效应平方和比 S_e 大得多,说明该因素(或交互作用)对指标的影响较显著,否则说明其对指标的影响不大.

不管是单因素试验方差分析还是双因素试验方差分析,其计算结果都可列成一张方差分析表.

习 题 四

1. 为了调查 1.5V 3 号干电池的寿命是否由于生产工厂的不同而不同,将每个厂的产品各取 5 个,测定其寿命,结果如下表

生产工厂	干电池寿命/h				
A_1	24.7	24.3	21.6	19.3	20.3
A_2	30.8	19.0	18.8	29.7	25.1
A_3	17.9	30.4	34.9	34.1	15.9
A_4	23.1	33.0	23.0	25.4	18.1
A_5	25.2	37.5	31.6	26.8	27.5

问:不同工厂生产的电池的寿命是否有显著差异($\alpha=0.1$)?

2. 三台机器制造同一种产品,记录五天的产量如下

机　器	日　产　量　/件				
Ⅰ	138	144	135	149	143
Ⅱ	163	148	152	146	157
Ⅲ	155	144	159	147	153

检验这三台机器的日产量是否有显著差异($\alpha=0.05$)?

3. 对用五种不同操作方法生产某种产品作节约原料试验,在其余条件尽可能相同的情况下,各就四批试样测得原料节约额资料如下表

操作法	节　约　额　/万元			
Ⅰ	4.3	7.8	3.2	6.5
Ⅱ	6.1	7.3	4.2	4.1
Ⅲ	6.5	8.3	8.6	8.2
Ⅳ	9.3	8.7	7.2	10.1
Ⅴ	9.5	8.8	11.4	7.8

问:操作法对原料节约额的影响的差异是否显著($\alpha=0.01$)?

4. 粮食加工厂用四种不同的方法贮藏粮食,贮藏一段时间后,分别抽样化验,得到粮食含水率数据如下表

贮藏方法	含 水 率 /%				
Ⅰ	7.3	8.3	7.6	8.4	8.3
Ⅱ	5.8	7.4	7.1		
Ⅲ	8.1	6.4	7.0		
Ⅳ	7.9	9.0			

检验这四种不同的贮藏方法对粮食的含水率是否有显著影响(分别取 $\alpha=0.05$ 和 $\alpha=0.1$).

5. 一火箭使用了四种燃料(A),三种推进器(B),作射程试验,每种燃料与每种推进器的组合作二次试验,得火箭射程(单位:海里)如下表所示

A \ B	B_1	B_2	B_3
A_1	58.2,52.6	56.2,41.2	65.3,60.8
A_2	49.1,42.8	54.1,50.5	51.6,48.4
A_3	60.1,58.3	70.9,73.2	39.2,40.7
A_4	75.8,71.5	58.2,51.0	48.7,41.4

试检验燃料、推进器以及它们之间的交互作用对火箭射程有无显著影响($\alpha=0.01$)?

6. 下面记录了三位操作工分别在四台不同机器上操作三天的日产量(单位:件)

操作工 \ 机器	B_1	B_2	B_3	B_4
A_1	15,15,17	17,17,17	15,17,16	18,20,22
A_2	19,19,16	15,15,15	18,17,16	15,16,17
A_3	16,18,21	19,22,22	18,18,18	17,17,17

试检验

(1) 操作工之间的差异是否显著?

(2) 机器之间的差异是否显著?

(3) 交互作用是否显著?

7. 某工厂对生产的高速铣刀进行淬火工艺试验,选择三种不同的等温

温度

$$A_1=280°C,\ A_2=300°C,\ A_3=320°C;$$

及三种不同的淬火温度

$$B_1=1210°C,\ B_2=1235°C,\ B_3=1250°C;$$

测得铣刀平均硬度如下

等温温度 \ 淬火温度	B_1	B_2	B_3
A_1	64	66	68
A_2	66	68	67
A_3	65	67	68

检验等温温度及淬火温度对硬度是否有显著影响(分别取 $\alpha=0.1$ 和 $\alpha=0.05$).

8. 在橡胶生产过程中,选择四种不同的配料方案及五种不同的硫化时间,测得产品的抗断强度(单位:kg/cm^2)如下

配料方案 \ 硫化时间	B_1	B_2	B_3	B_4	B_5
A_1	151	157	144	134	136
A_2	144	162	128	138	132
A_3	134	133	130	122	125
A_4	131	126	124	126	121

检验配料方案及硫化时间对产品的抗断强度是否有显著影响(分别取 $\alpha=0.05$和 $\alpha=0.01$).

第五章　回 归 分 析

§5.1　回归分析的基本概念

变量之间的关系是现实世界中普遍存在的. 变量之间的关系一般来说可以分为两类,一类是确定性关系,另一类是非确定性关系.

若有变量 x 和 y,当变量 x 的值确定之后,变量 y 的值也随之而确定,这种变量之间的关系就是确定性的关系. 变量之间的确定性关系就是高等数学中所研究的函数关系.

那么变量之间的非确定性关系是什么样的关系呢? 我们先来看一个例子. 大家知道,人的血压(记为 Y)与年龄(记为 x)是有关的. 一般来说,随着人的年龄的增加,血压要增高. 但是同龄人(x 相同)的血压 Y 又不尽相同. 这个例子的特点是,变量 x 与 Y 是有联系的,但是当 x 的值确定时 Y 的值却是不确定的. 这种变量间的关系就是非确定性关系,也称为**相关关系**.

这种具有非确定性关系的例子还可以举出不少. 比如人的身高 x 大时一般地说其体重 Y 也倾向于大. 但身高相同(x 相同)的人其体重 Y 也不完全相同. 又比如,某种塑料产品其硬度 Y 与生产时最后一道工序的温度 x 有关. 温度不同,产品的硬度也不同. 但是即使温度 x 相同,各个塑料产品的硬度也不完全相同. 这两个例子中变量 x 与 Y 的关系也是相关关系. 研究变量间相关关系的统计分析方法称为**回归分析**. 关于"回归"这个词的由来还有一个有趣的故事. 不少书讲述了这个故事,有兴趣的读者可以参看参考文献[8].

以上几个关于相关关系的例子中,x 通常称为**自变量**,Y 通常称为**因变量**或**响应变量**. 在回归分析中,因变量总是被看作随机变量. 但自变量的情况比较复杂. 有的自变量是非随机的. 在关于某塑料产品硬度的例子中自变量温度就是非随机的普通变量,其取值可由人控制. 有的自变量则是随机的. 在关于人的身高与体重的例子中自变量身高也是随机变量. 虽然身高是随机变量,但我们可以获得其精确的观察值. 在实用上,一般都把自变量看成是可控制或可精确测量的普通变量. 本书也只讨论这种情况.

因为我们把自变量看作普通变量,所以以后把自变量记作 x(小写). 对于自变量 x 的每一确定值有一个随机变量 Y(因变量)与之对应. 因为 Y 是随机变量,所以在各次不同的试验中(同一个 x)Y 的观察值 y 是不同的. 但是,如果 Y 的数学期望存在,那么当 x 的值确定时,与 x 相对应的随机变量 Y 的数学期望也随之确定. 这个数学期望应是 x 的函数,我们把它记作 $\mu(x)$,称为 Y 关于 x 的**回归函数**. 于是自变量 x 与因变量 Y 之间的关系可以用如下的模型来描述

$$Y=\mu(x)+\varepsilon, \tag{5.1.1}$$

其中,ε 是随机误差,它满足 $E(\varepsilon)=0$. 随机误差 ε 应理解为除 x 外对 Y 有影响但未加考虑的诸多因素(包括随机因素)所产生的影响的总和. 模型(5.1.1)中只有一个自变量,基于这个模型的统计分析称为**一元回归分析**. 如果 $\mu(x)$ 是 x 的线性函数,即 $\mu(x)=\beta_0+\beta_1 x$,模型(5.1.1)可化为

$$Y=\beta_0+\beta_1 x+\varepsilon, \tag{5.1.2}$$

其中,β_0 是常数项,β_1 称为**回归系数**,ε 是随机误差,$E(\varepsilon)=0$. 模型(5.1.2)称为**一元线性回归模型**,基于(5.1.2)的统计分析称为**一元线性回归分析**.

一般地说,回归函数 $\mu(x)$ 是不知道的,而在实际工作中又要求我们求出 $\mu(x)$. 回归分析的任务就是,用所获得的关于 x 和 Y 的观察值估计 $\mu(x)$,讨论有关的假设检验与区间估计问题,利用对于 $\mu(x)$ 的估计进行预报等.

为了估计 $\mu(x)$,首先要确定它的形式,然后用关于 x 和 Y 的观察值去估计 $\mu(x)$ 表示式中若干未知参数,从而获得 $\mu(x)$ 的估

计. 为了确定 $\mu(x)$ 的形式可根据专业知识或经验,也可通过画散点图获得帮助.

取定自变量 x 的 n 个值 $x_1,x_2,\cdots,x_n$ 之后,分别对因变量 Y 进行观察,其观察值为 $y_1,y_2,\cdots,y_n$. 于是得到 n 对观察值 (x_1,y_1), $(x_2,y_2),\cdots,(x_n,y_n)$. 将每对观察值 $(x_i,y_i)(i=1,2,\cdots,n)$ 所对应的点在直角坐标系中描出,这时就得到一个**散点图**. 由于 Y_i 中包含了随机误差,因此其观察值 y_i 在 $\mu(x_i)$ 周围波动. 点 (x_1,y_1), $(x_2,y_2),\cdots,(x_n,y_n)$ 分布在曲线 $y=\mu(x)$ 附近. 如果散点图如图 5.1.1 所示,则可将 $\mu(x)$ 取为 x 的线性函数;如果散点图如图 5.1.2 所示,那么将 $\mu(x)$ 取为 x 的线性函数显然是不妥当的. 对于后一种情况该怎么处理,将在后面几节详细介绍.

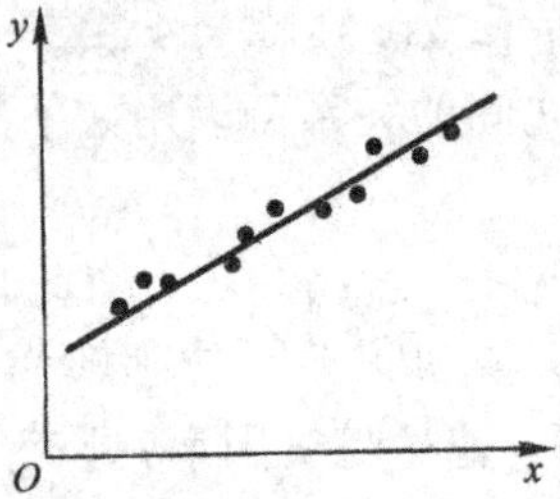

图 5.1.1

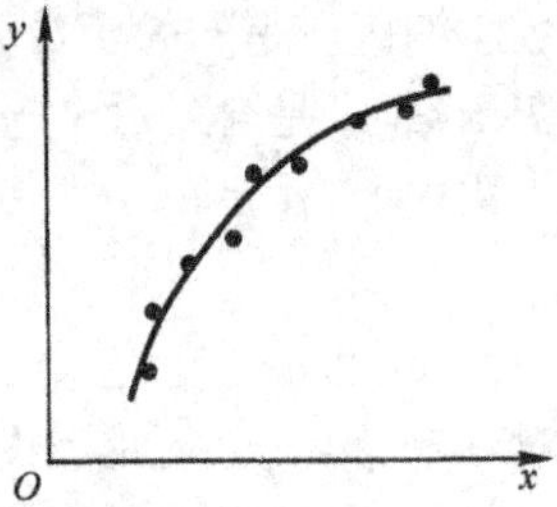

图 5.1.2

因为客观世界中许多变量之间确实具有线性关系,即使不具有线性关系也有近似的线性关系,至少在一定范围内有近似的线性关系;另外,还有许多变量之间的关系虽然确实是非线性的,但是可以通过适当的变换化为线性的;又因为线性关系在数学上比较容易处理,所以线性回归分析在理论上发展得很完备,在实际中应用相当广泛. 本书也只介绍线性回归分析和可化为线性回归的一些非线性回归问题.

§5.2 一元线性回归

本节考虑一元线性回归,其模型是

$$Y=\beta_0+\beta_1 x+\varepsilon, \tag{5.2.1}$$

其中，β_0 与 β_1 都是未知参数，β_1 称为**回归系数**. β_0 和 β_1 是回归直线 $\mu(x)=\beta_0+\beta_1x$ 的截距和斜率. 还假定 $E(\varepsilon)=0, \mathrm{Var}(\varepsilon)=\sigma^2>0$. σ^2 称为**误差方差**，它也是未知参数. 对于一元线性回归，估计 $\mu(x)$ 的问题就转化为求 β_0 与 β_1 的估计问题. 用适当的统计方法获得 β_0 与 β_1 的估计值 $\hat{\beta}_0$ 与 $\hat{\beta}_1$ 之后，对于给定的 x 我们就用 $\hat{\beta}_0+\hat{\beta}_1x$ 作为 $\mu(x)=\beta_0+\beta_1x$ 的估计. 称 $\hat{\mu}(x)=\hat{\beta}_0+\hat{\beta}_1x$ 为 Y 关于 x 的经验回归函数

方程

$$\hat{Y}=\hat{\beta}_0+\hat{\beta}_1x \tag{5.2.2}$$

称为 Y 关于 x 的**经验线性回归方程**，或**经验回归方程**，或**经验回归直线**. 有时也把“经验”两字略掉.

在一元线性回归分析中主要解决以下三个问题：

1）对未知参数 β_0、β_1 和 σ^2 作点估计，并由此获得回归方程；

2）对回归系数 β_1 作假设检验；

3）对于自变量 x 的给定值 x_0，对与之对应的因变量 Y_0 作预测.

一、β_0 和 β_1 的估计及其性质

1. β_0 和 β_1 的最小二乘估计

取 x 的 n 个不全相同的值 $x_1,x_2,\cdots,x_n$，对与之对应的因变量 Y 作观察，得 n 对观察值 $(x_1,y_1),(x_2,y_2),\cdots,(x_n,y_n)$. 由式(5.2.1)知

$$Y_i=\beta_0+\beta_1x_i+\varepsilon_i, i=1,2,\cdots,n, \tag{5.2.3}$$

其中，ε_i 是对 Y_i 观察时的随机误差. $\varepsilon_1,\varepsilon_2,\cdots,\varepsilon_n$ 两两不相关且与式(5.2.1)中的 ε 有相同的分布，$E(\varepsilon_i)=0, \mathrm{Var}(\varepsilon_i)=\sigma^2>0, i=1,2,\cdots,n$. 我们把式(5.2.3)和关于 ε_i 的假设放在一起称为模型(5.2.3).

下面我们用最小二乘法来求 β_0 和 β_1 的估计. 假设 β_0 和 β_1 的估计已经求出，记为 $\hat{\beta}_0$ 和 $\hat{\beta}_1$. 这时回归函数 $\beta_0+\beta_1x$ 在 x_i 点的估计也可获得 $\hat{Y}_i=\hat{\beta}_0+\hat{\beta}_1x_i(i=1,2,\cdots,n)$，称由此式求得的 $\hat{Y}_i$ 为

回归值,有时也称为**预测值**. ($\hat{Y}_i$ 实际上是 Y_i 的数学期望的估计). 另一方面,与 x_i 对应的因变量的观察值 y_i 也已获得,见图 5.2.1. 我们当然希望它们之间的偏差 $e_i=|y_i-\hat{y}_i|(i=1,2,\cdots,n)$ 越小越好. β_0 和 β_1 的合理估计应使 $\sum_{i=1}^{n}(y_i-\hat{y}_i)^2$ 达到最小.

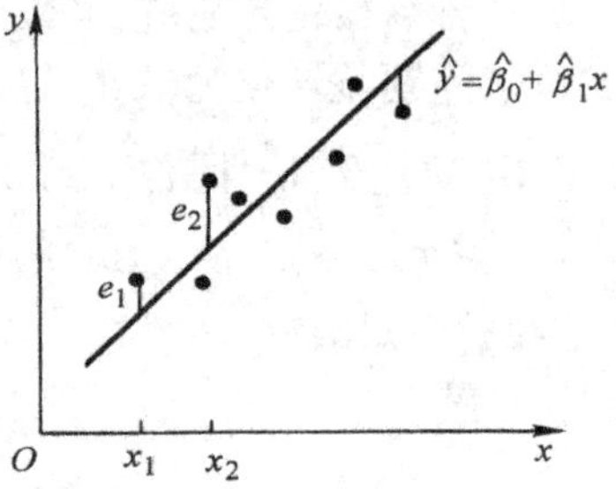

图 5.2.1

这里使用 $\sum_{i=1}^{n}(y_i-\hat{y}_i)^2$ 而不用 $\sum_{i=1}^{n}|y_i-\hat{y}_i|$ 是为了数学上处理方便. 记

$$Q(\beta_0,\beta_1)=\sum_{i=1}^{n}(y_i-\beta_0-\beta_1x_i)^2. \tag{5.2.4}$$

使得

$$\operatorname*{Min}_{\beta_0,\beta_1}Q(\beta_0,\beta_1)=Q(\hat{\beta}_0,\hat{\beta}_1) \tag{5.2.5}$$

成立的 $\hat{\beta}_0$ 和 $\hat{\beta}_1$ 称为 β_0 和 β_1 的**最小二乘估计**. 获得最小二乘估计的方法称为**最小二乘法**.

为求 $Q(\beta_0,\beta_1)$ 的最小值点,可使用微分法.

分别求 $Q(\beta_0,\beta_1)$ 关于 β_0 和 β_1 的偏导数,并令它们等于零,得

$$\frac{\partial Q}{\partial\beta_0}=-2\sum_{i=1}^{n}(y_i-\beta_0-\beta_1x_i)=0,$$

$$\frac{\partial Q}{\partial\beta_1}=-2\sum_{i=1}^{n}(y_i-\beta_0-\beta_1x_i)x_i=0.$$

于是得方程组

$$\begin{cases}n\beta_0+\left(\sum_{i=1}^{n}x_i\right)\beta_1=\sum_{i=1}^{n}y_i,\\\left(\sum_{i=1}^{n}x_i\right)\beta_0+\left(\sum_{i=1}^{n}x_i^2\right)\beta_1=\sum_{i=1}^{n}x_iy_i.\end{cases} \tag{5.2.6}$$

式(5.2.6)称为**正规方程组**,其系数行列式为

$$\begin{vmatrix} n & \Sigma x_i \\ \Sigma x_i & \Sigma x_i^2 \end{vmatrix} = n\Sigma x_i^2 - (\Sigma x_i)^2 = n\Sigma(x_i - \bar{x})^2,$$

其中,$\bar{x} = \frac{1}{n}\Sigma x_i$. 为了简便起见,上式中将“$\sum\limits_{i=1}^{n}$”简记为“Σ”,本节其余部分也这样来记. 由于 $x_1, x_2, \cdots, x_n$ 不全相同,所以 $\Sigma(x_i - \bar{x})^2 \neq 0$. 正规方程组有惟一的一组解,它们是

$$\hat{\beta}_1 = \frac{n\Sigma x_i y_i - (\Sigma x_i)(\Sigma y_i)}{n\Sigma x_i^2 - (\Sigma x_i)^2} = \frac{\Sigma(x_i - \bar{x})(y_i - \bar{y})}{\Sigma(x_i - \bar{x})^2}$$
$$= \frac{\Sigma(x_i - \bar{x})y_i}{\Sigma(x_i - \bar{x})^2}, \tag{5.2.7}$$

$$\hat{\beta}_0 = \bar{y} - \hat{\beta}_1 \bar{x}. \tag{5.2.8}$$

这里 $\bar{y} = \frac{1}{n}\Sigma y_i$,式(5.2.8)来自方程组(5.2.6)中的第一式. 记

$$\begin{aligned} l_{xx} &= \Sigma(x_i - \bar{x})^2, \\ l_{xy} &= \Sigma(x_i - \bar{x})(y_i - \bar{y}), \\ l_{yy} &= \Sigma(y_i - \bar{y})^2. \end{aligned} \tag{5.2.9}$$

于是,

$$\hat{\beta}_1 = \frac{l_{xy}}{l_{xx}}, \quad \hat{\beta}_0 = \bar{y} - \bar{x}\,\frac{l_{xy}}{l_{xx}} \tag{5.2.10}$$

因为 $Q(\beta_0, \beta_1)$ 是 β_0 和 β_1 的非负二次函数,所以由式(5.2.7)和式(5.2.8)表示的 $\hat{\beta}_1$ 和 $\hat{\beta}_0$ 是 $Q(\beta_0, \beta_1)$ 的最小值点,从而是 β_0 和 β_1 的最小二乘估计. 从式(5.2.7)和式(5.2.8)可以看出,$\hat{\beta}_0$ 和 $\hat{\beta}_1$ 都是 $Y_1, Y_2, \cdots, Y_n$ 的线性函数.

于是得线性回归方程

$$\hat{Y} = \hat{\beta}_0 + \hat{\beta}_1 x. \tag{5.2.11}$$

将式(5.2.8)代入式(5.2.11)得线性回归方程的另一表示式

$$\hat{Y} = \bar{y} + \hat{\beta}_1(x - \bar{x}), \tag{5.2.12}$$

即 $\hat{Y}-\bar{y}=\hat{\beta}_1(x-\bar{x})$. 式(5.2.12)表明,回归直线通过观察值点 $(x_1,y_1),(x_2,y_2),\cdots,(x_n,y_n)$ 的几何重心 $(\bar{x},\bar{y})$.

例 5.2.1　设某化学过程的得率(Y)与该过程的温度(x)有关. 现作了10次测量,其数据如下表所示.

x/℃	38	43	49	54	60	66	71	77	82	88
y/%	20.4	20.9	22.5	23.0	24.2	24.3	26.2	26.6	28.0	28.9

画出这些数据 (x_i,y_i) $(i=1,\cdots,10)$ 的散点图(见图5.2.2). 从这个图可以看出这些点都在一条直线附近,用模型(5.2.3)来描述温度 x 与得率 Y 之间的关系比较合适. 经计算,

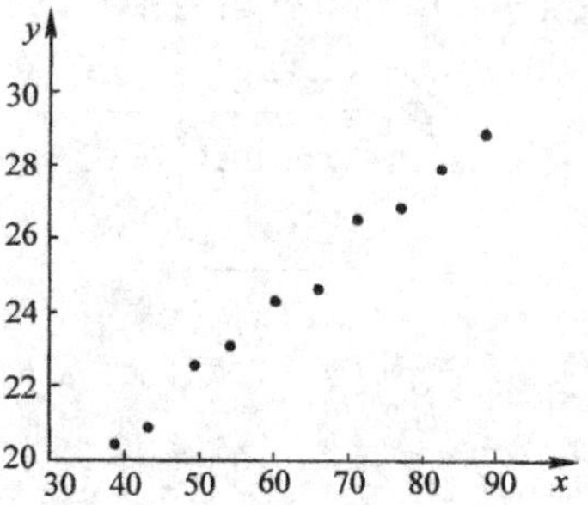

图　5.2.2

$$\sum x_i=628,\quad \bar{x}=62.8,$$

$$\sum x_i^2=42004,$$

$$l_{xx}=\sum x_i^2-\frac{1}{10}(\sum x_i)^2=42004-\frac{1}{10}\times(628)^2=2565.6,$$

$$\sum y_i=245,\quad \bar{y}=24.5,\quad \sum y_i^2=6077.56,$$

$$l_{yy}=\sum y_i^2-\frac{1}{10}(\sum y_i)^2=6077.56-\frac{1}{10}\times(245)^2=75.06,$$

$$\sum x_iy_i=15821.8,$$

$$l_{xy}=\sum x_iy_i-\frac{1}{10}(\sum x_i)(\sum y_i)=15821.8-\frac{1}{10}\times628\times245=435.8,$$

故

$$\hat{\beta}_1=\frac{l_{xy}}{l_{xx}}=\frac{435.8}{2565.6}=0.1699,$$

$$\hat{\beta}_0=\bar{y}-\hat{\beta}_1\bar{x}=24.5-0.1699\times 62.8=13.8326.$$

于是得线性回归方程

$$\hat{Y}=13.8326+0.1699x.$$

2. $\hat{\beta}_0$ 和 $\hat{\beta}_1$ 的性质

定理 5.2.1　对于模型(5.2.3)，β_0 和 β_1 的最小二乘估计 $\hat{\beta}_0$ 和 $\hat{\beta}_1$ 有如下性质

(1) $\hat{\beta}_0$ 和 $\hat{\beta}_1$ 分别是 β_0 和 β_1 的线性无偏估计；

(2) $\mathrm{Cov}(\bar{Y},\hat{\beta}_1)=0$；

(3) $\mathrm{Cov}(\hat{\beta}_0,\hat{\beta}_1)=-\dfrac{\bar{x}}{l_{xx}}\sigma^2$.

证明　(1) 前面已经指出，$\hat{\beta}_0$ 和 $\hat{\beta}_1$ 都是 $Y_1,Y_2,\cdots,Y_n$ 的线性函数. 因为

$$\begin{aligned}E[\Sigma(x_i-\bar{x})Y_i]&=\Sigma(x_i-\bar{x})E(Y_i)\\&=\Sigma(x_i-\bar{x})(\beta_0+\beta_1x_i)\\&=\beta_0\Sigma(x_i-\bar{x})+\beta_1\Sigma(x_i-\bar{x})x_i\\&=\beta_1\Sigma(x_i-\bar{x})^2=\beta_1 l_{xx},\end{aligned}$$

所以，

$$E(\hat{\beta}_1)=\frac{E[\Sigma(x_i-\bar{x})Y_i]}{l_{xx}}=\beta_1. \qquad (5.2.13)$$

而

$$\begin{aligned}E(\hat{\beta}_0)&=E\left(\frac{1}{n}\Sigma Y_i\right)-E(\hat{\beta}_1)\cdot\bar{x}\\&=\frac{1}{n}\Sigma(\beta_0+\beta_1x_i)-\beta_1\bar{x}=\beta_0. \qquad (5.2.14)\end{aligned}$$

所以，$\hat{\beta}_0$ 和 $\hat{\beta}_1$ 分别是 β_0 和 β_1 的线性无偏估计.

$$(2)\ \mathrm{Cov}(\bar{Y},\hat{\beta}_1)=\mathrm{Cov}\left(\frac{1}{n}\sum_{j=1}^{n}Y_j,\frac{\sum\limits_{i=1}^{n}(x_i-\bar{x})Y_i}{l_{xx}}\right)$$

$$= \frac{1}{nl_{xx}}\sum_{j=1}^{n}\sum_{i=1}^{n}\mathrm{Cov}(Y_j,(x_i-\bar{x})Y_i)$$
$$= \frac{1}{nl_{xx}}\sum_{i=1}^{n}\mathrm{Cov}(Y_i,(x_i-\bar{x})Y_i)$$
$$= \frac{1}{nl_{xx}}\sum_{i=1}^{n}(x_i-\bar{x})\sigma^2 = 0.$$

(3) $\mathrm{Cov}(\hat{\beta}_0,\hat{\beta}_1)=\mathrm{Cov}(\bar{Y}-\hat{\beta}_1\bar{x},\hat{\beta}_1)$
$=\mathrm{Cov}(\bar{Y},\hat{\beta}_1)-\bar{x}\mathrm{Var}(\hat{\beta}_1).$

注意到 $Y_1,Y_2,\cdots,Y_n$ 互不相关,有

$$\mathrm{Var}(\hat{\beta}_1)=\mathrm{Var}\left[\frac{\sum(x_i-\bar{x})Y_i}{l_{xx}}\right]=\frac{\sum(x_i-\bar{x})^2\mathrm{Var}(Y_i)}{l_{xx}^2}$$
$$=\frac{\sigma^2}{l_{xx}}, \tag{5.2.15}$$

由(2)知 $\mathrm{Cov}(\bar{Y},\hat{\beta}_1)=0$,所以

$$\mathrm{Cov}(\hat{\beta}_0,\hat{\beta}_1)=-\bar{x}\mathrm{Var}(\hat{\beta}_1)=-\frac{\bar{x}}{l_{xx}}\sigma^2.$$ 证毕.

对于模型(5.2.3),若进一步假定随机误差 ε 服从正态分布,有下面定理.

定理 5.2.2 对于模型(5.2.3),又假定 $\varepsilon_i\sim N(0,\sigma^2),i=1,2,\cdots,n$,则

(1) $\hat{\beta}_0\sim N\left(\beta_0,\dfrac{\sum x_i^2}{nl_{xx}}\sigma^2\right)$;

(2) $\hat{\beta}_1\sim N\left(\beta_1,\dfrac{\sigma^2}{l_{xx}}\right)$.

证明 (1) $\hat{\beta}_0=\bar{Y}-\hat{\beta}_1\bar{x}=\sum\left[\dfrac{1}{n}-\dfrac{\bar{x}(x_i-\bar{x})}{l_{xx}}\right]Y_i$ 是 $Y_1,Y_2,\cdots,Y_n$ 的线性组合. 因为 $Y_1,Y_2,\cdots,Y_n$ 相互独立又都服从正态分布,所以 $\hat{\beta}_0$ 也服从正态分布. 前已证 $E(\hat{\beta}_0)=\beta_0$(见式(5.2.14)). 而

$$\begin{aligned}\mathrm{Var}(\hat{\beta}_0) &= \Sigma\left[\frac{1}{n}-\frac{\bar{x}(x_i-\bar{x})}{l_{xx}}\right]^2\mathrm{Var}(Y_i)\\ &= \sigma^2\Sigma\left[\frac{1}{n^2}-\frac{2\bar{x}(x_i-\bar{x})}{nl_{xx}}+\frac{(\bar{x})^2(x_i-\bar{x})^2}{l_{xx}^2}\right]\\ &= \sigma^2\left(\frac{1}{n}+\frac{(\bar{x})^2}{l_{xx}}\right)=\sigma^2\frac{\Sigma x_i^2}{nl_{xx}},\end{aligned} \tag{5.2.16}$$

故 $\hat{\beta}_0 \sim N\left(\beta_0,\frac{\Sigma x_i^2}{nl_{xx}}\sigma^2\right)$.

(2) 与 $\hat{\beta}_0$ 服从正态分布同样的理由,$\hat{\beta}_1$ 服从正态分布. 由式(5.2.13)和式(5.2.15)立得 $\hat{\beta}_1 \sim N\left(\beta_1,\frac{\sigma^2}{l_{xx}}\right)$. 证毕.

顺便指出,从式(5.2.15)和式(5.2.16)可以看出,在获取观察数据时如果把 $x_1,x_2,\cdots,x_n$ 取得分散一点,可使 $l_{xx}=\Sigma(x_i-\bar{x})^2$ 增大,从而可减小 $\hat{\beta}_0$ 和 $\hat{\beta}_1$ 的方差,提高这两个估计的精度.

二、σ^2 的估计

σ^2 是一个很重要的参数,它反映了模型误差以及观察误差的大小. 下面就来研究 σ^2 的估计. 记

$$\hat{\varepsilon}_i = Y_i-\hat{Y}_i = Y_i-(\hat{\beta}_0+\hat{\beta}_1x_i),i=1,2,\cdots,n.$$

这里的 $\hat{\varepsilon}_i$ 称为**第 i 次观察的残差**,简称**残差**. 它是 x_i 处的观察值 Y_i 与回归值 $\hat{Y}_i$ 之差. 容易看出,$\Sigma\hat{\varepsilon}_i=0$.

$$\mathrm{RSS} \triangleq \Sigma(\hat{\varepsilon}_i)^2=\Sigma(Y_i-\hat{Y}_i)^2 \tag{5.2.17}$$

称为**残差平方和**(RSS 是 Residual Sum of Squares 的缩写). 因为 $\sigma^2=\mathrm{Var}(\varepsilon)=E(\varepsilon^2)$,所以很自然地想到通过残差平方和 RSS 去估计 σ^2. 有如下定理

定理 5.2.3 对于模型(5.2.3),$\hat{\sigma}^2=\frac{\mathrm{RSS}}{n-2}=\frac{1}{n-2}\Sigma(Y_i-\hat{Y}_i)^2$ 是 σ^2 的无偏估计.

证明 先给出残差平方和的另一表示式. 由式(5.2.12),

$$\begin{aligned}\text{RSS} &= \sum(Y_i - \hat{Y}_i)^2 = \sum[Y_i - \overline{Y} - \hat{\beta}_1(x_i - \overline{x})]^2 \\ &= \sum(Y_i - \overline{Y})^2 - 2\hat{\beta}_1\sum(x_i - \overline{x})(Y_i - \overline{Y}) + \\ &\quad \hat{\beta}_1^2\sum(x_i - \overline{x})^2 \\ &= l_{yy} - \hat{\beta}_1^2 l_{xx} \qquad (5.2.18) \\ &= l_{yy} - \hat{\beta}_1 l_{xy}. \qquad (5.2.19)\end{aligned}$$

式(5.2.18)和式(5.2.19)是由式(5.2.10)的第一个等式推出的.

记 $\overline{\varepsilon} = \frac{1}{n}\sum\varepsilon_i$. 因为 $\varepsilon_1, \varepsilon_2, \cdots, \varepsilon_n$ 两两不相关且有相同的分布,而 $\mathrm{Var}(\varepsilon_i) = \sigma^2$,所以 $E[\sum(\varepsilon_i - \overline{\varepsilon})^2] = (n-1)\sigma^2$. 于是

$$\begin{aligned}E[\sum(Y_i - \overline{Y})^2] &= E[\sum(\beta_0 + \beta_1 x_i + \varepsilon_i - \beta_0 - \beta_1\overline{x} - \overline{\varepsilon})^2] \\ &= E\{\sum[\beta_1(x_i - \overline{x}) + (\varepsilon_i - \overline{\varepsilon})]^2\} \\ &= \beta_1^2\sum(x_i - \overline{x})^2 + 2\beta_1\sum(x_i - \overline{x})E(\varepsilon_i - \overline{\varepsilon}) + \\ &\quad E[\sum(\varepsilon_i - \overline{\varepsilon})^2] \\ &= \beta_1^2 l_{xx} + (n-1)\sigma^2. \qquad (5.2.20)\end{aligned}$$

又由式(5.2.13)和式(5.2.15)得到

$$\begin{aligned}E[\hat{\beta}_1^2\sum(x_i - \overline{x})^2] &= [\mathrm{Var}(\hat{\beta}_1) + E^2(\hat{\beta}_1)]\sum(x_i - \overline{x})^2 \\ &= \left(\frac{\sigma^2}{l_{xx}} + \beta_1^2\right)l_{xx} = \sigma^2 + \beta_1^2 l_{xx}. \qquad (5.2.21)\end{aligned}$$

由式(5.2.18)、式(5.2.20)和式(5.2.21)得

$$E[\sum(Y_i - \hat{Y}_i)^2] = (n-2)\sigma^2,$$

所以 $E(\hat{\sigma}^2) = \frac{1}{n-2}E[\sum(Y_i - \hat{Y}_i)^2] = \sigma^2$. 证毕.

例 5.2.2 求例5.2.1 中误差方差 σ^2 的无偏估计 $\hat{\sigma}^2$.

解 例 5.2.1 中已求出 $l_{xy} = 435.8$, $l_{yy} = 75.06$, $\hat{\beta}_1 = 0.1699$. 由(5.2.19)

$$\text{RSS} = 75.06 - 0.1699 \times 435.8 = 1.0176,$$

所以, $\hat{\sigma}^2 = \frac{1.0176}{10-2} = 0.1272$.

关于残差平方和还有下面的定理.

定理 5.2.4 对于一元线性回归模型(5.2.3),若进一步假定随机误差 $\varepsilon_i \sim N(0,\sigma^2)$, $i=1,2,\cdots,n$,则有

(1) $\dfrac{\text{RSS}}{\sigma^2}=\dfrac{(n-2)\hat{\sigma}^2}{\sigma^2}\sim\chi^2(n-2)$;

(2) RSS 与 $\hat{\beta}_0$ 和 $\hat{\beta}_1$ 相互独立.

本定理的证明从略. 有兴趣的读者可参阅参考文献[8]. 本定理在"回归方程的显著性检验"部分要用到.

因为 $\text{RSS}=\Sigma(Y_i-\hat{\beta}_0-\hat{\beta}_1x_i)^2$ 满足两个约束条件

$$\Sigma(Y_i-\hat{\beta}_0-\hat{\beta}_1x_i)=0 \text{ 和 } \Sigma(Y_i-\hat{\beta}_0-\hat{\beta}_1x_i)x_i=0$$

这两个式子实际上就是正规方程组,所以残差平方和 RSS 的自由度为 $n-2$.

三、回归方程的显著性检验

本节前面的结果都是基于模型(5.2.3)获得的,也就是在"Y 关于 x 的回归是 x 的线性函数 $\mu(x)=\beta_0+\beta_1x$"这个假定之下获得的. 在处理实际问题时,这个模型是否与实际相符,当然可以根据与问题有关的专业知识和经验作出判断. 作为数理统计这门学科,则可以根据所获得的数据资料用假设检验的方法来作出判断.

判断模型(5.2.3)是否与实际相符需要检验的假设是

$$H_0:\beta_1=0, H_1:\beta_1\neq 0. \tag{5.2.22}$$

当假设 $H_0:\beta_1=0$ 被拒绝时,认为线性回归效果是显著的;当 H_0 被接受时,认为线性回归效果不显著. 如果线性回归效果是显著的,这说明"Y 关于 x 的回归是 x 的线性函数"这个假定与实际相符. 而引起线性回归效果不显著通常有如下一些原因:

1) 影响因变量 Y 的变量除了 x 之外还有其他不可忽略的变量;

2) Y 与 x 的关系不是线性的,而是非线性的;

3) Y 与 x 没有关系.

在考虑检验假设(5.2.22),以及在确认"线性回归效果显著"

以后所做的工作(确定置信区间和预测等)都在模型(5.2.3)的假设之外还要求 $\varepsilon_i \sim N(0,\sigma^2)$, $i=1,2,\cdots,n$. 我们介绍两种检验假设(5.2.22)的方法.

1. F 检验法

观察值 $y_1,y_2,\cdots,y_n$ 之间存在着差异. 这些差异来自两个方面: 自变量 x 的取值不同和随机误差的影响. 如果观察值 $y_1,y_2,\cdots,y_n$ 之间的差异主要来自 x 取值的不同,则应有 $\beta_1 \neq 0$;相反,如果观察值 $y_1,y_2,\cdots,y_n$ 之间的差异主要不是来自于 x 取值的不同,而是来自随机误差的影响,则应有 $\beta_1=0$.

观察值 $y_1,y_2,\cdots,y_n$ 之间的差异可用观察值与其算术平均值 $\overline{y}$ 的偏差平方和来表示

$$S_T=\Sigma(y_i-\overline{y})^2. \tag{5.2.23}$$

S_T 称为**总偏差平方和**.

$$\begin{aligned} S_T &= \Sigma(y_i-\overline{y})^2=\Sigma[(y_i-\hat{y}_i)+(\hat{y}_i-\overline{y})]^2 \\ &= \Sigma(y_i-\hat{y}_i)^2+2\Sigma(y_i-\hat{y}_i)(\hat{y}_i-\overline{y})+\Sigma(\hat{y}_i-\overline{y})^2 \end{aligned}$$

其中交叉项

$$\begin{aligned} \Sigma(y_i-\hat{y}_i)(\hat{y}_i-\overline{y}) &= \Sigma[y_i-\overline{y}-\hat{\beta}_1(x_i-\overline{x})]\cdot[\hat{\beta}_1(x_i-\overline{x})] \\ &= \hat{\beta}_1\Sigma(y_i-\overline{y})(x_i-\overline{x})-\hat{\beta}_1^2\Sigma(x_i-\overline{x})^2 \\ &= 0. \end{aligned}$$

于是有

$$S_T=\Sigma(y_i-\hat{y}_i)^2+\Sigma(\hat{y}_i-\overline{y})^2, \tag{5.2.24}$$

其中, $\Sigma(\hat{y}_i-\overline{y})^2$ 称为**回归平方和**,记为 $S_{回}$. 因为

$$\begin{aligned} S_{回} &= \Sigma(\hat{y}_i-\overline{y})^2=\Sigma\{[\overline{y}+\hat{\beta}_1(x_i-\overline{x})]-\overline{y}\}^2 \\ &= \Sigma[\hat{\beta}_1(x_i-\overline{x})]^2=(\hat{\beta}_1)^2 l_{xx}, \end{aligned} \tag{5.2.25}$$

所以 $S_{回}$ 反映了由于自变量 x 的变化所引起的因变量 Y 的变化. $S_{回}$ 数值的大小反映 x 对 Y 线性影响的大小. 式(5.2.24)中另一项 $\Sigma(y_i-\hat{y}_i)^2$ 是残差平方和,前面已经定义(见式(5.2.17)). 因为残差反映了在因变量中消去自变量的线性影响后剩余的部分,所以残差平方和又称为**剩余平方和**.

$\Sigma(y_i-\hat{y}_i)^2$ 又记为 $S_{剩}$，它反映了试验误差和模型误差所引起的因变量的变化. 这里所说的模型误差是指除 x 外对因变量有重要影响的自变量存在、模型的非线性等. 引进记号 $S_{剩}$ 和 $S_{回}$ 后，式(5.2.24)可改写为

$$S_T=S_{剩}+S_{回}. \tag{5.2.26}$$

式(5.2.26)称为总偏差平方和 S_T 的分解公式. 它表明总偏差平方和 S_T 可分解成两部分：$S_{剩}$ 和 $S_{回}$. 直观上看，剩余平方和 $S_{剩}$ 越小，说明数据与模型(5.2.3)拟合得越好，Y 与 x 的线性关系越密切. 所以若 $S_{回}$ 在 S_T 中所占份额比 $S_{剩}$ 所占份额大得多，则拒绝 H_0；否则接受 H_0.

要构造检验假设(5.2.22)的 F 检验法的检验统计量需要用到以下定理.

定理 5.2.5 对于一元线性回归模型(5.2.3)，进一步假定随机误差 $\varepsilon_i\sim N(0,\sigma^2)$，$i=1,2,\cdots,n$，则当假设 $H_0:\beta_1=0$ 为真时有

(1) $S_{回}/\sigma^2\sim\chi^2(1)$；

(2) $S_{回}$ 与 $S_{剩}$ 独立.

证明 (1) 由定理 5.2.2 知，$\hat{\beta}_1\sim N\left(\beta_1,\dfrac{\sigma^2}{l_{xx}}\right)$. 当假设 $H_0:\beta_1=0$ 为真时，$\hat{\beta}_1\sim N\left(0,\dfrac{\sigma^2}{l_{xx}}\right)$，即 $\hat{\beta}_1\dfrac{\sqrt{l_{xx}}}{\sigma}\sim N(0,1)$. 所以

$$\frac{S_{回}}{\sigma^2}=(\hat{\beta}_1)^2\frac{l_{xx}}{\sigma^2}\sim\chi^2(1).$$

(2) 的证明从略. 证毕.

在有了以上准备之后，我们提出检验假设(5.2.22)的检验统计量

$$F=\frac{S_{回}}{S_{剩}}(n-2). \tag{5.2.27}$$

由定理 5.2.4 和定理 5.2.5，当假设 $H_0:\beta_1=0$ 为真时

$$F=\frac{S_{回}/\sigma^2}{S_{剩}/[(n-2)\sigma^2]}\sim F(1,n-2)$$

当 H_0 不真时,$F=\frac{S_{回}}{S_{剩}}(n-2)$ 有偏大的趋势. 对给定的显著性水平 α,由样本观察值计算出 F 的值,若 $F\geqslant F_{1-\alpha}(1,n-2)$,则拒绝 H_0,认为线性回归效果显著;若 $F<F_{1-\alpha}(1,n-2)$,则接受 H_0,认为线性回归效果不显著.

2. t 检验法

由定理 5.2.2,当假设 $H_0:\beta_1=0$ 为真时 $\hat{\beta}_1\sim N\left(0,\frac{\sigma^2}{l_{xx}}\right)$,即 $\hat{\beta}_1\frac{\sqrt{l_{xx}}}{\sigma}\sim N(0,1)$. 由定理 5.2.4,$\mathrm{RSS}/\sigma^2\sim\chi^2(n-2)$ 且 RSS 与 $\hat{\beta}_1$ 独立. 根据 t 分布的定义,当 $H_0:\beta_1=0$ 为真时

$$\frac{\hat{\beta}_1\sqrt{l_{xx}}}{\hat{\sigma}}=\frac{\hat{\beta}_1\sqrt{l_{xx}}}{\sqrt{\mathrm{RSS}/(n-2)}}=\frac{\hat{\beta}_1\sqrt{l_{xx}}/\sigma}{\sqrt{\mathrm{RSS}/[(n-2)\sigma^2]}}\sim t(n-2).$$

检验假设(5.2.22)的 t 检验法的检验统计量为

$$t=\frac{\hat{\beta}_1\sqrt{l_{xx}}}{\hat{\sigma}}=\frac{\hat{\beta}_1\sqrt{l_{xx}}}{\sqrt{\mathrm{RSS}/(n-2)}}. \tag{5.2.28}$$

$H_0:\beta_1=0$ 为真时,t 服从自由度为 $n-2$ 的 t 分布. 由样本观察值算出 t 的值,当 $|t|\geqslant t_{1-\frac{\alpha}{2}}(n-2)$ 时拒绝 H_0,认为线性回归效果显著;$|t|<t_{1-\frac{\alpha}{2}}(n-2)$ 时接受 H_0,认为线性回归效果不显著.

检验假设(5.2.22)的 F 检验法与 t 检验法实际上是等价的,但导出这两种检验法的统计思想是不同的. 导出 F 检验法的统计思想是方差分析.

例 5.2.3　试说明例 5.2.1 的线性回归效果是否显著($\alpha=0.01$).

解　要在水平 $\alpha=0.01$ 下检验如下假设

$$H_0:\beta_1=0, H_1:\beta_1\neq 0$$

采用 t 检验法. 在例 5.2.1 和例 5.2.2 中已分别算出 $l_{xx}=2565.6$, $\hat{\beta}_1=0.1699$, $\hat{\sigma}^2=0.1272$. 故 $\hat{\sigma}=0.3567$. 由式(5.2.28), $t=\dfrac{0.1699\times\sqrt{2565.6}}{0.3567}=24.1260$. 查表知 $t_{0.995}(8)=3.3554$, 因为 $24.1260>3.3554$, 所以拒绝 H_0, 线性回归效果是显著的.

在这里我们还要介绍一个称之为**判定系数**(Coefficient of Determination)的量:

$$R^2=\frac{S_{回}}{S_T}=1-\frac{S_{剩}}{S_T}. \tag{5.2.29}$$

显然 $0\leqslant R^2\leqslant 1$. 当 R^2 接近 1 时, 回归平方和 $S_{回}$ 在总偏差平方和 S_T 中所占的份额较大, 而剩余平方和 $S_{剩}$(即 RSS)在 S_T 中所占的份额较小, 这说明数据与模型拟合得好, 即线性回归效果显著; 反之当 R^2 接近 0 时数据与模型拟合得不好, 线性回归效果不显著.

判定系数的另一表示式为

$$R^2=\frac{S_{回}}{S_T}=\frac{(\hat{\beta}_1)^2 l_{xx}}{l_{yy}}=\frac{l_{xy}^2}{l_{xx}l_{yy}}. \tag{5.2.30}$$

若把自变量 X 也看作随机变量, 那么 R^2 是 X 与 Y 的样本相关系数 $r=\dfrac{\Sigma(x_i-\bar{x})(y_i-\bar{y})}{[\Sigma(x_i-\bar{x})^2\Sigma(y_i-\bar{y})^2]^{1/2}}$的平方. 因为相关系数描述的是 X 与 Y 之间线性关系紧密程度, 所以由此也可以看出, 若 R^2 越大, 越接近 1, 线性回归效果越显著. 通过判定系数 R^2 也可以构造用于检验回归方程显著性的检验统计量. 对于这个问题我们不作进一步讨论了. 有兴趣的读者可参阅[10].

顺便指出, 对于例 5.2.1 其判定系数为

$$R^2=\frac{l_{xy}^2}{l_{xx}l_{yy}}=\frac{(435.8)^2}{2565.6\times 75.06}=0.9862,$$

这说明该问题中数据与模型拟合得相当好.

四、回归系数 $\boldsymbol{\beta}_1$ 的置信区间

经检验线性回归效果显著,即接受 $H_1:\beta_1\neq 0$ 后,常需对回归系数 β_1 作区间估计. 可以取

$$\frac{\hat{\beta}_1-\beta_1}{\hat{\sigma}}\sqrt{l_{xx}}=\frac{(\hat{\beta}_1-\beta_1)\sqrt{l_{xx}}}{\sqrt{\mathrm{RSS}/(n-2)}}$$

作为枢轴量. 可以证明这个枢轴量服从自由度为 $n-2$ 的 t 分布,所以 β_1 的置信水平为 $1-\alpha$ 的置信区间为

$$\left(\hat{\beta}_1-t_{1-\frac{\alpha}{2}}(n-2)\frac{\hat{\sigma}}{\sqrt{l_{xx}}},\ \ \hat{\beta}_1+t_{1-\frac{\alpha}{2}}(n-2)\frac{\hat{\sigma}}{\sqrt{l_{xx}}}\right).\tag{5.2.31}$$

例 5.2.4 求例 5.2.1 中回归系数 β_1 的置信水平为 95% 的置信区间.

解 例5.2.3 已得出此线性回归效果是显著的结论. 由前面几个例子已算得的数据和查表获得的 $t_{0.975}(8)=2.3060$ 知道 $\hat{\beta}_1\pm t_{1-\frac{\alpha}{2}}(n-2)\dfrac{\hat{\sigma}}{\sqrt{l_{xx}}}=0.1699\pm 2.3060\times\dfrac{0.3567}{\sqrt{2565.6}}=0.1699\pm 0.0162$. 所以 β_1 的置信水平为 95% 的置信区间为(0.1537, 0.1861).

五、预测

如果经检验,回归方程的线性回归效果是显著的,那么就可以用已经获得的回归方程 $\hat{Y}=\hat{\beta}_0+\hat{\beta}_1x$ 进行预测.

对于自变量 x 的给定值 x_0,与之对应的因变量 Y_0 有时因种种原因不便观察. 所谓预测(或称预报),就是以一定的置信水平预测与 x_0 对应的 Y_0 的取值范围.

在求出 $\hat{\beta}_0$ 和 $\hat{\beta}_1$ 后,回归值 $\hat{Y}_0=\hat{\beta}_0+\hat{\beta}_1x_0$ 已知(有的也把 $\hat{Y}_0$ 称为对于 Y_0 的点预测),$\hat{Y}_0$ 是 Y_0 的数学期望 $E(Y_0)=\beta_0+\beta_1x$ 的估计,所以我们考虑其差 $Y_0-\hat{Y}_0$. 由

$$\begin{aligned}\hat{Y}_0 &= \hat{\beta}_0 + \hat{\beta}_1 x_0 = \overline{Y} - \hat{\beta}_1(\overline{x} - x_0) \\ &= \frac{1}{n}\sum_{i=1}^{n} Y_i - (\overline{x} - x_0)\frac{\sum(x_i - \overline{x})Y_i}{l_{xx}} \\ &= \sum\left[\frac{1}{n} - \frac{(\overline{x} - x_0)(x_i - \overline{x})}{l_{xx}}\right]Y_i \end{aligned} \tag{5.2.32}$$

知 $\hat{Y}_0$ 是 $Y_1,Y_2,\cdots,Y_n$ 的线性组合,而 $Y_1,Y_2,\cdots,Y_n$ 是相互独立的正态变量,所以 $\hat{Y}_0$ 也服从正态分布. 由定理 5.2.1 知

$$E(\hat{Y}_0) = E(\hat{\beta}_0 + \hat{\beta}_1 x_0) = \beta_0 + \beta_1 x_0.$$

又注意到 $Y_1,Y_2,\cdots,Y_n$ 相互独立,

$$\begin{aligned}\mathrm{Var}(\hat{Y}_0) &= \mathrm{Var}\left\{\sum\left[\frac{1}{n} - \frac{(\overline{x} - x_0)(x_i - \overline{x})}{l_{xx}}\right]Y_i\right\} \\ &= \sum\left[\frac{1}{n} - \frac{(\overline{x} - x_0)(x_i - \overline{x})}{l_{xx}}\right]^2 \mathrm{Var}(Y_i) \\ &= \sum\left[\frac{1}{n^2} - \frac{2(\overline{x} - x_0)(x_i - \overline{x})}{nl_{xx}} + \right. \\ &\qquad \left. \frac{(\overline{x} - x_0)^2(x_i - \overline{x})^2}{l_{xx}^2}\right]\sigma^2 \\ &= \left[\frac{1}{n} + \frac{(\overline{x} - x_0)^2}{l_{xx}}\right]\sigma^2,\end{aligned}$$

故有 $\hat{Y}_0 \sim N\left(\beta_0 + \beta_1 x_0, \left[\frac{1}{n} + \frac{(\overline{x} - x_0)^2}{l_{xx}}\right]\sigma^2\right)$.

因为 $Y_0,Y_1,\cdots,Y_n$ 相互独立,而 $\hat{Y}_0$ 只与 $Y_1,Y_2,\cdots,Y_n$ 有关,所以 Y_0 与 $\hat{Y}_0$ 相互独立,从而可得

$$Y_0 - \hat{Y}_0 \sim N\left(0, \left[1 + \frac{1}{n} + \frac{(\overline{x} - x_0)^2}{l_{xx}}\right]\sigma^2\right),$$

即
$$\frac{Y_0-\hat{Y}_0}{\sigma\sqrt{1+\frac{1}{n}+\frac{(\bar{x}-x_0)^2}{l_{xx}}}}\sim N(0,1). \tag{5.2.33}$$

式(5.2.33)尚不能用于预测，因为除了预测对象 Y_0 之外 σ 也是未知的. 定理 5.2.4 的(1) 指出 $\frac{(n-2)\hat{\sigma}^2}{\sigma^2}\sim\chi^2(n-2)$，其中 $\hat{\sigma}^2$ 只依赖于 $Y_1,Y_2,\cdots,Y_n$，所以 $\hat{\sigma}^2$ 与 Y_0 独立. 定理 5.2.4 的(2) 还指出 $\hat{\sigma}^2$ 与 $\hat{\beta}_0$ 和 $\hat{\beta}_1$ 相互独立，所以 $\hat{\sigma}^2$ 与 $\hat{Y}_0=\hat{\beta}_0+\hat{\beta}_1x_0$ 独立，进而有 $\hat{\sigma}^2$ 与 $Y_0-\hat{Y}_0$ 独立. 由 t 分布的定义，式(5.2.33)中的 σ 用 $\hat{\sigma}$ 代替后，

$$\frac{Y_0-\hat{Y}_0}{\hat{\sigma}\sqrt{1+\frac{1}{n}+\frac{(\bar{x}-x_0)^2}{l_{xx}}}}=\frac{\dfrac{Y_0-\hat{Y}_0}{\sigma\sqrt{1+\frac{1}{n}+\frac{(\bar{x}-x_0)^2}{l_{xx}}}}}{\sqrt{\dfrac{(n-2)\hat{\sigma}^2}{\sigma^2(n-2)}}}\sim t(n-2). \tag{5.2.34}$$

对于给定的 α，由

$$P\left\{\frac{|Y_0-\hat{Y}_0|}{\hat{\sigma}\sqrt{1+\frac{1}{n}+(x_0-\bar{x})^2/l_{xx}}}<t_{1-\frac{\alpha}{2}}(n-2)\right\}=1-\alpha$$

得

$$P\left\{\hat{Y}_0-t_{1-\frac{\alpha}{2}}(n-2)\hat{\sigma}\sqrt{1+\frac{1}{n}+\frac{(x_0-\bar{x})^2}{l_{xx}}}<Y_0<\right.$$
$$\left.\hat{Y}_0+t_{1-\frac{\alpha}{2}}(n-2)\hat{\sigma}\sqrt{1+\frac{1}{n}+\frac{(x_0-\bar{x})^2}{l_{xx}}}\right\}=1-\alpha.$$

区间

$$\left(\hat{Y}_0 - t_{1-\frac{\alpha}{2}}(n-2)\hat{\sigma}\sqrt{1+\frac{1}{n}+\frac{(x_0-\bar{x})^2}{l_{xx}}},\right.$$

$$\left.\hat{Y}_0 + t_{1-\frac{\alpha}{2}}(n-2)\hat{\sigma}\sqrt{1+\frac{1}{n}+\frac{(x_0-\bar{x})^2}{l_{xx}}}\right) \quad (5.2.35)$$

称为 Y_0 的置信水平为 $1-\alpha$ 的预测区间,也称为置信区间.

这里的预测区间与§2.3 区间估计部分所说的置信区间不同. 作为区间估计的置信区间是对未知参数而作的,而这里的预测区间是对随机变量 Y_0 而作的.

若记 $\delta(x_0) \triangleq t_{1-\frac{\alpha}{2}}(n-2)\hat{\sigma}\sqrt{1+\frac{1}{n}+(x_0-\bar{x})^2/l_{xx}}$, $\hat{Y}(x_0) \triangleq \hat{\beta}_0+\hat{\beta}_1 x_0 = \hat{Y}_0$,则 Y_0 的预测区间可简写成

$$(\hat{Y}(x_0)-\delta(x_0), \hat{Y}(x_0)+\delta(x_0)). \quad (5.2.36)$$

Y_0 的预测区间的宽度为 $2\delta(x_0)$. 在置信水平给定的情况下,预测区间的宽度当然是越窄越好. 当置信水平与样本观察值给定时,$\delta(x_0)$ 仅与 x_0 有关. 从 $\delta(x_0)$ 的表示式可以看出,x_0 越靠近 $\bar{x}$,预测区间的宽度 $2\delta(x_0)$ 越窄,预测精度越高;x_0 离 $\bar{x}$ 越远,预测区间越宽,预测精度越差.

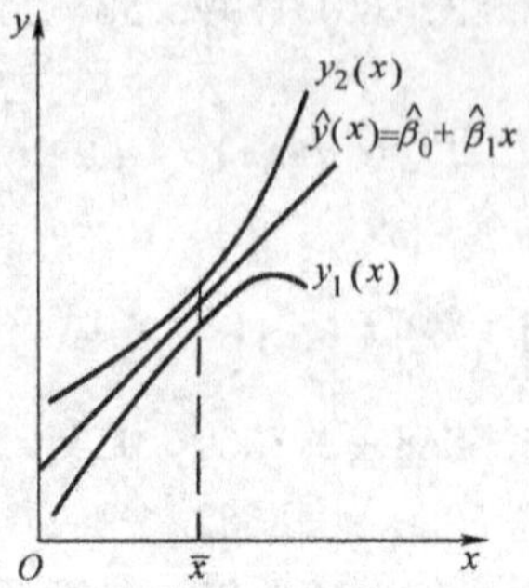

图 5.2.3

由 x_0 的任意性,对任意的 x,与之对应的 Y 的预测区间为

$$(\hat{Y}(x)-\delta(x), \hat{Y}(x)+\delta(x)), \quad (5.2.37)$$

其中 $\delta(x) = t_{1-\frac{\alpha}{2}}(n-2)\hat{\sigma}\sqrt{1+\frac{1}{n}+(x-\bar{x})^2/l_{xx}}$, $\hat{Y}(x) = \hat{\beta}_0+\hat{\beta}_1 x$. 记 $y_1(x) = \hat{Y}(x)-\delta(x)$, $y_2(x) = \hat{Y}(x)+\delta(x)$. 对于给

定的置信水平与样本观察值$(x_1,y_1),(x_2,y_2),\cdots,(x_n,y_n)$，作曲线$y_1(x)$和$y_2(x)$，这两条曲线形成包含回归直线$\hat{y}(x)=\hat{\beta}_0+\hat{\beta}_1 x$的带域.这个带域在$x=\bar{x}$处最窄.（见图5.2.3）

如果n很大，并且x_0离$\bar{x}$较近，即$(x_0-\bar{x})^2 \ll l_{xx}$，则有$\sqrt{1+\frac{1}{n}+(x_0-\bar{x})^2/l_{xx}} \approx 1$.又因当$n$很大时，自由度为$n-2$的$t$分布$t(n-2)$与标准正态分布$N(0,1)$很接近，所以$t_{1-\frac{\alpha}{2}}(n-2)\approx u_{1-\frac{\alpha}{2}}$.这时$Y_0$的置信水平为$1-\alpha$的近似预测区间为$\left(\hat{Y}_0-\hat{\sigma}u_{1-\frac{\alpha}{2}},\hat{Y}_0+\hat{\sigma}u_{1-\frac{\alpha}{2}}\right)$.

例5.2.5 在例5.2.1中取$x_0=58(°\mathrm{C})$，求Y_0的点预测与置信水平为95%的预测区间.

解 由$\hat{Y}_0=\hat{\beta}_0+\hat{\beta}_1 x_0$即可算出$x_0=58$时$Y_0$的点预测为$\hat{Y}_0=13.8326+0.1699\times 58=23.6868$.又

$$\hat{Y}_0 \pm t_{1-\frac{\alpha}{2}}(n-2)\hat{\sigma}\sqrt{1+\frac{1}{n}+\frac{(x_0-\bar{x})^2}{l_{xx}}}$$

$$=23.6868\pm t_{0.975}(8)\times 0.3567\sqrt{1+\frac{1}{10}+(58-62.8)^2/2565.6}$$

$$=23.6868\pm 2.3060\times 0.3567\times 1.0531$$

$$=23.6868\pm 0.8662.$$

Y_0的置信水平为95%的预测区间为

$$(22.8206,24.5530).$$

§5.3 可线性化的一元非线性回归

在实际问题中，自变量x与因变量Y之间的关系不一定是线性相关关系.若是用线性回归的方法求出线性回归方程，用它来代表原来的非线性相关关系，其效果不会好.这里采取的方法是设法通过适当的变换将原来的非线性相关关系转化为新变量之间的线性相关关系,然后用一元线性回归的方法求出新变量的回归方程,最后代入原变量获得关于原变量的回归方程. 常用于解决可线性化的一元非线性回归问题的六种曲线见表 5.3.1,相应的图见图 5.3.1 至图 5.3.6.

表 5.3.1

	曲线		变换	变换后的线性式
1	双曲函数	$y=\dfrac{x}{ax+b}$	$u=\dfrac{1}{y},v=\dfrac{1}{x}$	$u=a+bv$
2	幂函数	$y=ax^b$	$u=\ln y,v=\ln x$	$u=\ln a+bv$
3	指数函数	$y=ae^{bx}$	$u=\ln y$	$u=\ln a+bx$
4	对数函数	$y=a+b\ln x$	$v=\ln x$	$y=a+bv$
5	倒指数函数	$y=ae^{\frac{b}{x}}$	$u=\ln y,v=\dfrac{1}{x}$	$u=\ln a+bv$
6	S 型曲线	$y=\dfrac{1}{a+be^{-x}}$	$u=\dfrac{1}{y},v=e^{-x}$	$u=a+bv$

(1) 双曲线 $y=\dfrac{x}{ax+b}$

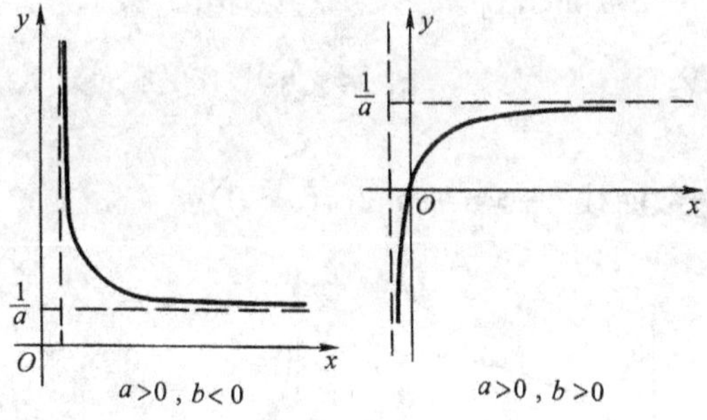

图 5.3.1

(2) 幂函数曲线 $y=ax^b$ $(x>0)$

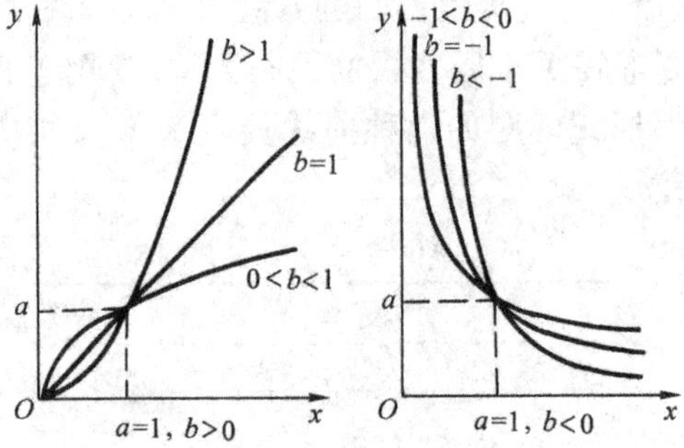

图　5.3.2

(3) 指数曲线　$y = ae^{bx}$

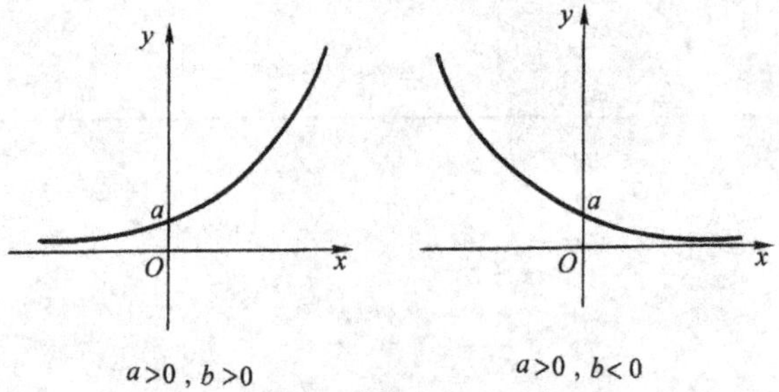

图　5.3.3

(4) 对数曲线　$y = a + b\ln x$　$(x > 0)$

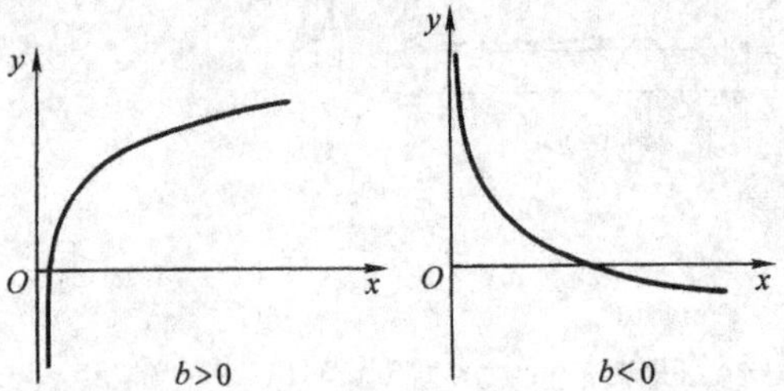

图　5.3.4

(5) 倒指数曲线 $y=ae^{\frac{b}{x}}$ $(x>0)$

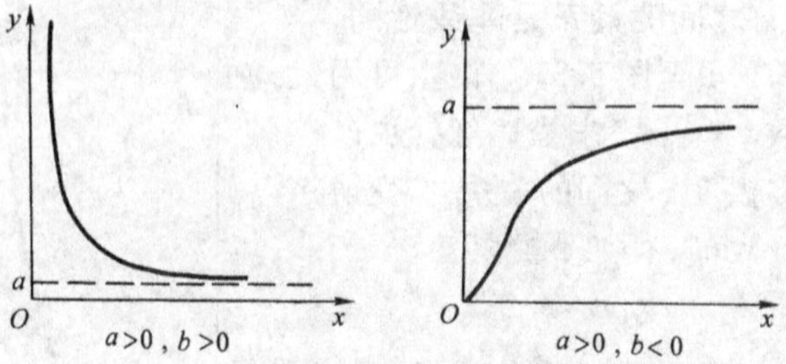

图 5.3.5

(6) S 型曲线 $y=\dfrac{1}{a+be^{-x}}$

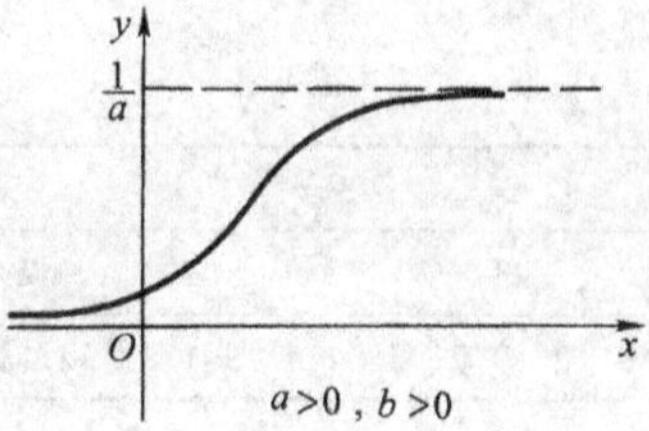

图 5.3.6

我们通过下面的例子来说明如何使用这些曲线获得可线性化的非线性回归模型的回归方程.

例 一只红铃虫的产卵数 Y 与温度 x 有关. 经观测获得一组红铃虫产卵数与温度的数据如表 5.3.2 所示. 试求 Y 关于 x 的回归方程.

表 5.3.2

编号	1	2	3	4	5	6	7
温度 x/°C	21	23	25	27	29	32	35
产卵数 y	7	11	21	24	66	115	325

解　为了确定 Y 与 x 的回归关系，先根据这组数据画出散点图（见图 5.3.7）. 从这张图可以看出，Y 与 x 之间的关系是非线性的. 对照图 5.3.1 至图 5.3.6 知道，可用指数函数 $y=\beta_0 e^{\beta_1 x}$ 来描述红铃虫产卵数 Y 与温度 x 之间的关系. 作变换 $u=\ln y, \alpha=\ln\beta_0$ 得如下模型

$$u_i=\alpha+\beta_1 x_i+\varepsilon_i, i=1,2,\cdots,7,$$

$E(\varepsilon_i)=0, \mathrm{Var}(\varepsilon_i)=\sigma^2, \mathrm{Cov}(\varepsilon_i,\varepsilon_j)=0(i,j=1,2,\cdots,7;i\neq j)$. 这样就可以将 y 与 x 之间非线性回归问题转化为 u 与 x 之间的线性回归问题. 表 5.3.2 的数据经变换成表 5.3.3 的数据.

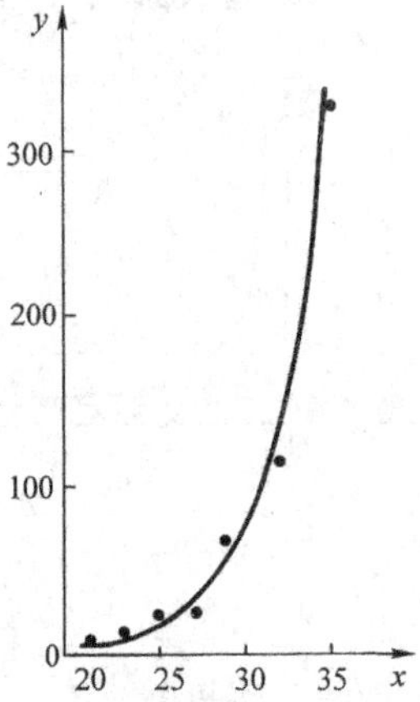

图　5.3.7

表　5.3.3

编号	1	2	3	4	5	6	7
x	21	23	25	27	29	32	35
$u=\ln y$	1.9459	2.3979	3.0445	3.1781	4.1897	4.7449	5.7838

根据这些数据可算得 α 与 β_1 的最小二乘估计. 经计算

$$\Sigma x_i=192, \bar{x}=27.4286, \Sigma x_i^2=5414, l_{xx}=147.7143,$$

$$\Sigma u_i=25.2848, \bar{u}=3.6121, \Sigma x_i u_i=733.7079, l_{xu}=40.1820,$$

$$\hat{\beta}_1=\frac{l_{xu}}{l_{xx}}=\frac{40.1820}{147.7143}=0.2720,$$

$$\hat{\alpha}=\bar{u}-\hat{\beta}_1\bar{x}=3.6121-0.2720\times 27.4286=-3.8485.$$

于是得 U 关于 x 的回归方程 $\hat{U}=-3.8485+0.2720x$. 化为 Y 关于 x 的回归方程为

$$\hat{Y}=\exp(-3.8485+0.2720x)=0.02131e^{0.272x}.$$

对于一元线性回归，可用判定系数 R^2（见式(5.2.29)）判定

线性回归效果是否显著. R^2 越接近 1 说明线性回归效果越显著；R^2 离 1 越远说明线性回归效果越不显著.

对于一元非线性回归，我们用类似于判定系数 R^2，称之为**相关指数**的指标来衡量回归效果的好坏. 我们仍用 R^2 来记相关指数，其定义为

$$R^2 = 1 - \frac{\Sigma(y_i - \hat{y}_i)^2}{\Sigma(y_i - \overline{y})^2}. \quad (5.3.1)$$

这里要特别注意的是，式(5.3.1)中出现的 y_i 是未经变换的原始数据，而 $\hat{y}_i$ 是 Y 关于 x 的曲线回归方程中相应于原始数据 x_i 的回归值.

下面计算例 5.3.1 中的相关指数 R^2. 残差平方和 $\Sigma(y_i - \hat{y}_i)^2$ 的计算过程见表 5.3.4. 又有 $\Sigma y_i = 569$，$\Sigma y_i^2 = 124393$，故 $l_{yy} = 78141.4286$. 于是相关指数为

$$R^2 = 1 - \frac{\Sigma(y_i - \hat{y}_i)^2}{\Sigma(y_i - \overline{y})^2} = 1 - \frac{1543.3237}{78141.4286} = 0.9802.$$

因为相关指数很接近 1，所以用指数函数拟合 y 与 x 的关系是好的.

表 5.3.4

x_i	y_i	$\hat{y}_i$	$y_i - \hat{y}_i$	$(y_i - \hat{y}_i)^2$
21	7	6.4458	0.5542	0.3071
23	11	11.1053	-0.1053	0.0111
25	21	19.1331	1.8669	3.4853
27	24	32.9642	-8.9642	80.3569
29	66	56.7935	9.2065	84.7596
32	115	128.4348	-13.4348	180.4939
35	325	290.4470	34.5530	1193.9098
Σ	569			1543.3237

§5.4　多元线性回归

我们在§5.2 和§5.3 中介绍了一元回归分析,但在实际问题中,影响因变量的自变量往往不止一个.这就要考虑含多个自变量的回归分析问题.

设有 p 个自变量 $x_1, x_2, \cdots, x_p (p>1)$ 对因变量 Y 有影响,它们之间的关系可用以下的模型来描述:

$$Y=\mu(x_1, x_2, \cdots, x_p)+\varepsilon,$$

其中,ε 是随机误差,它满足 $E(\varepsilon)=0$,对于它的理解与对于模型(5.1.1)中 ε 的理解类似.上式中的 $\mu(x_1, x_2, \cdots, x_p)$ 称为 Y 关于 $x_1, x_2, \cdots, x_p$ 的回归函数.基于上述模型的统计分析称为**多元回归分析**.如果回归函数 $\mu(x_1, x_2, \cdots, x_p)\quad(p>1)$ 是 $x_1, x_2, \cdots, x_p$ 的线性函数,即

$$\mu(x_1, x_2, \cdots, x_p)=\beta_0+\beta_1 x_1+\cdots+\beta_p x_p,$$

于是得到如下的多元线性回归模型

$$Y=\beta_0+\beta_1 x_1+\cdots+\beta_p x_p+\varepsilon,$$

其中,β_0 是常数项,$\beta_1, \cdots, \beta_p$ 称为回归系数;ε 是随机误差,满足 $E(\varepsilon)=0, \operatorname{Var}(\varepsilon)=\sigma^2>0$.这里 $x_1, x_2, \cdots, x_p$ 是已知的确定性变量;Y 是可观察的随机变量;ε 是不可观察的随机误差;$\beta_0, \beta_1, \cdots, \beta_p$ 和 σ^2 都是未知参数.基于上述模型的统计分析称为多元线性回归分析.

为了进行统计分析,对 $x_1, x_2, \cdots, x_p$ 和 Y 进行 n 次观察,所得结果为 $(x_{i1}, x_{i2}, \cdots, x_{ip}, Y_i), i=1,2,\cdots,n$,它们之间的关系为

$$Y_i=\beta_0+\beta_1 x_{i1}+\cdots+\beta_p x_{ip}+\varepsilon_i, \tag{5.4.1}$$

其中 $E(\varepsilon_i)=0, \operatorname{Var}(\varepsilon_i)=\sigma^2, 0<\sigma^2<\infty, \operatorname{Cov}(\varepsilon_i, \varepsilon_j)=0 (i\neq j; i, j=1,2,\cdots,n)$.这里关于 ε_i 的假设称为高斯—马尔可夫(Gauss-Markov)假设,以后我们把式(5.4.1)和高斯—马尔可夫假设放在

一起称为模型(5.4.1)

与一元线性回归分析类似,多元线性回归分析要做的事主要是,对 $\beta_0,\beta_1,\cdots,\beta_p$ 和 σ^2 作出估计并由此获得线性回归方程;对线性回归效果与回归系数作统计检验;在自变量 $x_1=x_{01},x_2=x_{02},\cdots,x_p=x_{0p}$处对相应的因变量 Y_0 的取值进行预测等. 在§5.2中讨论一元线性回归时引进的一些概念和采用的方法,仍可用于多元线性回归,不过这一节的计算与理论都较§5.2复杂.

对于多元线性回归分析,使用矩阵这个工具是方便的. 式(5.4.1)可用矩阵表示为

$$\begin{pmatrix} Y_1 \\ Y_2 \\ \vdots \\ Y_n \end{pmatrix} = \begin{pmatrix} 1 & x_{11} & x_{12} & \cdots & x_{1p} \\ 1 & x_{21} & x_{22} & \cdots & x_{2p} \\ \vdots & \vdots & \vdots & & \vdots \\ 1 & x_{n1} & x_{n2} & \cdots & x_{np} \end{pmatrix} \begin{pmatrix} \beta_0 \\ \beta_1 \\ \vdots \\ \beta_p \end{pmatrix} + \begin{pmatrix} \varepsilon_1 \\ \varepsilon_2 \\ \vdots \\ \varepsilon_n \end{pmatrix}.$$

若记

$$\boldsymbol{Y} = \begin{pmatrix} Y_1 \\ Y_2 \\ \vdots \\ Y_n \end{pmatrix}, \boldsymbol{X} = \begin{pmatrix} 1 & x_{11} & x_{12} & \cdots & x_{1p} \\ 1 & x_{21} & x_{22} & \cdots & x_{2p} \\ \vdots & \vdots & \vdots & & \vdots \\ 1 & x_{n1} & x_{n2} & \cdots & x_{np} \end{pmatrix}, \boldsymbol{\beta} = \begin{pmatrix} \beta_0 \\ \beta_1 \\ \vdots \\ \beta_p \end{pmatrix}, \boldsymbol{\varepsilon} = \begin{pmatrix} \varepsilon_1 \\ \varepsilon_2 \\ \vdots \\ \varepsilon_n \end{pmatrix},$$

则式(5.4.1)可写成

$$\boldsymbol{Y} = \boldsymbol{X\beta} + \boldsymbol{\varepsilon}. \tag{5.4.2}$$

这里高斯—马尔可夫假设可写为 $E(\boldsymbol{\varepsilon})=\boldsymbol{0}_n$, $\mathrm{Cov}(\boldsymbol{\varepsilon})=\sigma^2\boldsymbol{I}_n$,其中 $\boldsymbol{0}_n$ 是所有元素都是0的 n 维列向量,$\boldsymbol{I}_n$ 是 n 阶单位阵. 以后我们把式(5.4.2)与高斯—马尔可夫假设放在一起称为模型(5.4.2). 模型(5.4.1)与模型(5.4.2)实际上是一样的,只不过后者用矩阵表示而已. 模型(5.4.2)中的 Y 是 $n\times1$ 可观测的因变量向量;$\boldsymbol{X}$ 是 $n\times(p+1)$的已知矩阵,称之为**设计矩阵**;$\boldsymbol{\beta}$ 为$(p+1)\times1$ 的未知参数向量;$\boldsymbol{\varepsilon}$ 为 $n\times1$ 不可观测的随机误差向量.

一、$\boldsymbol{\beta}_0,\boldsymbol{\beta}_1,\cdots,\boldsymbol{\beta}_p$ 的估计及其性质

1. $\boldsymbol{\beta}=(\beta_0,\beta_1,\cdots,\beta_p)'$的最小二乘估计

对于一元线性回归，我们采用最小二乘法寻求 β_0 和 β_1 的估计. 最小二乘法不仅在数理统计中，在数学的不少其他分支中也是很重要的求解方法. 在这里我们仍采用最小二乘法去寻求 β_0，$\beta_1,\cdots,\beta_p$ 的估计. 记

$$Q(\beta_0,\beta_1,\cdots,\beta_p)=\sum_{i=1}^{n}[y_i-(\beta_0+\beta_1x_{i1}+\cdots+\beta_px_{ip})]^2. \tag{5.4.3}$$

使得 $Q(\beta_0,\beta_1,\cdots,\beta_p)$达到最小的$\hat{\beta}_0,\hat{\beta}_1,\cdots,\hat{\beta}_p$ 就是$\beta_0,\beta_1,\cdots,\beta_p$ 的最小二乘估计. 要求 $Q(\beta_0,\beta_1,\cdots,\beta_p)$的最小值点，可用数学分析中关于求多元函数极值的方法. 令

$$\frac{\partial Q(\beta_0,\beta_1,\cdots,\beta_p)}{\partial\beta_j}=0,\quad j=0,1,\cdots,p,$$

得方程组

$$\begin{cases}\sum_{i=1}^{n}[y_i-(\beta_0+\beta_1x_{i1}+\cdots+\beta_px_{ip})]=0,\\ \sum_{i=1}^{n}[y_i-(\beta_0+\beta_1x_{i1}+\cdots+\beta_px_{ip})]x_{i1}=0,\\ \quad\vdots\\ \sum_{i=1}^{n}[y_i-(\beta_0+\beta_1x_{i1}+\cdots+\beta_px_{ip})]x_{ip}=0.\end{cases}$$

经整理得

$$\begin{cases}n\beta_0+\beta_1\sum x_{i1}+\beta_2\sum x_{i2}+\cdots+\beta_p\sum x_{ip}=\sum y_i,\\ \beta_0\sum x_{i1}+\beta_1\sum x_{i1}^2+\beta_2\sum x_{i1}x_{i2}+\cdots+\beta_p\sum x_{i1}x_{ip}=\sum x_{i1}y_i,\\ \quad\vdots\\ \beta_0\sum x_{ip}+\beta_1\sum x_{ip}x_{i1}+\beta_2\sum x_{ip}x_{i2}+\cdots+\beta_p\sum x_{ip}^2=\sum x_{ip}y_i.\end{cases} \tag{5.4.4}$$

这个方程组称为正规方程(组). 在这个方程组里出现的求和符号"Σ"都表示对 i 从 1 到 n 相加. 为简便起见,本节中出现的记号"Σ"都这样理解. 正规方程的系数矩阵为

$$\begin{pmatrix} n & \sum x_{i1} & \sum x_{i2} & \cdots & \sum x_{ip} \\ \sum x_{i1} & \sum x_{i1}^2 & \sum x_{i1}x_{i2} & \cdots & \sum x_{i1}x_{ip} \\ \vdots & \vdots & \vdots & & \vdots \\ \sum x_{ip} & \sum x_{ip}x_{i1} & \sum x_{ip}x_{i2} & \cdots & \sum x_{ip}^2 \end{pmatrix}$$

$$= \begin{pmatrix} 1 & 1 & \cdots & 1 \\ x_{11} & x_{21} & \cdots & x_{n1} \\ \vdots & \vdots & & \vdots \\ x_{1p} & x_{2p} & \cdots & x_{np} \end{pmatrix} \begin{pmatrix} 1 & x_{11} & x_{12} & \cdots & x_{1p} \\ 1 & x_{21} & x_{22} & \cdots & x_{2p} \\ \vdots & \vdots & & & \vdots \\ 1 & x_{n1} & x_{n2} & \cdots & x_{np} \end{pmatrix} = \boldsymbol{X}'\boldsymbol{X},$$

这里 $\boldsymbol{X}'$表示矩阵 $\boldsymbol{X}$ 的转置. 正规方程组常数项构成的列向量为

$$\begin{pmatrix} \sum y_i \\ \sum x_{i1}y_i \\ \vdots \\ \sum x_{ip}y_i \end{pmatrix} = \begin{pmatrix} 1 & 1 & \cdots & 1 \\ x_{11} & x_{21} & \cdots & x_{n1} \\ \vdots & \vdots & & \vdots \\ x_{1p} & x_{2p} & \cdots & x_{np} \end{pmatrix} \begin{pmatrix} y_1 \\ y_2 \\ \vdots \\ y_n \end{pmatrix} = \boldsymbol{X}'\boldsymbol{Y},$$

$\boldsymbol{X}'\boldsymbol{Y}$ 称为常数项矩阵(实际上是列向量). 于是正规方程(5.4.4)可用矩阵的形式表示为

$$(\boldsymbol{X}'\boldsymbol{X})\boldsymbol{\beta} = \boldsymbol{X}'\boldsymbol{Y}. \tag{5.4.5}$$

正规方程有惟一解的充要条件是 $\boldsymbol{X}'\boldsymbol{X}$ 可逆. 在本节讨论中我们总假定 $\boldsymbol{X}'\boldsymbol{X}$ 是可逆的. $\boldsymbol{X}'\boldsymbol{X}$ 可逆当且仅当 $\boldsymbol{X}'\boldsymbol{X}$ 满秩,其秩为 $p+1$. 而 $\boldsymbol{X}'\boldsymbol{X}$ 的秩为 $p+1$ 当且仅当 $\boldsymbol{X}$ 的秩为 $p+1$. $\boldsymbol{X}$ 是 $n\times(p+1)$ 矩阵. 若要求 $\boldsymbol{X}$ 的秩为 $p+1$,则必有 $n\geqslant p+1$. 这是很自然的. 因为需要估计的参数为 $\beta_0,\beta_1,\cdots,\beta_p$,有 $p+1$ 个(若包括 σ^2 有 $p+2$ 个). n 是观察的次数. 一般总是要求观察次数不小于需估计参数的个数. 这里我们总假定 $n>p+1$.

当 $\boldsymbol{X}'\boldsymbol{X}$ 可逆时,方程(5.4.5)的惟一解为

$$\hat{\boldsymbol{\beta}} = (\boldsymbol{X}'\boldsymbol{X})^{-1}\boldsymbol{X}'\boldsymbol{Y}. \tag{5.4.6}$$

到这里只能说 $\hat{\boldsymbol{\beta}} = (\hat{\beta}_0,\hat{\beta}_1,\cdots,\hat{\beta}_p)'$是函数(5.4.3)的驻点. 下面

来说明 $\hat{\boldsymbol{\beta}}$ 确是式(5.4.3)的最小值点. 函数(5.4.3)可用矩阵的形式表示为

$$
\begin{aligned}
&Q(\beta_0,\beta_1,\cdots,\beta_p)\\
&=\sum_{i=1}^{n}[Y_i-(\beta_0+\beta_1x_{i1}+\cdots+\beta_px_{ip})]^2\\
&=(\boldsymbol{Y}-\boldsymbol{X\beta})'(\boldsymbol{Y}-\boldsymbol{X\beta}).
\end{aligned}
$$

于是

$$
\begin{aligned}
Q(\beta_0,\beta_1,\cdots,\beta_p)&=[(\boldsymbol{Y}-\boldsymbol{X}\hat{\boldsymbol{\beta}})+\boldsymbol{X}(\hat{\boldsymbol{\beta}}-\boldsymbol{\beta})]'\times\\
&\quad\ [(\boldsymbol{Y}-\boldsymbol{X}\hat{\boldsymbol{\beta}})+\boldsymbol{X}(\hat{\boldsymbol{\beta}}-\boldsymbol{\beta})]\\
&=(\boldsymbol{Y}-\boldsymbol{X}\hat{\boldsymbol{\beta}})'(\boldsymbol{Y}-\boldsymbol{X}\hat{\boldsymbol{\beta}})+\\
&\quad\ (\hat{\boldsymbol{\beta}}-\boldsymbol{\beta})'\boldsymbol{X}'\boldsymbol{X}(\hat{\boldsymbol{\beta}}-\boldsymbol{\beta})+\\
&\quad\ 2(\hat{\boldsymbol{\beta}}-\boldsymbol{\beta})'\boldsymbol{X}'(\boldsymbol{Y}-\boldsymbol{X}\hat{\boldsymbol{\beta}}).
\end{aligned}
\tag{5.4.7}
$$

注意到 $\hat{\boldsymbol{\beta}}$ 满足正规方程(5.4.5),故式(5.4.7)中的第三项

$$
2(\hat{\boldsymbol{\beta}}-\boldsymbol{\beta})'\boldsymbol{X}'(\boldsymbol{Y}-\boldsymbol{X}\hat{\boldsymbol{\beta}})=2(\hat{\boldsymbol{\beta}}-\boldsymbol{\beta})'(\boldsymbol{X}'\boldsymbol{Y}-\boldsymbol{X}'\boldsymbol{X}\hat{\boldsymbol{\beta}})=0,
$$

故得

$$
\begin{aligned}
Q(\beta_0,\beta_1,\cdots,\beta_p)&=(\boldsymbol{Y}-\boldsymbol{X}\hat{\boldsymbol{\beta}})'(\boldsymbol{Y}-\boldsymbol{X}\hat{\boldsymbol{\beta}})+\\
&\quad\ (\hat{\boldsymbol{\beta}}-\boldsymbol{\beta})'\boldsymbol{X}'\boldsymbol{X}(\hat{\boldsymbol{\beta}}-\boldsymbol{\beta})\\
&\geqslant(\boldsymbol{Y}-\boldsymbol{X}\hat{\boldsymbol{\beta}})'(\boldsymbol{Y}-\boldsymbol{X}\hat{\boldsymbol{\beta}})\\
&=Q(\hat{\beta}_0,\hat{\beta}_1,\cdots,\hat{\beta}_p).
\end{aligned}
\tag{5.4.8}
$$

从 $\boldsymbol{X}'\boldsymbol{X}$ 的形式即可知道 $\boldsymbol{X}'\boldsymbol{X}$ 是非负定矩阵. 另外,因为已假定 $\boldsymbol{X}'\boldsymbol{X}$ 可逆,故 $\boldsymbol{X}'\boldsymbol{X}$ 是正定矩阵. 这就说明式(5.4.8)中"$\geqslant$"成立,并且等号成立当且仅当 $\boldsymbol{\beta}=\hat{\boldsymbol{\beta}}$. 也就是说 $\hat{\boldsymbol{\beta}}=(\hat{\beta}_0,\hat{\beta}_1,\cdots,\hat{\beta}_p)$ 是 $Q(\beta_0,\beta_1,\cdots,\beta_p)$ 的惟一的最小值点,或者说 $\hat{\boldsymbol{\beta}}=(\boldsymbol{X}'\boldsymbol{X})^{-1}\boldsymbol{X}'\boldsymbol{Y}$ 是 $\boldsymbol{\beta}$ 的惟一最小二乘估计. 在获得 $\boldsymbol{\beta}$ 的最小二乘估计之后便可构造如下的线性回归方程

$$
\hat{Y}=\hat{\beta}_0+\hat{\beta}_1x_1+\cdots+\hat{\beta}_px_p=\hat{\beta}_0+\sum_{j=1}^{p}\hat{\beta}_jx_j.
\tag{5.4.9}
$$

从理论上讲,$\beta_0,\beta_1,\cdots,\beta_p$ 的最小二乘估计已经求出来了. 但

为了便于计算,也为了便于进行统计分析,常常对模型(5.4.1)实施“中心化”,其做法如下:

记 $\bar{x}_j = \frac{1}{n}\sum_{i=1}^{n} x_{ij}, j = 1,2,\cdots,p$,则式(5.4.1)可化为

$$Y_i = \mu + \beta_1(x_{i1} - \bar{x}_1) + \cdots + \beta_p(x_{ip} - \bar{x}_p) + \varepsilon_i, \tag{5.4.10}$$

$i=1,2,\cdots,n$,其中 $\mu = \beta_0 + \beta_1\bar{x}_1 + \cdots + \beta_p\bar{x}_p$. 于是与模型(5.4.2)中设计矩阵 $\boldsymbol{X}$ 对应的矩阵为

$$\tilde{\boldsymbol{X}} \triangleq \begin{pmatrix} 1 & x_{11} - \bar{x}_1 & x_{12} - \bar{x}_2 & \cdots & x_{1p} - \bar{x}_p \\ 1 & x_{21} - \bar{x}_1 & x_{22} - \bar{x}_2 & \cdots & x_{2p} - \bar{x}_p \\ \vdots & \vdots & \vdots & & \vdots \\ 1 & x_{n1} - \bar{x}_1 & x_{n2} - \bar{x}_2 & \cdots & x_{np} - \bar{x}_p \end{pmatrix},$$

与 $\boldsymbol{\beta}$ 对应的未知参数向量为

$$\tilde{\boldsymbol{\beta}} \triangleq \begin{pmatrix} \mu \\ \beta_1 \\ \vdots \\ \beta_p \end{pmatrix},$$

而可观测随机向量 $\boldsymbol{Y}$ 与不可观测随机误差向量 $\boldsymbol{\varepsilon}$ 与式(5.4.2)相同. 于是式(5.4.2)可改写为

$$\boldsymbol{Y} = \tilde{\boldsymbol{X}}\tilde{\boldsymbol{\beta}} + \boldsymbol{\varepsilon}. \tag{5.4.11}$$

把式(5.4.11)与高斯—马尔可夫假设放在一起,称为模型(5.4.11). 与模型(5.4.11)相应的正规方程为

$$(\tilde{\boldsymbol{X}}'\tilde{\boldsymbol{X}})\tilde{\boldsymbol{\beta}} = \tilde{\boldsymbol{X}}'\boldsymbol{Y}. \tag{5.4.12}$$

记 $l_{jk} = \sum_{i=1}^{n}(x_{ij} - \bar{x}_j)(x_{ik} - \bar{x}_k)(j,k = 1,2,\cdots,p)$. 注意到 $\tilde{\boldsymbol{X}}$ 除第一列外其余 p 列元素的和都是零,故有

$$\tilde{\boldsymbol{X}}'\tilde{\boldsymbol{X}} = \begin{pmatrix} n & 0 & \cdots & 0 \\ 0 & \sum(x_{i1}-\bar{x}_1)^2 & \cdots & \sum(x_{i1}-\bar{x}_1)(x_{ip}-\bar{x}_p) \\ \vdots & \vdots & & \vdots \\ 0 & \sum(x_{ip}-\bar{x}_p)(x_{i1}-\bar{x}_1) & \cdots & \sum(x_{ip}-\bar{x}_p)^2 \end{pmatrix}$$

$$= \begin{pmatrix} n & 0 & 0 & \cdots & 0 \\ 0 & l_{11} & l_{12} & \cdots & l_{1p} \\ 0 & l_{21} & l_{22} & \cdots & l_{2p} \\ \vdots & \vdots & \vdots & & \vdots \\ 0 & l_{p1} & l_{p2} & \cdots & l_{pp} \end{pmatrix}.$$

又记 $l_{jy} = \sum_{i=1}^{n}(x_{ij}-\bar{x}_j)(y_i-\bar{y})(j=1,2,\cdots,p)$，有

$$\tilde{\boldsymbol{X}}'\boldsymbol{Y} = \begin{pmatrix} \sum y_i \\ \sum(x_{i1}-\bar{x}_1)y_i \\ \vdots \\ \sum(x_{ip}-\bar{x}_p)y_i \end{pmatrix} = \begin{pmatrix} \sum y_i \\ l_{1y} \\ \vdots \\ l_{py} \end{pmatrix}.$$

记

$$\boldsymbol{L} = \begin{pmatrix} l_{11} & l_{12} & \cdots & l_{1p} \\ l_{21} & l_{22} & \cdots & l_{2p} \\ \vdots & \vdots & & \vdots \\ l_{p1} & l_{p2} & \cdots & l_{pp} \end{pmatrix},$$

有

$$\tilde{\boldsymbol{X}}'\tilde{\boldsymbol{X}} = \begin{pmatrix} n & \boldsymbol{0}_p' \\ \boldsymbol{0}_p & \boldsymbol{L} \end{pmatrix}.$$

正规方程(5.4.12)可写为

$$(\tilde{\boldsymbol{X}}'\tilde{\boldsymbol{X}})\tilde{\boldsymbol{\beta}} = \begin{pmatrix} n & \boldsymbol{0}_p' \\ \boldsymbol{0}_p & \boldsymbol{L} \end{pmatrix}\begin{pmatrix} \mu \\ \beta_1 \\ \vdots \\ \beta_p \end{pmatrix} = \begin{pmatrix} \sum y_i \\ l_{1y} \\ \vdots \\ l_{py} \end{pmatrix}. \qquad (5.4.13)$$

解之得 $\tilde{\boldsymbol{\beta}}=(\mu,\beta_1,\cdots,\beta_p)'$ 的最小二乘估计

$$\begin{pmatrix}\hat{\mu}\\ \hat{\beta}_1\\ \vdots\\ \hat{\beta}_p\end{pmatrix}=(\tilde{\boldsymbol{X}}'\tilde{\boldsymbol{X}})^{-1}\begin{pmatrix}\Sigma y_i\\ l_{1y}\\ \vdots\\ l_{py}\end{pmatrix}=\begin{pmatrix}n & \boldsymbol{0}_p'\\ \boldsymbol{0}_p & \boldsymbol{L}\end{pmatrix}^{-1}\begin{pmatrix}\Sigma y_i\\ l_{1y}\\ \vdots\\ l_{py}\end{pmatrix}$$

$$=\begin{pmatrix}1/n & \boldsymbol{0}_p'\\ \boldsymbol{0}_p & \boldsymbol{L}^{-1}\end{pmatrix}\begin{pmatrix}\Sigma y_i\\ l_{1y}\\ \vdots\\ l_{py}\end{pmatrix}. \tag{5.4.14}$$

由分块矩阵乘法得

$$\hat{\mu}=\overline{Y},$$

$$\begin{pmatrix}\hat{\beta}_1\\ \hat{\beta}_2\\ \vdots\\ \hat{\beta}_p\end{pmatrix}=\boldsymbol{L}^{-1}\begin{pmatrix}l_{1y}\\ l_{2y}\\ \vdots\\ l_{py}\end{pmatrix}. \tag{5.4.15}$$

$\tilde{\boldsymbol{\beta}}$ 与 $\boldsymbol{\beta}$ 的最小二乘估计中,回归系数 $\beta_1,\beta_2,\cdots,\beta_p$ 的估计都相同(参见参考文献[9]). 而

$$\hat{\mu}=\overline{Y}=\hat{\beta}_0+\hat{\beta}_1\bar{x}_1+\cdots+\hat{\beta}_p\bar{x}_p.$$

实际上,上式正是方程(5.4.4)的第一式. 求出 $\tilde{\boldsymbol{\beta}}$ 的最小二乘估计便得到线性回归方程

$$\hat{Y}=\overline{Y}+\hat{\beta}_1(x_1-\bar{x}_1)+\cdots+\hat{\beta}_p(x_p-\bar{x}_p). \tag{5.4.16}$$

实际上方程(5.4.16)与方程(5.4.9)是一致的.

对模型(5.4.1)实施"中心化"之后,线性回归函数中常数项 μ 的最小二乘估计的形式较为简单,总是等于因变量观察值 Y_i 的算术平均. 并且为了计算 $\hat{\beta}_1,\hat{\beta}_2,\cdots,\hat{\beta}_p$ 只要解有 p 个方程的方程组,与方程组(5.4.4)相比方程和未知数各减少一个.

这里有一点要予以说明. 在表示式(5.4.6)中出现的

$(\boldsymbol{X}'\boldsymbol{X})^{-1}$,一般都记为

$$(\boldsymbol{X}'\boldsymbol{X})^{-1} \triangleq \boldsymbol{C} = \begin{pmatrix} C_{00} & C_{01} & \cdots & C_{0p} \\ C_{10} & C_{11} & \cdots & C_{1p} \\ \vdots & \vdots & & \vdots \\ C_{p0} & C_{p1} & \cdots & C_{pp} \end{pmatrix}. \qquad (5.4.17)$$

这个矩阵中出现的元素 $C_{ij}(i,j=1,2,\cdots,p)$很有用,以后要出现多次. 若采用中心化线性回归模型(5.4.11),相应地要出现$(\tilde{\boldsymbol{X}}'\tilde{\boldsymbol{X}})^{-1}$(见式(5.4.14)),其表示式为

$$(\tilde{\boldsymbol{X}}'\tilde{\boldsymbol{X}})^{-1} = \begin{pmatrix} n^{-1} & \boldsymbol{0}_p' \\ \boldsymbol{0}_p & \boldsymbol{L}^{-1} \end{pmatrix}.$$

这里的$\boldsymbol{L}^{-1}$也很有用. 可以证明(参见参考文献[9]),$\boldsymbol{L}^{-1}$等于$(\boldsymbol{X}'\boldsymbol{X})^{-1}=\boldsymbol{C}$右下角$p^2$个元素构成的$p\times p$方阵,即

$$\boldsymbol{L}^{-1} = \begin{pmatrix} C_{11} & C_{12} & \cdots & C_{1p} \\ C_{21} & C_{22} & \cdots & C_{2p} \\ \vdots & \vdots & & \vdots \\ C_{p1} & C_{p2} & \cdots & C_{pp} \end{pmatrix}. \qquad (5.4.18)$$

所以,尽管对于多元线性回归,理论上的结果常对模型(5.4.2)加以证明,但在实际应用中若使用中心化线性回归模型(5.4.11)做回归分析,则可直接在矩阵$\boldsymbol{L}^{-1}$中调用所需要的C_{ij},而不必通过由模型(5.4.2)导出的$(\boldsymbol{X}'\boldsymbol{X})^{-1}$去寻找所需要的$C_{ij}$. 这样做大大简化了计算. 关于这一点在以后的讨论中不再赘述.

例 5.4.1 设有一元线性回归模型

$$Y_i = \beta_0 + \beta_1 x_i + \varepsilon_i, i=1,2,\cdots,n,$$

其中,ε_i 满足 $E(\varepsilon_i)=0$, $\mathrm{Var}(\varepsilon_i)=\sigma^2$, $0<\sigma^2<+\infty$, $\mathrm{Cov}(\varepsilon_i,\varepsilon_j)=0(i\neq j;i,j=1,2,\cdots,p)$. 试将该模型中心化,并求线性回归方程.

解 记$\overline{x} = \dfrac{1}{n}\sum_{i=1}^{n} x_i$, $\mu=\beta_0+\beta_1\overline{x}$,原模型化为如下的中心化模型

$$Y_i = \mu + \beta_1(x_i - \bar{x}) + \varepsilon_i, i = 1, 2, \cdots, n.$$

正规方程为

$$\begin{pmatrix} n & 0 \\ 0 & L \end{pmatrix}\begin{pmatrix} \mu \\ \beta_1 \end{pmatrix} = \begin{pmatrix} \Sigma y_i \\ l_{1y} \end{pmatrix}.$$

其中，$L = l_{11} = \Sigma(x_i - \bar{x})^2$. μ 和 β_1 的最小二乘估计分别是 $\hat{\mu} = \bar{y}$ 和 $\hat{\beta}_1 = \frac{l_{1y}}{l_{11}} = \frac{\Sigma(x_i - \bar{x})(y_i - \bar{y})}{\Sigma(x_i - \bar{x})^2}$. 线性回归方程为 $\hat{Y} = \bar{y} + \hat{\beta}_1(x - \bar{x})$，与式(5.2.12)相同.

例 5.4.2　研究同一地区土壤内所含植物可给态磷的情况，得到 18 组数据，如表 5.4.1 所示，其中

x_1：土壤内所含无机磷浓度；

x_2：土壤内溶于 K_2CO_3 溶液并受溴化物水解的有机磷；

x_3：土壤内溶于 K_2CO_3 溶液但不溶于溴化物的有机磷；

Y：栽在20°C土壤内的玉米中的可给态磷；

单位都是百万分之一. 已知 Y 与 x_1, x_2, x_3 之间存在着线性相关关系. 求线性回归方程.

表　5.4.1

土壤样本	x_1	x_2	x_3	y	土壤样本	x_1	x_2	x_3	y
1	0.4	53	158	64	10	12.6	58	112	51
2	0.4	23	163	60	11	10.9	37	111	76
3	3.1	19	37	71	12	23.1	46	114	96
4	0.6	34	157	61	13	23.1	50	134	77
5	4.7	24	59	54	14	21.6	44	73	93
6	1.7	65	123	77	15	23.1	56	168	95
7	9.4	44	46	81	16	1.9	36	143	54
8	10.1	31	117	93	17	26.8	58	202	168
9	11.6	29	173	93	18	29.9	51	124	99

解　采用如下“中心化”线性回归模型

$$Y = \mu + \beta_1(x_{i1} - \bar{x}_1) + \beta_2(x_{i2} - \bar{x}_2) + \beta_3(x_{i3} - \bar{x}_3) + \varepsilon_i \quad (i = 1, 2, \cdots, 18)$$

其中 ε_i 满足 $E(\varepsilon_i) = 0, \mathrm{Var}(\varepsilon_i) = \sigma^2, 0 < \sigma^2 < +\infty, \mathrm{Cov}(\varepsilon_i, \varepsilon_j) = 0 (i \neq j; i, j = 1, 2, \cdots, 18)$. 先算出如下一些数据

$$\sum y_i = 1463, \bar{y} = 81.2778, \sum y_i^2 = 131299,$$

$$l_{yy} = \sum y_i^2 - \frac{1}{18}(\sum y_i)^2 = 12389.6111,$$

$$\sum x_{i1} = 215, \bar{x}_1 = 11.9444, \sum x_{i1}^2 = 4321.02,$$

$$l_{11} = \sum x_{i1}^2 - \frac{1}{18}(\sum x_{i1})^2 = 1752.9644,$$

$$\sum x_{i2} = 758, \bar{x}_2 = 42.1111, \sum x_{i2}^2 = 35076,$$

$$l_{22} = \sum x_{i2}^2 - \frac{1}{18}(\sum x_{i2})^2 = 3155.7778,$$

$$\sum x_{i3} = 2214, \bar{x}_3 = 123, \sum x_{i3}^2 = 307894,$$

$$l_{33} = \sum x_{i3}^2 - \frac{1}{18}(\sum x_{i3})^2 = 35572,$$

$$\sum x_{i1} x_{i2} = 10139.5,$$

$$l_{12} = l_{21} = \sum x_{i1} x_{i2} - \frac{1}{18}(\sum x_{i1})(\sum x_{i2}) = 1085.6111,$$

$$\sum x_{i1} x_{i3} = 27645,$$

$$l_{13} = l_{31} = \sum x_{i1} x_{i3} - \frac{1}{18}(\sum x_{i1})(\sum x_{i3}) = 1200,$$

$$\sum x_{i2} x_{i3} = 96598,$$

$$l_{23} = l_{32} = \sum x_{i2} x_{i3} - \frac{1}{18}(\sum x_{i2})(\sum x_{i3}) = 3364,$$

$$\sum x_{i1} y_i = 207062,$$

$$l_{1y} = \sum x_{i1} y_i - \frac{1}{18}(\sum x_{i1})(\sum y_i) = 3231.4778,$$

$$\sum x_{i2} y_i = 63825,$$

$$l_{2y}=\Sigma x_{i2}y_i-\frac{1}{18}(\Sigma x_{i2})(\Sigma y_i)=2216.4444,$$

$$\Sigma x_{i3}y_i=187542,$$

$$l_{3y}=\Sigma x_{i3}y_i-\frac{1}{18}(\Sigma x_{i3})(\Sigma y_i)=7593.$$

于是，$\hat{\mu}=\bar{y}=81.2778$，

$$\boldsymbol{L}=\begin{pmatrix}1752.9644 & 1085.6111 & 1200\\ 1085.6111 & 3155.7778 & 3364\\ 1200 & 3364 & 35572\end{pmatrix},$$

$$\boldsymbol{L}^{-1}=10^{-5}\begin{pmatrix}72.486 & -24.837 & -0.09692\\ -24.837 & 43.748 & -3.2993\\ -0.09692 & -3.2993 & 3.1264\end{pmatrix}.$$

由式(5.4.15)，

$$\begin{pmatrix}\hat{\beta}_1\\ \hat{\beta}_2\\ \hat{\beta}_3\end{pmatrix}=\boldsymbol{L}^{-1}\begin{pmatrix}l_{1y}\\ l_{2y}\\ l_{3y}\end{pmatrix}=10^{-5}\begin{pmatrix}72.486 & -24.837 & -0.09692\\ -24.837 & 43.748 & -3.2993\\ -0.09692 & -3.2993 & 3.1264\end{pmatrix}\times$$

$$\begin{pmatrix}3231.4778\\ 2216.4444\\ 7593\end{pmatrix}=\begin{pmatrix}1.7845\\ -0.08347\\ 0.1611\end{pmatrix}$$

由式(5.4.16)知线性回归方程为

$$\hat{Y}=81.2778+1.7845(x_1-11.9444)-0.08347(x_2-42.1111)+0.1611(x_3-123)$$

或 $$\hat{Y}=43.6615+1.7845x_1-0.08347x_2+0.1611x_3.$$

2. $\boldsymbol{\beta}=(\beta_0,\beta_1,\cdots,\beta_p)'$的最小二乘估计$\hat{\boldsymbol{\beta}}$的性质

在讨论$\hat{\boldsymbol{\beta}}$性质时，我们采用模型(5.4.2)。

定理 5.4.1 设有模型(5.4.2)，$\hat{\boldsymbol{\beta}}$是$\boldsymbol{\beta}=(\beta_0,\beta_1,\cdots,\beta_p)'$的

最小二乘估计,则有

(1) $E(\hat{\boldsymbol{\beta}})=\boldsymbol{\beta}$,

(2) $\mathrm{Cov}(\hat{\boldsymbol{\beta}})=\sigma^2(\boldsymbol{X}'\boldsymbol{X})^{-1}$.

证明 (1) 由式(5.4.6)和式(5.4.2)可得

$$
\begin{aligned}
E(\hat{\boldsymbol{\beta}}) &= E[(\boldsymbol{X}'\boldsymbol{X})^{-1}\boldsymbol{X}'\boldsymbol{Y}] = (\boldsymbol{X}'\boldsymbol{X})^{-1}\boldsymbol{X}'E(\boldsymbol{Y}) \\
&= (\boldsymbol{X}'\boldsymbol{X})^{-1}\boldsymbol{X}'\boldsymbol{X}\boldsymbol{\beta}=\boldsymbol{\beta}.
\end{aligned}
$$

(2) 由模型(5.4.2)并根据协方差矩阵的运算性质有

$$
\begin{aligned}
\mathrm{Cov}(\hat{\boldsymbol{\beta}}) &= \mathrm{Cov}[(\boldsymbol{X}'\boldsymbol{X})^{-1}\boldsymbol{X}'\boldsymbol{Y}] \\
&= (\boldsymbol{X}'\boldsymbol{X})^{-1}\boldsymbol{X}'\mathrm{Cov}(\boldsymbol{Y})\boldsymbol{X}(\boldsymbol{X}'\boldsymbol{X})^{-1} \\
&= (\boldsymbol{X}'\boldsymbol{X})^{-1}\boldsymbol{X}'\cdot\sigma^2\boldsymbol{I}_n\boldsymbol{X}(\boldsymbol{X}'\boldsymbol{X})^{-1}=\sigma^2(\boldsymbol{X}'\boldsymbol{X})^{-1}.
\end{aligned}
$$

例 5.4.3 设有一元线性回归模型

$$Y_i=\beta_0+\beta_1x_i+\varepsilon_i,i=1,2,\cdots,n,$$

其中,ε_i 满足 $E(\varepsilon_i)=0,\mathrm{Var}(\varepsilon_i)=\sigma^2,0<\sigma^2<+\infty,\mathrm{Cov}(\varepsilon_i,\varepsilon_j)=0$ $(i\neq j;i,j=1,2,\cdots,n)$. 求:$\mathrm{Cov}\begin{pmatrix}\hat{\beta}_0\\ \hat{\beta}_1\end{pmatrix}$.

解 对上述一元线性回归模型有

$$
\boldsymbol{X}'\boldsymbol{X}=\begin{pmatrix}1 & 1 & \cdots & 1\\ x_1 & x_2 & \cdots & x_n\end{pmatrix}\begin{pmatrix}1 & x_1\\ 1 & x_2\\ \vdots & \vdots\\ 1 & x_n\end{pmatrix}=\begin{pmatrix}n & \sum x_i\\ \sum x_i & \sum x_i^2\end{pmatrix},
$$

$$
(\boldsymbol{X}'\boldsymbol{X})^{-1}=\frac{1}{nl_{xx}}\begin{pmatrix}\sum x_i^2 & -\sum x_i\\ -\sum x_i & n\end{pmatrix}.
$$

由定理 5.4.1 得

$$
\mathrm{Cov}\begin{pmatrix}\hat{\beta}_0\\ \hat{\beta}_1\end{pmatrix}=\frac{\sigma^2}{nl_{xx}}\begin{pmatrix}\sum x_i^2 & -\sum x_i\\ -\sum x_i & n\end{pmatrix}.
$$

由此式知 $\mathrm{Var}(\hat{\beta}_0)=\dfrac{\sum x_i^2}{nl_{xx}}\sigma^2$, $\mathrm{Var}(\hat{\beta}_1)=\dfrac{\sigma^2}{l_{xx}}$, $\mathrm{Cov}(\hat{\beta}_0,\hat{\beta}_1)=-\dfrac{\sum x_i}{nl_{xx}}\sigma^2$,与前面已得到的式(5.2.15)、式(5.2.16)以及定理

5.2.1 的(3)相同.

推论 5.4.1 $\hat{Y}$ 与 $\beta_1,\beta_2,\cdots,\beta_p$ 的最小二乘估计 $\hat{\beta}_1,\hat{\beta}_2,\cdots,\hat{\beta}_p$ 都不相关.

证明 把定理 5.4.1 的结论(2)用于中心化的多元线性回归模型(5.4.11)得

$$\mathrm{Cov}\begin{pmatrix}\hat{\mu}\\ \hat{\beta}_1\\ \vdots\\ \hat{\beta}_p\end{pmatrix}=\mathrm{Cov}\begin{pmatrix}\hat{Y}\\ \hat{\beta}_1\\ \vdots\\ \hat{\beta}_p\end{pmatrix}=\sigma^2(\bar{\boldsymbol{X}}'\bar{\boldsymbol{X}})^{-1}=\sigma^2\begin{pmatrix}1/n & \boldsymbol{0}_p'\\ \boldsymbol{0}_p & \boldsymbol{L}^{-1}\end{pmatrix}$$

注意到上式右端矩阵的第 1 行和第 1 列除了(1,1)位置的元素不为零外,其余元素都为零,即知本推论之结论成立. 证毕.

从定理 5.4.1 可以看出 $\hat{\boldsymbol{\beta}}$ 是 $\boldsymbol{\beta}$ 的无偏估计. 设 b 是 $p+1$ 维常向量,也把 $b'\hat{\boldsymbol{\beta}}$ 称为 $b'\boldsymbol{\beta}$ 的最小二乘估计. 由定理 5.4.1 容易推得 $b'\hat{\boldsymbol{\beta}}$ 的如下性质.

推论 5.4.2 设有模型(5.4.2),$\hat{\boldsymbol{\beta}}$ 是 $\boldsymbol{\beta}=(\beta_0,\beta_1,\cdots,\beta_p)'$ 的最小二乘估计,$\boldsymbol{b}$ 是 $p+1$ 维常向量,则

(1) $E(\boldsymbol{b}'\hat{\boldsymbol{\beta}})=\boldsymbol{b}'\boldsymbol{\beta}$,

(2) $\mathrm{Var}(\boldsymbol{b}'\hat{\boldsymbol{\beta}})=\sigma^2\boldsymbol{b}'(\boldsymbol{X}'\boldsymbol{X})^{-1}\boldsymbol{b}$.

这个推论说明 $\boldsymbol{b}'\hat{\boldsymbol{\beta}}$ 是 $\boldsymbol{b}'\boldsymbol{\beta}$ 的无偏估计. $\boldsymbol{b}'\hat{\boldsymbol{\beta}}=\boldsymbol{b}'(\boldsymbol{X}'\boldsymbol{X})^{-1}\boldsymbol{X}'\boldsymbol{Y}$ 又是 $Y_1,Y_2,\cdots,Y_n$ 的线性函数,所以 $\boldsymbol{b}'\hat{\boldsymbol{\beta}}$ 是 $\boldsymbol{b}'\boldsymbol{\beta}$ 的线性无偏估计. 对于 $\boldsymbol{\beta}$ 的某个函数 $\theta(\boldsymbol{\beta})$,设 $\hat{\theta}(\boldsymbol{\beta})$ 是 $\theta(\boldsymbol{\beta})$ 的线性无偏估计. 如果对于 $\theta(\boldsymbol{\beta})$ 的任一线性无偏估计 $\tilde{\theta}(\boldsymbol{\beta})$ 和任意的 $\boldsymbol{\beta}$ 都有 $\mathrm{Var}(\tilde{\theta}(\boldsymbol{\beta}))\geqslant\mathrm{Var}(\hat{\theta}(\boldsymbol{\beta}))$,那么称 $\hat{\theta}(\boldsymbol{\beta})$ 为 $\theta(\boldsymbol{\beta})$ 的最好线性无偏估计,记为 BLUE.

下面的著名定理告诉我们,$\boldsymbol{b}'\boldsymbol{\beta}$ 的最小二乘估计 $\boldsymbol{b}'\hat{\boldsymbol{\beta}}$ 是 $\boldsymbol{b}'\boldsymbol{\beta}$ 的 BLUE.

定理 5.4.2 (高斯—马尔可夫定理) 对于模型(5.4.2),$\boldsymbol{b}$

是 $p+1$ 维常向量,那么 $\boldsymbol{b}'\boldsymbol{\beta}$ 的最小二乘估计 $\boldsymbol{b}'\hat{\boldsymbol{\beta}}$ 是 $\boldsymbol{b}'\boldsymbol{\beta}$ 惟一的最好线性无偏估计.

证明 设 $\boldsymbol{a}'\boldsymbol{Y}$ 是 $\boldsymbol{b}'\boldsymbol{\beta}$ 的任一线性无偏估计. 于是对任一 $\boldsymbol{\beta}$ 有

$$E(\boldsymbol{a}'\boldsymbol{Y})=\boldsymbol{a}'\boldsymbol{X}\boldsymbol{\beta}=\boldsymbol{b}'\boldsymbol{\beta}.$$

因为此式对任意 $\boldsymbol{\beta}$ 成立,所以有

$$\boldsymbol{a}'\boldsymbol{X}=\boldsymbol{b}'. \tag{5.4.19}$$

而

$$\begin{aligned}\mathrm{Var}(\boldsymbol{a}'\boldsymbol{Y})&=\boldsymbol{a}'\cdot\sigma^2\boldsymbol{I}_n\cdot\boldsymbol{a}=\sigma^2\boldsymbol{a}'\boldsymbol{a}\\&=\sigma^2[\boldsymbol{a}-\boldsymbol{X}(\boldsymbol{X}'\boldsymbol{X})^{-1}\boldsymbol{b}+\boldsymbol{X}(\boldsymbol{X}'\boldsymbol{X})^{-1}\boldsymbol{b}]'\times\\&\quad[\boldsymbol{a}-\boldsymbol{X}(\boldsymbol{X}'\boldsymbol{X})^{-1}\boldsymbol{b}+\boldsymbol{X}(\boldsymbol{X}'\boldsymbol{X})^{-1}\boldsymbol{b}]\\&=\sigma^2[\boldsymbol{a}-\boldsymbol{X}(\boldsymbol{X}'\boldsymbol{X})^{-1}\boldsymbol{b}]'[\boldsymbol{a}-\boldsymbol{X}(\boldsymbol{X}'\boldsymbol{X})^{-1}\boldsymbol{b}]+\\&\quad\sigma^2\boldsymbol{b}'(\boldsymbol{X}'\boldsymbol{X})^{-1}\boldsymbol{X}'\boldsymbol{X}(\boldsymbol{X}'\boldsymbol{X})^{-1}\boldsymbol{b}+\\&\quad2\sigma^2\boldsymbol{b}'(\boldsymbol{X}'\boldsymbol{X})^{-1}\boldsymbol{X}'[\boldsymbol{a}-\boldsymbol{X}(\boldsymbol{X}'\boldsymbol{X})^{-1}\boldsymbol{b}]\\&=\sigma^2[\boldsymbol{a}-\boldsymbol{X}(\boldsymbol{X}'\boldsymbol{X})^{-1}\boldsymbol{b}]'[\boldsymbol{a}-\boldsymbol{X}(\boldsymbol{X}'\boldsymbol{X})^{-1}\boldsymbol{b}]+\\&\quad\sigma^2\boldsymbol{b}'(\boldsymbol{X}'\boldsymbol{X})^{-1}\boldsymbol{b}+2\sigma^2\boldsymbol{b}'(\boldsymbol{X}'\boldsymbol{X})^{-1}\times\\&\quad[\boldsymbol{X}'\boldsymbol{a}-\boldsymbol{X}'\boldsymbol{X}(\boldsymbol{X}'\boldsymbol{X})^{-1}\boldsymbol{b}]\\&=\sigma^2[\boldsymbol{a}-\boldsymbol{X}(\boldsymbol{X}'\boldsymbol{X})^{-1}\boldsymbol{b}]'[\boldsymbol{a}-\boldsymbol{X}(\boldsymbol{X}'\boldsymbol{X})^{-1}\boldsymbol{b}]\\&\quad+\sigma^2\boldsymbol{b}'(\boldsymbol{X}'\boldsymbol{X})^{-1}\boldsymbol{b}+2\sigma^2\boldsymbol{b}'(\boldsymbol{X}'\boldsymbol{X})^{-1}(\boldsymbol{X}'\boldsymbol{a}-\boldsymbol{b}).\end{aligned}$$

由推论 5.4.2 知上式中第二项为 $\mathrm{Var}(\boldsymbol{b}'\hat{\boldsymbol{\beta}})$;由式(5.4.19)知上式中第三项为零. 于是

$$\begin{aligned}\mathrm{Var}(\boldsymbol{a}'\boldsymbol{Y})&=\sigma^2[\boldsymbol{a}-\boldsymbol{X}(\boldsymbol{X}'\boldsymbol{X})^{-1}\boldsymbol{b}]'[\boldsymbol{a}-\boldsymbol{X}(\boldsymbol{X}'\boldsymbol{X})^{-1}\boldsymbol{b}]+\\&\quad\mathrm{Var}(\boldsymbol{b}'\hat{\boldsymbol{\beta}})\geqslant\mathrm{Var}(\boldsymbol{b}'\hat{\boldsymbol{\beta}}).\end{aligned} \tag{5.4.20}$$

等号成立且仅当 $\boldsymbol{a}=\boldsymbol{X}(\boldsymbol{X}'\boldsymbol{X})^{-1}\boldsymbol{b}$,此式成立时 $\boldsymbol{a}'\boldsymbol{Y}=\boldsymbol{b}'(\boldsymbol{X}'\boldsymbol{X})^{-1}\boldsymbol{X}'\boldsymbol{Y}=\boldsymbol{b}'\hat{\boldsymbol{\beta}}$. 式(5.4.20)说明,$\boldsymbol{b}'\boldsymbol{\beta}$ 的任一线性无偏估计 $\boldsymbol{a}'\boldsymbol{Y}$ 的方差都大于等于 $\boldsymbol{b}'\hat{\boldsymbol{\beta}}$ 的方差. 要使 $\boldsymbol{a}'\boldsymbol{Y}$ 的方差等于 $\boldsymbol{b}'\hat{\boldsymbol{\beta}}$ 的方差只有 $\boldsymbol{a}'\boldsymbol{Y}$ 恰为 $\boldsymbol{b}'\hat{\boldsymbol{\beta}}$. 证毕.

若取 $p+1$ 维常向量 $\boldsymbol{b}=(0,\cdots,0,1,0\cdots0)'$,其中 1 是 $\boldsymbol{b}$ 的第 $i+1$ 个元素,则 $\boldsymbol{b}'\boldsymbol{\beta}=\beta_i$,$\boldsymbol{b}'\hat{\boldsymbol{\beta}}=\hat{\beta}_i\,(i=0,1,\cdots,p)$. 由定理 5.4.2,$\hat{\beta}_i$ 是 β_i 惟一最好线性无偏估计$(i=0,1,\cdots,p)$.

上述高斯—马尔可夫定理说明,$\boldsymbol{b}'\boldsymbol{\beta}$ 的最小二乘估计 $\boldsymbol{b}'\hat{\boldsymbol{\beta}}$ 是

一个性质优良的估计. 事实上,$\hat{\boldsymbol{\beta}}$ 作为 $\boldsymbol{\beta}$ 的最小二乘估计也有类似于高斯—马尔可夫定理的结果. 但因 $\boldsymbol{\beta}$ 是 $p+1$ 维的未知参数向量,评价 $\boldsymbol{\beta}$ 的估计的优劣已不用方差而是用协方差矩阵. 总之,在线性回归分析中,最小二乘估计是一种性质优良的估计.

二、$\boldsymbol{\sigma}^2$ 的估计

类似于一元线性回归,称

$$\hat{\varepsilon}_i = Y_i - (\hat{\beta}_0 + \hat{\beta}_1 x_{i1} + \cdots + \hat{\beta}_p x_{ip}) = Y_i - \hat{Y}_i \tag{5.4.21}$$

$(i=1,2,\cdots,n)$ 为第 i 次观察的残差,简称**残差**. $\hat{\boldsymbol{\varepsilon}} = (\hat{\varepsilon}_1, \hat{\varepsilon}_2, \cdots, \hat{\varepsilon}_n)'$ 称为**残差向量**. 残差是$(x_{i1}, x_{i2}, \cdots, x_{ip})$处因变量观察值 Y_i 与经验回归函数在$(x_{i1}, x_{i2}, \cdots, x_{ip})$处的值(即回归值)$\hat{\beta}_0 + \hat{\beta}_1 x_{i1} + \cdots + \hat{\beta}_p x_{ip}$的差. 称

$$\text{RSS} = \sum_{i=1}^{n} (\hat{\varepsilon}_i)^2 = \sum_{i=1}^{n} [Y_i - (\hat{\beta}_0 + \hat{\beta}_1 x_{i1} + \cdots + \hat{\beta}_p x_{ip})]^2 \tag{5.4.22}$$

为**残差平方和**. 我们仍设法通过 RSS 去估计 σ^2. 若使用矩阵工具,残差向量可表示为

$$\hat{\boldsymbol{\varepsilon}} = \boldsymbol{Y} - \boldsymbol{X}\hat{\boldsymbol{\beta}} = [\boldsymbol{I}_n - \boldsymbol{X}(\boldsymbol{X}'\boldsymbol{X})^{-1}\boldsymbol{X}']\boldsymbol{Y}.$$

残差平方和可表示为

$$\text{RSS} = \hat{\boldsymbol{\varepsilon}}'\hat{\boldsymbol{\varepsilon}} = (\boldsymbol{Y} - \boldsymbol{X}\hat{\boldsymbol{\beta}})'(\boldsymbol{Y} - \boldsymbol{X}\hat{\boldsymbol{\beta}}), \tag{5.4.23}$$

也可表示为

$$\begin{aligned}\text{RSS} &= \boldsymbol{Y}'[\boldsymbol{I}_n - \boldsymbol{X}(\boldsymbol{X}'\boldsymbol{X})^{-1}\boldsymbol{X}']'[\boldsymbol{I}_n - \boldsymbol{X}(\boldsymbol{X}'\boldsymbol{X})^{-1}\boldsymbol{X}']\boldsymbol{Y} \\ &= \boldsymbol{Y}'[\boldsymbol{I}_n - \boldsymbol{X}(\boldsymbol{X}'\boldsymbol{X})^{-1}\boldsymbol{X}']\boldsymbol{Y}.\end{aligned} \tag{5.4.24}$$

关于 $\hat{\boldsymbol{\varepsilon}}$ 和 RSS 有以下定理.

定理 5.4.3　对于模型(5.4.2)有

(1) $E(\hat{\boldsymbol{\varepsilon}}) = \boldsymbol{0}_n$,

(2) $\text{Cov}(\hat{\boldsymbol{\varepsilon}}) = \sigma^2[\boldsymbol{I}_n - \boldsymbol{X}(\boldsymbol{X}'\boldsymbol{X})^{-1}\boldsymbol{X}']$,

(3) $\hat{\sigma}^2 = \dfrac{\text{RSS}}{n-p-1}$是 σ^2 的无偏估计.

证明　(1) $E(\hat{\boldsymbol{\varepsilon}})=E(\boldsymbol{Y}-\boldsymbol{X}\hat{\boldsymbol{\beta}})=E(\boldsymbol{Y})-\boldsymbol{X}E(\hat{\boldsymbol{\beta}})$

$$=\boldsymbol{X\beta}-\boldsymbol{X\beta}=\boldsymbol{0}$$

(2)
$$\begin{aligned}\mathrm{Cov}(\hat{\boldsymbol{\varepsilon}})&=\mathrm{Cov}([\boldsymbol{I}_n-\boldsymbol{X}(\boldsymbol{X}'\boldsymbol{X})^{-1}\boldsymbol{X}']\boldsymbol{Y})\\&=[\boldsymbol{I}_n-\boldsymbol{X}(\boldsymbol{X}'\boldsymbol{X})^{-1}\boldsymbol{X}']\mathrm{Cov}(\boldsymbol{Y})\times\\&\quad[\boldsymbol{I}_n-\boldsymbol{X}(\boldsymbol{X}'\boldsymbol{X})^{-1}\boldsymbol{X}']'\\&=\sigma^2[\boldsymbol{I}_n-\boldsymbol{X}(\boldsymbol{X}'\boldsymbol{X})^{-1}\boldsymbol{X}'].\end{aligned}$$

(3) 只需证 $E(\mathrm{RSS})=(n-p-1)\sigma^2$.

$$\begin{aligned}E(\mathrm{RSS})&=E(\hat{\boldsymbol{\varepsilon}}'\hat{\boldsymbol{\varepsilon}})=E[\mathrm{tr}(\hat{\boldsymbol{\varepsilon}}'\hat{\boldsymbol{\varepsilon}})]=E[\mathrm{tr}(\hat{\boldsymbol{\varepsilon}}\hat{\boldsymbol{\varepsilon}}')]\\&=\mathrm{tr}[E(\hat{\boldsymbol{\varepsilon}}\hat{\boldsymbol{\varepsilon}}')]=\mathrm{tr}[E(\hat{\boldsymbol{\varepsilon}}\hat{\boldsymbol{\varepsilon}}')-E(\hat{\boldsymbol{\varepsilon}})E(\hat{\boldsymbol{\varepsilon}}')]\\&=\mathrm{tr}[\mathrm{Cov}(\hat{\boldsymbol{\varepsilon}})]\end{aligned}$$

上式中第二个等号是因为 $\hat{\boldsymbol{\varepsilon}}'\hat{\boldsymbol{\varepsilon}}$ 是 1×1 随机矩阵;第三个等号是使用了矩阵乘积之迹的性质 $\mathrm{tr}(\boldsymbol{AB})=\mathrm{tr}(\boldsymbol{BA})$(只要求等式两边都有意义);第四个等号是使用了随机方阵 $\boldsymbol{A}$ 的 $E[\mathrm{tr}(\boldsymbol{A})]=\mathrm{tr}[E(\boldsymbol{A})]$的性质;第五个等号是因为 $E(\hat{\boldsymbol{\varepsilon}})=\boldsymbol{0}_n$. 于是由本定理的(2),并根据方阵迹的有关性质得

$$\begin{aligned}E(\mathrm{RSS})&=\mathrm{tr}[\mathrm{Cov}(\hat{\boldsymbol{\varepsilon}})]=\mathrm{tr}\{\sigma^2[\boldsymbol{I}_n-\boldsymbol{X}(\boldsymbol{X}'\boldsymbol{X})^{-1}\boldsymbol{X}']\}\\&=\sigma^2\{\mathrm{tr}(\boldsymbol{I}_n)-\mathrm{tr}[\boldsymbol{X}(\boldsymbol{X}'\boldsymbol{X})^{-1}\boldsymbol{X}']\}\\&=\sigma^2\{n-\mathrm{tr}[(\boldsymbol{X}'\boldsymbol{X})^{-1}\boldsymbol{X}'\boldsymbol{X}]\}\\&=\sigma^2[n-\mathrm{tr}(\boldsymbol{I}_{p+1})]=\sigma^2(n-p-1).\end{aligned}$$

证毕.

类似于一元线性回归中残差平方和的表示式(5.2.18)和(5.2.19),对于多元线性回归中的残差平方和也有另一表示式(其证明也与式(5.2.18)和式(5.2.19)类似)

$$\begin{aligned}\mathrm{RSS}&=\Sigma(Y_i-\overline{Y})^2-[\hat{\beta}_1\Sigma(x_{i1}-\overline{x}_1)(y_i-\overline{y})+\cdots+\\&\quad\hat{\beta}_p\Sigma(x_{ip}-\overline{x}_p)(y_i-\overline{y})]\\&=\Sigma(Y_i-\overline{Y})^2-[\hat{\beta}_1\Sigma(x_{i1}-\overline{x}_1)y_i+\cdots+\\&\quad\hat{\beta}_p\Sigma(x_{ip}-\overline{x}_p)y_i]=l_{yy}-\sum_{j=1}^{p}\hat{\beta}_j l_{jy}.\end{aligned}\tag{5.4.25}$$

上式中 l_{jy}在正规方程中都出现过,而在估计 σ^2 之前各 $\boldsymbol{\beta}_j$ 的估计 $\hat{\boldsymbol{\beta}}_j$ 一般都已获得,所以用式(5.4.25)计算 RSS 比用式(5.4.23)

和式(5.4.24)容易.

例5.4.4 求例5.4.2中误差方差σ^2的无偏估计$\hat{\sigma}^2$.

解 由式(5.4.25),利用例5.4.2已获得的数据,

$$\begin{aligned}\text{RSS} &= l_{yy} - \sum_{j=1}^{3}\hat{\beta}_j l_{jy} \\ &= 12389.6111 - 1.7845 \times 3231.4778 - (-0.08347) \times \\ &\quad 2216.4444 - 0.1611 \times 7593 \\ &= 5584.8133.\end{aligned}$$

所以σ^2的无偏估计为

$$\hat{\sigma}^2 = \frac{\text{RSS}}{n-p-1} = \frac{5584.8133}{18-3-1} = 398.9152.$$

到目前为止,在求$\boldsymbol{\beta}$的最小二乘估计$\hat{\boldsymbol{\beta}}$和σ^2的无偏估计$\hat{\sigma}^2$并讨论它们的性质时,我们只对$\boldsymbol{\varepsilon}=(\varepsilon_1,\varepsilon_2,\cdots\varepsilon_n)'$的数学期望与协方差矩阵作了假定,而对于其分布未作任何假定. 对于模型(5.4.2),若再假定$\boldsymbol{\varepsilon}$服从正态分布$\boldsymbol{\varepsilon} \sim N(\boldsymbol{0}_n,\sigma^2\boldsymbol{I}_n)$,那么还可得到关于$\hat{\boldsymbol{\beta}}$和RSS进一步的性质.

定理5.4.4 对于模型(5.4.2),再假定$\boldsymbol{\varepsilon} \sim N(\boldsymbol{0}_n,\sigma^2\boldsymbol{I}_n)$,则有

(1) $\hat{\boldsymbol{\beta}} \sim N(\boldsymbol{\beta},\sigma^2(\boldsymbol{X}'\boldsymbol{X})^{-1})$;

(2) 对任一$p+1$维常向量$\boldsymbol{b}$,$\boldsymbol{b}'\hat{\boldsymbol{\beta}}$是$\boldsymbol{b}'\boldsymbol{\beta}$惟一的一致最小方差无偏估计;

(3) $\dfrac{\text{RSS}}{\sigma_2} \sim \chi^2(n-p-1)$;

(4) $\hat{\boldsymbol{\beta}}$与RSS相互独立.

证明 (1) 因为$\hat{\boldsymbol{\beta}}=(\boldsymbol{X}'\boldsymbol{X})^{-1}\boldsymbol{X}'\boldsymbol{Y}$是$Y_1,Y_2,\cdots,Y_n$的线性组合,而$Y_1,Y_2,\cdots,Y_n$是相互独立的正态变量,所以$\hat{\boldsymbol{\beta}}$服从正态分布. 定理5.4.1已算出$\hat{\boldsymbol{\beta}}$的数学期望$E(\hat{\boldsymbol{\beta}})=\boldsymbol{\beta}$和协方差矩阵$\text{Cov}(\hat{\boldsymbol{\beta}})=\sigma^2(\boldsymbol{X}'\boldsymbol{X})^{-1}$,故(1)得证.

(2) 由于证明要用到充分统计量和完备统计量,所以从略.

(3) 与(4) 的证明也从略. 证毕.

由定理 5.4.4 知, $\hat{\beta}_j \sim N(\beta_j, \sigma^2 c_{jj})$, 即

$$\frac{\hat{\beta}_j - \beta_j}{\sigma\sqrt{c_{jj}}} \sim N(0,1) \quad (j=1,2,\cdots,n), \tag{5.4.26}$$

其中, c_{jj}的含义见式(5.4.17).

定理 5.4.4 的(2)告诉我们,在正态条件下, $\boldsymbol{b}'\hat{\boldsymbol{\beta}}$ 是 $\boldsymbol{b}'\boldsymbol{\beta}$ 的所有无偏估计(不必是线性估计)中惟一具有最小方差的估计.

这里顺便指出,对于模型(5.4.2),若假定 $\boldsymbol{\varepsilon} \sim N(\boldsymbol{0}_n, \sigma^2 \boldsymbol{I}_n)$,那么可以验证 $\boldsymbol{\beta}$ 的极大似然估计与最小二乘估计 $\hat{\boldsymbol{\beta}}$ 一致;而 σ^2 的极大似然估计为 $\hat{\hat{\sigma}}^2 = \frac{\text{RSS}}{n}$,与定理 5.4.3 给出的 σ^2 的无偏估计 $\hat{\sigma}^2$ 仅差一个系数. 这时的最小二乘估计 $\hat{\boldsymbol{\beta}}$ 也具有极大似然估计的优良性质.

三、回归方程的显著性检验

前面我们在"Y 关于 $x_1, x_2, \cdots, x_p$ 的回归是 $x_1, x_2, \cdots, x_p$ 的线性函数"的假定之下,推导出了求 $\boldsymbol{\beta}$ 的最小二乘估计的方法,获得了线性回归方程. 那么在一个实际问题中,"Y 关于 $x_1, x_2, \cdots, x_p$ 的回归是 $x_1, x_2, \cdots, x_p$ 的线性函数"这样的假定是否正确? 是否符合实际? 这主要依靠专业知识与经验去判断. 数理统计作为一门学科也可通过统计检验进行判断.

设因变量 Y 与自变量 $x_1, x_2, \cdots, x_p$ 有如下关系

$$Y = \beta_0 + \beta_1 x_1 + \cdots + \beta_p x_p + \varepsilon,$$

其中, $\varepsilon \sim N(0, \sigma^2)$. 我们提出如下的假设

$$H_0: \beta_1 = \beta_2 = \cdots = \beta_p = 0. \tag{5.4.27}$$

若拒绝 H_0,则认为线性回归效果是显著的;若接受 H_0,则认为线性回归效果不显著,即认为上述 Y 与 $x_1, x_2, \cdots, x_p$ 之间的线性相关关系不成立.

下面采用方差分析法对假设(5.4.27)作检验. 设有 n 组观察值 $(x_{i1}, x_{i2}, \cdots, x_{ip}, y_i)$, $i=1,2,\cdots,n$,其数据结构为

$$Y_i=\beta_0+\beta_1x_{i1}+\beta_2x_{i2}+\cdots+\beta_px_{ip}+\varepsilon_i, i=1,2,\cdots,n. \tag{5.4.28}$$

为了作假设检验要假定 $\boldsymbol{\varepsilon}=(\varepsilon_1,\varepsilon_2,\cdots,\varepsilon_n)'$服从正态分布，即 $\boldsymbol{\varepsilon}\sim N(\mathbf{0}_n,\sigma^2\boldsymbol{I}_n)$. 类似于一元线性回归分析中关于线性回归效果显著性检验的 F 检验法，考虑总偏差平方和

$$S_T=\sum_{i=1}^{n}(y_i-\overline{y})^2=l_{yy}. \tag{5.4.29}$$

将 S_T 作如下分解

$$S_T=\Sigma(y_i-\hat{y}_i)^2+\Sigma(\hat{y}_i-\overline{y})^2=S_{剩}+S_{回}, \tag{5.4.30}$$

其中，$S_{剩}=\Sigma(y_i-\hat{y}_i)^2=\text{RSS}$ 是剩余平方和，又称残差平方和；$S_{回}=\Sigma(\hat{y}_i-\overline{y})^2$ 是回归平方和. $S_{回}$ 是由于引进变量 $x_1,x_2,\cdots,x_p$ 所引起的因变量 Y 的波动，其数值的大小反映自变量 $x_1,x_2,\cdots,x_p$ 对 Y 线性影响的大小. $S_{剩}$ 是由试验误差(包含其他未加控制的变量)引起的 Y 的波动，其数值的大小反映了试验误差(和其他未加控制的变量)对试验结果影响的大小.

与一元线性回归中的定理 4.2.5 相类似有以下定理，其证明从略.

定理 5.4.5　对于模型(5.4.2)，且 $\boldsymbol{\varepsilon}\sim N(\mathbf{0}_n,\sigma^2\boldsymbol{I}_n)$，则在假设(5.4.27)成立时有

(1) $\dfrac{S_{回}}{\sigma^2}\sim\chi^2(p)$;

(2) $S_{回}$ 与 $S_{剩}$ 相互独立.

根据定理 5.4.4 和定理 5.4.5，检验假设(5.4.27)的统计量可取为

$$F=\frac{S_{回}/p}{S_{剩}/(n-p-1)}. \tag{5.4.31}$$

当 $H_0:\beta_1=\beta_2=\cdots=\beta_p=0$ 为真时，检验统计量

$$F=\frac{S_{回}/p}{S_{剩}/(n-p-1)}\sim F(p,n-p-1).$$

H_0 不真时 F 有偏大的趋势，所以对于给定的显著性水平 α，由一组观察值 $(x_{i1},x_{i2},\cdots,x_{ip},y_i)\quad(i=1,2,\cdots,n)$ 算得检验统计量 F 的值，若 $F\geqslant F_{1-\alpha}(p,n-p-1)$ 则拒绝 H_0，认为线性回归效果显著；反之若 $F<F_{1-\alpha}(p,n-p-1)$ 则接受 H_0，认为线性回归效果不显著.

注意到式(5.4.25)和式(5.4.30)，有

$$S_{回} = \sum_{j=1}^{p}\hat{\beta}_j l_{jy}. \tag{5.4.32}$$

在实际计算检验统计量 F 值时常常先算 $S_T=l_{yy}=\Sigma(y_i-\overline{y})^2=\Sigma y_i^2-n(\overline{y})^2$ 与 $S_{回}=\sum\limits_{j=1}^{p}\hat{\beta}_j l_{jy}$（此时 $\hat{\beta}_j$ 一般都已算出；在计算各 $\hat{\beta}_j$ 时 l_{jy} 也都已算出），然后算 $S_{剩}=S_T-S_{回}$，最后再算 F 值. 以上的讨论可以总结在下面的方差分析表(表 5.4.2)中.

表 5.4.2

来源	平方和	自由度	均方	F 值	显著性
回归	$S_{回}=\Sigma(\hat{y}_i-\overline{y})^2=\sum\limits_{j=1}^{p}\hat{\beta}_j l_{jy}$	p	$\dfrac{S_{回}}{p}$	$F=\dfrac{S_{回}/p}{S_{剩}/(n-p-1)}$	
剩余	$S_{剩}=\Sigma(y_i-\hat{y}_i)^2=S_T-S_{回}$	$n-p-1$	$\dfrac{S_{剩}}{(n-p-1)}$		
总和	$S_T=\Sigma(y_i-\overline{y})^2=\Sigma y_i^2-n(\overline{y})^2$	$n-1$			

例 5.4.5 检验例 5.4.2 中线性回归效果的显著性($\alpha=0.01$).

解 例 5.4.2 中已算出

$$S_T=l_{yy}=12389.6111,$$

又有

$$S_{回} = \sum_{j=1}^{3}\hat{\beta}_j l_{jy} = 1.7845\times3231.4778+(-0.08347)\times$$

$$2216.4444 + 0.1611 \times 7593$$
$$= 6804.7978,$$

所以 $S_{剩} = S_T - S_{回} = 12389.6111 - 6804.7978 = 5584.8133$. 方差分析表如下

来源	平方和	自由度	均方	F 值	显著性
回归	6804.7978	3	2268.2659	5.6861	* *
剩余	5584.8133	14	398.9152		
总和	12389.6111	17			

经查表,$F_{0.99}(3,14) = 5.56$. 因 $F = 5.6861 > 5.56$,故线性回归效果高度显著.

四、回归系数的显著性检验

对多元回归而言,线性回归效果显著(即回归系数 $\beta_1, \beta_2, \cdots, \beta_p$ 不全为零),并不意味着每个自变量对因变量 Y 的影响都是重要的. 某些回归系数仍有可能很接近零. 所以我们希望从回归方程中剔除那些不重要的、可有可无的自变量,重新建立更为简单的线性回归方程. 检验自变量 x_j 对 Y 的作用是否显著,相当于检验假设

$$H_{0j}: \beta_j = 0, j = 1, 2, \cdots, p. \tag{5.4.33}$$

要作关于回归系数的显著性检验,仍要假定模型(5.4.2)的随机误差向量服从正态分布 $\boldsymbol{\varepsilon} \sim N(\mathbf{0}_n, \sigma^2 \boldsymbol{I}_n)$. 很自然,我们要考虑由 $\hat{\beta}_j$ 构成的统计量,来对假设"$\beta_j = 0$"作检验. 由式(5.4.26)知,当 H_{0j} 为真时,$\dfrac{\hat{\beta}_j}{\sigma\sqrt{c_{jj}}} \sim N(0,1)$. 又由定理 5.4.4 知 $\dfrac{\mathrm{RSS}}{\sigma^2} \sim \chi^2(n-p-1)$,并且 $\hat{\beta}_j$ 与 RSS 相互独立. 所以检验假设(5.4.33)的统计量可取为

$$t_j = \frac{\hat{\beta}_j}{\sqrt{c_{jj}} \cdot \hat{\sigma}}, \tag{5.4.34}$$

其中,$\hat{\sigma} = \sqrt{\hat{\sigma}^2} = \sqrt{\mathrm{RSS}/(n-p-1)}$,$c_{jj}$ 的含义见式(5.4.17).

由 t 分布的定义,当 H_{0j} 为真时

$$t_j = \frac{\hat{\beta}_j}{\sqrt{c_{jj}} \cdot \hat{\sigma}} = \frac{\hat{\beta}_j}{\sqrt{c_{jj} \cdot \mathrm{RSS}/(n-p-1)}}$$

$$= \frac{\hat{\beta}_j/(\sigma\sqrt{c_{jj}})}{\sqrt{\mathrm{RSS}/[\sigma^2(n-p-1)]}} \sim t(n-p-1).$$

对给定的显著性水平 α,由一组观察值$(x_{i1}, x_{i2}, \cdots, x_{ip}, y_i)(i=1,2,\cdots,n)$算得 t_j 值,若$|t_j| \geqslant t_{1-\alpha/2}(n-p-1)$则拒绝 H_{0j},认为 x_j 对 Y 线性影响显著;若$|t_j| < t_{1-\alpha/2}(n-p-1)$则接受 H_{0j},认为 x_j 对 Y 线性影响不显著.

五、变量的剔除

设因变量 Y 与自变量 $x_1, x_2, \cdots, x_p$ 有如下关系

$$Y_i = \beta_0 + \beta_1 x_{i1} + \cdots + \beta_p x_{ip} + \varepsilon_i, i=1,2,\cdots,n$$

其中,ε_i 相互独立,且 $\varepsilon_i \sim N(0,\sigma^2)$. 若线性回归效果显著,再对回归系数作显著性检验,假设“$H_{0j}:\beta_j = 0$”$(j=1,2,\cdots,p)$全被拒绝,也就是说自变量 $x_1, x_2, \cdots, x_p$ 对 Y 线性影响都显著,这时我们的工作便告一段落,所获得的线性回归方程便可用于预测等. 如果在作回归系数显著性检验时,p 个假设“$H_{0j}:\beta_j = 0$”$(j=1,2,\cdots,p)$中有一个被接受,其余的全被拒绝,例如假设“$H_{0k}:\beta_k = 0$”被接受而其余 $p-1$ 个假设全被拒绝. 这时我们就认为自变量 x_k 对 Y 的线性影响不显著,或者说 x_k 的作用可由其他 $p-1$ 个变量 $x_1, \cdots, x_{k-1}, x_{k+1}, \cdots, x_p$ 担当起来,没有必要引入 x_k,所以就把自变量 x_k 剔除,剔除 x_k 后的数据结构便变成

$$Y_i = \beta_0 + \beta_1 x_{i1} + \cdots + \beta_{k-1} x_{ik-1} + \beta_{k+1} x_{ik+1} + \cdots + \beta_p x_{ip} + \varepsilon_i,$$

其中,ε_i 相互独立,$\varepsilon_i \sim N(0,\sigma^2), i=1,2,\cdots,n$. 接着便在此基础上建立新的线性回归方程.

还有一种情况就是,在作回归系数显著性检验时,在 p 个假设“$H_{0j}:\beta_j = 0$”$(j=1,2,\cdots,p)$中有两个或两个以上的假设被接受. 因为自变量之间存在着相关性,所以这时也只能先剔除一个自变量,把$|t_j|$值最小的那个自变量剔除. 例如,在作回归系数显著性检验

时,接受了假设“$H_{01}:\beta_1=0$”和“$H_{02}:\beta_2=0$”,而其余 $p-2$ 个假设全被拒绝,这时如果 $|t_1|<|t_2|$,则先剔除自变量 x_1. 在剔除 x_1 后的新数据结构下再做回归系数显著性检验时,假设“$H_{02}:\beta_2=0$”被拒绝与被接受这两种情况都有可能发生.

设从原数据结构已获得如下的关于自变量 $x_1,x_2,\cdots,x_p$ 的 p 元线性回归方程

$$\hat{Y}=\hat{\beta}_0+\hat{\beta}_1x_1+\cdots+\hat{\beta}_{k-1}x_{k-1}+\hat{\beta}_kx_k+\hat{\beta}_{k+1}x_{k+1}+\cdots+\hat{\beta}_px_p.$$

现在剔除了变量 x_k,要建立关于自变量 $x_1,\cdots,x_{k-1},x_{k+1},\cdots,x_p$ 的 $p-1$ 元线性回归方程,记为

$$\hat{Y}=\bar{\beta}_0+\bar{\beta}_1x_1+\cdots+\bar{\beta}_{k-1}x_{k-1}+\bar{\beta}_{k+1}x_{k+1}+\cdots+\bar{\beta}_px_p. \tag{5.4.35}$$

一般地说,$\hat{\beta}_j$ 与 $\bar{\beta}_j(j\neq k;j=0,1,\cdots,p)$ 是不同的. 要建立新的回归方程(5.4.35)当然也可以像前面所说的方法,重新导出正规方程,求解后获得 $\bar{\beta}_j$. 但这样做计算量很大. 我们可以利用公式

$$\bar{\beta}_j=\hat{\beta}_j-\frac{c_{kj}}{c_{kk}}\hat{\beta}_k\quad(j\neq k,j=0,1,\cdots,p), \tag{5.4.36}$$

其中 c_{kj} 的含义见式(5.4.17)和式(5.4.18). 使用式(5.4.36)要简便得多. 式(5.4.36)的证明见参考文献[7].

例 5.4.6 对例 5.4.2 中三个回归系数作显著性检验(取 $\alpha=0.05$).

解 本题要在显著性水平 $\alpha=0.05$ 之下分别检验

$$H_{0j}:\beta_j=0,j=1,2,3.$$

例 5.4.4 已算出例 5.4.2 中误差方差 σ^2 的估计 $\hat{\sigma}^2=398.9152$,故 $\hat{\sigma}=19.9729$,例 5.4.2 已算出 β_j 的最小二乘估计 $\hat{\beta}_j$ $(j=1,2,3)$. 在计算 $\hat{\beta}_j$ 时又算出 L^{-1},在矩阵 L^{-1} 中可查出 $C_{11}=7.2486\times10^{-4}$, $C_{22}=4.3748\times10^{-4}$, $C_{33}=3.1264\times10^{-5}$. 由式(5.4.34),

$$t_1=\frac{\hat{\beta}_1}{\sqrt{C_{11}}\hat{\sigma}}=\frac{1.7845}{\sqrt{7.2486\times10^{-4}}\times19.9729}=3.3186,$$

$$t_2=\frac{\hat{\beta}_2}{\sqrt{C_{22}}\hat{\sigma}}=\frac{-0.08347}{\sqrt{4.3748\times10^{-4}}\times19.9729}=-0.1998,$$

$$t_3=\frac{\hat{\beta}_3}{\sqrt{C_{33}}\hat{\sigma}}=\frac{0.1611}{\sqrt{3.1264\times10^{-5}}\times19.9729}=1.4427,$$

查表得 $t_{0.975}(14)=2.1448$. 因为 $|t_1|>2.1448$,所以拒绝"$H_{01}:\beta_1=0$",认为 x_1 对 Y 线性影响显著. 而 $|t_2|$ 和 $|t_3|$ 都小于 2.1448,所以假设"$H_{02}:\beta_2=0$"和"$H_{03}:\beta_3=0$"都被接受. 但因 $|t_2|<|t_3|$,故先剔除 x_2. 由式(5.4.36),剔除 x_2 后回归系数 β_1 和 β_3 新的最小二乘估计 $\tilde{\beta}_1$ 和 $\tilde{\beta}_3$ 为

$$\tilde{\beta}_1=\hat{\beta}_1-\frac{C_{21}}{C_{22}}\hat{\beta}_2=1.7845-\frac{-2.4837\times10^{-4}}{4.3748\times10^{-4}}\times(-0.08347)$$
$$=1.7371,$$

$$\tilde{\beta}_3=\hat{\beta}_3-\frac{C_{23}}{C_{22}}\hat{\beta}_2=0.1611-\frac{-3.2993\times10^{-5}}{4.3748\times10^{-4}}\times(-0.08347)$$
$$=0.1548.$$

剔除 x_2 后的回归方程为

$$\begin{aligned}\hat{Y}&=\bar{y}+\tilde{\beta}_1(x_1-\bar{x}_1)+\tilde{\beta}_3(x_3-\bar{x}_3)\\&=81.2778+1.7371(x_1-11.9444)+0.1548(x_3-123)\\&=41.4888+1.7371x_1+0.1548x_3.\end{aligned}$$

接着再对两个自变量 x_1 和 x_3 的线性回归模型的回归系数作显著性检验,即检验假设"$H_{01}:\beta_1=0$"和"$H_{03}:\beta_3=0$". 在现在的情况下,

$$\tilde{L}=\begin{pmatrix}l_{11}&l_{13}\\l_{31}&l_{33}\end{pmatrix}=\begin{pmatrix}1752.9444&1200\\1200&35572\end{pmatrix},$$

$$\tilde{L}^{-1}=10^{-5}\begin{pmatrix}58.3947&-1.9699\\-1.9699&2.8777\end{pmatrix}\triangleq\begin{pmatrix}\tilde{C}_{11}&\tilde{C}_{13}\\\tilde{C}_{31}&\tilde{C}_{33}\end{pmatrix},$$

$$S_{回}=\tilde{\beta}_1 l_{1y}+\tilde{\beta}_3 l_{3y}=1.7371\times 3231.4778+0.1548\times 7593$$
$$=6788.7965,$$

$$S_{剩}=S_T-S_{回}=12389.6111-6788.7965=5600.8146,$$

$$\tilde{\sigma}^2=\frac{5600.8146}{18-2-1}=373.3876,$$

$$\tilde{\sigma}=19.3232.$$

于是可算得 $\tilde{t}_1$ 和 $\tilde{t}_3$

$$\tilde{t}_1=\frac{\tilde{\beta}_1}{\sqrt{\tilde{C}_{11}}\cdot\tilde{\sigma}}=\frac{1.7371}{\sqrt{58.3947\times 10^{-5}}\times 19.3232}=3.7201,$$

$$\tilde{t}_3=\frac{\tilde{\beta}_3}{\sqrt{\tilde{C}_{33}}\cdot\tilde{\sigma}}=\frac{0.1548}{\sqrt{2.8777\times 10^{-5}}\times 19.3232}=1.4935.$$

查表得 $t_{0.975}(15)=2.1315$. 因为 $|\tilde{t}_1|=3.7201>2.1315$,所以 x_1 对 Y 线性影响显著;而 $|\tilde{t}_3|=1.4935<2.1315$,所以 x_3 对 Y 线性影响不显著,予以剔除. 这样,保留下来的自变量只有 x_1 一个,可以按照一元线性回归来处理. 这时回归系数 β_1 的最小二乘估计为

$$\beta_1^*=\frac{l_{1y}}{l_{11}}=\frac{3231.4778}{1752.9644}=1.8434.$$

(也可以用公式 $\beta_1^*=\tilde{\beta}_1-\frac{\tilde{C}_{31}}{\tilde{C}_{33}}\tilde{\beta}_3$ 求得 β_1^*)剔除 x_2,x_3 后最终获得的回归方程为

$$\begin{aligned}\bar{Y}&=81.2778+1.8434(x_1-\bar{x}_1)\\&=81.2778+1.8434(x_1-11.9444)\\&=59.2594+1.8434x_1\end{aligned}$$

六、预测

设自变量 $x_1,x_2,\cdots,x_p$ 与因变量 Y 之间有如下关系

$$Y_i=\beta_0+\beta_1x_{i1}+\cdots+\beta_px_{ip}+\varepsilon_i, i=1,2,\cdots,n,$$

其中,$\boldsymbol{\varepsilon}=(\varepsilon_1,\varepsilon_2,\cdots,\varepsilon_n)'\sim N(\boldsymbol{0}_n,\sigma^2\boldsymbol{I}_n)$. 若已获得回归方程

$$\hat{Y}=\hat{\beta}_0+\hat{\beta}_1x_1+\cdots+\hat{\beta}_px_p,$$

检验又表明,线性回归效果以及 $x_1,x_2,\cdots,x_p$ 对 Y 线性影响都是显著的. 这时我们提出问题:要对与点$(x_{01},x_{02},\cdots,x_{0p})$对应的因变量

$$Y_0=\beta_0+\beta_1x_{01}+\cdots+\beta_px_{0p}+\varepsilon_0$$

进行预测. 这里 $x_{01},x_{02},\cdots,x_{0p}$ 都已知,$\varepsilon_0\sim N(0,\sigma^2)$,$\varepsilon_0$ 与 $\boldsymbol{\varepsilon}=(\varepsilon_1,\varepsilon_2,\cdots,\varepsilon_n)'$相互独立. 先考虑对 Y_0 的点预测. 易见,可用

$$\hat{Y}_0=\hat{\beta}_0+\hat{\beta}_1x_{01}+\cdots+\hat{\beta}_px_{0p} \tag{5.4.37}$$

作为 Y_0 的点预测,由 $E(\hat{Y}_0)=\beta_0+\beta_1x_{01}+\cdots+\beta_px_{0p}=E(Y_0)$知,用式(5.4.37)作为 Y_0 的点预测是合理的.

在实际应用中用得较多的是对 Y_0 作区间预测,即找一个区间,使得 Y_0 落在这个区间中的概率达到预先给定的值. 很自然,我们也想到了 $\hat{Y}_0$. 下面导出 $Y_0-\hat{Y}_0$ 的分布.

Y_0 与 $\hat{Y}_0$ 都服从正态分布. 因为 $\hat{Y}_0$ 只与 $Y_1,Y_2,\cdots,Y_n$ 有关,所以 Y_0 与 $\hat{Y}_0$ 相互独立. 由此知 $Y_0-\hat{Y}_0$ 仍服从正态分布. 又有

$$E(Y_0-\hat{Y}_0)=0,$$

$$\begin{aligned}\mathrm{Var}(Y_0-\hat{Y}_0)&=\mathrm{Var}(Y_0)+\mathrm{Var}(\hat{Y}_0)\\&=\mathrm{Var}(\varepsilon_0)+\mathrm{Var}[\bar{Y}+\hat{\beta}_1(x_{01}-\bar{x}_1)+\cdots+\hat{\beta}_p(x_{0p}-\bar{x}_p)].\end{aligned}$$

由推论 5.4.1 知 $\bar{Y}$ 与$(\hat{\beta}_1,\hat{\beta}_2,\cdots,\hat{\beta}_p)$相互独立,所以

$$\mathrm{Var}(Y_0-\hat{Y}_0)=\sigma^2+\mathrm{Var}(\bar{Y})+\mathrm{Var}\left[\sum_{j=1}^p\hat{\beta}_j(x_{0j}-\bar{x}_j)\right]$$

$$=\sigma^2+\frac{1}{n}\sigma^2+E\left[\sum_{j=1}^p(\hat{\beta}_j-\beta_j)(x_{0j}-\bar{x}_j)\right]^2$$

$$= \left(1 + \frac{1}{n}\right)\sigma^2 + E\left[\sum_{j=1}^{p}\sum_{l=1}^{p}(\hat{\beta}_j - \beta_j) \times \right.$$

$$\left.(x_{0j} - \bar{x}_j)(\hat{\beta}_l - \beta_l)(x_{0l} - \bar{x}_l)\right]$$

$$= \left(1 + \frac{1}{n}\right)\sigma^2 + \sum_{j=1}^{p}\sum_{l=1}^{p}\mathrm{Cov}(\hat{\beta}_j, \hat{\beta}_l) \times (x_{0j} - \bar{x}_j)(x_{0l} - \bar{x}_l)$$

$$= \left(1 + \frac{1}{n}\right)\sigma^2 + \sum_{j=1}^{p}\sum_{l=1}^{p}\sigma^2 c_{jl}(x_{0j} - \bar{x}_j)(x_{0l} - \bar{x}_l)$$

$$= \sigma^2\left[1 + \frac{1}{n} + \sum_{j=1}^{p}\sum_{l=1}^{p}c_{jl}(x_{0j} - \bar{x}_j) \times (x_{0l} - \bar{x}_l)\right],$$

其中 c_{jl} 的含义见式(5.4.17)和式(5.4.18). 记

$$d_0^2 = 1 + \frac{1}{n} + \sum_{j=1}^{p}\sum_{l=1}^{p}c_{jl}(x_{0j} - \bar{x}_j)(x_{0l} - \bar{x}_l). \quad (5.4.38)$$

于是有 $\mathrm{Var}(Y_0 - \hat{Y}_0) = \sigma^2 d_0^2$. 由此, $Y_0 - \hat{Y}_0 \sim N(0, d_0^2\sigma^2)$, 即

$$\frac{Y_0 - \hat{Y}_0}{d_0\sigma} \sim N(0,1). \quad (5.4.39)$$

由定理5.4.4, RSS 与 $\hat{\beta} = (\hat{\beta}_0, \hat{\beta}_1, \cdots, \hat{\beta}_p)'$ 相互独立, 而 RSS 只依赖于 $Y_1, Y_2, \cdots, Y_n$, 与 Y_0 独立, 所以 RSS 与 $Y_0 - \hat{Y}_0 = Y_0 - (\hat{\beta}_0 + \sum_{j=1}^{p}\hat{\beta}_j x_{0j})$ 独立. 定理5.4.4 还告诉我们

$$\frac{\mathrm{RSS}}{\sigma^2} \sim \chi^2(n-p-1). \quad (5.4.40)$$

由式(5.4.39)和式(5.4.40), 并根据 t 分布定义有

$$t = \frac{\dfrac{Y_0 - \hat{Y}_0}{d_0\sigma}}{\sqrt{\dfrac{\mathrm{RSS}}{\sigma^2(n-p-1)}}} = \frac{Y_0 - \hat{Y}_0}{d_0\hat{\sigma}} \sim t(n-p-1),$$

其中，$\hat{\sigma}=\sqrt{\hat{\sigma}^2}$，$\hat{\sigma}^2$ 的含义见定理5.4.3. 由此即可对 Y_0 作区间预测. 对给定的 α，查表得 $t_{1-\alpha/2}(n-p-1)$.

由
$$P\left\{\frac{|Y_0-\hat{Y}_0|}{d_0\hat{\sigma}}<t_{1-\alpha/2}(n-p-1)\right\}=1-\alpha$$
知
$$P\{\hat{Y}_0-t_{1-\alpha/2}(n-p-1)\cdot d_0\hat{\sigma}<Y_0<\hat{Y}_0+t_{1-\alpha/2}(n-p-1)d_0\hat{\sigma}\}=1-\alpha.$$
我们把
$$(\hat{Y}_0-t_{1-\alpha/2}(n-p-1)\cdot d_0\hat{\sigma},\hat{Y}_0+t_{1-\alpha/2}(n-p-1)\cdot d_0\hat{\sigma}) \tag{5.4.41}$$
称为 Y_0 的置信水平为 $1-\alpha$ 的预测区间. 当 n 很大，且点 $(x_{01},x_{02},\cdots,x_{0p})$ 距 $(\bar{x}_1,\bar{x}_2,\cdots,\bar{x}_p)$ 很近时 $d_0\approx1$. 这时 Y_0 的置信水平为 $1-\alpha$ 的近似预测区间为
$$(\hat{Y}_0-t_{1-\alpha/2}(n-p-1)\cdot\hat{\sigma},\quad \hat{Y}_0+t_{1-\alpha/2}(n-p-1)\cdot\hat{\sigma}).$$

在结束这一节之前再举一个较为完整地解决多元线性回归问题的例子.

例 5.4.7 某种水泥在凝固时放出的热量 Y(cal/g) 与水泥中 $3CaO\cdot Al_2O_3$ 的含量 x_1(%) 和 $3CaO\cdot SiO_2$ 的含量 x_2(%) 有关. 其试验数据如表 5.4.3 所示. 由经验知，Y 与 x_1 和 x_2 有如下关系（采用中心化模型）
$$Y_i=\mu+\beta_1(x_{i1}-\bar{x}_1)+\beta_2(x_{i2}-\bar{x}_2)+\varepsilon_i \quad i=1,2,\cdots,13$$
其中，$\bar{x}_1=\frac{1}{13}\sum_{i=1}^{13}x_{i1}$，$\bar{x}_2=\frac{1}{13}\sum_{i=1}^{13}x_{i2}$，$\varepsilon_i\sim N(0,\sigma^2)$，各 ε_i 相互独立. 经计算，
$$\Sigma x_{i1}=97,\bar{x}_1=7.4615,\Sigma x_{i1}^2=1139,$$
$$l_{11}=\Sigma x_{i1}^2-\frac{1}{13}(\Sigma x_{i1})^2=415.2308;$$
$$\Sigma x_{i2}=626,\bar{x}_2=48.1539,\Sigma x_{i2}^2=33050,$$

$$l_{22}=\Sigma x_{i2}^2-\frac{1}{13}(\Sigma x_{i2})^2=2905.6923;$$

$$\Sigma x_{i1}x_{i2}=4922,$$

$$l_{12}=\Sigma x_{i1}x_{i2}-\frac{1}{13}(\Sigma x_{i1})(\Sigma x_{i2})=251.0769;$$

$$\Sigma y_i=1240.5,\bar{y}=95.4231,\Sigma y_i^2=121088.09,$$

$$l_{yy}=\Sigma y_i^2-\frac{1}{13}(\Sigma y_i)^2=2715.7631;$$

$$\Sigma x_{i1}y_i=10032,$$

$$l_{1y}=\Sigma x_{i1}y_i-\frac{1}{13}(\Sigma x_{i1})(\Sigma y_i)=775.9615;$$

$$\Sigma x_{i2}y_i=62027.8,$$

$$l_{2y}=\Sigma x_{i2}y_i-\frac{1}{13}(\Sigma x_{i2})(\Sigma y_i)=2292.9538.$$

表 5.4.3

序号	x_1	x_2	y	序号	x_1	x_2	y
1	7	26	78.5	8	1	31	72.5
2	1	29	74.3	9	2	54	93.1
3	11	56	104.3	10	21	47	115.9
4	11	31	87.6	11	1	40	83.8
5	7	52	95.9	12	11	66	113.3
6	11	55	109.2	13	10	68	109.4
7	3	71	102.7				

由以上数据可得到正规方程的系数矩阵

$$\begin{pmatrix}13 & \mathbf{0}_2' \\ \mathbf{0}_2 & \boldsymbol{L}\end{pmatrix},$$

其中，$\boldsymbol{L}=\begin{pmatrix}415.2308 & 251.0769 \\ 251.0769 & 2905.6923\end{pmatrix}$. 又可算得 $\boldsymbol{L}$ 的逆矩阵

$$L^{-1}=10^{-4}\begin{pmatrix}25.411 & -2.1957\\ -2.1957 & 3.6312\end{pmatrix}.$$

(1) 求μ,β_1 和 β_2 的最小二乘估计以及回归方程. 根据前面已算得的数据,由式(5.4.15)知μ、β_1 和 β_2 的最小二乘估计为

$$\hat{\mu}=\overline{y}=95.4231,$$

$$\begin{aligned}\begin{pmatrix}\hat{\beta}_1\\ \hat{\beta}_2\end{pmatrix}&=L^{-1}\begin{pmatrix}l_{1y}\\ l_{2y}\end{pmatrix}\\ &=10^{-4}\begin{pmatrix}25.411 & -2.1957\\ -2.1957 & 3.6312\end{pmatrix}\times\begin{pmatrix}775.9615\\ 2292.9538\end{pmatrix}\\ &=\begin{pmatrix}1.4683\\ 0.6622\end{pmatrix}.\end{aligned}$$

从而得回归方程为

$$\begin{aligned}\hat{Y}&=\hat{\mu}+\hat{\beta}_1(x_1-\overline{x}_1)+\hat{\beta}_2(x_2-\overline{x}_2)\\ &=95.4231+1.4683(x_1-7.4615)+0.6622(x_2-48.1539)\\ &=52.5779+1.4683x_1+0.6622x_2.\end{aligned}\tag{5.4.42}$$

(2) 求σ^2 的无偏估计. 由式(5.4.25),残差平方和为

$$\begin{aligned}\mathrm{RSS}&=l_{yy}-\sum_{j=1}^{2}\hat{\beta}_j l_{jy}\\ &=2715.7631-(1.4683\times775.9615+0.6622\times 2292.9538)=58.0248.\end{aligned}$$

根据定理5.4.3,σ^2 的无偏估计为

$$\hat{\sigma}^2=\frac{\mathrm{RSS}}{n-p-1}=\frac{58.0248}{13-2-1}=5.80248.$$

(3) 作回归方程的显著性检验(取$\alpha=0.01$). 先算出

$$S_T=l_{yy}=2715.7631,$$

$$\begin{aligned}S_{回}&=\hat{\beta}_1 l_{1y}+\hat{\beta}_2 l_{2y}\\ &=1.4683\times775.9615+0.6622\times2292.9538\\ &=2657.7383,\end{aligned}$$

$$S_{剩}=S_T-S_{回}=2715.7631-2657.7383=58.0248.$$

其方差分析表如下

来源	平方和	自由度	均方	F 值	显著性
回归	2657.7383	2	1328.8692	229.0167	* *
剩余	58.0248	10	5.8025		
总和	2715.7631	12			

经查表，$F_{1-\alpha}(p, n-p-1) = F_{0.99}(2,10) = 7.56$. 因为 $F = 229.0167 > 7.56 = F_{0.99}(2,10)$，所以线性回归效果高度显著.

(4) 作回归系数的显著性检验（取 $\alpha = 0.01$）.

要在水平 $\alpha = 0.01$ 之下分别对假设

$$H_{01}:\beta_1 = 0 \quad 和 \quad H_{02}:\beta_2 = 0$$

作检验，其检验统计量为式(5.4.34)，即

$$t_j = \frac{\hat{\beta}_j}{\sqrt{C_{jj}} \cdot \hat{\sigma}} \quad (j = 1, 2)$$

前面已算出 $\hat{\sigma}^2$，故 $\hat{\sigma} = \sqrt{\hat{\sigma}^2} = \sqrt{5.80248} = 2.4088$. 根据式(5.4.18)，从已求出的 $\boldsymbol{L}^{-1}$ 中可获得 $C_{11} = 25.411 \times 10^{-4}$，$C_{22} = 3.6312 \times 10^{-4}$. 故

$$t_1 = \frac{\hat{\beta}_1}{\sqrt{C_{11}} \cdot \hat{\sigma}} = \frac{1.4683}{\sqrt{25.411 \times 10^{-4}} \times 2.4088} = 12.0922,$$

$$t_2 = \frac{\hat{\beta}_2}{\sqrt{C_{22}} \cdot \hat{\sigma}} = \frac{0.6622}{\sqrt{3.6312 \times 10^{-4}} \times 2.4088} = 14.4264.$$

经查表 $t_{1-\alpha/2}(n-p-1) = t_{0.995}(10) = 3.1693$. 因为 $|t_1|$ 和 $|t_2|$ 均大于 3.1693，所以假设 H_{01} 和假设 H_{02} 都被拒绝，认为 x_1（$3CaO \cdot Al_2O_3$ 的含量）和 x_2（$3CaO \cdot SiO_2$ 的含量）对 Y（水泥发热量）的线性影响都高度显著.

(5) 预测、取 $x_{01} = 8(\%)$，$x_{02} = 50(\%)$，求与 (x_{01}, x_{02}) 对应的因变量 Y_0 的点预测和区间预测（$\alpha = 0.05$）. 将 $x_{01} = 8$ 和 $x_{02} = 50$ 代入式(5.4.42)即得 Y_0 的点预测

$$\hat{Y}_0 = 52.5779 + 1.4683 \times 8 + 0.6622 \times 50 = 97.4343(\text{cal/g}).$$

为了作区间预测，先计算 d_0^2(见式(5.4.38))，因为

$$\begin{aligned}
&\sum_{j=1}^{2}\sum_{l=1}^{2} c_{jl}(x_{0j} - \bar{x}_j)(x_{0l} - \bar{x}_l) \\
&= (x_{01} - \bar{x}_1, x_{02} - \bar{x}_2)\begin{pmatrix} C_{11} & C_{12} \\ C_{21} & C_{22} \end{pmatrix}\begin{pmatrix} x_{01} - \bar{x}_1 \\ x_{02} - \bar{x}_2 \end{pmatrix} \\
&= 10^{-4}(8 - 7.4615 \quad 50 - 48.1539)\begin{pmatrix} 25.411 & -2.1957 \\ -2.1957 & 3.6312 \end{pmatrix} \times \\
&\begin{pmatrix} 8 - 7.4615 \\ 50 - 48.1539 \end{pmatrix} \\
&= 10^{-4}(0.5385 \quad 1.8461) \times \begin{pmatrix} 25.411 & -2.1957 \\ -2.1957 & 3.6312 \end{pmatrix}\begin{pmatrix} 0.5385 \\ 1.8461 \end{pmatrix} \\
&= 15.3786 \times 10^{-4},
\end{aligned}$$

所以，$d_0^2 = 1 + \dfrac{1}{n} + \sum\limits_{j=1}^{2}\sum\limits_{l=1}^{2} c_{jl}(x_{0j} - \bar{x}_j)(x_{ol} - \bar{x}_l)$

$$= 1 + \frac{1}{13} + 15.3786 \times 10^{-4} = 1.0785,$$

$$d_0 = 1.0385.$$

查表得 $t_{1-\frac{\alpha}{2}}(n-p-1) = t_{0.975}(10) = 2.2281$

$$t_{1-\frac{\alpha}{2}}(n-p-1) \cdot d_0\hat{\sigma} = 2.2281 \times 1.0385 \times 2.4088 = 5.7884$$

所以 Y_0 的置信水平为 95% 的预测区间为

$$\begin{aligned}
&(\hat{Y}_0 - t_{1-\frac{\alpha}{2}}(n-p-1)d_0\hat{\sigma}, \hat{Y}_0 + t_{1-\frac{\alpha}{2}}(n-p-1)d_0\hat{\sigma}) \\
&= (97.4343 - 5.7884, 97.4343 + 5.7884) \\
&= (91.6459, 103.2227).
\end{aligned}$$

这表明，当水泥中的 $3CaO \cdot Al_2O_3$ 含量为 8%，$3CaO \cdot SiO_2$ 含量为 50% 时，水泥的发热量(cal/g)以概率 0.95 落在区间 (91.6459, 103.2227)之中.

§5.5 多项式回归

设自变量 x 与因变量 Y 之间有如下的相关关系

$$Y=\beta_0+\beta_1x+\beta_2x^2+\cdots+\beta_px^p+\varepsilon,$$

其中 $E(\varepsilon)=0,\mathrm{Var}(\varepsilon)=\sigma^2,0<\sigma^2<+\infty,\beta_0,\beta_1,\cdots,\beta_p$ 是未知参数. 假定我们对自变量 x 和因变量 Y 获得了 n 组观测值 $(x_i,Y_i),i=1,2,\cdots,n$. 于是得到关系式

$$Y_i=\beta_0+\beta_1x_i+\beta_2x_i^2+\cdots+\beta_px_i^p+\varepsilon_i,i=1,2,\cdots,n,\tag{5.5.1}$$

$\boldsymbol{\varepsilon}=(\varepsilon_1,\varepsilon_2,\cdots,\varepsilon_n)'$ 满足 $E(\boldsymbol{\varepsilon})=\mathbf{0}_n,\mathrm{Cov}(\boldsymbol{\varepsilon})=\sigma^2\boldsymbol{I}_n$. 这个模型就称为多项式回归.

多项式回归问题可以通过变量代换,化为多元线性回归来解决. 只需令 $x_{i1}=x_i,x_{i2}=x_i^2,\cdots,x_{ip}=x_i^p\,(i=1,2,\cdots,n)$ 即可把模型 (5.5.1) 化为多元线性回归模型

$$Y_i=\beta_0+\beta_1x_{i1}+\beta_2x_{i2}+\cdots+\beta_px_{ip}+\varepsilon_i,i=1,2,\cdots,n,$$

其中,$\boldsymbol{\varepsilon}=(\varepsilon_1,\varepsilon_2,\cdots,\varepsilon_n)'$ 仍满足 $E(\boldsymbol{\varepsilon})=\mathbf{0}_n,\mathrm{Cov}(\boldsymbol{\varepsilon})=\sigma^2\boldsymbol{I}_n$. 于是可将前面所讨论的关于多元线性回归的结果用于多项式回归. 例如,我们可以用经过变换的数据 $(x_{i1},x_{i2},\cdots,x_{ip},y_i)\,(i=1,2,\cdots,n)$ 来类似地获得 $\beta_0,\beta_1,\cdots,\beta_p$ 的最小二乘估计. 由这些数据可算得

$$l_{kj}=\sum(x_{ik}-\overline{x}_k)(x_{ij}-\overline{x}_j)=\sum x_{ik}x_{ij}-\frac{1}{n}(\sum x_{ik})(\sum x_{ij})$$

$$=\sum x_i^{k+j}-\frac{1}{n}(\sum x_i^k)(\sum x_i^j)$$

$$l_{jy}=\sum(x_{ij}-\overline{x}_j)(y_i-\overline{y})=\sum x_{ij}y_i-\frac{1}{n}(\sum x_{ij})(\sum y_i)$$

$$=\sum x_i^jy_i-\frac{1}{n}(\sum x_i^j)(\sum y_i)$$

$$\overline{x}_j=\frac{1}{n}\sum x_{ij}=\frac{1}{n}\sum x_i^j\triangleq\overline{x^j},$$

$$\overline{y}=\frac{1}{n}\sum y_i\quad(k,j=1,2,\cdots,p).$$

于是$\beta_0,\beta_1,\cdots,\beta_p$的最小二乘估计为

$$\begin{aligned}\hat{\beta}_0&=\bar{y}-\hat{\beta}_1\bar{x}_1-\hat{\beta}_2\bar{x}_2-\cdots-\hat{\beta}_p\bar{x}_p\\&=\bar{y}-\hat{\beta}_1\bar{x}-\hat{\beta}_2\overline{x^2}-\cdots-\hat{\beta}_p\overline{x^p},\end{aligned}$$

$$\begin{pmatrix}\hat{\beta}_1\\\hat{\beta}_2\\\vdots\\\hat{\beta}_p\end{pmatrix}=\begin{pmatrix}l_{11}&l_{12}&\cdots&l_{1p}\\l_{21}&l_{22}&\cdots&l_{2p}\\\vdots&\vdots&&\vdots\\l_{p1}&l_{p2}&\cdots&l_{pp}\end{pmatrix}^{-1}\begin{pmatrix}l_{1y}\\l_{2y}\\\vdots\\l_{py}\end{pmatrix}.$$

回归方程为

$$\begin{aligned}\hat{Y}&=\hat{\beta}_0+\hat{\beta}_1x_1+\hat{\beta}_2x_2+\cdots+\hat{\beta}_px_p\\&=\bar{y}+\hat{\beta}_1(x_1-\bar{x}_1)+\hat{\beta}_2(x_2-\bar{x}_2)+\cdots+\hat{\beta}_p(x_p-\bar{x}_p)\\&=\bar{y}+\hat{\beta}_1(x-\bar{x})+\hat{\beta}_2(x^2-\overline{x^2})+\cdots+\hat{\beta}_p(x^p-\overline{x^p}).\end{aligned}$$

对于多元多项式回归的问题,也可通过变量代换转化为多元线性回归来解决.例如,自变量x_1和x_2与因变量Y具有如下的相关关系

$$Y=\beta_0+\beta_1x_1+\beta_2x_2+\beta_3x_1^2+\beta_4x_2^2+\beta_5x_1x_2+\varepsilon \qquad (5.5.2)$$

只需令$x_3=x_1^2,x_4=x_2^2,x_5=x_1x_2,x_1$和$x_2$不变,即可将二元二次多项式回归(5.5.2)转化为五元线性回归问题.

例　在一篇关于衰老的文章中公布了表5.5.1中的数据.它表明男性单根头发随年龄的增大而变细.

表　5.5.1

序号	1	2	3	4	5	6
年龄 x/岁	20	30	40	50	60	70
头发粗度 u/μm	101	98	96	94	86	80

把年龄记为x,头发粗度记为U.将对于x和U的6组观察值

$(x_i, u_i)(i=1,2,\cdots,6)$描在直角坐标系得散点图(如图 5.5.1 所示). 从这个图可以看出，用一元线性回归模型描述 x 和 U 之间的关系是不妥当的. 我们用二次多项式回归模型.

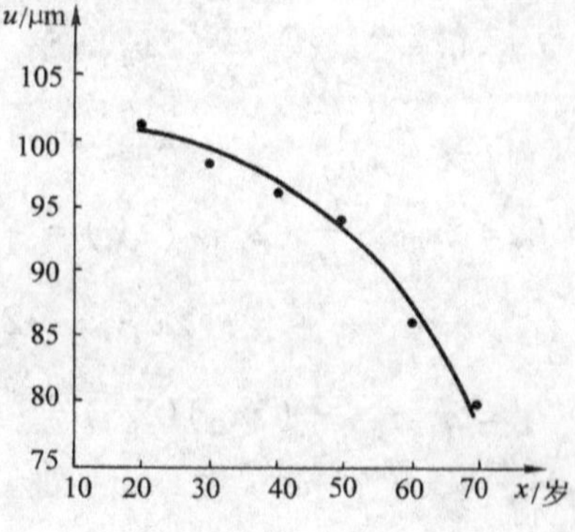

图　5.5.1

$U=b_0+b_1x+b_2x^2+\varepsilon$,

$E(\varepsilon)=0, \mathrm{Var}(\varepsilon)=\sigma^2$,来拟合这些数据. 为计算方便起见,记 $y=u-94$, $x_1=\dfrac{x}{10}$, $x_2=\left(\dfrac{x}{10}\right)^2$. 于是有

$$Y_i=\beta_0+\beta_1x_{i1}+\beta_2x_{i2}+\varepsilon_i, i=1,2,\cdots,6,$$

其中 $\beta_0=b_0-94$, $\beta_1=10b_1$, $\beta_2=100b_2$, $\boldsymbol{\varepsilon}=(\varepsilon_1,\varepsilon_2,\cdots,\varepsilon_6)'$, $E(\boldsymbol{\varepsilon})=\mathbf{0}_6$, $\mathrm{Cov}(\boldsymbol{\varepsilon})=\sigma^2\boldsymbol{I}_6$. (x_{i1},x_{i2},y_i), $i=1,\cdots,6$, 的数据列于表 5.5.2 中.

表　5.5.2

序号	1	2	3	4	5	6
x_1	2	3	4	5	6	7
x_2	4	9	16	25	36	49
y	7	4	2	0	-8	-14

经计算

$$\Sigma y_i=-9, \bar{y}=-1.5, \Sigma y_i^2=329$$

$$l_{yy}=\Sigma y_i^2-\frac{1}{6}(\Sigma y_i)^2=315.5;$$

$$\Sigma x_{i1}=27, \bar{x}_1=4.5, \Sigma x_{i1}^2=139$$

$$l_{11}=\Sigma x_{i1}^2-\frac{1}{6}(\Sigma x_{i1})^2=17.5;$$

$$\Sigma x_{i2}=139, \bar{x}_2=23.1667, \Sigma x_{i2}^2=4675,$$

$$l_{22}=\Sigma x_{i2}^2-\frac{1}{6}(\Sigma x_{i2})^2=1454.8333;$$

$$\sum x_{i1}x_{i2}=783,$$

$$l_{12}=l_{21}=\sum x_{i1}x_{i2}-\frac{1}{6}(\sum x_{i1})(\sum x_{i2})=157.5;$$

$$\sum x_{i1}y_i=-112,$$

$$l_{1y}=\sum x_{i1}y_i-\frac{1}{6}(\sum x_{i1})(\sum y_i)=-71.5;$$

$$\sum x_{i2}y_i=-878,$$

$$l_{2y}=\sum x_{i2}y_i-\frac{1}{6}(\sum x_{i2})(\sum y_i)=-669.5.$$

于是得

$$\boldsymbol{L}=\begin{pmatrix} l_{11} & l_{12} \\ l_{21} & l_{22} \end{pmatrix}=\begin{pmatrix} 17.5 & 157.5 \\ 157.5 & 1454.8333 \end{pmatrix},$$

$$\boldsymbol{L}^{-1}=\begin{pmatrix} 2.2268 & -0.2411 \\ -0.2411 & 0.02679 \end{pmatrix}.$$

β_0、β_1 和 β_2 的最小二乘估计为

$$\begin{pmatrix} \hat{\beta}_1 \\ \hat{\beta}_2 \end{pmatrix}=\boldsymbol{L}^{-1}\begin{pmatrix} l_{1y} \\ l_{2y} \end{pmatrix}=\begin{pmatrix} 2.2268 & -0.2411 \\ -0.2411 & 0.02679 \end{pmatrix}\begin{pmatrix} -71.5 \\ -669.5 \end{pmatrix}$$

$$=\begin{pmatrix} 2.2003 \\ -0.6973 \end{pmatrix},$$

$$\hat{\beta}_0=\overline{y}-\hat{\beta}_1\overline{x}_1-\hat{\beta}_2\overline{x}_2$$

$$=-1.5-2.2003\times 4.5+0.6973\times 23.1667=4.7528.$$

代回 β_0、β_1、β_2 与 b_0、b_1、b_2 的关系式得

$$\hat{b}_0=\hat{\beta}_0+94=4.7528+94=98.7528,$$

$$\hat{b}_1=\hat{\beta}_1/10=2.2003/10=0.22003,$$

$$\hat{b}_2=\hat{\beta}_2/100=-0.6973/100=-0.006973.$$

回归方程为

$$\hat{U}=98.7528+0.22003x-0.006973x^2.$$

小 结

研究变量间相关关系的统计分析方法称为回归分析. 回归分析是应用最为广泛的统计分析方法之一.

实用回归分析中，一般都把自变量看成是可控制或可精确测量的普通变量，把因变量看成是随机变量.

一、一元线性回归考虑的是如下模型:

$$Y=\beta_0+\beta_1 x+\varepsilon$$

其中 x 是自变量，Y 是因变量，β_0 是常数项，β_1 称为回归系数，ε 是随机误差，ε 满足 $E(\varepsilon)=0, \mathrm{Var}(\varepsilon)=\sigma^2$，$\varepsilon$ 应理解为除 x 外对 Y 有影响但未加考虑的诸多因素（包括随机因素）所产生的影响的总和，β_0，β_1 和 σ^2 都是与 x 无关的未知参数.

一元线性回归分析主要解决以下三个问题:

1）对未知参数 β_0，β_1 和 σ^2 作点估计，并由此获得回归方程.

β_0 和 β_1 的估计一般由最小二乘法获得. 如果假定 $\varepsilon_i \sim N(0,\sigma^2)$，$\beta_0$ 和 β_1 的最小二乘估计与极大似然估计相同. β_0 和 β_1 的估计 $\hat{\beta}_0$ 和 $\hat{\beta}_1$ 获得后便可得到一元线性回归方程 $\hat{y}=\hat{\beta}_0+\hat{\beta}_1 x$. σ^2 的无偏估计为

$$\hat{\sigma}^2=\frac{\mathrm{RSS}}{n-2},$$

其中，RSS 是残差平方和.

2）对回归系数 β_1 作假设检验.

需要检验的假设为

$$H_0: \beta_1=0,\ H_1: \beta_1\neq 0.$$

若 H_0 被拒绝，认为线性回归效果是显著的；若 H_0 被接受，认为线性回归效果不显著. 本章提供了两种检验该假设的方法.

若线性回归效果显著，常需对回归系数 β_1 作区间估计.

3）对自变量 x 的给定值 x_0，作与 x_0 对应的因变量 Y_0 的预测.

在实际问题中，自变量 x 与因变量 Y 之间的关系不一定是线性相关关系. 我们可以通过适当的变换，将原变量之间的非线性相关关系转化为新变量之间的线性相关关系，然后用一元线性回归的方法求出新变量的回归方程，最后代入原变量获得关于原变量的回归方程.

二、在实际问题中，影响因变量的自变量往往不止一个. 设有 p 个自变量 x_1，x_2，…，x_p 对因变量 Y 有影响，且对 Y 的影响是线性的. 于是得如下的多元线性回归模型：

$$Y=\beta_0+\beta_1x_1+\cdots+\beta_px_p+\varepsilon,$$

其中，ε 满足 $E(\varepsilon)=0,\mathrm{Var}(\varepsilon)=\sigma^2$.

与一元线性回归分析类似，多元线性回归要做的事主要是，对 β_0，β_1，…，β_p 和 σ^2 作出估计并由此获得线性回归方程；对线性回归效果与回归系数作统计检验；在自变量（x_{01}，x_{02}，…，x_{0p}）处对相应的因变量 Y_0 的取值进行预测等. 不过，多元线性回归的理论和计算都较一元线性回归复杂.

对于多元非线性回归也可以通过适当的变量变换将之转化为多元线性回归予以解决.

习 题 五

1. 设有 x 和 Y 的 8 组观察值

x	1	2	3	4	5	6	7	8
y	1.7	2.3	3.2	3.6	4.5	5.3	6.0	6.5

已知 x 与 Y 有关系 $Y_i=\beta_0+\beta_1x_i+\varepsilon_i$，其中 $E(\varepsilon_i)=0,\mathrm{Var}(\varepsilon_i)=\sigma^2(i=1,2,\cdots,8)$，且 $\varepsilon_1,\varepsilon_2,\cdots,\varepsilon_8$ 两两不相关. 求线性回归方程

2. 合金的比热与它所含的镍有关，对某种合金的比热(Y)与含镍量(x)作了 10 次测量，其数据如下

x/%	0	0.2	0.4	0.5	0.6	0.8	0.9	1.0	1.1	1.2
y/J/(kg · K)	0.15	0.30	0.52	0.60	0.61	0.83	0.95	1.00	1.02	1.25

画出散点图，并求 Y 关于 x 的线性回归方程.

3. 下表是 1971 年至 1986 年美国的人均可支配收入(x)和个人消费(y)

的数据

年	1971	1972	1973	1974	1975	1976	1977	1978
x/$	8322	8562	9042	8867	8944	9175	9381	9735
y/$	7409	7726	7972	7826	7926	8272	8551	8808
年	1979	1980	1981	1982	1983	1984	1985	1986
x/$	9829	9722	9769	9725	9930	10419	10622	10947
y/$	8904	8783	8794	8818	9139	9489	9830	10142

(1) 画出散点图;(2) 若把收入(x)看作自变量,消费(y)看作应变量,求 y 关于 x 的线性回归方程;(3) 求判定系数 R^2.

4. 钢材的磨耗损失与其 Rockwell 硬度有关.对某种钢材的磨耗损失(Y)与 Rockwell 硬度(x)作了 8 次测量,其结果如下

Rockwell 硬度	60	62	63	67	70	74	79	81
磨耗损失	251	245	246	233	221	202	188	170

由经验知道,Y_i 与 x_i 之间有下述关系

$$Y_i=\beta_0+\beta_1x_i+\varepsilon_i,\quad i=1,2,\cdots,8$$

其中 $E(\varepsilon_i)=0,\mathrm{Var}(\varepsilon_i)=\sigma^2$,且各 ε_i 互不相关.(1) 求 β_0 和 β_1 的最小二乘估计和线性回归方程;(2) 求 σ^2 的无偏估计 $\hat{\sigma}^2$.

5. 以下是某地区 6 个 2 周岁男婴的身高(x)和胸围(Y)的数据:

身高/cm	78	76	92	81	82	84
胸围/cm	60.6	58.1	63.2	59.0	60.8	59.5

假定 Y 与 x 之间有关系 $Y_i=\beta_0+\beta_1x_i+\varepsilon_i(i=1,2,\cdots,6)$,其中 $E(\varepsilon_i)=0$,$\mathrm{Var}(\varepsilon_i)=\sigma^2$,且各 ε_i 两两不相关.求:(1) β_0 和 β_1 的最小二乘估计以及线性回归方程;(2) σ^2 的无偏估计 $\hat{\sigma}^2$;(3) 判定系数 R^2.

6. 下表是 27 个工业企业中工人数(x)与管理人员数(Y)的统计数据:

编号	1	2	3	4	5	6	7	8	9
x	294	247	267	358	423	311	450	534	438
y	30	32	37	44	47	49	56	62	68
编号	10	11	12	13	14	15	16	17	18
x	687	688	630	709	627	615	999	1022	1015
y	78	80	84	88	97	100	109	114	117
编号	19	20	21	22	23	24	25	26	27
x	700	850	980	1025	1021	1200	1250	1500	1650
y	106	128	130	160	97	180	112	210	135

假定 x 与 Y 之间有下述关系：

$$Y_i=\beta_0+\beta_1x_i+\varepsilon_i, i=1,2,\cdots,27.$$

其中 $E(\varepsilon_i)=0$，$\mathrm{Var}(\varepsilon_i)=\sigma^2$，且各 ε_i 两两不相关. 求线性回归方程.

7. 由经验知道，某种合金钢的抗拉强度(Y)与它的含碳量(x)有如下关系

$$Y_i=\beta_0+\beta_1x_i+\varepsilon_i, i=1,2,\cdots,n.$$

其中，$\varepsilon_i\sim N(0,\sigma^2)$，且各 ε_i 相互独立. 经测量，获得以下数据

x/%	0.03	0.04	0.05	0.06	0.08	0.10	0.12	0.14	0.20
y/kg/mm^2	40.5	39.8	40.9	43.3	41.9	45.0	49.0	50.0	55.5

(1) 试建立 Y 关于 x 的线性回归方程；

(2) 求误差方差 σ^2 的无偏估计 $\hat{\sigma}^2$；

(3) 试检验线性回归效果是否显著($\alpha=0.01$)；

(4) 若回归效果显著，求 β_1 的置信水平为 0.95 的置信区间；

(5) 计算判定系数 R^2；

(6) 求 $x_0=0.15$ 处 Y_0 的置信水平为 0.95 的预测区间.

8. 在钢丝的含碳量(x)对于电阻(Y)的效应的研究中，得到以下数据

含碳量/%	0.10	0.30	0.40	0.55	0.70	0.80	0.95
电阻/μΩ(20°C 时)	15	18	19	21	22.6	23.8	26

设 x 与 Y 之间有如下关系

$$Y_i=\beta_0+\beta_1x_i+\varepsilon_i, i=1,2,\cdots,7.$$

其中，$\varepsilon_i\sim N(0,\sigma^2)$，且各 ε_i 相互独立.

(1) 求线性回归方程；

(2) 求 σ^2 的无偏估计 $\hat{\sigma}^2$；

(3) 试检验线性回归效果是否显著($\alpha=0.01$)；

(4) 若回归效果显著，求 β_1 的置信水平为 0.95 的置信区间；

(5) 求判定系数 R^2；

(6) 求 $x_0=0.50$ 处 Y_0 的置信水平为 0.95 的预测区间.

9. 除第 4 题的已知条件外，还假定 $\varepsilon_i\sim N(0,\sigma^2)$ $(i=1,2,\cdots,8)$，

(1) 试检验线性回归效果的显著性($\alpha=0.01$)；

(2) 若回归效果显著，求 β_1 的置信水平为 0.95 的置信区间；

(3) 求 $x_0=75$ 处 Y_0 的置信水平为 0.95 的预测区间.

10. 在彩色显像中,由以往的经验知道,形成染料光学密度 y 与析出银的光学密度 x 之间有以下类型的关系式

$$y = ae^{-b/x} \quad (b>0).$$

现对 y 及 x 同时作 11 次观察,获得以下数据

x	0.05	0.06	0.07	0.10	0.14	0.20	0.25	0.31	0.38	0.43	0.47
y	0.10	0.14	0.23	0.37	0.59	0.79	1.00	1.12	1.19	1.25	1.29

求:Y 关于 x 的曲线回归方程.

11. 混凝土的抗压强度 x 较易测定,其抗剪强度 y 不易测定. 工程中希望能由 x 计算 y,以便应用. 现测得一批对应数据如下

$x/\text{kg/cm}^2$	141	152	168	182	195	204	223	254	277
$y/\text{kg/cm}^2$	23.1	24.2	27.2	27.8	28.7	31.4	32.5	34.8	36.2

设 y 与 x 之间有如下关系

$$y = a + b\ln x$$

(1) 求曲线回归方程;

(2) 求相关指数 R^2;

(3) 求相应于抗压强度 $x_0 = 250\text{kg/cm}^2$ 的抗剪强度 y_0 的预测值.

12. 已知某种产品的不合格率 Y 与它的某种化学成分所占的百分比 x 有关. 经过试验得到下列 16 对数据

编号	1	2	3	4	5	6	7	8
$x/\%$	34	36	37	38	39	39	39	40
$y/\%$	1.30	1.00	0.73	0.90	0.81	0.70	0.60	0.50
编号	9	10	11	12	13	14	15	16
$x/\%$	40	41	42	43	43	45	47	48
$y/\%$	0.44	0.56	0.30	0.42	0.35	0.40	0.41	0.60

假定回归函数为 $y = \beta_0 + \beta_1 x + \beta_2 x^2$. 求曲线回归方程.

13. 某商品的需求量 Y 与消费者的平均收入 x_1 以及商品的价格 x_2 有关. 现获得 10 个地区统计数据如下

x_1	1000	600	1200	500	300	400	1300	1100	1300	300
x_2	5	7	6	6	8	7	5	4	3	9
y	100	75	80	70	50	65	90	100	110	60

由经验知，x_1、x_2 与 Y 之间有如下关系

$$Y_i=\beta_0+\beta_1x_{i1}+\beta_2x_{i2}+\varepsilon_i, i=1,2,\cdots,10.$$

其中 $E(\varepsilon_i)=0$，$\mathrm{Var}(\varepsilon_i)=\sigma^2$，且各 ε_i 互不相关. 求其线性回归方程.

14. 某种塑料的弹性(Y)与其制造过程中焙烤时的温度(x_1)和时间(x_2)有关，以下是 10 次测量的结果

x_1	100	100	110	110	120	120	120	130	130	130
x_2	1	2	1	2	1	2	3	1	2	3
y	113	118	127	132	136	144	138	146	156	149

由经验知，x_1、x_2 与 Y 之间有如下关系

$$Y_i=\beta_0+\beta_1x_{i1}+\beta_2x_{i2}+\varepsilon_i, i=1,2,\cdots,10.$$

其中，$\varepsilon_i\sim N(0,\sigma^2)$，且各 ε_i 相互独立.

(1) 求线性回归方程；

(2) 求误差方差 σ^2 的无偏估计 $\hat{\sigma}^2$；

(3) 试检验线性回归效果是否显著($\alpha=0.01$)；

(4) 若回归效果显著，作 β_1 和 β_2 的显著性检验($\alpha=0.05$).

第六章　正交试验设计

在生产实践中，经常需要考察多个因素对产品的影响. 设试验中要考察 m 个因素，各个因素的水平数分别为 l_1，l_2，…，l_m，则全部的水平组合共有 $n=l_1l_2\cdots l_m$ 个. 当 n 不太大时，可以对所有 n 个水平组合都作试验，这种试验方法叫全面试验，在第四章中讲的方差分析的方法都是针对全面试验的.

而当 n 很大时，就不可能作全面试验. 例如考虑 7 个因素，每个因素均取 4 个水平，若作全面试验，则试验次数为 $4^7=16384$ 次. 这在实际中是不可能进行的.

如何科学地选择试验条件，以较少的有代表性的若干组样本获得比较全面的信息，使试验次数不多而结论较为可靠，这就是试验设计的研究目标. 试验设计是数理统计中一个较大的分支，它的内容十分丰富，本书主要介绍应用最广的正交试验设计的方法.

§6.1　用正交表安排试验的方法

正交试验设计简称为正交设计. 其方法就是利用一套现成的规格化的表——正交表，在许多试验条件中（各因素不同的水平组合中），选出代表性强的少数试验条件，并通过对试验结果的分析找到最好的生产条件.

先介绍一下正交表. 每个正交表有一个代号 $\mathrm{L}_n(q^r)$，其含义如下

L，为正交表的符号；

n，为试验次数；

q，为因素的水平数；

r，为该正交表的列数，表示最多可容纳 r 个因素.

所以一个代号为 $L_n(q^r)$ 的正交表，用它最多可安排 r 个因素的试验．每个因素均取 q 个水平，总共要作 n 次试验．

正交表也可安排因素取不同水平的试验（混合水平试验）．例如，$L_8(4\times2^4)$ 表示用该表可以安排一个 4 水平因素和最多 4 个 2 水平因素的试验，共作 8 次试验．

表 6.1.1 为正交表 $L_9(3^4)$．

表 6.1.1

试验号 \ 水平 \ 列号	1	2	3	4
1	1	1	1	1
2	1	2	2	2
3	1	3	3	3
4	2	1	2	3
5	2	2	3	1
6	2	3	1	2
7	3	1	3	2
8	3	2	1	3
9	3	3	2	1

它满足两个性质：

1）任一列各水平出现次数相同；

2）任两列所有可能的水平组合重复数相同．例如每列中只有“1”，“2”，“3”三个数字，它们各出现三次；任两列中有九个不同水平组合（1，1）、（1，2）、（1，3）、（2，1）、（2，2）、（2，3）、（3，1）、（3，2）、（3，3），它们各出现一次．

凡满足以上两条性质的表都称为正交表．

本书附录列出了部分常用的正交表，供读者选择使用．

正交表还有如下性质

1）将正交表中的任两行（任两列）交换，它仍是正交表．

2）将某一列中各数码作对换或轮换，它仍是正交表．例如 $L_9(3^4)$ 的第 1 列，将 1、2 互换，或 1 变成 2，2 变成 3，3 变成 1，得到的仍是正交表．

由于这些性质，同一规格的正交表形式上可以不尽相同，但实质上是一样的.

我们用例子说明如何使用正交表安排试验.

例 6.1.1　为了提高某化工产品的转化率，选择了三个有关因素：反应温度 A、反映时间 B 和用碱量 C，每个因素各取 3 个水平

A：80°C，85°C，90°C（分别记为 A_1，A_2，A_3）；

B：90min，120min，150min（分别记为 B_1，B_2，B_3）；

C：5%，6%，7%（分别记为 C_1，C_2，C_3）.

试用正交设计方法安排试验.

首先根据问题选择适当规格的正交表. 此例为三因素三水平的试验，要选用 $L_n(3^r)$ 型的正交表，其中 $r\geqslant 3$. 因 $L_9(3^4)$ 为满足此条件的最小的表，故选用 $L_9(3^4)$.

其次作表头设计，若事先知道各因素间无交互作用，则可将因素 A，B，C 放在任意三列上. 例如将 A 放在第一列，B 放在第二列，C 放在第三列.

最后将 A、B、C 所在的三列元素 1，2，3 翻译成具体的水平，即得试验方案表（表 6.1.2）.

表　6.1.2

因素 / 水平 / 试验号	A	B	C	空白列
1	1(80°C)	1(90min)	1(5%)	1
2	1(80°C)	2(120min)	2(6%)	2
3	1(80°C)	3(150min)	3(7%)	3
4	2(85°C)	1(90min)	2(6%)	3
5	2(85°C)	2(120min)	3(7%)	1
6	2(85°C)	3(150min)	1(5%)	2
7	3(90°C)	1(90min)	3(7%)	2
8	3(90°C)	2(120min)	1(5%)	3
9	3(90°C)	3(150min)	2(6%)	1

从表中可以清楚地看到 9 次试验的不同试验条件，例如第一次试验的条件为反应温度 80°C，反应时间 90min，用碱量 5% 等.

9 次试验的次序应当随机决定，例如用抽签的方法或利用随机数表.

本例若使用全面试验方法，则需作 $3^3=27$ 次不同水平组合下的试验，而用正交表安排试验则试验次数大大减少. 关于正交设计方法的合理性，我们用下面的试验安排示意图作一直观解释.

图 6.1.1 中 3 个坐标轴分别代表因素 A，B，C，它们各取 3 个水平. 若进行全面试验，每个水平组合对应一个三维点，共有 27 个点. 其中正交试验作的 9 个点（图中黑点），它们均衡地分散在立方体的上、中、下，左、中、右，前、中、后 9 个层面上，每个面上都均匀整齐地分布着 3 个点. 而立方体中如图所示有 27 条直线段，在每条线段上都分布着一个试验点. 这种均衡分散性正是由正交表的两个特征所决定的. 因此，我们虽然在 27 个水平组合中只作了 9 个水平组合的试验，却可以较好地代表全面试验的情况.

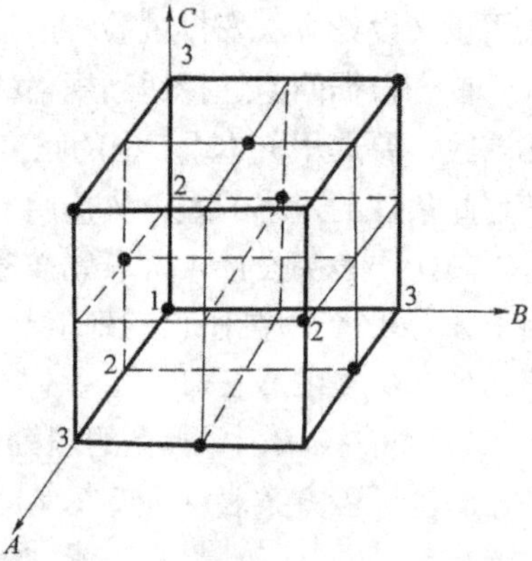

图 6.1.1

§6.2 无交互作用的正交设计的直观分析

用正交设计方法安排试验并获得数据后，需要分析这些数据，以便找出较好的生产条件. 这里分单指标试验和多指标试验两种情况介绍对试验结果的直观分析方法.

一、单指标试验

如果衡量试验效果的指标只有一个，则称这类试验为**单指标试验**．在例 6.1.1 中，衡量试验效果的指标只有“产品的转化率”一个，所以这是单指标试验，我们用此例说明单指标试验的直观分析法．

例 6.2.1　设例6.1.1中试验结果如表6.2.1所示，试分析试验结果．

首先按如下步骤作计算

（1）分别计算每个因素在各相同水平下指标值的总和．表 6.2.1 中的 K_{ij} 就是第 j 列所对应的因素在 i 水平下的指标值的总和．如 $K_{11}=31+54+38=123$，$K_{23}=54+53+64=171$．在表 6.2.1 中，列出了全部的 K_{ij} 的值，$i=1$，2，3；$j=1$，2，3，4．

表　6.2.1

因素（列号）/ 水平 / 试验号	*A*	*B*	*C*	空白列	转化率（%）
	$j=1$	$j=2$	$j=3$	$j=4$	
1	1(80°C)	1(90min)	1(5%)	1	31
2	1(80°C)	2(120min)	2(6%)	2	54
3	1(80°C)	3(150min)	3(7%)	3	38
4	2(85°C)	1(90min)	2(6%)	3	53
5	2(85°C)	2(120min)	3(7%)	1	49
6	2(85°C)	3(150min)	1(5%)	2	42
7	3(90°C)	1(90min)	3(7%)	2	57
8	3(90°C)	2(120min)	1(5%)	3	62
9	3(90°C)	3(150min)	2(6%)	1	64
K_{1j}	123	141	135	144	
K_{2j}	144	165	171	153	
K_{3j}	183	144	144	153	
$\bar{K}_{1j}$	41	47	45	48	
$\bar{K}_{2j}$	48	55	57	51	
$\bar{K}_{3j}$	61	48	48	51	
R_j	20	8	12	3	

（2）计算各因素在每个水平下的平均试验结果 $\overline{K}_{ij}=\frac{1}{s}K_{ij}$，$s$ 为第 j 列上 i 水平出现的次数，此例中各水平均出现 3 次，故 $s=3$. 如 $\overline{K}_{11}=\frac{1}{3}K_{11}=\frac{1}{3}\times 123=41$，$\overline{K}_{32}=\frac{1}{3}K_{32}=\frac{1}{3}\times 144=48$.

（3）计算极差 $R_j=\underset{i}{\mathrm{Max}}\{\overline{K}_{ij}\}-\underset{i}{\mathrm{Min}}\{\overline{K}_{ij}\}$，如在表 6.2.1 中，

$$R_1=\underset{i}{\mathrm{Max}}\{\overline{K}_{i1}\}-\underset{i}{\mathrm{Min}}\{\overline{K}_{i1}\}=61-41=20$$

$$R_2=\underset{i}{\mathrm{Max}}\{\overline{K}_{i2}\}-\underset{i}{\mathrm{Min}}\{\overline{K}_{i2}\}=55-47=8$$

$$R_3=\underset{i}{\mathrm{Max}}\{\overline{K}_{i3}\}-\underset{i}{\mathrm{Min}}\{\overline{K}_{i3}\}=57-45=12$$

$$R_4=\underset{i}{\mathrm{Max}}\{\overline{K}_{i4}\}-\underset{i}{\mathrm{Min}}\{\overline{K}_{i4}\}=51-48=3$$

然后根据以上计算结果选出最优生产条件.

因为 j 一定时，$\overline{K}_{ij}(i=1,\ 2,\ 3)$ 是在同一因素下进行比较，它们之间的差异主要由第 j 列因素不同水平引起的，因此可通过比较该列的 $\overline{K}_{1j}$、$\overline{K}_{2j}$、$\overline{K}_{3j}$ 来确定第 j 列因素的最佳水平. 如在此例中，$\underset{i}{\mathrm{Max}}\ \{\overline{K}_{i1}\}\ =\overline{K}_{31}=61$，说明 A 取 A_3 水平最好；又 $\underset{i}{\mathrm{Max}}\{\overline{K}_{i2}\}\ =\overline{K}_{22}=55$，说明 B 取 B_2 水平最好；同理可得 C 取 C_2 时，试验结果最好. 由此推测，最佳水平组合为 $A_3B_2C_2$. 但 9 个试验方案中并没有这个水平组合，由此可见正交试验设计可充分挖掘试验结果所包含的有关因素的全面信息. 为了检验 $A_3B_2C_2$ 是否为最佳水平组合，要作追加试验，在 $A_3B_2C_2$ 条件下追加几次试验，看看平均转化率是否高于已作的 9 次试验. 在此例中，追加试验的平均转化率为 74%，显著高于前面 9 次试验的最好结果 64%.

从表 6.2.1 可以看到，A、B、C 三因素对应的极差分别为 20，8，12. 一般地说，各列极差是不相等的，这说明各因素水平改变对指标的影响是不同的. 极差越大，说明相应的因素对指标的影响越大，即该因素越重要. 因为 $R_1>R_3>R_2$，所以可认为 A、B、C 这三个因素的主次关系如下

$$主\xrightarrow{A\ C\ B}次.$$

关于空白列，也要计算相应的 K_{ij}、$\overline{K}_{ij}$与极差 R_j. 当空白列的极差大于某些因素的极差，说明因素之间可能存在不可忽略的交互作用，或是试验中忽略了对指标有重要影响的其他因素. 关于有交互作用的情形，我们将在§6.3 中讲到.

最后，为了观察指标随因素水平变化而变化的趋势，可以以因素水平为横坐标，$\overline{K}_{ij}$为纵坐标，作出趋势图，如图 6.2.1 所示. 从图中看，温度的增加使转化率显著增加，若要进一步提高转化率，可对温度大于 90°C 的水平再作进一步的探索性试验.

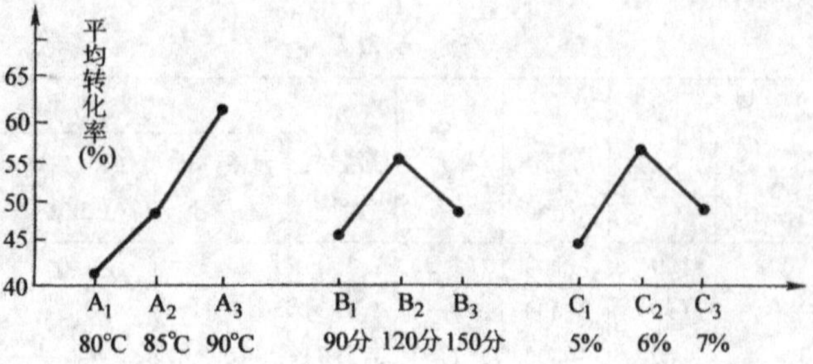

图　6.2.1

二、多指标试验

如果衡量试验效果的指标不止一个，而是多个，例如橡胶产品，有耐压、耐折、耐磨等多项衡量试验效果的指标，则称这类试验为**多指标试验**. 在多指标试验中，有时一项指标好了，另一项指标却差了. 如何兼顾各项指标，找出使每项指标都尽可能好的生产条件，也就是说，应该怎样分析多指标试验的结果，下面介绍两种方法：综合评分法与综合平衡法.

1. 综合评分法

在多指标试验中，做完试验得出各次试验的每个指标之后，由专业人员根据实际生产要求，对每次试验评出各项指标的综合得分，作为该次试验的单一指标，再用单指标试验的直观分析法进行分析．这种把多个指标综合成一个指标进行分析的方法称为**综合评分法**．

例 6.2.2　某矿对精矿粉进行造球配方试验，以解决球团质量问题，即达到抗压强度、落下强度、裂纹度三项指标要求．根据生产实际经验及有关资料，确定了四个因素：水份（A），粒度（B），碱度（C），膨润土（D）．每个因素均取三个水平，选用正交表 $L_9(3^4)$ 安排试验，得试验方案表（表 6.2.2）．试验后测出各次试验的三项指标，其中抗压强度和落下强度越高越好，而裂纹度则是越小越好．将试验结果也列在表 6.2.2 中，试分析试验结果．

表　6.2.2

因素 \ 试验号	A 水份 /%	B 粒度 /%	C 碱度 /%	D 膨润土 /%	试验指标 抗压强度 /kg/个	落下强度 /0.5m/次	裂纹度
1	1(9)	1(30)	1(1.2)	1(1.0)	11.3	1.0	2
2	1(9)	2(60)	2(1.4)	2(1.5)	4.4	3.5	3
3	1(9)	3(80)	3(1.6)	3(2.0)	10.8	4.5	3
4	2(10)	1(30)	2(1.4)	3(2.0)	7.0	1.0	2
5	2(10)	2(60)	3(1.6)	1(1.0)	7.8	1.5	1
6	2(10)	3(80)	1(1.2)	2(1.5)	23.6	15.0	0
7	3(8)	1(30)	3(1.6)	2(1.5)	9.0	1.0	2
8	3(8)	2(60)	1(1.2)	3(2.0)	8.0	4.5	1
9	3(8)	3(80)	2(1.4)	1(1.0)	13.2	20.0	0

解　分别对各项指标进行打分，均取 5 分制．先看抗压强度，根据指标值的分布作如下记分：指标取最小值 4.4 的给 1 分，指标值落在（6.5，9.5）内得 2 分，落在（10，14）内得 3 分，第 6 号试验的抗压强度远远高出其他各号试验，给它打 5 分．接着看落下强度，规定指标值落在［1，2）内得 1 分，落在（3，5）内得 2 分，落在（6，11）内得 3 分，落在（11，

16）内得4分，(16，20] 内得5分. 最后看裂纹度. 因裂纹度越小越好，所以裂纹度为0的给5分，为1的给3.5分，为2的给2分，为3的给1分. 各号试验打分情况如下表所示.

表　6.2.3

试验号		1	2	3	4	5	6	7	8	9
分数	抗压强度	3	1	3	2	2	5	2	2	3
	落下强度	1	2	2	1	1	4	1	2	5
	裂纹度	2	1	1	2	3.5	5	2	3.5	5
	综合分数	6	4	6	5	6.5	14	5	7.5	13

将每次试验各项指标分值的总和作为该次试验的综合分数，然后对这单一指标进行直观分析. 分析过程如表6.2.4所示. 表中的 K_{ij} 为第 j 列所对应的因素在 i 水平下综合分数这一指标的总和.

表　6.2.4

因素	A（水分）	B（粒度）	C（碱度）	D（膨润土）
K_{1j}	16	16	27.5	25.5
K_{2j}	25.5	18	22	23
K_{3j}	25.5	33	17.5	18.5
$\bar{K}_{1j}$	5.33	5.33	9.17	8.5
$\bar{K}_{2j}$	8.5	6	7.33	7.67
$\bar{K}_{3j}$	8.5	11	5.83	6.17
R	3.17	5.67	3.34	2.33
优水平	A_2、A_3	B_3	C_1	D_1

(1) 九个试验中，综合得分以6号最高，得14分，条件为 $A_2B_3C_1D_2$；其次是9号，得分为13分，条件为 $A_3B_3C_2D_1$.

(2) 根据极差大小可定出四个因素的主次顺序. 其中 B 的极差5.67为最大，所以 B 为主要因素；D 的极差2.33最小，为次要因素；而 A 与 C 的极差分别是 3.17 与 3.34，相差无几，A 的重要性略高于 D.

(3) 从以上对试验结果的分析看，较好的水平组合为 $A_2B_3C_1D_1$ 与 $A_3B_3C_1D_1$，而这两个条件是九个试验中没有的. 可以再作几次验证试验，将结果与 6 号、9 号试验作比较，以确定最优生产条件.

(4) 作出指标随因素变化的趋势图，如图 6.2.2 所示.

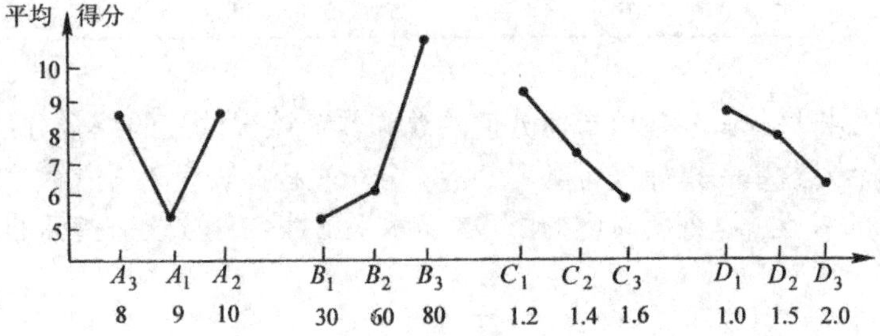

图 6.2.2

从图中看，对于最主要的因素 B，粒度越大，得分越高，以第三水平（80%）最好；A_2、A_3 水平差别不大，所以 A 取 10% 与 8% 都可以；C 和 D 都是以第一水平为好. 因此，可对碱度小于 1.2 及膨润土小于 1.0 的水平再作进一步探索性试验，甚至可以设想膨润土不加的条件.

综合评分法的关键是如何评分. 评分的具体准则有赖于专业知识、经验或实际问题的要求. 常见的方法有以下两种：

1）对每一号试验结果的各个指标统一权衡，综合评价，直接给出每一号试验结果的综合分数；

2）先对每一个指标按一定的评分标准得出分数. 若各个指标在整体效果中同样重要，则采用同一分制，并把同一号试验中各指标的分数之总和作为综合分数；若各个指标在整体效果中重要性不同，则根据其重要程度分别乘以不同的加权系数，较重要的指标加权系数较大，将同一号试验中各指标加权后分数总和作为综合分数．例 6.2.2 用的就是这种评分方法．

2. 综合平衡法

在多指标试验中，先把各指标按单指标进行计算分析，然后把对各指标的分析结果进行综合比较，从而得出最优方案．这种方法叫作**综合平衡法**．我们就以例 6.2.2 的试验来说明这一方法．

例 6.2.3 用综合平衡法分析表6.2.2的试验结果．

解 由表 6.2.2 中的试验结果，分别计算三项指标的 K_{ij}，$\bar{K}_{ij}$及 R_j．计算结果见表 6.2.5．

表 6.2.5

指标	抗压强度				落下强度				裂纹度			
因素	A	B	C	D	A	B	C	D	A	B	C	D
K_1	26.5	27.3	42.9	32.3	9.0	3.0	20.5	22.5	8	6	3	3
K_2	38.4	20.2	24.6	37.0	17.5	9.5	24.5	19.5	3	5	5	5
K_3	30.2	47.6	27.6	25.8	25.5	39.5	7.0	10.0	3	3	6	6
$\bar{K}_1$	8.83	9.10	14.30	10.77	3.00	1.00	6.83	7.50	2.67	2.00	1.00	1.00
$\bar{K}_2$	12.80	6.73	8.20	12.33	5.83	3.17	8.17	6.50	1.00	1.67	1.67	1.67
$\bar{K}_3$	10.07	15.87	9.20	8.60	8.50	13.17	2.33	3.33	1.00	1.00	2.00	2.00
R	3.97	9.14	6.10	3.73	5.50	12.17	5.84	4.17	1.67	1.00	1.00	1.00

对表 6.2.5 的计算数据进行分析，可得如下结论：

（1）确定各指标的最佳水平组合．对抗压强度来说，最佳水平组合为 $A_2B_3C_1D_2$；对落下强度高而言，最佳水平组合为 $A_3B_3C_2D_1$；对裂纹度这一指标，因为裂纹度越小越好，所以其最佳水平组合为 $A_2B_3C_1D_1$ 或 $A_3B_3C_1D_1$．

（2）根据极差 R 的大小排出 4 个因素分别对 3 个指标影响

的重要性的主次顺序如下：

	主	⟶	次		
抗压强度	B	C	A	D	
落下强度	B	C	A	D	
裂纹度				B	并列
	A			C	并列
				D	并列

由极差大小可以看出，对抗压强度来说，因素 A、D 的重要性差不多，均属次要地位；对落下强度而言，B 的重要性远大于其余 3 个因素，因此 C、A、D 均属次要地位；最后对裂纹度这一指标，A 的重要性略大于其余 3 个因素.

下面进行综合平衡以确定最优方案.

因素 A：对裂纹度影响的重要性在第一位，且取 A_2 或 A_3 一样好；而对抗压强度，A 取 A_2 最好，其次是 A_3；最后对落下强度，A 取 A_3 最好，其次是 A_2. 但对抗压强度和落下强度，A 为次要因素，综合起来，因素 A 取 A_2 或 A_3.

因素 B：对三个指标来说，均取 B_3 为最好. 所以确定 B 取 B_3.

因素 C：对抗压强度和裂纹度两项指标，均以 C_1 为最佳水平，且远优于其余水平，而对落下强度这一指标，以 C_2 最佳，C_1 稍次之，综合则言，因素 C 取 C_1 为好.

因素 D：对落下强度和裂纹度两项指标，均以 D_1 为最佳，且对裂纹度，远优于其他水平；但对抗压强度，D_2 为最佳，D_1 稍次之，因此综合各项指标看，对各个指标均属次要地位的 D 取 D_1 为好.

由以上分析，可得综合平衡的结果，最优水平组合为 $A_2B_3C_1D_1$ 或 $A_3B_3C_1D_1$，这与综合评分法的结论是一致的.

对于多指标试验的直观分析，必须从实际出发，结合专业知识，才能得到较为科学可靠的结论.

§6.3　有交互作用的正交设计及试验结果的直观分析

在前面所考虑的正交试验中，因素之间均不存在交互作用，或者交互作用很小以至可忽略不计．而在大部分情况下，因素之间的交互作用不可以忽略．这时，为了分析交互作用，要把交互作用看成一个新的因素，它要在正交表上占有一列，这列叫作交互作用列，此列就不能再安排别的因素．交互作用列的位置并不是随意选的．事实上，许多正交表后面都附有相应的交互作用表．表 6.3.1 就是正交表 $L_8(2^7)$ 对应的交互作用表．

表　6.3.1

因子列号	2	3	4	5	6	7
1	3	2	5	4	7	6
2	—	1	6	7	4	5
3		—	7	6	5	4
4			—	1	2	3
5				—	3	2
6					—	1

从交互作用表中可以查出正交表中任两列的交互作用列．若求 i、j 两列的交互作用列（$i<j$），只需看第 i 行与第 j 列交叉处的数 a_{ij}，a_{ij}便是所求交互作用列的列号．如第 1 列与第 2 列的交互作用列为第 3 列；第 2 列和第 6 列的交互作用列为第 4 列等．若因素 A 放在第 1 列，因素 B 放在第 2 列，又已知 A 与 B 有交互作用，则第 3 列便为它们的交互作用列，不再安排其他因素．

一般，假定 A 与 B 均取 q 个水平，则它们的交互作用在正交表 $L_n(q^r)$ 上要占 $q-1$ 列．例如 $q=2$ 时，A 与 B 的交互作用占用 $2-1=1$ 列；$q=3$ 时，A 与 B 的交互作用占用 $3-1=2$ 列．查相应的交互作用表可知两列的交互作用列为哪几列．在正交表上作表头设计时，应避免同一列被两个或两个以上因素或交互作用占用，以免出现混杂现象. 由于将交互作用看作一个单独因素，所以仍然要计算其极差，用极差来反映交互作用的大小.

例 6.3.1　某农药厂生产某种农药，根据生产经验，发现影响农药收率的因素有 4 个，每个因素取 2 种水平，因素水平表如下：

因素 水平	A 反应温度/°C	B 反应时间/h	C 原料配比	D 真空度/mmHg
1	80	2.5	1.1: 1	600
2	60	3.5	1.2: 1	500

根据经验，A 与 B 两因素之间的交互作用应予以考虑. 试作表头设计，并根据试验结果选择好的生产条件.

我们选用正交表 $L_8(2^7)$，将有交互作用的 A 与 B 分别放在第 1、2 两列上，由表 6.3.1 知交互作用 $A\times B$ 在第 3 列，所以将 C 放在第 4 列. 因第 5 列为第 1、4 两列的交互作用列，第 6 列为第 2、4 两列的交互作用列. 因此，为避免因素间的混杂现象，第 5、6 两列不安排因素，我们将 D 放在最后一列上，这就完成了表头设计.

因素	A	B	$A\times B$	C			D
列号	1	2	3	4	5	6	7

用正交表 $L_8(2^7)$ 及上述表头设计安排试验，所得试验结果及计算数据如表 6.3.2 所示.

表　6.3.2

列号 试验号	A 1	B 2	$A\times B$ 3	C 4	5	6	D 7	收率 /%
1	1	1	1	1	1	1	1	86
2	1	1	1	2	2	2	2	95

（续）

试验号 \ 列号	A 1	B 2	A×B 3	C 4	 5	 6	D 7	收率 /%
3	1	2	2	1	1	2	2	91
4	1	2	2	2	2	1	1	94
5	2	1	2	1	2	1	2	91
6	2	1	2	2	1	2	1	96
7	2	2	1	1	2	2	1	83
8	2	2	1	2	1	1	2	88
K_{1j}	366	368	352	351	361	359	359	
K_{2j}	358	356	372	373	363	365	365	
$\bar{K}_{1j}$	183	184	176	175.5	180.5	179.5	179.5	
$\bar{K}_{2j}$	179	178	186	186.5	181.5	182.5	182.5	
R	4	6	10	11	1	3	3	

从极差大小看，C 为重要因素，取 C_2 水平较好；其次为 $A\times B$，为确定 A 与 B 的最佳水平组合，计算 A 与 B 四种不同水平组合下的试验结果：

水平组合	试验结果（收率和）
A_1B_1	$86+95=181$
A_1B_2	$91+94=185$
A_2B_1	$91+96=187$
A_2B_2	$83+88=171$

由此可见以 A_2B_1 较好，再看重要性稍次的因素 B、A 与 D. B 以 B_1 较好，A 以 A_1 较好，D 以 D_2 为佳，因此可以确定四个因素的最佳水平组合为 $A_2B_1C_2D_2$. 在这个水平组合下没做过试验，可将其与八个试验中指标值最高的第 6 号试验的水平组合 $A_2B_1C_2D_1$ 为条件，做追加试验，以确定最优生产条件.

因素取三水平或三水平以上时，交互作用分析比较复杂，不便于直观分析，通常用方差分析法.

§6.4　正交试验设计的方差分析

第四章介绍的单因素试验与双因素试验方差分析的方法可推广到多因素正交试验设计的场合. 设用正交表 $L_n(q^r)$ 安排试验，总的试验次数为 n，试验结果为 $X_1, X_2, \cdots, X_n$. 假定每个因素均取 q 个水平，每个水平都做了 s 次试验，显然，$n=qs$.

指标值的总离差平方和 $S_T = \sum_{k=1}^{n}(X_k - \bar{X})^2$，其中 $\bar{X} = \frac{1}{n}\sum_{k=1}^{n} x_k$，于是

$$S_T = \sum_{k=1}^{n}(X_k - \bar{X})^2 = \sum_{k=1}^{n} X_k^2 - n(\bar{X})^2 = \sum_{k=1}^{n} X_k^2 - \frac{1}{n}\left(\sum_{k=1}^{n} X_k\right)^2. \tag{6.4.1}$$

S_T 反映了各次试验结果指标值的差异，这里包括由于各因素的水平变化引起的指标值的差异，以及试验误差.

设因素 A 安排在第 j 列上，记 A 的 i 水平下指标平均值 $\bar{X}_{j_i} = \bar{K}_{ij} = \frac{1}{s}K_{ij}$，则 A 的离差平方和

$$S_A = S_j = \sum_{i=1}^{q} s(\bar{X}_{j_i} - \bar{X})^2 = \sum_{i=1}^{q} s(\bar{X}_{j_i})^2 - n(\bar{X})^2 = \frac{1}{s}\sum_{i=1}^{q} K_{ij}^2 - \frac{1}{n}\left(\sum_{k=1}^{n} X_k\right)^2. \tag{6.4.2}$$

S_j 也称为第 j 列的离差平方和. 可以证明，若用正交表 $L_n(q^r)$ 安排试验，其中 $n-1=(q-1)r$，则有平方和分解式

$$S_T = \sum_{j=1}^{r} S_j. \tag{6.4.3}$$

我们构造检验统计量，以检验第 j 列上的因素影响是否显著.

当作完正交试验的表头设计后，若正交表上有空白列，则该列的离差平方和不是由任何因素引起的，所以应当是试验误差引起的. 将所有空白列的离差平方和合并在一起，此即为误差平方和 S_e.

当 X_1, X_2, …, X_n 相互独立且服从同方差 σ^2 的正态分布时，可证明各列离差平方和 S_1, S_2, …, S_r 相互独立. 设检验原假设为

H_{0j}：第 j 列因素对指标影响不显著.

当 H_{0j}成立时，

$$F_j=\frac{S_j/f_j}{S_e/f_e}\sim F\ (f_j,\ f_e). \tag{6.4.4}$$

在上式中，$f_j=q-1$ 称为 S_j 的自由度或第 j 列的自由度；f_e 为各空白列自由度之和，称 f_e 为 S_e 的自由度；$f_T=\sum\limits_{j=1}^{r}f_i=n-1=(q-1)r$ 称为 S_T 的自由度，于是 S_e 的自由度 f_e 就是 S_T 的自由度 f_T 减去各因素及交互作用的自由度之和.

当 H_{0j}不成立时，F_j 有偏大的趋势. 对于给定的显著性水平 α，若由指标的观察值计算而得 $F_j\geqslant F_{1-\alpha}(f_j,\ f_e)$，则认为该列安排的因素对指标的影响显著，否则认为影响不显著. 但要注意，若有 $S_j/f_j\leqslant S_e/f_e$，则应当把这些 S_j 并入 S_e 作为新的误差平方和 S_e'，相应的自由度 f_j 与 f_e 相加作为 S_e' 的自由度 f_e'，然后用统计量

$$F_k=\frac{S_k/f_k}{S_e'/f_e'} \tag{6.4.5}$$

去检验安排在第 $k(k\neq j)$ 列的因素或交互作用的显著性. 记

$$P=\frac{1}{n}T^2=\frac{1}{n}\left(\sum_{k=1}^{n}x_k\right)^2,Q_j=\frac{1}{s}\sum_{i=1}^{q}K_{ij}^2,R=\sum_{k=1}^{n}x_k^2, \tag{6.4.6}$$

则由式（6.4.1）及式（6.4.2），可得

$$S_T = R - P,\ S_j = Q_j - P,\ j = 1,\ 2,\ \cdots,\ r. \qquad (6.4.7)$$

例 6.4.1 为提高某种抗菌素的产量，选择了其发酵培养基中的五种成份及装置作为试验因素，构成一个五因素三水平试验. 因素及各水平列表如下：

因素	水平		
A：黄豆饼粉 + 蛋白胨/%	A_1：0.5 + 0.5；	A_2：1 + 1；	A_3：1.5 + 1.5
B：葡萄糖/%	B_1：4.5；	B_2：6.5；	B_3：8.5
C：KH_2PO_4/%	C_1：0；	C_2：0.01；	C_3：0.03
D：碳源 1 号/%	D_1：0.5；	D_2：1.5；	D_3：2.5
G：装量/mL/250mL	G_1：30；	G_2：60；	G_3：90

此外，还需要考察交互作用 $A \times B$，$A \times C$，$A \times G$.

由于是三水平试验，故每个交互作用各占两列，现又要考虑三个交互作用，故一共需要至少 $5 + 3 \times 2 = 11$ 列. 为此用三水平正交表 $L_{27}(3^{13})$ 安排试验，作出表头设计如下：

因素	A	B	$A \times B$		C	$A \times C$		G	$A \times G$		D		
列号	1	2	3	4	5	6	7	8	9	10	11	12	13

根据上述表头设计安排试验，所得试验结果及计算数据分别如表 6.4.1 及表 6.4.2 所示.

表 6.4.1

列号	1	2	5	8	11	产量百分比/%
因素 \ 试验号	黄豆饼粉 + 蛋白胨/% A	葡萄糖 /% B	KH_2PO_4 /% C	装量 /mL/250mL G	碳源 1 号 /% D	
1	0.5 + 0.5	4.5	0	30	0.5	68.9
2	0.5 + 0.5	4.5	0.01	60	1.5	54.0
3	0.5 + 0.5	4.5	0.03	90	2.5	37.0
4	0.5 + 0.5	6.5	0	60	2.5	65.5

（续）

列号	1	2	5	8	11	产量百分比/%
因素	黄豆饼粉+蛋白胨/%	葡萄糖/%	KH_2PO_4/%	装量/mL/250mL	碳源1号/%	
试验号	A	B	C	G	D	
5	0.5+0.5	6.5	0.01	90	0.5	75.0
6	0.5+0.5	6.5	0.03	30	1.5	47.6
7	0.5+0.5	8.5	0	90	1.5	80.5
8	0.5+0.5	8.5	0.01	30	2.5	68.4
9	0.5+0.5	8.5	0.03	60	0.5	38.6
10	1+1	4.5	0	30	0.5	92.5
11	1+1	4.5	0.01	60	1.5	115.0
12	1+1	4.5	0.03	90	2.5	90.0
13	1+1	6.5	0	60	2.5	86.3
14	1+1	6.5	0.01	90	0.5	97.1
15	1+1	6.5	0.03	30	1.5	117.0
16	1+1	8.5	0	90	1.5	98.5
17	1+1	8.5	0.01	30	2.5	113.0
18	1+1	8.5	0.03	60	0.5	79.5
19	1.5+1.5	4.5	0	30	0.5	69.0
20	1.5+1.5	4.5	0.01	60	1.5	110.0
21	1.5+1.5	4.5	0.03	90	2.5	91.2
22	1.5+1.5	6.5	0	60	2.5	85.8
23	1.5+1.5	6.5	0.01	90	0.5	115.5
24	1.5+1.5	6.5	0.03	30	1.5	129.5
25	1.5+1.5	8.5	0	90	1.5	65.5
26	1.5+1.5	8.5	0.01	30	2.5	137.5
27	1.5+1.5	8.5	0.03	60	0.5	73.3

表 6.

因素	A	B	A×B		C	A×C	
试验号 \ 列号	1	2	3	4	5	6	7
1	1	1	1	1	1	1	1
2	1	1	1	1	2	2	2
3	1	1	1	1	3	3	3
4	1	2	2	2	1	1	1
5	1	2	2	2	2	2	2
6	1	2	2	2	3	3	3
7	1	3	3	3	1	1	1
8	1	3	3	3	2	2	2
9	1	3	3	3	3	3	3
10	2	1	2	3	1	2	3
11	2	1	2	3	2	3	1
12	2	1	2	3	3	1	2
13	2	2	3	1	1	2	3
14	2	2	3	1	2	3	1
15	2	2	3	1	3	1	2
16	2	3	1	2	1	2	3
17	2	3	1	2	2	3	1
18	2	3	1	2	3	1	2
19	3	1	3	2	1	3	2
20	3	1	3	2	2	1	3
21	3	1	3	2	3	2	1
22	3	2	1	3	1	3	2
23	3	2	1	3	2	1	3
24	3	2	1	3	3	2	1
25	3	3	2	1	1	3	2
26	3	3	2	1	2	1	3
27	3	3	2	1	3	2	1
K_{1j}	5.355	7.276	7.817	7.366	7.125	8.644	8.340
K_{2j}	8.889	8.193	7.619	7.493	8.855	7.687	7.042
K_{3j}	8.773	7.548	7.581	8.158	7.037	6.686	7.635
$Q_j = \frac{1}{9}\sum_{i=1}^{3} K_{ij}^2$	20.517	19.671	19.625	19.662	19.855	19.835	19.715
$S_j = Q_j - P$	0.8954	0.0494	0.0034	0.0404	0.2334	0.2134	0.0934

4.2

G	$A \times G$		D			试验结果
8	9	10	11	12	13	y_i
1	1	1	1	1	1	0.689
2	2	2	2	2	2	0.540
3	3	3	3	3	3	0.370
2	2	2	3	3	3	0.655
3	3	3	1	1	1	0.750
1	1	1	2	2	2	0.476
3	3	3	2	2	2	0.805
1	1	1	3	3	3	0.684
2	2	2	1	1	1	0.386
1	2	3	1	2	3	0.925
2	3	1	2	3	1	1.150
3	1	2	3	1	2	0.90
2	3	1	3	1	2	0.863
3	1	2	1	2	3	0.971
1	2	3	2	3	1	1.170
3	1	2	2	3	1	0.985
1	2	3	3	1	2	1.130
2	3	1	1	2	3	0.795
1	3	2	1	3	2	0.690
2	1	3	2	1	3	1.10
3	2	1	3	2	1	0.912
2	1	3	3	2	1	0.858
3	2	1	1	3	2	1.155
1	3	2	2	1	3	1.295
3	2	1	2	1	3	0.655
1	3	2	3	2	1	1.375
2	1	3	1	3	2	0.733
8.434	7.396	7.379	7.094	7.768	8.275	
7.080	7.528	7.797	8.176	7.657	7.292	$T = \sum_{k=1}^{27} y_k = 23.017$
7.503	8.093	7.841	7.747	7.592	7.450	
19.728	19.652	19.636	19.688	19.623	19.683	$P = \frac{1}{27}T^2 = 19.6216$
0.1064	0.0304	0.0144	0.0664	0.0014	0.0614	$S_T = \sum_{j=1}^{13} S_j = 1.8052$

表中最后的第 12 列和第 13 列没有安排因素，这 2 列的离差平方和可以用来估计误差. 因为均方误差 $MS_e=\frac{S_e}{f_e}=\frac{S_{12}+S_{13}}{4}=0.0157$. 而 $MS_{A\times B}=\frac{S_{A\times B}}{f_{A\times B}}=\frac{S_3+S_4}{4}=0.0110$ 与 $MS_{A\times G}=\frac{S_{A\times G}}{f_{A\times G}}=\frac{S_9+S_{10}}{4}=0.0112$ 均小于 MS_e，于是将 $S_{A\times B}$、$S_{A\times G}$ 并入误差平方和，得新的误差平方和

$$S_e'=S_3+S_4+S_9+S_{10}+S_{12}+S_{13}=0.1514.$$

计算结果表明，A 与 B 及 A 与 G 之间，并不存在交互作用. 按式（6.4.5）计算统计量 F_j 的值（$j=1, 2, 5, 6, 7, 8, 11$），各列水平数均为 $q=3$，所以各列自由度均为 $f_j=q-1=2$，而 S_e' 的自由度 $f_e'=2\times6=12$. 又因交互作用 $A\times C$ 占有第 6、7 两列，所以 $MS_{A\times C}=\frac{S_6+S_7}{f_{A\times C}}=\frac{0.3068}{4}=0.0767$. 由计算结果作出方差分析表（表 6.4.3）.

表 6.4.3

方差来源	平方和 S	自由度 f	均方	F 值	临界值	显著性
A	$S_A=S_1=0.8954$	2	0.4477	35.53	$F_{1-0.01}(2,12)=6.93$	* *
B	$S_B=S_2=0.0494$	2	0.0247	1.96	$F_{1-0.05}(2,12)=3.89$	
C	$S_C=S_5=0.2334$	2	0.1167	9.26	$F_{1-0.1}(2,12)=2.81$	* *
G	$S_G=S_8=0.1064$	2	0.0532	4.22	$F_{1-0.01}(4,12)=5.41$	*
D	$S_D=S_{11}=0.0664$	2	0.0332	2.63		
$A\times C$	$S_{A\times C}=S_6+S_7=0.3068$	4	0.0767	6.09		* *
误差	$S_e'=0.1514$	12	0.0126			

显著性检验结果为，因素 A、因素 C 以及交互作用 $A\times C$ 的影响均为高度显著，因素 G 为显著，因素 B 和因素 D 不显著.

对于交互作用 $A\times C$，可作交互作用表如下：

表 6.4.4

C：KH_2PO_4/%	A：黄豆饼粉+蛋白胨/%		
	1 (0.5+0.5)	2 (1+1)	3 (1.5+1.5)
1 (0)	2.149	2.773	2.203
2 (0.01)	1.974	3.251	3.630
3 (0.03)	1.232	2.865	2.940

表中数据是如此得到的，将 A_iC_j 水平组合下的各次试验结果的指标值加在一起，写在相应的格中. 如 A_1C_1 水平下共作了 3 次试验，即第 1、4、7 号试验，3 次试验结果的指标值和为 $(68.9+65.5+80.5)\%=2.149$. 由表可见 A_3C_2 水平组合下的指标值 3.630 为最大.

结论：培养基中黄豆饼粉与蛋白胨（A）的水平改变对产量有高度显著影响. 比较表 6.4.2 中 K_{ij} 的值可知，选取 2 水平或 3 水平为好. 葡萄糖（B）水平改变对产量无显著影响，可任意选，2 水平略好. KH_2PO_4（C）水平改变对产量有高度显著影响，以 2 水平为好. 碳源 1 号（D）水平的改变对产量无显著影响，2 水平略好，以后从节约原材料的角度出发，可进一步考虑少加或不加. 装量（G）对产量有显著影响，选取 1 水平最好. 又黄豆饼粉+蛋白胨与 KH_2PO_4 的交互作用（$A\times C$）对产量有高度显著影响，参照表 6.4.4，可知最优水平组合为 A_3C_2. 综上所述，较好的水平组合为 $A_3B_2C_2D_2G_1$，这一条件没有包括在 27 个试验中，可在此条件及已作的 27 次试验中最好的水平组合——第 26 号试验的条件 $A_3B_3C_2D_3G_1$ 下做追加试验，以确定最优生产条件.

小　结

正交试验设计是利用正交表安排多因素试验的设计方法. 利用正交表，从各因素的水平组合中，选出有代表性的部分水平组合进行试验. 由于正交表的均衡特性，使得选出的因素水平组合具有均衡分散性，能够较好地代表全面试验的情况，使试验次数不多而结论较为可靠。

对试验结果的分析方法有两种：直观分析的方法和方差分析的方法. 直观分析法的优点是简单直观，计算量小；方差分析法的优点是可以知道分析的精度.

正交试验设计直观分析的方法是比较各因素的极差大小，极差较大的因素较为重要，有交互作用时，交互作用也看作一个因素. 根据因素各水平下的试验指标确定该因素的最好水平，当因素的最好水平与交互作用的最好水平不一致时，优先考虑重要因素的水平.

正交试验设计方差分析的方法是第四章中单因素试验方差分析与双因素试验方差分析方法的推广. 指标值的总离差平方和 $S_T=\sum_{k=1}^{n}(X_k-\overline{X})^2$ 可分解为：$S_T=\sum_{j=1}^{r}S_j$，其中 $S_j=\sum_{i=1}^{q}s(\overline{X}_{j_i}-\overline{X})^2$，$s$ 为每个水平所做试验的次数. 设因素 A（或交互作用）安排在第 j 列上，则 S_j 就是因素 A（或交互作用）的效应平方和，所有空白列的离差平方和合并在一起为误差平方和 S_e. 当 S_j 比 S_e 大得多，说明因素 A（或交互作用）对指标的影响较显著，否则说明因素 A（或交互作用）对指标的影响不大.

习 题 六

1. 提高收率试验. 已知某化工产品受反应温度、反应时间、催化剂种类三个因素的影响，且三个因素间无交互作用. 每个因素均取三水平

因素 A：反应温度（℃）$A_1=700$，$A_2=750$，$A_3=800$；

因素 B：反应时间（min）$B_1=20$，$B_2=25$，$B_3=30$；

因素 C：催化剂种类　$C_1=$ 甲，$C_2=$ 乙，$C_3=$ 丙.

用正交表 $L_9(3^4)$ 作正交试验，A，B，C 分别安排在第 1，2，3 列上，得到收率数据 y（%）为

$$y_1=71.0,\ y_2=80.7,\ y_3=83.0,\ y_4=78.0,$$

$$y_5=87.6,\ y_6=68.6,\ y_7=95.0,\ y_8=78.3,\ y_9=90.0.$$

试分析试验结果，确定最优条件.

2. 选矿用的油膏的配方对矿石回收率有很大影响. 为了提高回收率, 分别选取油膏的三种成分的两种水平, 所选因素水平如下表所示.

因素 水平	A 机油	B 蓖麻油	C 石腊
1	60%	10%	12%
2	50%	8%	6%

已知三个因素之间无交互作用, 故选用正交表 $L_4(2^3)$ 安排试验, A、B、C 分别排在第 1、2、3 列上, 结果 4 次试验的回收率依次为 72、58、78、84, 试分析试验结果.

3. 研究用收集的烟灰与煤矸石作原料制造烟灰砖的试验. 质量指标有多项, 用综合评分给出试验结果. 考察因素为三个, 各取三水平.

因素 A: 成型水分 (%)　　$A_1=9$, $A_2=10$, $A_3=11$;

因素 B: 碾压时间 (min)　　$B_1=8$, $B_2=10$, $B_3=12$;

因素 C: 料重 (kg/盘)　　$C_1=330$, $C_2=360$, $C_3=400$.

所得数据列于下表.

因素 试验号	1 A	2 B	3 C	4	数据 (评分)
1	1	1	1	1	66.94
2	1	2	2	2	69.08
3	1	3	3	3	66.74
4	2	1	2	3	67.8
5	2	2	3	1	73.62
6	2	3	1	2	69.02
7	3	1	3	2	72.26
8	3	2	1	3	70.4
9	3	3	2	1	73.06

试分析试验结果, 确定最优条件.

4. 某单位在原有经验的基础上要对有机锡 (一种塑料的稳定剂) 的合成条件做进一步的研究, 目的是提高有机锡的产率, 考察的因素与水平如下表:

因素 / 水平	A 催化剂种类	B 催化剂用量 (g)	C 配比	D 溶剂用量 (mL)	G 反应时间 (h)
1	甲	1	2.5: 1	10	2
2	乙	1.5	2.6: 1	20	1.5

不考虑交互作用，用正交表 $L_8(2^7)$ 安排试验，第 3、7 两列留空，因素按次序排列，试验所得数据依次为 92.3，90.4，87.3，88.0，87.3，84.8，83.4，84.0. 试作方差分析，确定最优工艺条件.

5. 为了提高某化工产品的产量，考察反应温度，反应压力及溶液浓度，各取三水平

因素 A：温度（°C）　　$A_1=60$，$A_2=65$，$A_3=70$；

因素 B：压力（大气压）　$B_1=2$，$B_2=2.5$，$B_3=3$；

因素 C：溶液浓度（%）　$C_1=6$，$C_2=7$，$C_3=8$.

除这三个因素外，还要考察交互作用 $A\times B$、$A\times C$ 和 $B\times C$. 用正交表 $L_{27}(3^{13})$ 作正交试验，表头设计如下.

因素	A	B	$A\times B$	C	$A\times C$	$B\times C$		
列号	1	2	3 4	5	6 7	8 9 10 11	12	13

试验结果 y（单位：kg）为：

y_1	y_2	y_3	y_4	y_5	y_6	y_7	y_8	y_9
11.30	14.63	17.23	10.50	13.67	16.23	11.37	14.73	17.07

y_{10}	y_{11}	y_{12}	y_{13}	y_{14}	y_{15}	y_{16}	y_{17}	y_{18}
10.47	13.47	16.13	10.33	13.40	15.80	10.63	13.97	16.50

y_{19}	y_{20}	y_{21}	y_{22}	y_{23}	y_{24}	y_{25}	y_{26}	y_{27}
10.03	13.40	16.80	10.57	13.97	16.83	11.07	13.97	16.57

试作方差分析，确定最优条件.

6. 花菜留种培养试验.

对花菜留种的生产条件进行考察. 花菜种子的产量受四个因素的影响，各取二水平：

因素 A：浇水次数　A_1：浇 1 至 2 次，A_2：随时浇；

因素 B：喷药次数　B_1：随时喷，B_2：定期；

因素 C：施肥方法　C_1：开花期施肥，C_2：施四次肥；

因素 D：进室时间　D_1：11 月初，D_2：11 月中.

除这四个因素外，还要考察 $A\times B$，$A\times C$ 的作用，用 $L_8(2^7)$ 作正交试验，表头设计如下：

因素	A	B	$A\times B$	C	$A\times C$		D
列号	1	2	3	4	5	6	7

试验结果数据 y（斤/亩）为：

$$y_1=350,\ y_2=325,\ y_3=425,\ y_4=425,$$

$$y_5=200,\ y_6=250,\ y_7=275,\ y_8=375.$$

试作方差分析，确定最优条件.

习 题 答 案

习 题 一

1. $X_2+\mu, X_1+X_2+X_3, \mathrm{Max}(X_1,X_2,X_3)$，$\frac{1}{2}(X_3-X_1)$ 是统计量；

$\sum_{i=1}^{3}\frac{X_i^2}{\sigma^2}$ 不是统计量.

3. $\bar{x}=3.42, S^2=2.40$.

6. $f_1(x)=2nx(1-x^2)^{n-1}\quad(0\leqslant x\leqslant 1)$；

$f_n(x)=2nx^{2n-1}\quad(0\leqslant x\leqslant 1)$；

$f_k(x)=\frac{n!}{(k-1)!(n-k)!}x^{2(K-1)}(1-x^2)^{n-k}\cdot 2x$

$(0\leqslant x\leqslant 1)$.

7. $f_3(x)=180(3x^2-2x^3)^2x(1-x)(1-3x^2+2x^3)^2$

$(0\leqslant x\leqslant 1)$.

8. $(\ln 2)/\lambda$.　9. $m_{0.5}=0.45, R_n=3$.　10. 13/16.

11. 299.

14. $F_5(x)=\begin{cases}0, & x<-1.7,\\ 1/5, & -1.7\leqslant x<-0.5,\\ 2/5, & -0.5\leqslant x<1.3,\\ 3/5, & 1.3\leqslant x<2.0,\\ 4/5, & 2.0\leqslant x<2.8,\\ 1, & 2.8\leqslant x.\end{cases}$

15. 1/3.　16. 0.1.　17. 0.8293.　18. 0.1336

19. 0.6744.　20. 1537.　21. 14

22. (1) $(2\pi\sigma^2)^{-4}\exp\left[-\frac{1}{2\sigma^2}\sum_{i=1}^{8}(x_i-\mu)^2\right]$; (2) $\frac{2}{\sqrt{\pi}\sigma}e^{-\frac{4(x-\mu)^2}{\sigma^2}}$.

23. $\chi^2(n)$. 24. $N\left(\mu_1-\mu_2,\frac{\sigma_1^2}{n_1}+\frac{\sigma_2^2}{n_2}\right)$.

25. $\mathrm{Var}(\bar{x})=\lambda/n; E(S^2)=\lambda$. 27. $t(n-1)$.

28. (2) $F(1,1)$.

习 题 二

1. 340.4,2.15. 2. (1) $\frac{1}{\overline{X}}$;(2) $\frac{1}{\overline{X}}$. 3. (1) $\frac{2}{\overline{X}}$;(2) $\frac{2}{\overline{X}}$.

4. $3\overline{X}$. 5. $(\overline{X})^2/S_n^2,\overline{X}/S_n^2$.

6. (1) $\frac{\overline{X}}{1-\overline{X}}$;(2) $-\frac{n}{\sum_{i=1}^{n}\ln X_i}$.

7. $\frac{\alpha}{\overline{X}}$. 8. $\left(\frac{1}{n}\sum_{i=1}^{n}X_i^{\beta}\right)^{\frac{1}{\beta}}$.

9. $\sqrt{\frac{2}{3n}\sum_{i=1}^{n}X_i^2}$.

10. $\hat{\theta}_1=\mathrm{Min}(X_1,X_2,\cdots,X_n),\hat{\theta}_2=\overline{X}-\mathrm{Min}(X_1,X_2,\cdots,X_n)$.

11. 0.2715.

12. $\Phi\left(\frac{t-\hat{\mu}}{\hat{\sigma}}\right)$,其中$\hat{\mu}=\overline{X}=\frac{1}{n}\sum_{i=1}^{n}X_i$.

$$\hat{\sigma}=\sqrt{\frac{1}{n}\sum_{i=1}^{n}(X_i-\overline{X})^2}.$$

13. (2) $\widehat{E(X)}=\exp\left\{\hat{\mu}+\frac{\hat{\sigma}^2}{2}\right\}$,其中$\hat{\mu}=\frac{1}{n}\sum_{i=1}^{n}\ln X_i$,

$$\hat{\sigma}^2=\frac{1}{n}\sum_{i=1}^{n}(\ln X_i-\mu)^2.$$

14. 0.4247.

17. (2) $e(\hat{\sigma}) = 0.876$.　18. $\frac{4}{3}\underset{1\leqslant i\leqslant 3}{\text{Max}}\{x_i\}$ 较有效.

19. (1) $g(\widehat{p}) = \overline{X}$;　(2) $g(\widehat{p}) = \overline{X}$ 是 UMVUE.

22. (1) 14.911mm;　(2) (14.813, 15.009).

23. $n \geqslant 4u_{1-\alpha/2}^2\sigma^2/L^2$.　24. (432.31, 482.69).

25. (9.928, 10.255).　26. (7.4485, 8.3515)

27. (5.67, 32.20), (2.38, 5.67).　28. (0.222, 3.601).

29. (169.39, 603.48) $\left(\text{提示:用}\sum_{i=1}^{5}\frac{(n_i-1)S_i^2}{\sigma^2} \sim \chi^2\left(\sum_{i=1}^{5}(n_i-1)\right), n_i = 5, i = 1, 2, \cdots, 5\right)$.

30. (0.0492, 0.1051).　31. (0.3603, 0.4497).

32. (1) (−0.002, 0.006);　(2) −0.0012.　33. 8.85

34. (1) 2.698;　(2) 0.1065.　35. 0.28.

36. (1) 对于 $0 < x < 1, \pi(\theta \mid x) = \frac{x}{\theta^2(1-x)}$ $(x < \theta < 1)$;

(2) 对于 $0 < x < 1, \pi(\theta \mid x) = \frac{1}{1-x}$ $(x < \theta < 1)$.

37. (1) $\hat{\lambda} = \left(\sum_{i=1}^{n} X_i + 1\right) \Big/ (n+1)$, (2) $\hat{\lambda} = 2.25$.

38. (1) $\hat{\lambda} = \frac{\beta + n}{\alpha + \sum_{i=1}^{n} X_i}$, (2) $\hat{\lambda} = 0.263$.

39. (1) $N\left(\frac{\bar{x}\tau^2 + \mu\sigma_0^2}{\tau^2 + \sigma_0^2}, \frac{\sigma_0^2\tau^2}{\tau^2 + \sigma_0^2}\right), \frac{\bar{x}\tau^2 + \mu\sigma_0^2}{\tau^2 + \sigma_0^2}$, 其中 $\sigma_0^2 = \sigma^2/n$,

(2) 113.5.

习　题　三

1. 接受 H_0.　2. 符合标准.　3. 拒绝 H_0.

4. 新工艺对此零件的电阻有显著影响.
5. 新工艺径纱断头数与旧工艺无显著差异.
6. 两总体均值不等.
7. 处理前后平均含脂率有显著差异.
8. 施肥效果显著.
9. 两厂蓄电池的电容量无显著差异.
10. 两种方法测定的结果无显著差异.
11. 谷物产量无显著差异.　12. 接受 H_0.
13. 这批产品直径的方差为0.25.　14. 不符合要求
15. 公司声称为真.　16. (1) 拒绝 H_0;　(2) 接受 H_0.
17. 接受 H_0.　18. (1) 接受 H_0.　(2) 接受 H_0.
19. 接受 H_0，认为 $\sigma_1^2=\sigma_2^2$.　20. 接受 H_0，认为 $\sigma_1^2=\sigma_2^2$.
21. 这颗骰子均匀.　22. 数据与模型相符.
23. 数据与泊松分布相符.　24. 数据与模型相符.
25. 底火壳厚度不服从正态分布.　26. 数据与模型相符.
27. 在黄道上行走与性别有关.　28. 色盲与性别有关.
29. 地下水位变化与发生地震无关.
30. 零件是正品还是次品与由哪位工人生产的无关.
31. 数据与 (0, 1) 上均匀分布拟合得好.
32. 数据与均值为 12 的指数分布拟合得不好.
33. 儿童血液中铁的含量服从正态分布.
34. 这批轴的直径服从正态分布.
35. 两种材料对灯泡寿命的影响有显著差异.
36. 该高校的未婚小姐与已婚女士该门课考试成绩无显著差异.
37. A 型计算器充电后平均使用时间比 B 型计算器长.
38. 争斗性与性别有关.
39. 该高校的未婚小姐与已婚女士该门课考试成绩无显著差异.
(结论同第 36 题)

习　题　四

1. 不能认为各厂生产的干电池寿命之间存在显著差异.
2. 这三台机器的日产量有显著差异（“ * ”）.
3. 操作法对原料节约额的影响之差异是高度显著的（“ * * ”）.
4. 不同贮藏方法对含水率有一定影响（“(*)”）.
5. 燃料、推进器及它们的交互作用均对火箭射程有高度显著影响（“ * * ”）.
6. （1）操作工之间的差异是高度显著的（“ * * ”）；
   （2）机器之间的差异不显著；
   （3）两个因素的交互作用是高度显著的（“ * * ”）.
7. 等温温度对铣刀硬度无显著影响；淬火温度对铣刀硬度有显著影响（“ * ”）.
8. 配料方案对产品的抗断强度有高度显著影响（“ * * ”）；硫化时间对产品的抗断强度有显著影响（“ * ”）.

习　题　五

1. $\hat{Y}=0.9605+0.706x$.　　2. $\hat{Y}=0.1426+0.8662x$.
3. （2）$\hat{Y}=-1424.28+1.0535x$；　（3）0.9901.
4. （1）$\hat{\beta}_0=480.2043$，$\hat{\beta}_1=-3.7511$，$\hat{Y}=480.2043-3.7511x$；
   （2）$\hat{\sigma}^2=19.1685$.
5. （1）$\hat{\beta}_0=38.82$，$\hat{\beta}_1=0.2601$，$\hat{Y}=38.82+0.2601x$；
   （2）$\hat{\sigma}^2=1.3125$；　（3）0.6692.
6. $\hat{Y}=14.4823+0.1054x$.
7. （1）$\hat{Y}=36.4724+94.6935x$；　（2）$\hat{\sigma}^2=1.4236$；
   （3）线性回归效果高度显著；　（4）(76.5948，112.7922)；
   （5）0.9562；　（6）(47.5172，53.8356).
8. （1）$\hat{Y}=13.9572+12.5514x$；　（2）$\hat{\sigma}^2=0.0417$；
   （3）线性回归效果高度显著；（4）(11.8318，13.2710)；

(5) 0.9987；(6) (19.6709, 20.7949).

9. (1) 线性回归效果高度显著；(2) (−4.263, −3.2392)；
(3) (187.1652, 210.5784).

10. $\hat{Y}=1.73e^{-0.146/x}$.

11. (1) $\hat{Y}=-75.1315+19.8478\ln x$；(2) 0.9850；
(3) 34.4574.

12. $\hat{Y}=18.484-0.8205x+0.0093x^2$.

13. $\hat{Y}=111.6892+0.0143x_1-7.1882x_2$.

14. (1) $\hat{Y}=4.4278+1.0958x_1+1.8131x_2$；(2) $\hat{\sigma}^2=15.8945$；
(3) 线性回归效果高度显著；
(4) x_1 对 Y 线性影响显著；x_2 对 Y 线性影响不显著.

习 题 六

1. 因素主→次：CAB，最优条件为 $A_3B_2C_3$.
2. 因素主→次：ACB，最优条件为 $A_2B_1C_1$.
3. 因素主→次：ACB，最优条件为 $A_3B_2C_3$.
4. $F_A=127.9$（"＊＊"）、$F_B=54.7$（"＊＊"）、$F_C=3.6$、$F_G=12.1$（"＊"）、S_D 并入 S_e，D 为次要因素，D_2 略好，从节约原料角度考虑取 D_1，所以最佳工艺条件为 $A_1B_1C_1D_1G_1$.
5. $F_A=23.7168$（"＊＊"）、$F_B=13.5714$（"＊＊"）、$F_C=1813.285$（"＊＊"）、$F_{A\times B}=7.67159$（"＊＊"），$A\times C$、$B\times C$ 均不显著. $A\times B$ 最佳搭配为 A_1B_1 或 A_1B_3，最优方案为 $A_1B_1C_3$ 或 $A_1B_3C_3$，即第 3 号或第 9 号试验的条件.
6. $F_A=78.82$（"＊＊"），$F_B=61.36$（"＊＊"），$F_C=6.82$（"（＊）"），$F_{A\times C}=13.36$（"＊"），S_D、$S_{A\times B}$ 并入 S_e，$A\times C$ 的最佳搭配为 A_1C_1，最优方案为 $A_1B_2C_1D_1$ 或 $A_1B_2C_1D_2$.

附　　录

附表 1　标准正态分布表

$$\Phi(u)=\frac{1}{\sqrt{2\pi}}\int_{-\infty}^{u}e^{-\frac{x^2}{2}}dx\,(u\geqslant 0)$$

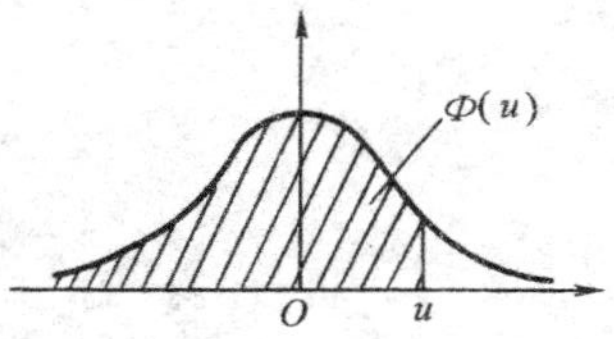

u	0.00	0.01	0.02	0.03	0.04	0.05	0.06	0.07	0.08	0.09	u
0.0	0.5000	0.5040	0.5080	0.5120	0.5160	0.5199	0.5239	0.5279	0.5319	0.5359	0.0
0.1	0.5398	0.5438	0.5478	0.5517	0.5557	0.5596	0.5636	0.5675	0.5714	0.5753	0.1
0.2	0.5793	0.5832	0.5871	0.5910	0.5948	0.5987	0.6026	0.6064	0.6103	0.6141	0.2
0.3	0.6179	0.6217	0.6255	0.6293	0.6331	0.6368	0.6406	0.6443	0.6480	0.6517	0.3
0.4	0.6554	0.6591	0.6628	0.6664	0.6700	0.6736	0.6772	0.6808	0.6844	0.6879	0.4
0.5	0.6915	0.6950	0.6985	0.7019	0.7054	0.7088	0.7123	0.7157	0.7190	0.7224	0.5

（续）

u	0.00	0.01	0.02	0.03	0.04	0.05	0.06	0.07	0.08	0.09	u
0.6	0.7257	0.7291	0.7324	0.7357	0.7389	0.7422	0.7454	0.7486	0.7517	0.7549	0.6
0.7	0.7580	0.7611	0.7642	0.7673	0.7703	0.7734	0.7764	0.7794	0.7823	0.7852	0.7
0.8	0.7881	0.7910	0.7939	0.7967	0.7995	0.8023	0.8051	0.8078	0.8106	0.8133	0.8
0.9	0.8159	0.8186	0.8212	0.8238	0.8264	0.8289	0.8315	0.8340	0.8365	0.8389	0.9
1.0	0.8413	0.8438	0.8461	0.8485	0.8508	0.8531	0.8554	0.8577	0.8599	0.8621	1.0
1.1	0.8643	0.8665	0.8686	0.8708	0.8729	0.8749	0.8770	0.8790	0.8810	0.8830	1.1
1.2	0.8849	0.8869	0.8888	0.8907	0.8925	0.8944	0.8962	0.8980	0.8997	0.90147	1.2
1.3	0.90320	0.90490	0.90658	0.90824	0.90988	0.91149	0.91309	0.91466	0.91621	0.91774	1.3
1.4	0.91924	0.92073	0.92220	0.92364	0.92507	0.92647	0.92785	0.92922	0.93056	0.93189	1.4
1.5	0.93319	0.93448	0.93574	0.93699	0.93822	0.93943	0.94062	0.94179	0.94295	0.94408	1.5
1.6	0.94520	0.94630	0.94738	0.94845	0.94950	0.95053	0.95154	0.95254	0.95352	0.95449	1.6
1.7	0.95543	0.95637	0.95728	0.95818	0.95907	0.95994	0.96080	0.96164	0.96246	0.96327	1.7
1.8	0.96407	0.96485	0.96562	0.96638	0.96712	0.96784	0.96856	0.96926	0.96995	0.97062	1.8
1.9	0.97128	0.97193	0.97257	0.97320	0.97381	0.97441	0.97500	0.97558	0.97615	0.97670	1.9
2.0	0.97725	0.97778	0.97831	0.97882	0.97932	0.97982	0.98030	0.98077	0.98124	0.98169	2.0

（续）

u	0.00	0.01	0.02	0.03	0.04	0.05	0.06	0.07	0.08	0.09	u
2.1	0.98214	0.98257	0.98300	0.98341	0.98382	0.98422	0.98461	0.98500	0.98537	0.98574	2.1
2.2	0.98610	0.98645	0.98679	0.98713	0.98745	0.98778	0.98809	0.98840	0.98870	0.98899	2.2
2.3	0.98928	0.98956	0.98983	0.9^20097	0.9^20358	0.9^20613	0.9^20863	0.9^21106	0.9^21344	0.9^21576	2.3
2.4	0.9^21802	0.9^22024	0.9^22240	0.9^22451	0.9^22656	0.9^22857	0.9^23053	0.9^23244	0.9^23431	0.9^23613	2.4
2.5	0.9^23790	0.9^23963	0.9^24132	0.9^24297	0.9^24457	0.9^24614	0.9^24766	0.9^24915	0.9^25060	0.9^25201	2.5
2.6	0.9^25339	0.9^25473	0.9^25604	0.9^25731	0.9^25855	0.9^25975	0.9^26093	0.9^26207	0.9^26319	0.9^26427	2.6
2.7	0.9^26533	0.9^26636	0.9^26736	0.9^26833	0.9^26928	0.9^27020	0.9^27110	0.9^27197	0.9^27282	0.9^27365	2.7
2.8	0.9^27445	0.9^27523	0.9^27599	0.9^27673	0.9^27744	0.9^27814	0.9^27882	0.9^27948	0.9^28012	0.9^28074	2.8
2.9	0.9^28134	0.9^28193	0.9^28250	0.9^28305	0.9^28359	0.9^28411	0.9^28462	0.9^28511	0.9^28559	0.9^28605	2.9
3.0	0.9^28650	0.9^28694	0.9^28736	0.9^28777	0.9^28817	0.9^28856	0.9^28893	0.9^28930	0.9^28965	0.9^28999	3.0
3.1	0.9^30324	0.9^30646	0.9^30957	0.9^31260	0.9^31553	0.9^31836	0.9^32112	0.9^32378	0.9^32636	0.9^32886	3.1
3.2	0.9^33129	0.9^33363	0.9^33590	0.9^33810	0.9^34024	0.9^34230	0.9^34429	0.9^34623	0.9^34810	0.9^34991	3.2
3.3	0.9^35166	0.9^35335	0.9^35499	0.9^35658	0.9^35811	0.9^35959	0.9^36103	0.9^36242	0.9^36376	0.9^36505	3.3
3.4	0.9^36631	0.9^36752	0.9^36869	0.9^36982	0.9^37091	0.9^37197	0.9^37299	0.9^37398	0.9^37493	0.9^37585	3.4
3.5	0.9^37674	0.9^37759	0.9^37842	0.9^37922	0.9^37999	0.9^38074	0.9^38146	0.9^38215	0.9^38282	0.9^38347	3.5

（续）

u	0.00	0.01	0.02	0.03	0.04	0.05	0.06	0.07	0.08	0.09	u
3.6	0.9^38409	0.9^38469	0.9^38527	0.9^38583	0.9^38637	0.9^38689	0.9^38739	0.9^38787	0.9^38834	0.9^38879	3.6
3.7	0.9^38922	0.9^38964	0.9^40039	0.9^40426	0.9^40799	0.9^41158	0.9^41504	0.9^41838	0.9^42159	0.9^42468	3.7
3.8	0.9^42765	0.9^43052	0.9^43327	0.9^43593	0.9^43848	0.9^44094	0.9^44331	0.9^44558	0.9^44777	0.9^44988	3.8
3.9	0.9^45190	0.9^45385	0.9^45573	0.9^45753	0.9^45926	0.9^46092	0.9^46253	0.9^46406	0.9^46554	0.9^46696	3.9
4.0	0.9^46833	0.9^46964	0.9^47090	0.9^47211	0.9^47327	0.9^47439	0.9^47546	0.9^47649	0.9^47748	0.9^47843	4.0
4.1	0.9^47934	0.9^48022	0.9^48106	0.9^48186	0.9^48263	0.9^48338	0.9^48409	0.9^48477	0.9^48542	0.9^48605	4.1
4.2	0.9^48665	0.9^48723	0.9^48778	0.9^48832	0.9^48882	0.9^48931	0.9^48978	0.9^50226	0.9^50655	0.9^51066	4.2
4.3	0.9^51460	0.9^51837	0.9^52199	0.9^52545	0.9^52876	0.9^53193	0.9^53497	0.9^53788	0.9^54066	0.9^54332	4.3
4.4	0.9^54587	0.9^54831	0.9^55065	0.9^55288	0.9^55502	0.9^55706	0.9^55902	0.9^56089	0.9^56268	0.9^56439	4.4
4.5	0.9^56602	0.9^56759	0.9^56908	0.9^57051	0.9^57187	0.9^57318	0.9^57442	0.9^57561	0.9^57675	0.9^57784	4.5
4.6	0.9^57888	0.9^57987	0.9^58081	0.9^58172	0.9^58258	0.9^58340	0.9^58419	0.9^58494	0.9^58566	0.9^58634	4.6
4.7	0.9^58699	0.9^58761	0.9^58821	0.9^58877	0.9^58931	0.9^58983	0.9^60320	0.9^60789	0.9^61235	0.9^61661	4.7
4.8	0.9^62067	0.9^62453	0.9^62822	0.9^63173	0.9^63508	0.9^63827	0.9^64131	0.9^64420	0.9^64696	0.9^64958	4.8
4.9	0.9^65208	0.9^65446	0.9^65673	0.9^65889	0.9^66094	0.9^66289	0.9^66475	0.9^66652	0.9^66821	0.9^66981	4.9

附表 2　χ^2 分布分位数表

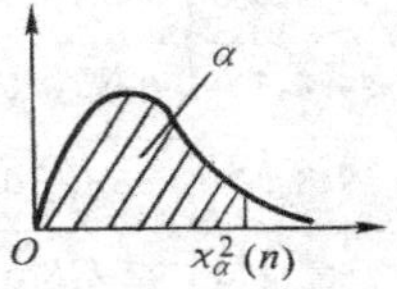

$$P\{\chi^2(n) \leqslant \chi_{\alpha}^{2}(n)\} = \alpha$$

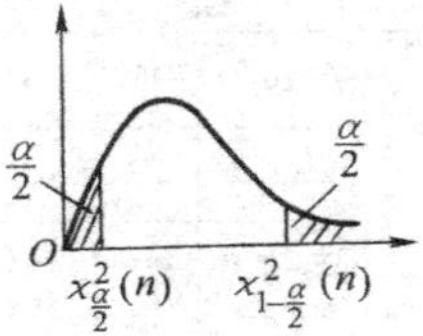

n	α = 0.005	0.01	0.025	0.05	0.10	0.25	0.75	0.90	0.95	0.975	0.99	0.995
1	—	—	0.001	0.004	0.016	0.102	1.323	2.706	3.841	5.024	6.635	7.879
2	0.010	0.020	0.051	0.103	0.211	0.575	2.773	4.605	5.991	7.378	9.210	10.597
3	0.072	0.115	0.216	0.352	0.584	1.213	4.108	6.251	7.815	9.348	11.345	12.838
4	0.207	0.297	0.484	0.711	1.064	1.923	5.385	7.779	9.488	11.143	13.277	14.860
5	0.412	0.554	0.831	1.145	1.610	2.675	6.626	9.236	11.071	12.833	15.086	16.750
6	0.676	0.872	1.237	1.635	2.204	3.455	7.841	10.645	12.592	14.449	16.812	18.548
7	0.989	1.239	1.690	2.167	2.833	4.255	9.037	12.017	14.067	16.013	18.475	20.278
8	1.344	1.646	2.180	2.733	3.490	5.071	10.219	13.362	15.507	17.535	20.090	21.955
9	1.735	2.088	2.700	3.325	4.168	5.899	11.389	14.684	16.919	19.023	21.666	23.589
10	2.156	2.558	3.247	3.940	4.865	6.737	12.549	15.987	18.307	20.483	23.209	25.188
11	2.603	3.053	3.816	4.575	5.578	7.584	13.701	17.275	19.675	21.920	24.725	26.757

（续）

n	$\alpha=0.005$	0.01	0.025	0.05	0.10	0.25	0.75	0.90	0.95	0.975	0.99	0.995
12	3.074	3.571	4.404	5.226	6.304	8.438	14.845	18.549	21.026	23.337	26.217	28.299
13	3.565	4.107	5.009	5.892	7.042	9.299	15.984	19.812	22.362	24.736	27.688	29.819
14	4.075	4.660	5.629	6.571	7.790	10.165	17.117	21.064	23.685	26.119	29.141	31.319
15	4.601	5.229	6.262	7.261	8.547	11.037	18.245	22.307	24.996	27.488	30.578	32.801
16	5.142	5.812	6.908	7.962	9.312	11.912	19.369	23.542	26.296	28.845	32.000	34.267
17	5.697	6.408	7.564	8.672	10.085	12.792	20.489	24.769	27.587	30.191	33.409	35.718
18	6.265	7.015	8.231	9.390	10.865	13.675	21.605	25.989	28.869	31.526	34.805	37.156
19	6.844	7.633	8.907	10.117	11.651	14.562	22.718	27.204	30.144	32.852	36.191	38.582
20	7.434	8.260	9.591	10.851	12.443	15.452	23.828	28.412	31.410	34.170	37.566	39.997
21	8.034	8.897	10.283	11.591	13.240	16.344	24.935	29.615	32.671	36.479	38.932	41.401
22	8.643	9.542	10.982	12.388	14.042	17.240	26.039	30.813	33.924	36.781	40.289	42.796
23	9.260	10.196	11.689	13.091	14.848	18.137	27.141	32.007	35.172	38.076	41.638	44.181
24	9.886	10.856	12.401	13.848	15.659	19.037	28.241	33.196	36.415	39.304	42.980	45.559
25	10.520	11.524	13.120	14.611	16.473	19.939	29.339	34.382	37.652	40.646	44.314	46.923
26	11.160	12.198	13.844	15.379	17.292	20.843	30.435	35.563	38.885	41.923	45.642	48.290
27	11.808	12.879	14.573	16.151	18.114	21.749	31.528	36.741	40.113	43.194	46.963	49.645
28	12.461	13.565	15.308	16.928	18.939	22.657	32.620	37.916	41.337	44.461	48.278	50.993

（续）

n	$\alpha=0.005$	0.01	0.025	0.05	0.10	0.25	0.75	0.90	0.95	0.975	0.99	0.995
29	13.121	14.257	16.047	17.708	19.768	23.567	33.711	39.087	42.557	45.722	49.588	52.336
30	13.787	14.954	16.791	18.493	20.599	24.478	34.800	40.256	43.773	46.979	50.892	53.672
31	14.458	15.655	17.539	19.281	21.434	25.390	35.887	41.422	44.985	48.232	52.191	55.003
32	15.134	16.362	18.291	20.072	22.271	26.304	36.973	42.585	46.194	49.480	53.486	56.328
33	15.815	17.074	19.047	20.867	23.110	27.219	38.058	43.745	47.400	50.725	54.776	57.648
34	16.501	17.789	19.806	21.664	23.952	28.136	39.141	44.903	48.602	51.966	56.061	58.964
35	17.192	18.509	20.569	22.465	24.797	29.054	40.223	46.059	49.802	53.203	57.342	60.275
36	17.887	19.233	21.336	23.269	25.643	29.973	41.304	47.212	50.998	54.437	58.619	61.581
37	18.586	19.960	22.106	24.075	26.492	30.893	42.383	48.363	52.192	55.668	59.892	62.883
38	19.289	20.691	22.878	24.884	27.343	31.815	43.462	49.513	53.384	56.896	61.162	64.181
39	19.996	21.426	23.654	25.695	28.196	32.737	44.539	50.600	54.572	58.120	62.428	65.476
40	20.707	22.164	24.433	26.509	29.051	33.660	45.616	51.805	55.758	59.342	63.691	66.766
41	21.421	22.906	25.215	27.326	29.907	34.585	46.692	52.949	56.942	60.561	64.950	68.053
42	22.138	23.650	25.999	28.144	30.765	35.510	47.766	54.090	58.124	61.777	66.206	69.336
43	22.859	24.398	26.785	28.965	31.625	36.436	48.840	55.230	59.304	62.990	67.459	70.616
44	23.584	25.148	27.575	29.787	32.487	37.363	49.913	56.369	60.481	64.201	68.710	71.893
45	24.311	25.901	28.366	30.612	33.350	39.291	50.985	57.505	61.656	65.410	69.957	73.166

附表 3 t 分布分位数表

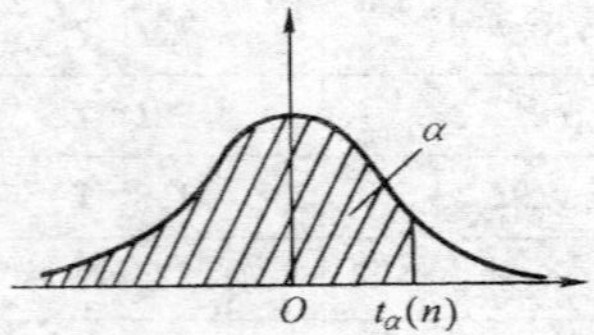

$$P\{t(n) \leqslant t_\alpha(n)\} = \alpha$$

n	$\alpha=0.75$	0.90	0.95	0.975	0.99	0.995
1	1.0000	3.0777	6.3138	12.7062	31.8207	63.6574
2	0.8165	1.8856	2.9200	4.3027	6.9646	9.9248
3	0.7649	1.6377	2.3534	3.1824	4.5407	5.8409
4	0.7407	1.5332	2.1318	2.7764	3.7469	4.6041
5	0.7267	1.4759	2.0150	2.5706	3.3649	4.0322
6	0.7176	1.4398	1.9432	2.4469	3.1427	3.7074
7	0.7111	1.4149	1.8946	2.3646	2.9980	3.4995
8	0.7064	1.3968	1.8595	2.3060	2.8965	3.3554
9	0.7027	1.3830	1.8331	2.2622	2.8214	3.2498
10	0.6998	1.3722	1.8125	2.2281	2.7638	3.1693
11	0.6974	1.3634	1.7959	2.2010	2.7181	3.1058

（续）

n	$\alpha=0.75$	0.90	0.95	0.975	0.99	0.995
12	0.6955	1.3562	1.7823	2.1788	2.6810	3.0545
13	0.6938	1.3502	1.7709	2.1604	2.6503	3.0123
14	0.6924	1.3450	1.7613	2.1448	2.6245	2.9768
15	0.6912	1.3406	1.7531	2.1315	2.6025	2.9467
16	0.6901	1.3368	1.7459	2.1199	2.5835	2.9208
17	0.6892	1.3334	1.7396	2.1098	2.5669	2.8982
18	0.6884	1.3304	1.7341	2.1009	2.5524	2.8784
19	0.6876	1.3277	1.7291	2.0930	2.5395	2.8609
20	0.6870	1.3253	1.7247	2.0860	2.5280	2.8453
21	0.6864	1.3232	1.7207	2.0796	2.5177	2.8314
22	0.6858	1.3212	1.7171	2.0739	2.5083	2.8188
23	0.6853	1.3195	1.7139	2.0687	2.4999	2.8073
24	0.6848	1.3178	1.7109	2.0639	2.4922	2.7969
25	0.6844	1.3163	1.7081	2.0595	2.4851	2.7874
26	0.6840	1.3150	1.7056	2.0555	2.4786	2.7787
27	0.6837	1.3137	1.7033	2.0518	2.4727	2.7707
28	0.6834	1.3125	1.7011	2.0484	2.4671	2.7633

（续）

n	$\alpha=0.75$	0.90	0.95	0.975	0.99	0.995
29	0.6830	1.3114	1.6991	2.0452	2.4620	2.7564
30	0.6828	1.3104	1.6973	2.0423	2.4573	2.7500
31	0.6825	1.3095	1.6955	2.0395	2.4528	2.7440
32	0.6822	1.3086	1.6939	2.0369	2.4487	2.7385
33	0.6820	1.3077	1.6924	2.0345	2.4448	2.7333
34	0.6818	1.3070	1.6909	2.0322	2.4411	2.7284
35	0.6816	1.3062	1.6896	2.0301	2.4377	2.7238
36	0.6814	1.3055	1.6883	2.0281	2.4345	2.7195
37	0.6812	1.3049	1.6871	2.0262	2.4314	2.7154
38	0.6810	1.3042	1.6860	2.0244	2.4286	2.7116
39	0.6808	1.3036	1.6849	2.0227	2.4258	2.7079
40	0.6807	1.3031	1.6839	2.0211	2.4233	2.7045
41	0.6805	1.3025	1.6829	2.0195	2.4208	2.7012
42	0.6804	1.3020	1.6820	2.0181	2.4185	2.6981
43	0.6802	1.3016	1.6811	2.0167	2.4163	2.6951
44	0.6801	1.3011	1.6802	2.0154	2.4141	2.6923
45	0.6800	1.3006	1.6794	2.0141	2.4121	2.6896

附表 4　F 分布分位数表

$$P\{F(n_1,n_2)\leqslant F_\alpha(n_1,n_2)\}=\alpha$$

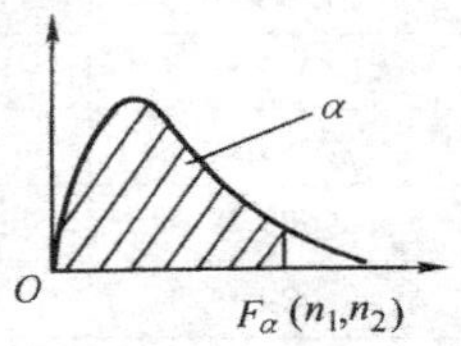

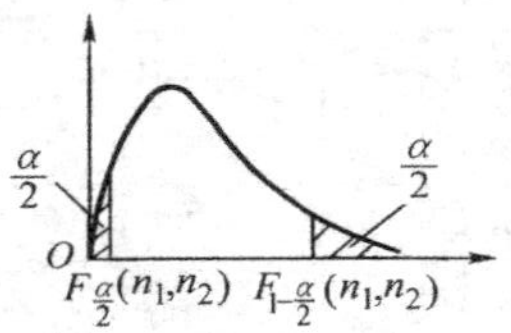

$F_{0.75}(n_1,n_2)$

n_2 \ n_1	1	2	3	4	5	6	7	8	9	10	12	15	20	24	30	40	60	120	∞	n_1 / n_2
1	5.83	7.50	8.20	8.58	8.82	8.98	9.10	9.19	9.26	9.32	9.41	9.49	9.58	9.63	9.67	9.71	9.76	9.80	9.85	1
2	2.57	3.00	3.15	3.23	3.28	3.31	3.34	3.35	3.37	3.38	3.39	3.41	3.43	3.43	3.44	3.45	3.46	3.47	3.48	2
3	2.02	2.28	2.36	2.39	2.41	2.42	2.43	2.44	2.44	2.44	2.45	2.46	2.46	2.46	2.47	2.47	2.47	2.47	2.47	3
4	1.81	2.00	2.05	2.06	2.07	2.08	2.08	2.08	2.08	2.08	2.08	2.08	2.08	2.08	2.08	2.08	2.08	2.08	2.08	4
5	1.69	1.85	1.88	1.89	1.89	1.89	1.89	1.89	1.89	1.89	1.89	1.89	1.88	1.88	1.88	1.88	1.87	1.87	1.87	5
6	1.62	1.76	1.78	1.79	1.79	1.78	1.78	1.78	1.77	1.77	1.77	1.76	1.76	1.75	1.75	1.75	1.74	1.74	1.74	6
7	1.57	1.70	1.72	1.72	1.71	1.71	1.70	1.70	1.69	1.69	1.68	1.68	1.67	1.67	1.66	1.66	1.65	1.65	1.65	7
8	1.54	1.66	1.67	1.66	1.66	1.65	1.64	1.64	1.63	1.63	1.62	1.62	1.61	1.60	1.60	1.59	1.59	1.58	1.58	8
9	1.51	1.62	1.63	1.63	1.62	1.61	1.60	1.60	1.59	1.59	1.58	1.57	1.56	1.56	1.55	1.54	1.54	1.53	1.53	9
10	1.49	1.60	1.60	1.59	1.59	1.58	1.57	1.56	1.56	1.55	1.54	1.53	1.52	1.52	1.51	1.51	1.50	1.49	1.48	10

（续）

n_2 \ n_1	1	2	3	4	5	6	7	8	9	10	12	15	20	24	30	40	60	120	∞	n_1 / n_2
11	1. 47	1. 58	1. 58	1. 57	1. 56	1. 55	1. 54	1. 53	1. 53	1. 52	1. 51	1. 50	1. 49	1. 49	1. 48	1. 47	1. 47	1. 46	1. 45	11
12	1. 46	1. 56	1. 56	1. 55	1. 54	1. 53	1. 52	1. 51	1. 51	1. 50	1. 49	1. 48	1. 47	1. 46	1. 45	1. 45	1. 44	1. 43	1. 42	12
13	1. 45	1. 55	1. 55	1. 53	1. 52	1. 51	1. 50	1. 49	1. 49	1. 48	1. 47	1. 46	1. 45	1. 44	1. 43	1. 42	1. 42	1. 41	1. 40	13
14	1. 44	1. 53	1. 53	1. 52	1. 51	1. 50	1. 49	1. 48	1. 47	1. 46	1. 45	1. 44	1. 43	1. 42	1. 41	1. 41	1. 40	1. 39	1. 38	14
15	1. 43	1. 52	1. 52	1. 51	1. 49	1. 48	1. 47	1. 46	1. 46	1. 45	1. 44	1. 43	1. 41	1. 41	1. 40	1. 39	1. 38	1. 37	1. 36	15
16	1. 42	1. 51	1. 51	1. 50	1. 48	1. 47	1. 46	1. 45	1. 44	1. 44	1. 43	1. 41	1. 40	1. 39	1. 38	1. 37	1. 36	1. 35	1. 34	16
17	1. 42	1. 51	1. 50	1. 49	1. 47	1. 46	1. 45	1. 44	1. 43	1. 43	1. 41	1. 40	1. 39	1. 38	1. 37	1. 36	1. 35	1. 34	1. 33	17
18	1. 41	1. 50	1. 49	1. 48	1. 46	1. 45	1. 44	1. 43	1. 42	1. 42	1. 40	1. 39	1. 38	1. 37	1. 36	1. 35	1. 34	1. 33	1. 32	18
19	1. 41	1. 49	1. 49	1. 47	1. 46	1. 44	1. 43	1. 42	1. 41	1. 41	1. 40	1. 38	1. 37	1. 36	1. 35	1. 34	1. 33	1. 32	1. 30	19
20	1. 40	1. 49	1. 48	1. 47	1. 45	1. 44	1. 43	1. 42	1. 41	1. 40	1. 39	1. 37	1. 36	1. 35	1. 34	1. 33	1. 32	1. 31	1. 29	20
21	1. 40	1. 48	1. 48	1. 46	1. 44	1. 43	1. 42	1. 41	1. 40	1. 39	1. 38	1. 37	1. 35	1. 34	1. 33	1. 32	1. 31	1. 30	1. 28	21
22	1. 40	1. 48	1. 47	1. 45	1. 44	1. 42	1. 41	1. 40	1. 39	1. 39	1. 37	1. 36	1. 34	1. 33	1. 32	1. 31	1. 30	1. 29	1. 28	22
23	1. 39	1. 47	1. 47	1. 45	1. 43	1. 42	1. 41	1. 40	1. 39	1. 38	1. 37	1. 35	1. 34	1. 33	1. 32	1. 31	1. 30	1. 28	1. 27	23
24	1. 39	1. 47	1. 46	1. 44	1. 43	1. 41	1. 40	1. 39	1. 38	1. 38	1. 36	1. 35	1. 33	1. 32	1. 31	1. 30	1. 29	1. 28	1. 26	24
25	1. 30	1. 47	1. 46	1. 44	1. 42	1. 41	1. 40	1. 39	1. 38	1. 37	1. 36	1. 34	1. 33	1. 32	1. 31	1. 29	1. 28	1. 27	1. 25	25
26	1. 38	1. 46	1. 45	1. 44	1. 42	1. 41	1. 39	1. 38	1. 37	1. 37	1. 35	1. 34	1. 32	1. 31	1. 30	1. 29	1. 28	1. 26	1. 25	26

（续）

n_2 \ n_1	1	2	3	4	5	6	7	8	9	10	12	15	20	24	30	40	60	120	∞	n_1 / n_2
27	1.38	1.46	1.45	1.43	1.42	1.40	1.39	1.38	1.37	1.36	1.35	1.33	1.32	1.31	1.30	1.28	1.27	1.26	1.24	27
28	1.38	1.46	1.45	1.43	1.41	1.40	1.39	1.38	1.37	1.36	1.34	1.33	1.31	1.30	1.29	1.28	1.27	1.25	1.24	28
29	1.38	1.45	1.45	1.43	1.41	1.40	1.38	1.37	1.36	1.35	1.34	1.32	1.31	1.30	1.29	1.27	1.26	1.25	1.23	29
30	1.38	1.45	1.44	1.42	1.41	1.39	1.38	1.37	1.36	1.35	1.34	1.32	1.30	1.29	1.28	1.27	1.26	1.24	1.23	30
40	1.36	1.44	1.42	1.40	1.39	1.37	1.36	1.35	1.34	1.33	1.31	1.30	1.28	1.26	1.25	1.24	1.22	1.21	1.19	40
60	1.35	1.42	1.41	1.38	1.37	1.35	1.33	1.32	1.31	1.30	1.29	1.27	1.25	1.24	1.22	1.21	1.19	1.17	1.15	60
120	1.34	1.40	1.39	1.37	1.35	1.33	1.31	1.30	1.29	1.23	1.26	1.24	1.22	1.21	1.19	1.18	1.16	1.13	1.10	120
∞	1.32	1.39	1.37	1.35	1.33	1.31	1.29	1.28	1.27	1.25	1.24	1.22	1.19	1.18	1.16	1.14	1.12	1.08	1.00	∞

$F_{0.90}(n_1, n_2)$

n_2 \ n_1	1	2	3	4	5	6	7	8	9	10	15	20	30	50	100	200	500	∞	n_1 / n_2
1	39.9	49.5	53.6	55.8	57.2	58.2	58.9	59.4	59.9	60.2	61.2	61.7	62.3	62.7	63.0	63.2	63.3	63.3	1
2	8.53	9.00	9.16	9.24	9.29	9.33	9.35	9.37	9.38	9.39	9.42	9.44	9.46	9.47	9.48	9.49	9.49	9.49	2
3	5.54	5.46	5.39	5.34	5.31	5.28	5.27	5.25	5.24	5.23	5.20	5.18	5.17	5.15	5.14	5.14	5.14	5.13	3
4	4.54	4.32	4.19	4.11	4.05	4.01	3.98	3.95	3.94	3.92	3.87	3.84	3.82	3.80	3.78	3.77	3.76	3.76	4
5	4.06	3.78	3.62	3.52	3.45	3.40	3.37	3.34	3.32	3.30	3.24	3.21	3.17	3.15	3.13	3.12	3.11	3.10	5

（续）

n_2 \ n_1	1	2	3	4	5	6	7	8	9	10	15	20	30	50	100	200	500	∞	n_1 / n_2
6	3.78	3.46	3.29	3.18	3.11	3.05	3.01	2.98	2.96	2.94	2.87	2.84	2.80	2.77	2.75	2.73	2.73	2.72	6
7	3.59	3.26	3.07	2.96	2.88	2.83	2.78	2.75	2.72	2.70	2.63	2.59	2.56	2.52	2.50	2.48	2.48	2.47	7
8	3.46	3.11	2.92	2.81	2.73	2.67	2.62	2.59	2.56	2.54	2.46	2.42	2.38	2.35	2.32	2.31	2.30	2.29	8
9	3.36	3.01	2.81	2.69	2.61	2.55	2.51	2.47	2.44	2.42	2.34	2.30	2.25	2.22	2.19	2.17	2.17	2.16	9
10	3.28	2.92	2.73	2.61	2.52	2.46	2.41	2.38	2.35	2.32	2.24	2.20	2.16	2.12	2.09	2.07	2.06	2.06	10
11	3.23	2.86	2.66	2.54	2.45	2.39	2.34	2.30	2.27	2.25	2.17	2.12	2.08	2.04	2.00	1.99	1.98	1.97	11
12	3.18	2.81	2.61	2.48	2.39	2.33	2.28	2.24	2.21	2.19	2.10	2.06	2.01	1.97	1.94	1.92	1.91	1.90	12
13	3.14	2.76	2.56	2.43	2.35	2.28	2.23	2.20	2.16	2.14	2.05	2.01	1.96	1.92	1.88	1.86	1.85	1.85	13
14	3.10	2.73	2.52	2.39	2.31	2.24	2.19	2.15	2.12	2.10	2.01	1.96	1.91	1.87	1.83	1.82	1.80	1.80	14
15	3.07	2.70	2.49	2.36	2.27	2.21	2.16	2.12	2.09	2.06	1.97	1.92	1.87	1.83	1.79	1.77	1.76	1.76	15
16	3.05	2.67	2.46	2.33	2.24	2.18	2.13	2.09	2.06	2.03	1.94	1.89	1.84	1.79	1.76	1.74	1.73	1.72	16
17	3.03	2.64	2.44	2.31	2.22	2.15	2.10	2.06	2.06	2.00	1.91	1.86	1.81	1.76	1.73	1.71	1.69	1.69	17
18	3.01	2.62	2.42	2.29	2.20	2.13	2.08	2.04	2.00	1.98	1.89	1.84	1.78	1.74	1.70	1.68	1.67	1.66	18
19	2.99	2.61	2.40	2.27	2.18	2.11	2.06	2.02	1.98	1.96	1.86	1.81	1.76	1.71	1.67	1.65	1.64	1.63	19
20	2.97	2.59	2.38	2.25	2.16	2.09	2.04	2.00	1.96	1.94	1.84	1.79	1.74	1.69	1.65	1.63	1.62	1.61	20
22	2.95	2.56	2.35	2.22	2.13	2.06	2.01	1.97	1.93	1.90	1.81	1.76	1.70	1.65	1.61	1.59	1.58	1.57	22

（续）

n_2 \ n_1	1	2	3	4	5	6	7	8	9	10	15	20	30	50	100	200	500	∞	n_1 / n_2
24	2. 93	2. 54	2. 33	2. 19	2. 10	2. 04	1. 98	1. 94	1. 91	1. 88	1. 78	1. 73	1. 67	1. 62	1. 58	1. 56	1. 54	1. 53	24
26	2. 91	2. 52	2. 31	2. 17	2. 08	2. 01	1. 96	1. 92	1. 88	1. 86	1. 76	1. 71	1. 65	1. 59	1. 55	1. 53	1. 51	1. 50	26
28	2. 89	2. 50	2. 29	2. 16	2. 06	2. 00	1. 94	1. 90	1. 87	1. 84	1. 74	1. 69	1. 63	1. 57	1. 53	1. 50	1. 49	1. 48	28
30	2. 88	2. 49	2. 28	2. 14	2. 05	1. 98	1. 93	1. 88	1. 85	1. 82	1. 72	1. 67	1. 61	1. 55	1. 51	1. 48	1. 47	1. 46	30
40	2. 84	2. 44	2. 23	2. 09	2. 00	1. 93	1. 87	1. 83	1. 79	1. 76	1. 66	1. 61	1. 54	1. 48	1. 43	1. 41	1. 39	1. 38	40
50	2. 81	2. 41	2. 20	2. 06	1. 97	1. 90	1. 84	1. 80	1. 76	1. 73	1. 63	1. 57	1. 50	1. 44	1. 39	1. 36	1. 34	1. 33	50
60	2. 79	2. 39	2. 18	2. 04	1. 95	1. 87	1. 82	1. 77	1. 74	1. 71	1. 60	1. 54	1. 48	1. 41	1. 36	1. 33	1. 31	1. 29	60
80	2. 77	2. 37	2. 15	2. 02	1. 92	1. 85	1. 79	1. 75	1. 71	1. 68	1. 57	1. 51	1. 44	1. 38	1. 32	1. 28	1. 26	1. 24	80
100	2. 76	2. 36	2. 14	2. 00	1. 91	1. 83	1. 78	1. 73	1. 70	1. 66	1. 56	1. 49	1. 42	1. 35	1. 29	1. 26	1. 23	1. 21	100
200	2. 73	2. 33	2. 11	1. 97	1. 88	1. 80	1. 75	1. 70	1. 66	1. 63	1. 52	1. 46	1. 38	1. 31	1. 24	1. 20	1. 17	1. 14	200
500	2. 72	2. 31	2. 10	1. 96	1. 86	1. 79	1. 73	1. 68	1. 64	1. 61	1. 50	1. 44	1. 36	1. 28	1. 21	1. 16	1. 12	1. 09	500
∞	2. 71	2. 30	2. 08	1. 94	1. 85	1. 77	1. 72	1. 67	1. 63	1. 60	1. 49	1. 42	1. 34	1. 26	1. 18	1. 13	1. 08	1. 000	∞

$F_{0.95}(n_1, n_2)$

n_2 \ n_1	1	2	3	4	5	6	7	8	9	10	12	14	16	18	20	n_1 / n_2
1	161	200	216	225	230	234	237	239	241	242	244	245	246	247	248	1

(续)

n_2 \ n_1	1	2	3	4	5	6	7	8	9	10	12	14	16	18	20	n_1 / n_2
2	18.5	19.0	19.2	19.2	19.3	19.3	19.4	19.4	19.4	19.4	19.4	19.4	19.4	19.4	19.4	2
3	10.1	9.55	9.28	9.12	9.01	8.94	8.89	8.85	8.81	8.79	8.74	8.71	8.69	8.67	8.66	3
4	7.71	6.94	6.59	6.39	6.26	6.16	6.09	6.04	6.00	5.96	5.91	5.87	5.84	5.82	5.80	4
5	6.61	5.79	5.41	5.19	5.05	4.95	4.88	4.82	4.77	4.74	4.68	4.64	4.60	4.58	4.56	5
6	5.99	5.14	4.76	4.53	4.89	4.28	4.21	4.15	4.10	4.06	4.00	3.96	3.92	3.90	3.87	6
7	5.59	4.74	4.35	4.12	3.97	3.87	3.79	3.73	3.68	3.64	3.57	3.53	3.49	3.47	3.44	7
8	5.32	4.46	4.07	3.84	3.69	3.58	3.50	3.44	3.39	3.35	3.28	3.24	3.20	3.17	3.15	8
9	5.12	4.26	3.86	3.63	3.48	3.37	3.29	3.23	3.18	3.14	3.07	3.03	2.99	2.96	2.94	9
10	4.96	4.10	3.71	3.48	3.33	3.22	3.14	3.07	3.02	2.98	2.91	2.86	2.83	2.80	2.77	10
11	4.84	3.98	3.59	3.36	3.20	3.09	3.01	2.95	2.90	2.85	2.79	2.74	2.70	2.67	2.65	11
12	4.75	3.89	3.49	3.26	3.11	3.00	2.91	2.85	2.80	2.75	2.69	2.64	2.60	2.57	2.54	12
13	4.67	3.81	3.41	3.18	3.03	2.92	2.83	2.77	2.71	2.67	2.60	2.55	2.51	2.48	2.46	13
14	4.60	3.74	3.34	3.11	2.96	2.85	2.76	2.70	2.65	2.60	2.53	2.48	2.44	2.41	2.39	14
15	4.54	3.68	3.29	3.06	2.90	2.79	2.71	2.64	2.59	2.54	2.48	2.42	2.38	2.35	2.33	15
16	4.49	3.63	3.24	3.01	2.85	2.74	2.66	2.59	2.54	2.49	2.42	2.37	2.33	2.30	2.28	16
17	4.45	3.59	3.20	2.96	2.81	2.70	2.61	2.55	2.49	2.45	2.38	2.33	2.29	2.26	2.23	17

（续）

n_2 \ n_1	1	2	3	4	5	6	7	8	9	10	12	14	16	18	20	n_1 / n_2
18	4.41	3.55	3.16	2.93	2.77	2.66	2.58	2.51	2.46	2.41	2.34	2.29	2.25	2.22	2.19	18
19	4.38	3.52	3.13	2.90	2.74	2.63	2.54	2.48	2.42	2.38	2.31	2.26	2.21	2.18	2.16	19
20	4.35	3.49	3.10	2.87	2.71	2.60	2.51	2.45	2.39	2.35	2.28	2.22	2.18	2.15	2.12	20
21	4.32	3.47	3.07	2.84	2.68	2.57	2.49	2.42	2.37	2.32	2.25	2.20	2.16	2.12	2.10	21
22	4.30	3.44	3.05	2.82	2.66	2.55	2.46	2.40	2.34	2.30	2.23	2.17	2.13	2.10	2.07	22
23	4.28	3.42	3.03	2.80	2.64	2.53	2.44	2.37	2.32	2.27	2.20	2.15	2.11	2.07	2.05	23
24	4.26	3.40	3.01	2.78	2.62	2.51	2.42	2.36	2.30	2.25	2.18	2.13	2.09	2.05	2.03	24
25	4.24	3.39	2.99	2.76	2.60	2.49	2.40	2.34	2.28	2.24	2.16	2.11	2.07	2.04	2.01	25
26	4.23	3.37	2.98	2.74	2.59	2.47	2.39	2.32	2.27	2.22	2.15	2.09	2.05	2.02	1.99	26
27	4.21	3.35	2.96	2.73	2.57	2.46	2.37	2.31	2.25	2.20	2.13	2.08	2.04	2.00	1.97	27
28	4.20	3.34	2.95	2.71	2.56	2.45	2.36	2.29	2.24	2.19	2.12	2.06	2.02	1.99	1.96	28
29	4.18	3.33	2.93	2.70	2.55	2.43	2.35	2.28	2.22	2.18	2.10	2.05	2.01	1.97	1.94	29
30	4.17	3.32	2.92	2.69	2.53	2.42	2.33	2.27	2.21	2.16	2.09	2.04	1.99	1.96	1.93	30
32	4.15	3.29	2.90	2.67	2.51	2.40	2.31	2.24	2.19	2.14	2.07	2.01	1.97	1.94	1.91	32
34	4.13	3.28	2.88	2.65	2.49	2.38	2.29	2.23	2.17	2.12	2.05	1.99	1.95	1.92	1.89	34
36	4.11	3.26	2.87	2.63	2.48	2.36	2.28	2.21	2.15	2.11	2.03	1.98	1.93	1.90	1.87	36
38	4.10	3.24	2.85	2.62	2.46	2.35	2.26	2.19	2.14	2.09	2.02	1.96	1.92	1.88	1.85	38

（续）

n_2 \ n_1	1	2	3	4	5	6	7	8	9	10	12	14	16	18	20	n_1 / n_2
40	4.08	3.23	2.84	2.61	2.45	2.34	2.25	2.18	2.12	2.08	2.00	1.95	1.90	1.87	1.84	40
42	4.07	3.22	2.83	2.59	2.44	2.32	2.24	2.17	2.11	2.06	1.99	1.93	1.89	1.86	1.83	42
44	4.06	3.21	2.82	2.58	2.43	2.31	2.23	2.16	2.10	2.05	1.98	1.92	1.88	1.84	1.81	44
46	4.05	3.20	2.81	2.57	2.42	2.30	2.22	2.15	2.09	2.04	1.97	1.91	1.87	1.83	1.80	46
48	4.04	3.19	2.80	2.57	2.41	2.29	2.21	2.14	2.08	2.03	1.96	1.90	1.86	1.82	1.79	48
50	4.03	3.18	2.79	2.56	2.40	2.29	2.20	2.13	2.07	2.03	1.95	1.89	1.85	1.81	1.78	50
60	4.00	3.15	2.76	2.53	2.37	2.25	2.17	2.10	2.04	1.99	1.92	1.86	1.82	1.78	1.75	60
80	3.96	3.11	2.72	2.49	2.33	2.21	2.13	2.06	2.00	1.95	1.88	1.82	1.77	1.73	1.70	80
100	3.94	3.09	2.70	2.46	2.31	2.19	2.10	2.03	1.97	1.93	1.85	1.79	1.75	1.71	1.68	100
125	3.92	3.07	2.68	2.44	2.29	2.17	2.08	2.01	1.96	1.91	1.83	1.77	1.72	1.69	1.65	125
150	3.90	3.06	2.66	2.43	2.27	2.16	2.07	2.00	1.94	1.89	1.82	1.76	1.71	1.67	1.64	150
200	3.89	3.04	2.65	2.42	2.26	2.14	2.06	1.98	1.93	1.88	1.80	1.74	1.69	1.66	1.62	200
300	3.87	3.03	2.63	2.40	2.24	2.13	2.04	1.97	1.91	1.86	1.78	1.72	1.68	1.64	1.61	300
500	3.86	3.01	2.62	2.39	2.23	2.12	2.03	1.96	1.90	1.85	1.77	1.71	1.66	1.62	1.59	500
1000	3.85	3.00	2.61	2.38	2.22	2.11	2.02	1.95	1.89	1.84	1.76	1.70	1.65	1.61	1.58	1000
∞	3.84	3.00	2.60	2.37	2.21	2.10	2.01	1.94	1.83	1.83	1.75	1.69	1.64	1.60	1.57	∞

（续）

n_2 \ n_1	22	24	26	28	30	35	40	45	50	60	80	100	200	500	∞	n_1 / n_2
1	249	249	249	250	250	251	251	251	252	252	252	253	254	254	254	1
2	19.5	19.5	19.5	19.5	19.5	19.5	19.5	19.5	19.5	19.5	19.5	19.5	19.5	19.5	19.5	2
3	8.65	8.64	8.63	8.62	8.62	8.60	8.59	8.59	8.58	8.57	8.56	8.55	8.54	8.53	8.53	3
4	5.79	5.77	5.76	5.75	5.75	5.73	5.72	5.71	5.70	5.69	5.67	5.66	5.65	5.64	5.63	4
5	4.54	4.53	4.52	4.50	4.50	4.48	4.46	4.45	4.44	4.43	4.41	4.41	4.39	4.37	4.37	5
6	3.86	3.84	3.83	3.82	3.81	3.79	3.77	3.76	3.75	3.74	3.72	3.71	3.69	3.68	3.67	6
7	3.43	3.41	3.40	3.39	3.38	3.36	3.34	3.33	3.32	3.30	3.29	3.27	3.25	3.24	3.23	7
8	3.13	3.12	3.10	3.09	3.08	3.06	3.04	3.03	3.02	3.01	2.99	2.97	2.95	2.94	2.93	8
9	2.92	2.90	2.89	2.87	2.86	2.84	2.83	2.81	2.80	2.79	2.77	2.76	2.73	2.72	2.71	9
10	2.75	2.74	2.72	2.71	2.70	2.68	2.66	2.65	2.64	2.62	2.60	2.59	2.56	2.55	2.54	10
11	2.63	2.61	2.59	2.58	2.57	2.55	2.53	2.52	2.51	2.49	2.47	2.46	2.43	2.42	2.40	11
12	2.52	2.51	2.49	2.48	2.47	2.44	2.43	2.41	2.40	2.38	2.36	2.35	2.32	2.31	2.30	12
13	2.44	2.42	2.41	2.39	2.38	2.36	2.34	2.33	2.31	2.30	2.27	2.26	2.23	2.22	2.21	13
14	2.37	2.35	2.33	2.32	2.31	2.28	2.27	2.25	2.24	2.22	2.20	2.19	2.16	2.14	2.13	14
15	2.31	2.29	2.27	2.26	2.25	2.22	2.20	2.19	2.18	2.16	2.14	2.12	2.10	2.08	2.07	15
16	2.25	2.24	2.22	2.21	2.19	2.17	2.15	2.14	2.12	2.11	2.08	2.07	2.04	2.02	2.01	16

（续）

n_2 \ n_1	22	24	26	28	30	35	40	45	50	60	80	100	200	500	∞	n_1 / n_2
17	2.21	2.19	2.17	2.16	2.15	2.12	2.10	2.09	2.08	2.06	2.03	2.02	1.99	1.97	1.96	17
18	2.17	2.15	2.13	2.12	2.11	2.08	2.06	2.05	2.04	2.02	1.99	1.98	1.95	1.93	1.92	18
19	2.13	2.11	2.10	2.08	2.07	2.05	2.03	2.01	2.00	1.98	1.96	1.94	1.91	1.89	1.88	19
20	2.10	2.08	2.07	2.05	2.04	2.01	1.99	1.98	1.97	1.95	1.92	1.91	1.88	1.86	1.84	20
21	2.07	2.05	2.04	2.02	2.01	1.98	1.96	1.95	1.94	1.92	1.89	1.88	1.84	1.82	1.81	21
22	2.05	2.03	2.01	2.00	1.98	1.96	1.94	1.92	1.91	1.89	1.86	1.85	1.82	1.80	1.78	22
23	2.02	2.00	1.99	1.97	1.96	1.93	1.91	1.90	1.88	1.86	1.84	1.82	1.79	1.77	1.76	23
24	2.00	1.98	1.97	1.95	1.94	1.91	1.89	1.88	1.86	1.84	1.82	1.80	1.77	1.75	1.73	24
25	1.98	1.96	1.95	1.93	1.92	1.89	1.87	1.86	1.84	1.82	1.80	1.78	1.75	1.73	1.71	25
26	1.97	1.95	1.93	1.91	1.90	1.87	1.85	1.84	1.82	1.80	1.78	1.76	1.73	1.71	1.69	26
27	1.95	1.93	1.91	1.90	1.88	1.86	1.84	1.82	1.81	1.79	1.76	1.74	1.71	1.69	1.67	27
28	1.93	1.91	1.90	1.88	1.87	1.84	1.82	1.80	1.79	1.77	1.74	1.73	1.69	1.67	1.65	28
29	1.92	1.90	1.88	1.87	1.85	1.83	1.81	1.79	1.77	1.75	1.73	1.71	1.67	1.65	1.64	29
30	1.91	1.89	1.87	1.85	1.84	1.81	1.79	1.77	1.76	1.74	1.71	1.70	1.66	1.64	1.62	30
32	1.88	1.86	1.85	1.83	1.82	1.79	1.77	1.75	1.74	1.71	1.69	1.67	1.63	1.61	1.59	32
34	1.86	1.84	1.82	1.80	1.80	1.77	1.75	1.73	1.71	1.69	1.66	1.65	1.61	1.59	1.57	34

（续）

n_2 \ n_1	22	24	26	28	30	35	40	45	50	60	80	100	200	500	∞
36	1.85	1.82	1.81	1.79	1.78	1.75	1.73	1.71	1.69	1.67	1.64	1.62	1.59	1.56	1.55
38	1.83	1.81	1.79	1.77	1.76	1.73	1.71	1.69	1.68	1.65	1.62	1.61	1.57	1.54	1.53
40	1.81	1.79	1.77	1.76	1.74	1.72	1.69	1.67	1.66	1.64	1.61	1.59	1.55	1.53	1.51
42	1.80	1.78	1.76	1.74	1.73	1.70	1.68	1.66	1.65	1.62	1.59	1.57	1.53	1.51	1.49
44	1.79	1.77	1.75	1.73	1.72	1.69	1.67	1.65	1.63	1.61	1.58	1.56	1.52	1.49	1.48
46	1.78	1.76	1.74	1.72	1.71	1.68	1.65	1.64	1.62	1.60	1.57	1.55	1.51	1.48	1.46
48	1.77	1.75	1.73	1.71	1.70	1.67	1.64	1.62	1.61	1.59	1.56	1.54	1.49	1.47	1.45
50	1.76	1.74	1.72	1.70	1.69	1.66	1.63	1.61	1.60	1.58	1.54	1.52	1.48	1.46	1.44
60	1.72	1.70	1.68	1.66	1.65	1.62	1.59	1.57	1.56	1.53	1.50	1.48	1.44	1.41	1.39
80	1.68	1.65	1.63	1.62	1.60	1.57	1.54	1.52	1.51	1.48	1.45	1.43	1.38	1.35	1.32
100	1.65	1.63	1.61	1.59	1.57	1.54	1.52	1.49	1.48	1.45	1.41	1.39	1.34	1.31	1.28
125	1.63	1.60	1.58	1.57	1.55	1.52	1.49	1.47	1.45	1.42	1.39	1.36	1.31	1.27	1.25
150	1.61	1.59	1.57	1.55	1.53	1.50	1.48	1.45	1.44	1.41	1.37	1.34	1.29	1.25	1.22
200	1.60	1.57	1.55	1.53	1.52	1.48	1.46	1.43	1.41	1.39	1.35	1.32	1.26	1.22	1.19
300	1.58	1.55	1.53	1.51	1.50	1.46	1.43	1.41	1.39	1.36	1.32	1.30	1.23	1.19	1.15
500	1.56	1.54	1.52	1.50	1.48	1.45	1.42	1.40	1.38	1.34	1.30	1.28	1.21	1.16	1.11

（续）

n_2 \ n_1	22	24	26	28	30	35	40	45	50	60	80	100	200	500	∞	n_1 / n_2
1000	1.55	1.53	1.51	1.49	1.47	1.44	1.41	1.38	1.36	1.33	1.29	1.26	1.19	1.13	1.08	1000
∞	1.54	1.52	1.50	1.48	1.46	1.42	1.39	1.37	1.35	1.32	1.27	1.24	1.17	1.11	1.00	∞

$F_{0.975}(n_1, n_2)$

n_2 \ n_1	1	2	3	4	5	6	7	8	9	10	12	15	20	24	30	40	60	120	∞
1	647.8	799.5	864.2	899.6	921.8	937.1	948.2	956.7	963.3	968.6	976.7	984.9	993.1	997.2	1001	1006	1010	1014	1018
2	38.51	39.00	39.17	39.25	39.30	39.33	39.36	39.37	39.39	39.40	39.41	39.43	39.45	39.46	39.46	39.47	39.48	39.49	39.50
3	17.44	16.04	15.44	15.10	14.88	14.73	14.62	14.54	14.47	14.42	14.34	14.25	14.17	14.12	14.08	14.04	13.99	13.95	13.90
4	12.22	10.65	9.98	9.60	9.36	9.20	9.07	8.98	8.90	8.84	8.75	8.66	8.56	8.51	8.46	8.41	8.36	8.31	8.26
5	10.01	8.43	7.76	7.39	7.15	6.98	6.85	6.76	6.68	6.62	6.52	6.43	6.33	6.28	6.23	6.18	6.12	6.07	6.02
6	8.81	7.26	6.60	6.23	5.99	5.82	5.70	5.60	5.52	5.46	5.37	5.27	5.17	5.12	5.07	5.01	4.96	4.90	4.85
7	8.07	6.54	5.89	5.52	5.29	5.12	4.99	4.90	4.82	4.76	4.67	4.57	4.47	4.42	4.36	4.31	4.25	4.20	4.14
8	7.57	6.06	5.42	5.05	4.82	4.65	4.53	4.43	4.36	4.30	4.20	4.10	4.00	3.95	3.89	3.84	3.78	3.73	3.67
9	7.21	5.71	5.03	4.72	4.48	4.32	4.20	4.10	4.03	3.96	3.87	3.77	3.67	3.61	3.56	3.51	3.45	3.39	3.33
10	6.94	5.46	4.83	4.47	4.24	4.07	3.95	3.85	3.78	3.72	3.62	3.52	3.42	3.37	3.31	3.26	3.20	3.14	3.08
11	6.72	5.26	4.63	4.28	4.04	3.88	3.76	3.66	3.59	3.53	3.43	3.33	3.23	3.17	3.12	3.06	3.00	2.94	2.88

（续）

n_2 \ n_1	1	2	3	4	5	6	7	8	9	10	12	15	20	24	30	40	60	120	∞
12	6.55	5.10	4.42	4.12	3.89	3.73	3.61	3.51	3.44	3.37	3.28	3.18	3.07	3.02	2.96	2.91	2.85	2.79	2.72
13	6.41	4.97	4.35	4.00	3.77	3.60	3.48	3.39	3.31	3.25	3.15	3.05	2.95	2.89	2.84	2.78	2.72	2.66	2.60
14	6.30	4.86	4.24	3.89	3.66	3.50	3.38	3.29	3.21	3.15	3.05	2.95	2.84	2.79	2.73	2.67	2.61	2.55	2.49
15	6.20	4.77	4.15	3.80	3.58	3.41	3.29	3.20	3.12	3.06	2.96	2.86	2.76	2.70	2.64	2.59	2.52	2.46	2.40
16	6.12	4.69	4.08	3.73	3.50	3.34	3.22	3.12	3.05	2.99	2.89	2.79	2.68	2.63	2.57	2.51	2.45	2.38	2.32
17	6.01	4.62	4.01	3.66	3.44	3.28	3.16	3.06	2.98	2.92	2.82	2.72	2.62	2.56	2.50	2.44	2.38	2.32	2.25
18	5.98	4.56	3.95	3.61	3.38	3.22	3.10	3.01	2.93	2.87	2.77	2.67	2.56	2.50	2.44	2.38	2.32	2.26	2.19
19	5.92	4.51	3.90	3.56	3.33	3.17	3.05	2.96	2.88	2.82	2.72	2.62	2.51	2.45	2.39	2.33	2.27	2.20	2.13
20	5.87	4.46	3.89	3.51	3.29	3.13	3.01	2.91	2.84	2.77	2.68	2.57	2.46	2.41	2.35	2.29	2.22	2.16	2.09
21	5.83	4.42	3.82	3.48	3.25	3.09	2.97	2.87	2.80	2.73	2.64	2.53	2.42	2.37	2.31	2.25	2.18	2.11	2.04
22	5.79	4.38	3.78	3.44	3.22	3.05	2.93	2.84	2.76	2.70	2.60	2.50	2.39	2.33	2.27	2.21	2.14	2.08	2.00
23	5.57	4.35	3.75	3.41	3.18	3.02	2.90	2.81	2.73	2.67	2.57	2.47	2.36	2.30	2.24	2.18	2.11	2.04	1.97
24	5.72	4.32	3.72	3.38	3.15	2.99	2.87	2.78	2.70	2.64	2.54	2.44	2.33	2.27	2.21	2.15	2.08	2.01	1.94
25	5.69	4.29	3.69	3.35	3.13	2.97	2.85	2.75	2.68	2.61	2.51	2.41	2.30	2.24	2.18	2.12	2.05	1.98	1.91
26	5.66	4.27	3.67	3.33	3.10	2.94	2.82	2.73	2.65	2.59	2.49	2.39	2.28	2.22	2.16	2.09	2.03	1.95	1.88
27	5.63	4.24	3.65	3.31	3.08	2.92	2.80	2.71	2.63	2.57	2.47	2.36	2.25	2.19	2.13	2.07	2.00	1.93	1.85

（续）

n_2 \ n_1	1	2	3	4	5	6	7	8	9	10	12	15	20	24	30	40	60	120	∞
28	5.61	4.22	3.63	3.29	3.06	2.90	2.78	2.69	2.61	2.55	2.45	2.34	2.23	2.17	2.11	2.05	1.98	1.91	1.83
29	5.59	4.20	3.61	3.27	3.04	2.88	2.76	2.67	2.59	2.53	2.43	2.32	2.21	2.15	2.09	2.03	1.96	1.89	1.81
30	5.57	4.18	3.59	3.25	3.03	2.87	2.75	2.65	2.57	2.51	2.41	2.31	2.20	2.14	2.07	2.01	1.94	1.87	1.79
40	5.42	4.05	3.46	3.13	2.90	2.74	2.62	2.53	2.45	2.39	2.29	2.18	2.07	2.01	1.94	1.88	1.80	1.72	1.64
60	5.29	3.93	3.34	3.01	2.79	2.63	2.51	2.41	2.33	2.27	2.17	2.06	1.94	1.88	1.82	1.74	1.67	1.58	1.48
120	5.15	3.80	3.23	2.89	2.67	2.52	2.39	2.30	2.22	2.16	2.05	1.94	1.82	1.76	1.69	1.61	1.53	1.43	1.31
∞	5.02	3.69	3.12	2.79	2.57	2.41	2.29	2.19	2.11	2.05	1.94	1.83	1.71	1.64	1.57	1.48	1.39	1.27	1.00

$F_{0.99}(n_1, n_2)$

n_2 \ n_1	1	2	3	4	5	6	7	8	9	10	12	14	16	18	20	n_1 / n_2
1	4052	4999.5	5403	5625	5764	5859	5928	5982	6022	6056	6106	6142	6169	6192	6209	1
2	98.5	99.0	99.2	99.2	99.3	99.3	99.4	99.4	99.4	99.4	99.4	99.4	99.4	99.4	99.4	2
3	34.1	30.8	29.5	28.7	28.2	27.9	27.7	27.5	27.3	27.2	27.1	26.9	26.8	26.8	26.7	3
4	21.2	18.0	16.7	16.0	15.5	15.2	15.0	14.8	14.7	14.5	14.4	14.2	14.2	14.1	14.0	4
5	16.3	13.3	12.1	11.4	11.0	10.7	10.5	10.3	10.2	10.1	9.89	9.77	9.68	9.61	9.55	5
6	13.7	10.9	9.78	9.15	8.75	8.47	8.26	8.10	7.98	7.87	7.72	7.60	7.52	7.45	7.40	6

（续）

n_2 \ n_1	1	2	3	4	5	6	7	8	9	10	12	14	16	18	20	n_1 / n_2
7	12.2	9.55	8.45	7.85	7.46	7.19	6.99	6.84	6.72	6.62	6.47	6.36	6.27	6.21	6.16	7
8	11.3	8.65	7.59	7.01	6.63	6.37	6.18	6.03	5.91	5.81	5.67	5.56	5.48	5.41	5.36	8
9	10.6	8.02	6.99	6.42	6.06	5.80	5.61	5.47	5.35	5.26	5.11	5.00	4.92	4.86	4.81	9
10	10.0	7.56	6.55	5.99	5.64	5.39	5.20	5.06	4.94	4.85	4.71	4.60	4.52	4.46	4.41	10
11	9.65	7.21	6.22	5.67	5.32	5.07	4.89	4.74	4.63	4.54	4.40	4.29	4.21	4.15	4.10	11
12	9.33	6.93	5.95	5.41	5.06	4.82	4.64	4.50	4.39	4.30	4.16	4.05	3.97	3.91	3.86	12
13	9.07	6.70	5.74	5.21	4.86	4.62	4.44	4.30	4.19	4.10	3.96	3.86	3.78	3.71	3.66	13
14	8.86	6.51	5.56	5.04	4.70	4.46	4.28	4.14	4.03	3.94	3.80	3.70	3.62	3.56	3.51	14
15	8.68	6.36	5.42	4.89	4.56	4.32	4.14	4.00	3.89	3.80	3.67	3.56	3.49	3.42	3.37	15
16	8.53	6.23	5.29	4.77	4.44	4.20	4.03	3.89	3.78	3.69	3.55	3.45	3.37	3.31	3.26	16
17	8.40	6.11	5.18	4.67	4.34	4.10	3.93	3.79	3.68	3.59	3.46	3.35	3.27	3.21	3.16	17
18	8.29	6.01	5.09	4.58	4.25	4.01	3.84	3.71	3.60	3.51	3.37	3.27	3.19	3.13	3.08	18
19	8.18	5.93	5.01	4.50	4.17	3.94	3.77	3.63	3.52	3.43	3.30	3.19	3.12	3.05	3.00	19
20	8.10	5.85	4.94	4.43	4.10	3.87	3.70	3.56	3.46	3.37	3.23	3.13	3.05	2.99	2.94	20
21	8.02	5.78	4.87	4.37	4.04	3.81	3.64	3.51	3.40	3.31	3.17	3.07	2.99	2.93	2.88	21
22	7.95	5.72	4.82	4.31	3.99	3.76	3.59	3.45	3.35	3.26	3.12	3.02	2.94	2.88	2.83	22
23	7.88	5.66	4.76	4.26	3.94	3.71	3.54	3.41	3.30	3.21	3.07	2.97	2.89	2.83	2.78	23

（续）

n_2 \ n_1	1	2	3	4	5	6	7	8	9	10	12	14	16	18	20	n_1 / n_2
24	7. 82	5. 61	4. 72	4. 22	3. 90	3. 67	3. 50	3. 36	3. 26	3. 17	3. 03	2. 93	2. 85	2. 79	2. 74	24
25	7. 77	5. 57	4. 68	4. 18	3. 86	3. 63	3. 46	3. 32	3. 22	3. 13	2. 99	2. 89	2. 81	2. 75	2. 70	25
26	7. 72	5. 53	4. 64	4. 14	3. 82	3. 59	3. 42	3. 29	3. 18	3. 09	2. 96	2. 86	2. 78	2. 72	2. 66	26
27	7. 68	5. 49	4. 60	4. 11	3. 78	3. 56	3. 39	3. 26	3. 15	3. 06	2. 93	2. 82	2. 75	2. 68	2. 63	27
28	7. 64	5. 45	4. 57	4. 07	3. 75	3. 53	3. 36	3. 23	3. 12	3. 03	2. 90	2. 79	2. 72	2. 65	2. 60	28
29	7. 60	5. 42	4. 54	4. 04	3. 73	3. 50	3. 33	3. 20	3. 09	3. 00	2. 87	2. 77	2. 69	2. 62	2. 57	29
30	7. 56	5. 39	4. 51	4. 02	3. 70	3. 47	3. 30	3. 17	3. 07	2. 98	2. 84	2. 74	2. 66	2. 60	2. 55	30
32	7. 50	5. 34	4. 46	3. 92	3. 65	3. 43	3. 26	3. 13	3. 02	2. 93	2. 80	2. 70	2. 62	2. 55	2. 50	32
34	7. 44	5. 29	4. 42	3. 93	3. 61	3. 39	3. 22	3. 09	2. 98	2. 89	2. 76	2. 66	2. 58	2. 51	2. 46	34
36	7. 40	5. 25	4. 38	3. 89	3. 57	3. 35	3. 18	3. 05	2. 95	2. 86	2. 72	2. 62	2. 54	2. 48	2. 43	36
38	7. 35	5. 21	4. 34	3. 86	3. 54	3. 32	3. 15	3. 02	2. 92	2. 83	2. 69	2. 59	2. 51	2. 45	2. 40	38
40	7. 31	5. 18	4. 31	3. 83	3. 51	3. 29	3. 12	2. 99	2. 89	2. 80	2. 66	2. 56	2. 48	2. 42	2. 37	40
42	7. 28	5. 15	4. 29	3. 80	3. 49	3. 27	3. 10	2. 97	2. 86	2. 78	2. 64	2. 54	2. 46	2. 40	2. 34	42
44	7. 25	5. 12	4. 26	3. 78	3. 47	3. 24	3. 08	2. 95	2. 84	2. 75	2. 62	2. 52	2. 44	2. 37	2. 32	44
46	7. 22	5. 10	4. 24	3. 76	3. 44	3. 22	3. 06	2. 93	2. 82	2. 73	2. 60	2. 50	2. 42	2. 35	2. 30	46
48	7. 20	5. 08	4. 22	3. 74	3. 43	3. 20	3. 04	2. 91	2. 80	2. 72	2. 58	2. 48	2. 40	2. 33	2. 28	48
50	7. 17	5. 06	4. 20	3. 72	3. 41	3. 19	3. 02	2. 89	2. 79	2. 70	2. 56	2. 46	2. 38	2. 32	2. 27	50

（续）

n_2 \ n_1	1	2	3	4	5	6	7	8	9	10	12	14	16	18	20	n_1 / n_2
60	7.08	4.98	4.13	3.65	3.34	3.12	2.95	2.82	2.72	2.63	2.50	2.39	2.31	2.25	2.20	60
80	6.96	4.88	4.04	3.56	3.26	3.04	2.87	2.74	2.64	2.55	2.42	2.31	2.23	2.17	2.12	80
100	6.90	4.82	3.98	3.51	3.21	2.99	2.82	2.69	2.59	2.50	2.37	2.26	2.19	2.12	2.07	100
125	6.84	4.78	3.94	3.47	3.17	2.95	2.79	2.66	2.55	2.47	2.33	2.23	2.15	2.08	2.03	125
150	6.81	4.75	3.92	3.45	3.14	2.92	2.76	2.63	2.53	2.44	2.31	2.20	2.12	2.06	2.00	150
200	6.76	4.71	3.88	3.41	3.11	2.89	2.73	2.60	2.50	2.41	2.27	2.17	2.09	2.02	1.97	200
300	6.72	4.68	3.85	3.38	3.08	2.86	2.70	2.57	2.47	2.38	2.24	2.14	2.06	1.99	1.94	300
500	6.69	4.65	3.82	3.36	3.05	2.84	2.68	2.55	2.44	2.36	2.22	2.12	2.04	1.97	1.92	500
1000	6.66	4.63	3.80	3.34	3.04	2.82	2.66	2.53	2.43	2.34	2.20	2.10	2.02	1.95	1.90	1000
∞	6.63	4.61	3.78	3.32	3.02	2.80	2.64	2.51	2.41	2.32	2.18	2.08	2.00	1.93	1.88	∞
n_2 \ n_1	22	24	26	28	30	35	40	45	50	60	80	100	200	500	∞	n_1 / n_2
1	6223	6235	6244	6258	6261	6276	6287	6296	6303	6313	6326	6334	6350	6360	6366	1
2	99.5	99.5	99.5	99.5	99.5	99.5	99.5	99.5	99.5	99.5	99.5	99.5	99.5	99.5	99.5	2
3	26.6	26.6	26.6	26.5	26.5	26.5	26.4	26.4	26.4	26.3	26.3	26.2	26.2	26.1	26.1	3
4	14.0	13.9	13.9	13.9	13.8	13.8	13.7	13.7	13.7	13.7	13.6	13.6	13.5	13.5	13.5	4
5	9.51	9.47	9.43	9.40	9.38	9.33	9.29	9.26	9.24	9.20	9.16	9.13	9.08	9.04	9.02	5

（续）

n_2 \ n_1	22	24	26	28	30	35	40	45	50	60	80	100	200	500	∞	n_1 / n_2
6	7.35	7.31	7.28	7.25	7.23	7.18	7.14	7.11	7.09	7.06	7.01	6.99	6.93	6.90	6.88	6
7	6.11	6.07	6.04	6.02	5.99	5.94	5.91	5.88	5.86	5.82	5.78	5.75	5.70	5.67	5.65	7
8	5.32	5.28	5.25	5.22	5.20	5.15	5.12	5.10	5.07	5.03	4.99	4.96	4.91	4.88	4.86	8
9	4.77	4.73	4.70	4.67	4.65	4.60	4.57	4.54	4.52	4.48	4.44	4.42	4.36	4.33	4.31	9
10	4.36	4.33	4.30	4.27	4.25	4.20	4.17	4.14	4.12	4.08	4.04	4.01	3.96	3.93	3.91	10
11	4.06	4.02	3.99	3.96	3.94	3.89	3.86	3.83	3.81	3.78	3.73	3.71	3.66	3.62	3.60	11
12	3.82	3.78	3.75	3.72	3.70	3.65	3.62	3.59	3.57	3.54	3.49	3.47	3.41	3.38	3.36	12
13	3.62	3.59	3.56	3.53	3.51	3.46	3.43	3.40	3.38	3.34	3.30	3.27	3.22	3.19	3.17	13
14	3.46	3.43	3.40	3.37	3.35	3.30	3.27	3.24	3.22	3.18	3.14	3.11	3.06	3.03	3.00	14
15	3.33	3.29	3.26	3.24	3.21	3.17	3.13	3.10	3.08	3.05	3.00	2.98	2.92	2.89	2.87	15
16	3.22	3.18	3.15	3.12	3.10	3.05	3.02	2.99	2.97	2.93	2.89	2.86	2.81	2.78	2.75	16
17	3.12	3.08	3.05	3.03	3.00	2.96	2.92	2.89	2.87	2.83	2.79	2.76	2.71	2.68	2.65	17
18	3.03	3.00	2.97	2.94	2.92	2.87	2.84	2.81	2.78	2.75	2.70	2.68	2.62	2.59	2.57	18
19	2.96	2.92	2.89	2.87	2.84	2.80	2.76	2.73	2.71	2.67	2.63	2.60	2.55	2.51	2.49	19
20	2.90	2.86	2.83	2.80	2.78	2.73	2.69	2.67	2.64	2.61	2.56	2.54	2.48	2.44	2.42	20
21	2.84	2.80	2.77	2.74	2.72	2.67	2.64	2.61	2.58	2.55	2.50	2.48	2.42	2.38	2.36	21
22	2.78	2.75	2.72	2.69	2.67	2.62	2.58	2.55	2.53	2.50	2.45	2.42	2.36	2.33	2.31	22

（续）

n_2 \ n_1	22	24	26	28	30	35	40	45	50	60	80	100	200	500	∞	n_1 / n_2
23	2.74	2.70	2.67	2.64	2.62	2.57	2.54	2.51	2.48	2.45	2.40	2.37	2.32	2.28	2.26	23
24	2.70	2.66	2.63	2.60	2.58	2.53	2.49	2.46	2.44	2.40	2.36	2.33	2.27	2.24	2.21	24
25	2.86	2.62	2.59	2.56	2.54	2.49	2.45	2.42	2.40	2.36	2.32	2.29	2.23	2.19	2.17	25
26	2.62	2.58	2.55	2.53	2.50	2.45	2.42	2.39	2.36	2.33	2.28	2.25	2.19	2.16	2.13	26
27	2.59	2.55	2.52	2.49	2.47	2.42	2.38	2.35	2.33	2.29	2.25	2.22	2.16	2.12	2.10	27
28	2.56	2.52	2.49	2.46	2.44	2.39	2.35	2.32	2.30	2.26	2.22	2.19	2.13	2.09	2.06	28
29	2.53	2.46	2.46	2.44	2.41	2.36	2.33	2.30	2.27	2.23	2.19	2.16	2.10	2.06	2.03	29
30	2.51	2.47	2.44	2.41	2.39	2.34	2.30	2.27	2.25	2.21	2.16	2.13	2.07	2.03	2.01	30
32	2.46	2.42	2.39	2.36	2.34	2.29	2.25	2.22	2.20	2.16	2.11	2.08	2.02	1.98	1.96	32
34	2.42	2.38	2.35	2.32	2.30	2.25	2.21	2.18	2.16	2.12	2.07	2.04	1.98	1.94	1.91	34
36	2.38	2.35	2.32	2.29	2.26	2.21	2.17	2.14	2.12	2.08	2.03	2.00	1.94	1.90	1.87	36
38	2.35	2.32	2.28	2.26	2.23	2.18	2.14	2.11	2.09	2.05	2.00	1.97	1.90	1.86	1.84	38
40	2.33	2.29	2.26	2.23	2.20	2.15	2.11	2.08	2.06	2.02	1.97	1.94	1.87	1.83	1.80	40
42	2.30	2.26	2.23	2.20	2.18	2.13	2.09	2.06	2.03	1.99	1.94	1.91	1.85	1.80	1.78	42
44	2.28	2.24	2.21	2.18	2.15	2.10	2.06	2.03	2.01	1.97	1.92	1.89	1.82	1.78	1.75	44
46	2.26	2.22	2.19	2.16	2.13	2.08	2.04	2.01	1.99	1.95	1.90	1.86	1.80	1.75	1.73	46
48	2.24	2.20	2.17	2.14	2.12	2.06	2.02	1.99	1.97	1.93	1.88	1.84	1.78	1.73	1.70	48

（续）

n_2 \ n_1	22	24	26	28	30	35	40	45	50	60	80	100	200	500	∞	n_1 / n_2
50	2.22	2.18	2.15	2.12	2.10	2.05	2.01	1.97	1.95	1.91	1.86	1.82	1.76	1.71	1.68	50
60	2.15	2.12	2.08	2.05	2.03	1.98	1.94	1.90	1.88	1.84	1.78	1.75	1.68	1.63	1.60	60
80	2.07	2.03	2.00	1.97	1.94	1.89	1.85	1.81	1.79	1.75	1.69	1.66	1.58	1.53	1.49	80
100	2.02	1.98	1.94	1.92	1.89	1.84	1.80	1.76	1.73	1.69	1.63	1.60	1.52	1.47	1.43	100
125	1.98	1.94	1.91	1.88	1.85	1.80	1.76	1.72	1.69	1.65	1.59	1.55	1.47	1.41	1.37	125
150	1.96	1.92	1.88	1.85	1.83	1.77	1.73	1.69	1.66	1.62	1.56	1.52	1.43	1.38	1.33	150
200	1.93	1.89	1.85	1.82	1.79	1.74	1.69	1.66	1.63	1.58	1.52	1.48	1.39	1.33	1.28	200
300	1.89	1.85	1.82	1.79	1.76	1.71	1.66	1.62	1.59	1.55	1.48	1.44	1.35	1.28	1.22	300
500	1.87	1.83	1.79	1.76	1.74	1.68	1.63	1.60	1.56	1.52	1.45	1.41	1.31	1.23	1.16	500
1000	1.85	1.81	1.77	1.74	1.72	1.66	1.61	1.57	1.54	1.50	1.43	1.38	1.28	1.19	1.11	1000
∞	1.83	1.79	1.76	1.72	1.70	1.64	1.59	1.55	1.52	1.47	1.40	1.36	1.25	1.15	1.00	∞

$F_{0.995}(n_1, n_2)$

n_2 \ n_1	1	2	3	4	5	6	7	8	9	10	12	15	20	24	30	40	60	120	∞
1	16211	20000	21615	22500	23056	23437	23715	23925	24091	24224	24426	24630	24836	24940	25044	25148	25253	25359	25465
2	198.5	199.0	199.2	199.2	199.3	199.3	199.4	199.4	199.4	199.4	199.4	199.4	199.4	199.5	199.5	199.5	199.5	199.5	199.5

（续）

n_2 \ n_1	1	2	3	4	5	6	7	8	9	10	12	15	20	24	30	40	60	120	∞
3	55.55	49.80	47.47	46.19	45.39	44.84	44.43	44.13	43.88	43.69	43.39	43.08	42.78	42.62	42.47	42.31	42.15	41.99	41.83
4	31.33	26.28	24.26	23.15	22.46	21.97	21.62	21.35	21.14	20.97	20.70	20.44	20.17	20.03	19.89	19.75	19.61	19.47	19.32
5	22.78	18.31	16.53	15.56	14.94	14.51	14.20	13.96	13.77	13.62	13.38	13.15	12.90	12.78	12.66	12.53	12.40	12.27	12.41
6	18.63	14.54	12.92	12.03	11.46	11.07	10.79	10.57	10.39	10.25	10.03	9.81	9.59	9.47	9.36	9.24	9.12	9.00	8.88
7	16.24	12.40	10.88	10.05	9.52	9.16	8.89	8.68	8.51	8.38	8.18	7.97	7.75	7.65	7.53	7.42	7.31	7.19	7.08
8	14.69	11.04	9.60	8.81	8.30	7.95	7.69	7.50	7.34	7.21	7.01	6.81	6.61	6.50	6.40	6.29	6.18	6.06	5.95
9	13.61	10.11	8.72	7.96	7.47	7.13	6.88	6.69	6.54	6.42	6.23	6.03	5.83	5.73	5.62	5.52	5.41	5.30	5.19
10	12.83	9.43	8.08	7.34	6.87	6.54	6.30	6.12	5.97	5.85	5.66	5.47	5.27	5.17	5.67	4.97	4.86	4.75	4.64
11	12.23	8.91	7.60	6.88	6.42	6.10	5.86	5.68	5.54	5.42	5.24	5.05	4.86	4.76	4.65	4.55	4.44	4.34	4.23
12	11.75	8.51	7.23	6.52	6.07	5.76	5.52	5.35	5.20	5.09	4.91	4.72	4.53	4.43	4.33	4.23	4.12	4.01	3.90
13	11.37	8.19	6.93	6.23	5.79	5.48	5.25	5.08	4.94	4.82	4.64	4.46	4.27	4.17	4.07	3.97	3.87	3.76	3.65
14	11.06	7.92	6.68	6.00	5.56	5.26	5.03	4.86	4.72	4.60	4.43	4.25	4.06	3.96	3.86	3.76	3.66	3.55	3.44
15	10.80	7.70	6.48	5.80	5.37	5.07	4.85	4.67	4.54	4.42	4.25	4.07	3.88	3.79	3.69	3.58	3.48	3.37	3.26
16	10.58	7.51	6.30	5.64	5.21	4.91	4.69	4.52	4.38	4.27	4.10	3.92	3.73	3.64	3.54	3.44	3.33	3.22	3.11
17	10.38	7.35	6.16	5.50	5.07	4.78	4.56	4.39	4.25	4.14	3.97	3.79	3.61	3.51	3.41	3.31	3.21	3.10	2.98
18	10.22	7.21	6.03	5.37	4.96	4.66	4.44	4.28	4.14	4.03	3.86	3.68	3.50	3.40	3.30	3.20	3.10	2.99	2.87

（续）

n_2 \ n_1	1	2	3	4	5	6	7	8	9	10	12	15	20	24	30	40	60	120	∞
19	10.07	7.09	5.92	5.27	4.85	4.56	4.34	4.18	4.04	3.93	3.76	3.59	3.40	3.31	3.21	3.11	3.00	2.89	2.78
20	9.94	6.99	5.82	5.17	4.76	4.47	4.26	4.09	3.96	3.85	3.68	3.50	3.32	3.22	3.12	3.02	2.92	2.81	2.69
21	9.83	6.89	5.73	5.09	4.68	4.39	4.18	4.01	3.88	3.77	3.60	3.43	3.24	3.15	3.05	2.95	2.84	2.73	2.61
22	9.73	6.81	5.65	5.02	4.61	4.32	4.11	3.94	3.81	3.70	3.54	3.36	3.18	3.08	2.98	2.88	2.77	2.66	2.55
23	9.63	6.73	5.58	4.95	4.54	4.26	4.05	3.88	3.75	3.64	3.47	3.30	3.12	3.02	2.92	2.82	2.71	2.60	2.48
24	9.55	6.66	5.52	4.89	4.49	4.20	3.99	3.83	3.69	3.59	3.42	3.25	3.06	2.97	2.87	2.77	2.66	2.55	2.43
25	9.48	6.60	5.46	4.84	4.43	4.15	3.94	3.78	3.64	3.54	3.37	3.20	3.01	2.92	2.82	2.72	2.61	2.50	2.38
26	9.41	6.54	5.41	4.79	4.38	4.10	3.89	3.73	3.60	3.49	3.33	3.15	2.97	2.87	2.77	2.67	2.56	2.45	2.33
27	9.34	6.49	5.36	4.74	4.34	4.06	3.85	3.69	3.56	3.45	3.28	3.11	2.93	2.83	2.73	2.63	2.52	2.41	2.29
28	9.28	6.44	5.32	4.70	4.30	4.02	3.81	3.65	3.52	3.41	3.25	3.07	2.89	2.79	2.69	2.59	2.48	2.37	2.25
29	9.23	6.40	5.28	4.66	4.26	3.98	3.77	3.61	3.48	3.38	3.21	3.04	2.86	2.76	2.66	2.56	2.45	2.33	2.21
30	9.18	6.35	5.24	4.62	4.23	3.95	3.74	3.58	3.45	3.34	3.18	3.01	2.82	2.73	2.63	2.52	2.42	2.30	2.18
40	8.83	6.07	4.98	4.37	3.99	3.71	3.51	3.35	3.22	3.12	2.95	2.78	2.60	2.50	2.40	2.30	2.18	2.06	1.93
60	8.49	5.79	4.73	4.14	3.76	3.49	3.29	3.13	3.01	2.90	2.74	2.57	2.39	2.29	2.19	2.08	1.96	1.83	1.69
120	8.18	5.54	4.50	3.92	3.55	3.28	3.09	2.93	2.81	2.71	2.54	2.37	2.19	2.09	1.98	1.87	1.75	1.61	1.43
∞	7.88	5.30	4.28	3.72	3.35	3.09	2.90	2.74	2.62	2.52	2.36	2.19	2.00	1.90	1.79	1.67	1.53	1.36	1.00

附表 5　柯尔莫哥洛夫检验临界值 $D_{n,\alpha}$ 表

$$P(D_n \geqslant D_{n,\alpha}) = \alpha$$

n \ α	0.20	0.10	0.05	0.02	0.01
1	0.90000	0.95000	0.97500	0.99000	0.99500
2	0.68377	0.77639	0.84189	0.90000	0.92929
3	0.56481	0.63604	0.70760	0.78456	0.82900
4	0.49265	0.56522	0.62394	0.68887	0.73424
5	0.44698	0.50945	0.56328	0.62718	0.66853
6	0.41037	0.46799	0.51926	0.57741	0.61661
7	0.38148	0.43607	0.48342	0.53844	0.57581
8	0.35831	0.40962	0.45427	0.50654	0.54179
9	0.33910	0.38746	0.43001	0.47960	0.51332
10	0.32260	0.36866	0.40925	0.45662	0.48893
11	0.30829	0.35242	0.39122	0.43670	0.46770
12	0.29577	0.33815	0.37543	0.41918	0.44905
13	0.28470	0.32549	0.36143	0.40362	0.43247
14	0.27481	0.31417	0.34890	0.38970	0.41762
15	0.26588	0.30397	0.33760	0.37713	0.40420
16	0.25778	0.29472	0.32733	0.36571	0.39201
17	0.25039	0.28627	0.31796	0.35528	0.38086
18	0.24360	0.27851	0.30936	0.34569	0.37062
19	0.23735	0.27136	0.30143	0.33685	0.36117
20	0.23156	0.26473	0.29408	0.32866	0.35241
21	0.22617	0.25858	0.28724	0.32104	0.34427
22	0.22115	0.25283	0.28087	0.31394	0.33666
23	0.21645	0.24746	0.27490	0.30728	0.32954
24	0.21205	0.24242	0.26931	0.30104	0.32286
25	0.20790	0.23768	0.26404	0.29516	0.31657
26	0.20399	0.23320	0.25907	0.28962	0.31064
27	0.20030	0.22898	0.25438	0.28438	0.30502
28	0.19680	0.22497	0.24993	0.27942	0.29971
29	0.19348	0.22117	0.24571	0.27471	0.29466
30	0.19032	0.21756	0.24170	0.27023	0.28987

（续）

n \ α	0. 20	0. 10	0. 05	0. 02	0. 01
31	0. 18732	0. 21412	0. 23788	0. 26596	0. 28530
32	0. 18445	0. 21085	0. 23424	0. 26189	0. 28094
33	0. 18171	0. 20771	0. 23076	0. 25801	0. 27677
34	0. 17909	0. 20472	0. 22743	0. 25429	0. 27279
35	0. 17659	0. 20185	0. 22425	0. 25073	0. 26897
36	0. 17418	0. 19910	0. 22119	0. 24732	0. 26532
37	0. 17188	0. 19646	0. 21826	0. 24401	0. 26180
38	0. 16966	0. 19392	0. 21544	0. 24089	0. 25843
39	0. 16753	0. 19148	0. 21273	0. 23786	0. 25518
40	0. 16547	0. 18913	0. 21012	0. 23494	0. 25205
41	0. 16349	0. 18687	0. 20760	0. 23213	0. 24904
42	0. 16158	0. 18468	0. 20517	0. 22941	0. 24613
43	0. 15974	0. 18257	0. 20283	0. 22679	0. 24332
44	0. 15796	0. 18053	0. 20056	0. 22426	0. 24060
45	0. 15623	0. 17856	0. 19837	0. 22181	0. 23798
46	0. 15457	0. 17665	0. 19625	0. 21944	0. 23544
47	0. 15295	0. 17481	0. 19420	0. 21715	0. 23298
48	0. 15139	0. 17302	0. 19221	0. 21493	0. 23059
49	0. 14987	0. 17128	0. 19028	0. 21277	0. 22828
50	0. 14840	0. 16959	0. 18841	0. 21068	0. 22604
55	0. 14164	0. 16186	0. 17981	0. 20107	0. 21574
60	0. 13573	0. 15511	0. 17231	0. 19267	0. 20673
65	0. 13052	0. 14913	0. 16567	0. 18525	0. 19877
70	0. 12586	0. 14381	0. 15975	0. 17863	0. 19167
75	0. 12167	0. 13901	0. 15442	0. 17268	0. 18528
80	0. 11787	0. 13467	0. 14960	0. 16728	0. 17949
85	0. 11442	0. 13072	0. 14520	0. 16236	0. 17421
90	0. 11125	0. 12709	0. 14117	0. 15786	0. 16938
95	0. 10833	0. 12375	0. 13746	0. 15371	0. 16493
100	0. 10563	0. 12067	0. 13403	0. 14987	0. 16081

附表 6 柯尔莫哥洛夫检验统计量 D_n 的极限分布表

$$K(d) = \lim_{n\to\infty} P(D_n \leqslant d/\sqrt{n}) = \sum_{j=-\infty}^{\infty} (-1)^j \cdot \exp(-2j^2 d^2)$$

d	0.00	0.01	0.02	0.03	0.04	0.05	0.06	0.07	0.08	0.09	d
0.2	0.000000	0.000000	0.000000	0.000000	0.000000	0.000000	0.000000	0.000000	0.000001	0.000004	0.2
0.3	0.000009	0.000021	0.000046	0.000091	0.000171	0.000303	0.000511	0.000826	0.001285	0.001929	0.3
0.4	0.002808	0.003972	0.005476	0.007377	0.009730	0.012590	0.016005	0.020022	0.024682	0.030017	0.4
0.5	0.036055	0.042814	0.050306	0.058534	0.067497	0.077183	0.087577	0.098656	0.110395	0.122760	0.5
0.6	0.135718	0.149229	0.163225	0.177153	0.192677	0.207987	0.223637	0.239582	0.255780	0.272189	0.6
0.7	0.288765	0.305471	0.322265	0.339113	0.355981	0.372833	0.389640	0.406372	0.423002	0.439505	0.7
0.8	0.455857	0.472041	0.488030	0.503808	0.519366	0.534682	0.549744	0.564546	0.579070	0.593316	0.8
0.9	0.607270	0.620928	0.634286	0.647338	0.660082	0.672516	0.684630	0.696444	0.707940	0.719126	0.9
1.0	0.730000	0.740566	0.750826	0.760780	0.770434	0.779794	0.788860	0.797636	0.806128	0.814342	1.0
1.1	0.822282	0.829950	0.837356	0.844502	0.851394	0.858038	0.864442	0.870612	0.876548	0.882258	1.1
1.2	0.887750	0.893030	0.898104	0.902972	0.907648	0.912132	0.916432	0.920556	0.924505	0.928288	1.2
1.3	0.931908	0.935370	0.938682	0.941848	0.944872	0.947756	0.950512	0.953142	0.955650	0.958040	1.3
1.4	0.960318	0.962486	0.964552	0.966516	0.968382	0.970158	0.971846	0.973448	0.974970	0.976412	1.4
1.5	0.977782	0.979080	0.980310	0.981476	0.982578	0.983622	0.984610	0.985544	0.986426	0.987260	1.5

（续）

d	0.00	0.01	0.02	0.03	0.04	0.05	0.06	0.07	0.08	0.09	d
1.6	0.988048	0.988791	0.989492	0.990154	0.990777	0.991364	0.991917	0.992438	0.992928	0.993389	1.6
1.7	0.993823	0.994230	0.994612	0.994972	0.995309	0.995625	0.995922	0.996200	0.996460	0.996704	1.7
1.8	0.996932	0.997146	0.997346	0.997533	0.979707	0.997870	0.998023	0.998145	0.998297	0.998421	1.8
1.9	0.998536	0.998644	0.998744	0.998837	0.998924	0.999004	0.999079	0.999149	0.999123	0.999273	1.9
2.0	0.999329	0.999380	0.999428	0.999474	0.999516	0.999552	0.999588	0.999620	0.999650	0.999680	2.0
2.1	0.999705	0.999728	0.999750	0.999770	0.999790	0.999806	0.999822	0.999838	0.999852	0.999864	2.1
2.2	0.999874	0.999886	0.999896	0.999904	0.999912	0.999920	0.999926	0.999934	0.999940	0.999944	2.2
2.3	0.999949	0.999954	0.999958	0.999962	0.999965	0.999968	0.999970	0.999973	0.999976	0.999978	2.3
2.4	0.999980	0.999982	0.999984	0.999986	0.999987	0.999988	0.999988	0.999990	0.999991	0.999992	2.4

附表 7　正态性 W 检验统计量 W 的系数 $\alpha_k(n)$ 表

k \ n		3	4	5	6	7	8	9	10	
1		0.7071	0.6872	0.6646	0.6431	0.6233	0.6052	0.5888	0.5739	
2		—	0.1677	0.2413	0.2806	0.3031	0.3164	0.3244	0.3291	
3		—	—	—	0.0875	0.1401	0.1743	0.1976	0.2141	
4		—	—	—	—	—	0.0561	0.0947	0.1224	
5		—	—	—	—	—	—	—	0.0399	

（续）

k \ n	11	12	13	14	15	16	17	18	19	20
1	0.5601	0.5475	0.5359	0.5251	0.5150	0.5056	0.4968	0.4886	0.4808	0.4734
2	0.3315	0.3325	0.3325	0.3318	0.3306	0.3290	0.3273	0.3253	0.3232	0.3211
3	0.2260	0.2347	0.2412	0.2460	0.2495	0.2521	0.2540	0.2553	0.2561	0.2565
4	0.1429	0.1586	0.1707	0.1802	0.1878	0.1939	0.1988	0.2027	0.2059	0.2085
5	0.0695	0.0922	0.1099	0.1240	0.1353	0.1447	0.1524	0.1587	0.1641	0.1686
6	—	0.0303	0.0539	0.0727	0.0880	0.1005	0.1109	0.1197	0.1271	0.1334
7	—	—	—	0.0240	0.0433	0.0593	0.0725	0.0837	0.0932	0.1013
8	—	—	—	—	—	0.0196	0.0359	0.0496	0.0612	0.0711
9	—	—	—	—	—	—	—	0.0163	0.0303	0.0422
10	—	—	—	—	—	—	—	—	—	0.0140

k \ n	21	22	23	24	25	26	27	28	29	30
1	0.4643	0.4590	0.4542	0.4493	0.4450	0.4407	0.4366	0.4328	0.4291	0.4254
2	0.3185	0.3156	0.3126	0.3098	0.3069	0.3043	0.3018	0.2992	0.2968	0.2944
3	0.2578	0.2571	0.2563	0.2554	0.2543	0.2533	0.2522	0.2510	0.2499	0.2487
4	0.2119	0.2131	0.2139	0.2145	0.2148	0.2151	0.2152	0.2151	0.2150	0.2148

（续）

n / k	21	22	23	24	25	26	27	28	29	30
5	0.1736	0.1764	0.1787	0.1807	0.1822	0.1836	0.1848	0.1857	0.1864	0.1870
6	0.1399	0.1443	0.1480	0.1512	0.1539	0.1563	0.1584	0.1601	0.1616	0.1630
7	0.1092	0.1150	0.1201	0.1245	0.1283	0.1316	0.1346	0.1372	0.1395	0.1415
8	0.0804	0.0878	0.0941	0.0997	0.1046	0.1089	0.1128	0.1162	0.1192	0.1219
9	0.0530	0.0618	0.0696	0.0764	0.0823	0.0876	0.0923	0.0965	0.1002	0.1036
10	0.0263	0.0368	0.0459	0.0539	0.0610	0.0672	0.0728	0.0778	0.0822	0.0862
11	—	0.0122	0.0228	0.0321	0.0403	0.0476	0.0540	0.0598	0.0650	0.0667
12	—	—	—	0.0107	0.0200	0.0284	0.0358	0.0424	0.0483	0.0537
13	—	—	—	—	—	0.0094	0.0178	0.0253	0.0320	0.0381
14	—	—	—	—	—	—	—	0.0084	0.0159	0.0227
15	—	—	—	—	—	—	—	—	—	0.0076

n / k	31	32	33	34	35	36	37	38	39	40
1	0.4220	0.4188	0.4156	0.4127	0.4096	0.4068	0.4040	0.4015	0.3989	0.3964
2	0.2921	0.2898	0.2876	0.2854	0.2834	0.2813	0.2794	0.2774	0.2755	0.2737
3	0.2475	0.2463	0.2451	0.2439	0.2427	0.2415	0.2403	0.2391	0.2380	0.2368

（续）

k \ n	31	32	33	34	35	36	37	38	39	40
4	0. 2145	0. 2141	0. 2137	0. 2132	0. 2127	0. 2121	0. 2116	0. 2110	0. 2104	0. 2098
5	0. 1874	0. 1878	0. 1880	0. 1882	0. 1883	0. 1883	0. 1883	0. 1881	0. 1880	0. 1878
6	0. 1641	0. 1651	0. 1660	0. 1667	0. 1673	0. 1678	0. 1683	0. 1686	0. 1689	0. 1691
7	0. 1433	0. 1449	0. 1463	0. 1475	0. 1487	0. 1496	0. 1505	0. 1513	0. 1520	0. 1526
8	0. 1243	0. 1265	0. 1284	0. 1305	0. 1317	0. 1331	0. 1344	0. 1356	0. 1366	0. 1376
9	0. 1066	0. 1093	0. 1118	0. 1140	0. 1160	0. 1179	0. 1196	0. 1211	0. 1225	0. 1237
10	0. 0899	0. 0931	0. 0961	0. 0988	0. 1013	0. 1036	0. 1056	0. 1075	0. 1092	0. 1108
11	0. 0739	0. 0777	0. 0812	0. 0844	0. 0873	0. 0900	0. 0924	0. 0947	0. 0967	0. 0986
12	0. 0585	0. 0629	0. 0669	0. 0706	0. 0739	0. 0770	0. 0798	0. 0824	0. 0848	0. 0870
13	0. 0435	0. 0485	0. 0530	0. 0572	0. 0610	0. 0645	0. 0677	0. 0706	0. 0733	0. 0759
14	0. 0289	0. 0344	0. 0395	0. 0441	0. 0484	0. 0523	0. 0559	0. 0592	0. 0622	0. 0651
15	0. 0144	0. 0206	0. 0262	0. 0314	0. 0361	0. 0404	0. 0444	0. 0481	0. 0515	0. 0546
16	—	0. 0068	0. 0131	0. 0187	0. 0239	0. 0287	0. 0331	0. 0372	0. 0409	0. 0444
17	—	—	—	0. 0062	0. 0119	0. 0172	0. 0220	0. 0264	0. 0305	0. 0343
18	—	—	—	—	—	0. 0110	0. 0057	0. 0158	0. 0203	0. 0244
19	—	—	—	—	—	—	—	0. 0053	0. 0101	0. 0146
20	—	—	—	—	—	—	—	—	—	0. 0049

（续）

k \ n	41	42	43	44	45	46	47	48	49	50
1	0.3940	0.3917	0.3894	0.3872	0.3850	0.3830	0.3808	0.3789	0.3770	0.3751
2	0.2719	0.2701	0.2684	0.2667	0.2651	0.2635	0.2620	0.2604	0.2589	0.2574
3	0.2357	0.2345	0.2334	0.2323	0.2313	0.2302	0.2291	0.2281	0.2271	0.2260
4	0.2091	0.2085	0.2078	0.2072	0.2065	0.2058	0.2052	0.2045	0.2038	0.2032
5	0.1876	0.1874	0.1871	0.1868	0.1865	0.1862	0.1859	0.1855	0.1851	0.1847
6	0.1693	0.1694	0.1695	0.1695	0.1695	0.1695	0.1695	0.1693	0.1692	0.1691
7	0.1531	0.1532	0.1539	0.1542	0.1545	0.1548	0.1550	0.1551	0.1553	0.1554
8	0.1384	0.1392	0.1398	0.1405	0.1410	0.1415	0.1420	0.1423	0.1427	0.1430
9	0.1249	0.1259	0.1269	0.1278	0.1286	0.1293	0.1300	0.1306	0.1312	0.1317
10	0.1123	0.1136	0.1149	0.1160	0.1170	0.1180	0.1189	0.1197	0.1205	0.1212
11	0.1004	0.1020	0.1035	0.1049	0.1062	0.1073	0.1085	0.1095	0.1105	0.1113
12	0.0891	0.0909	0.0927	0.0943	0.0959	0.0972	0.0986	0.0998	0.1010	0.1020

（续）

k \ n	41	42	43	44	45	46	47	48	49	50
13	0.0782	0.0804	0.0824	0.0842	0.0860	0.0876	0.0892	0.0906	0.0919	0.0932
14	0.0677	0.0701	0.0724	0.0745	0.0765	0.0783	0.0801	0.0817	0.0832	0.0846
15	0.0575	0.0602	0.0628	0.0651	0.0673	0.0694	0.0713	0.0731	0.0748	0.0764
16	0.0476	0.0506	0.0534	0.0560	0.0584	0.0607	0.0628	0.0648	0.0667	0.0685
17	0.0379	0.0411	0.0442	0.0471	0.0497	0.0522	0.0546	0.0568	0.0588	0.0608
18	0.0283	0.0318	0.0352	0.0383	0.0412	0.0439	0.0465	0.0489	0.0511	0.0532
19	0.0188	0.0227	0.0263	0.0296	0.0328	0.0357	0.0385	0.0411	0.0436	0.0459
20	0.0094	0.0136	0.0175	0.0211	0.0245	0.0277	0.0307	0.0335	0.0361	0.0386
21	—	0.0045	0.0087	0.0126	0.0163	0.0197	0.0229	0.0259	0.0288	0.0314
22	—	—	—	0.0042	0.0081	0.0118	0.0153	0.0185	0.0215	0.0244
23	—	—	—	—	—	0.0039	0.0076	0.0111	0.0143	0.0174
24	—	—	—	—	—	—	—	0.0037	0.0071	0.0104
25	—	—	—	—	—	—	—	—	—	0.0035

附表8 正态性 W 检验统计量 W 的 α 分位数 W_{α} 表

n \ α	0.01	0.05	0.10	n \ α	0.01	0.05	0.10	n \ α	0.01	0.05	0.10
3	0.753	0.767	0.789	19	0.863	0.901	0.917	35	0.910	0.934	0.944
4	0.687	0.748	0.792	20	0.868	0.905	0.920	36	0.912	0.935	0.945
5	0.686	0.762	0.806	21	0.873	0.908	0.923	37	0.914	0.936	0.946
6	0.713	0.788	0.826	22	0.878	0.911	0.926	38	0.916	0.938	0.947
7	0.730	0.803	0.838	23	0.881	0.914	0.928	39	0.917	0.939	0.948
8	0.749	0.818	0.851	24	0.884	0.916	0.930	40	0.919	0.940	0.949
9	0.764	0.829	0.859	25	0.888	0.918	0.931	41	0.920	0.941	0.950
10	0.781	0.842	0.869	26	0.891	0.920	0.933	42	0.922	0.942	0.951
11	0.792	0.850	0.876	27	0.894	0.923	0.935	43	0.923	0.943	0.951
12	0.805	0.859	0.883	28	0.896	0.924	0.936	44	0.924	0.944	0.952
13	0.814	0.866	0.889	29	0.898	0.926	0.937	45	0.926	0.945	0.953
14	0.825	0.874	0.895	30	0.900	0.927	0.939	46	0.927	0.945	0.953
15	0.835	0.881	0.901	31	0.902	0.929	0.940	47	0.928	0.946	0.954
16	0.844	0.887	0.906	32	0.904	0.930	0.941	48	0.929	0.947	0.954
17	0.851	0.892	0.910	33	0.906	0.931	0.942	49	0.929	0.947	0.955
18	0.858	0.897	0.914	34	0.908	0.933	0.943	50	0.930	0.947	0.955

附表 9　D 检验统计量 Y 的 α 分位数 Y_α 表

n \ α	0.005	0.025	0.05	0.95	0.975	0.995
50	−3.91	−2.74	−2.21	0.937	1.06	1.24
60	−3.81	−2.68	−2.17	0.997	1.13	1.34
70	−3.73	−2.64	−2.14	1.05	1.19	1.42
80	−3.67	−2.60	−2.11	1.08	1.24	1.48
90	−3.61	−2.57	−2.09	1.12	1.28	1.54
100	−3.57	−2.54	−2.07	1.14	1.31	1.59
150	−3.41	−2.45	−2.00	1.23	1.42	1.75
200	−3.30	−2.39	−1.96	1.29	1.50	1.85
250	−3.23	−2.35	−1.93	1.33	1.55	1.93
300	−3.17	−2.32	−1.91	1.36	1.53	1.98
350	−3.13	−2.29	−1.89	1.38	1.61	2.03
400	−3.09	−2.27	−1.87	1.40	1.63	2.06
450	−3.06	−2.25	−1.86	1.41	1.65	2.09
500	−3.04	−2.24	−1.85	1.42	1.67	2.11
550	−3.02	−2.23	−1.84	1.43	1.68	2.14
600	−3.00	−2.22	−1.83	1.44	1.69	2.15
650	−2.98	−2.21	−1.83	1.45	1.70	2.17
700	−2.97	−2.20	−1.82	1.46	1.71	2.18
750	−2.96	−2.19	−1.81	1.47	1.72	2.20
800	−2.94	−2.18	−1.81	1.47	1.73	2.21
850	−2.93	−2.18	−1.80	1.48	1.74	2.22
900	−2.92	−2.17	−1.80	1.48	1.74	2.23
950	−2.91	−2.16	−1.80	1.49	1.75	2.24
1000	−2.91	−2.16	−1.79	1.49	1.75	2.25

附表 10　秩和检验临界值 $C(\alpha,m,n)$ 表

$$P(W\geqslant C(\alpha,m,n))\leqslant\alpha<P_o(W\geqslant C(\alpha,m,n)-1)$$

n	α	m=2	3	4	5	6	7	8	9	10
2	0.01	8	10	12	14	16	18	20	22	24
	0.025	8	10	12	14	16	18	19	21	23
	0.05	8	10	12	13	15	17	18	20	22
	0.10	8	9	11	12	14	16	17	19	21
3	0.01		16	19	22	25	27	30	32	35
	0.025		16	19	21	23	26	28	31	33
	0.05		15	18	20	22	25	27	29	32
	0.10		14	17	19	21	23	25	28	30
4	0.01			27	30	33	37	40	43	47
	0.025			26	29	32	35	38	42	45
	0.05			25	28	31	34	37	40	43
	0.10			23	26	29	32	35	37	40
5	0.01				39	43	47	51	55	59
	0.025				38	42	45	49	53	57
	0.05				36	40	44	47	51	54
	0.10				35	38	42	45	48	52
6	0.01					54	59	63	68	73
	0.025					52	57	61	65	70
	0.05					50	55	59	63	68
	0.10					48	52	56	60	64
7	0.01						71	77	82	87
	0.025						69	74	79	84
	0.05						66	71	76	81
	0.10						64	68	73	77
8	0.01							91	97	103
	0.025							87	93	99
	0.05							85	90	96
	0.10							81	86	92
9	0.01								121	128
	0.025								118	124
	0.05								114	120
	0.10								110	116
10	0.01									133
	0.025									129
	0.05									124
	0.10									119

附表 11 游程总数检验临界值 R_α 表

$$P(R \leqslant R_\alpha) \leqslant \alpha < P(R \leqslant R_\alpha + 1)$$

$\alpha = 0.025$

n_2 \ n_1	2	3	4	5	6	7	8	9	10	11	12	13	14	15	16	17	18	19	20
5			2	2															
6		2	2	3	3														
7		2	2	3	3	3													
8		2	3	3	3	4	4												
9		2	3	3	4	4	5	5											
10		2	3	3	4	5	5	5	6										
11		2	3	4	4	5	5	6	6	7									
12	2	2	3	4	4	5	6	6	7	7	7								
13	2	2	3	4	5	5	6	6	7	7	8	8							
14	2	2	3	4	5	5	6	7	7	8	8	9	9						
15	2	3	3	4	5	6	6	7	7	8	8	9	9	10					
16	2	3	4	4	5	6	6	7	8	8	9	9	10	10	11				
17	2	3	4	4	5	6	7	7	8	9	9	10	10	11	11	11			
18	2	3	4	5	5	6	7	8	8	9	9	10	10	11	11	12	12		
19	2	3	4	5	6	6	7	8	8	9	10	10	11	11	12	12	13	13	
20	2	3	4	5	6	6	7	8	9	9	10	10	11	12	12	13	13	13	14

$\alpha = 0.05$

n_2 \ n_1	2	3	4	5	6	7	8	9	10	11	12	13	14	15	16	17	18	19	20
4			2																
5		2	2	3															
6		2	3	3	3														
7		2	3	3	4	4													
8	2	2	3	3	4	4	5												
9	2	2	3	4	4	5	5	6											
10	2	3	3	4	5	5	6	6	6										
11	2	3	3	4	5	5	6	6	7	7									
12	2	3	4	4	5	6	6	7	7	8	8								
13	2	3	4	4	5	6	6	7	8	8	9	9							
14	2	3	4	5	5	6	7	7	8	8	9	9	10						
15	2	3	4	5	6	6	7	8	8	9	9	10	10	11					
16	2	3	4	5	6	6	7	8	8	9	10	10	11	11	11				
17	2	3	4	5	6	7	7	8	9	9	10	10	11	11	12	12			
18	2	3	4	5	6	7	8	8	9	10	10	11	11	12	12	13	13		
19	2	3	4	5	6	7	8	8	9	10	10	11	12	12	13	13	14	14	
20	2	3	4	5	6	7	8	9	9	10	11	11	12	12	13	13	14	14	15

附表 12　正交表

(1) $L_4(2^3)$

试验号 \ 列号	1	2	3
1	1	1	1
2	1	2	2
3	2	1	2
4	2	2	1

L_4 (2^3) 中任意两列间的交互作用为剩下一列。

(2) L_8 (2^7)

试验号 \ 列号	1	2	3	4	5	6	7
1	1	1	1	1	1	1	1
2	1	1	1	2	2	2	2
3	1	2	2	1	1	2	2
4	1	2	2	2	2	1	1
5	2	1	2	1	2	1	2
6	2	1	2	2	1	2	1
7	2	2	1	1	2	2	1
8	2	2	1	2	1	1	2

L_8 (2^7) 的两列间交互作用表

因子列号	2	3	4	5	6	7
1	3	2	5	4	7	6
2	—	1	6	7	4	5
3		—	7	6	5	4
4			—	1	2	3
5				—	3	2
6					—	1

(3) L_{16} (2^{15})

试验号 \ 列号	1	2	3	4	5	6	7	8	9	10	11	12	13	14	15
1	1	1	1	1	1	1	1	1	1	1	1	1	1	1	1
2	1	1	1	1	1	1	1	2	2	2	2	2	2	2	2

（续）

试验号＼列号	1	2	3	4	5	6	7	8	9	10	11	12	13	14	15
3	1	1	1	2	2	2	2	1	1	1	1	2	2	2	2
4	1	1	1	2	2	2	2	2	2	2	2	1	1	1	1
5	1	2	2	1	1	2	2	1	1	2	2	1	1	2	2
6	1	2	2	1	1	2	2	2	2	1	1	2	2	1	1
7	1	2	2	2	2	1	1	1	1	2	2	2	2	1	1
8	1	2	2	2	2	1	1	2	2	1	1	1	1	2	2
9	2	1	2	1	2	1	2	1	2	1	2	1	2	1	2
10	2	1	2	1	2	1	2	2	1	2	1	2	1	2	1
11	2	1	2	2	1	2	1	1	2	1	2	2	1	2	1
12	2	1	2	2	1	2	1	2	1	2	1	1	2	1	2
13	2	2	1	1	2	2	1	1	2	2	1	1	2	2	1
14	2	2	1	1	2	2	1	2	1	1	2	2	1	1	2
15	2	2	1	2	1	1	2	1	2	2	1	2	1	1	2
16	2	2	1	2	1	1	2	2	1	1	2	1	2	2	1

L_{16}（2^{15}）的两列间交互作用表

因子列号	2	3	4	5	6	7	8	9	10	11	12	13	14	15
1	3	2	5	4	7	6	9	8	11	10	13	12	15	14
2	—	1	6	7	4	5	10	11	8	9	14	15	12	13
3		—	7	6	5	4	11	10	9	8	15	14	13	12
4			—	1	2	3	12	13	14	15	8	9	10	11
5				—	3	2	13	12	15	14	9	8	11	10
6					—	1	14	15	12	13	10	11	8	9
7						—	15	14	13	12	11	10	9	8
8							—	1	2	3	4	5	6	7
9								—	3	2	5	4	7	6
10									—	1	6	7	4	5
11										—	7	6	5	4
12											—	1	2	3
13												—	3	2
14													—	1

(4) L_9 (3^4)

试验号＼列号	1	2	3	4
1	1	1	1	1
2	1	2	2	2
3	1	3	3	3
4	2	1	2	3
5	2	2	3	1
6	2	3	1	2
7	3	1	3	2
8	3	2	1	3
9	3	3	2	1

L_9 (3^4) 中任意两列间的交互作用为另外两列.

(5) L_{27} (3^{13})

试验号＼列号	1	2	3	4	5	6	7	8	9	10	11	12	13
1	1	1	1	1	1	1	1	1	1	1	1	1	1
2	1	1	1	1	2	2	2	2	2	2	2	2	2
3	1	1	1	1	3	3	3	3	3	3	3	3	3
4	1	2	2	2	1	1	1	2	2	2	3	3	3
5	1	2	2	2	2	2	2	3	3	3	1	1	1
6	1	2	2	2	3	3	3	1	1	1	2	2	2
7	1	3	3	3	1	1	1	3	3	3	2	2	2
8	1	3	3	3	2	2	2	1	1	1	3	3	3
9	1	3	3	3	3	3	3	2	2	2	1	1	1
10	2	1	2	3	1	2	3	1	2	3	1	2	3
11	2	1	2	3	2	3	1	2	3	1	2	3	1
12	2	1	2	3	3	1	2	3	1	2	3	1	2
13	2	2	3	1	1	2	3	2	3	1	3	1	2
14	2	2	3	1	2	3	1	3	1	2	1	2	3
15	2	2	3	1	3	1	2	1	2	3	2	3	1
16	2	3	1	2	1	2	3	3	1	2	2	3	1
17	2	3	1	2	2	3	1	1	2	3	3	1	2
18	2	3	1	2	3	1	2	2	3	1	1	2	3
19	3	1	3	2	1	3	2	1	3	2	1	3	2
20	3	1	3	2	2	1	3	2	1	3	2	1	3
21	3	1	3	2	3	2	1	3	2	1	3	2	1
22	3	2	1	3	1	3	2	2	1	3	3	2	1
23	3	2	1	3	2	1	3	3	2	1	1	3	2
24	3	2	1	3	3	2	1	1	3	2	2	1	3
25	3	3	2	1	1	3	2	3	2	1	2	1	3
26	3	3	2	1	2	1	3	1	3	2	3	2	1
27	3	3	2	1	3	2	1	2	1	3	1	3	2

$L_{27}(3^{13})$的两列间交互作用表

因子列号	2	3	4	5	6	7	8	9	10	11	12	13
1	3 4	2 4	2 3	6 7	5 7	5 6	9 10	8 10	8 9	12 13	11 13	11 12
2	—	1 4	1 3	8 11	9 12	10 13	5 11	6 12	7 13	5 8	6 9	7 10
3		—	1 2	9 13	10 11	8 12	7 12	5 13	6 11	6 10	7 8	5 9
4			—	10 12	8 13	9 11	6 13	7 11	5 12	7 9	5 10	6 8
5				—	1 7	1 6	2 11	3 13	4 12	2 8	4 10	3 9
6					—	1 5	4 13	2 12	3 11	3 10	2 9	4 8
7						—	3 12	4 11	2 13	4 9	3 8	2 10
8							—	1 10	1 9	2 5	3 7	4 6
9								—	1 8	4 7	2 6	3 5
10									—	3 6	4 5	2 7
11										—	1 13	1 12
12											—	1 11

参考文献

[1] 陈希孺. 数理统计引论 [M]. 北京：科学出版社，1981.

[2] 茆诗松，王玲玲. 可靠性统计 [M]. 上海：华东师范大学出版社，1984.

[3] GB/T 4882—2001 数据的统计处理和解释　正态性检验 [S]. 北京：中国标准出版社，2003.

[4] 梁小筠. 正态性检验 [M]. 北京：中国统计出版社，1997.

[5] Hollander & Wolfe. Nonparametric Statistical Methods [M]. New York：Wiley，1973.

[6] 茆诗松，王静龙. 数理统计 [M]. 上海：华东师范大学出版社，1990.

[7] 茆诗松，等. 回归分析及其试验设计 [M]. 2版. 上海：华东师范大学出版社，1981.

[8] 王松桂，等. 线性统计模型 [M]. 北京：高等教育出版社，1999.

[9] 王松桂. 线性模型的理论及其应用 [M]. 合肥：安徽教育出版社，1987.

[10] 庄楚强，吴亚森. 应用数理统计基础 [M]. 广州：华南理工大学出版社，1992.

[11] 朱勇华，等. 应用数理统计 [M]. 武汉：武汉水利电力大学出版社，1999.

[12] 全国统计方法应用标准化技术委员会标准化中统计方法应用分委员会. 数据的统计处理和解释　国家标准中若干统计方法 [M]. 杭州：浙江大学出版社，1991.